U0903456

中国建筑名家文库

中国建筑文化中心　组编

張祖剛

文集

Collected Works of Zhang Zugang

张祖刚　著

華中科技大學出版社

http://www.hustpas.com

图书在版编目（CIP）数据

张祖刚文集 / 张祖刚 著 中国建筑文化中心 组编. 武汉：华中科技大学出版社，2011.8
（中国建筑名家文库）
ISBN 978-7-5609-7206-0

Ⅰ. 张… Ⅱ. ①张… ②中… Ⅲ. 建筑学－文集 Ⅳ. TU-53

中国版本图书馆CIP数据核字（2011）第129316号

张祖刚文集 张祖刚 著

出版发行：华中科技大学出版社（中国 · 武汉）
地　　址：武汉市武昌珞喻路1037号（邮编：430074）
出 版 人：阮海洪

责任编辑：韩　乾　　责任监印：张贵君
责任校对：陈文秀　　封面制作：龙腾佳艺

录　　排：北京龙腾佳艺图文设计中心
印　　刷：北京亚通印刷有限责任公司
开　　本：889 mm × 1194 mm　1 / 16
印　　张：20.5
字　　数：520 千字
版　　次：2011 年 8 月第 1 版　第 1 次印刷
定　　价：88.00 元

投稿热线：(010) 64155588－8029　邮箱：tf.18@163.com
网　　址：www.hustpas.com；www.hustp.com
本书若有印装质量问题，请向出版社营销中心调换
全国免费服务热线：400－6679－118　竭诚为您服务

作者简介

1933年生于北京，1956年毕业于清华大学建筑系，分配在国家城建总局城市设计院工作，1965年调入中国建筑学会至今。从1984年起先后担任中国建筑学会副秘书长、秘书长兼《建筑学报》主编、副理事长，现任中国建筑学会顾问。1987年作为创建人之一筹建中国科学技术期刊编辑学会，后连任该会三届副理事长，并获这一学会颁发的“金牛奖”；2003年获得法兰西共和国艺术与文学骑士勋章。主要著作有《世界园林发展概论》、《建筑文化感悟与图说》（国内卷与国外卷）、《建筑文化摄影艺术》、《现代中国文脉下的建筑理论》（主编之一）、《建筑技术新论》（主编之一）、《当代中国建筑大师戴念慈》（主编）等，在国内外刊物和学术会议上发表了70余篇有关建筑科学文化的学术论文。

THE AUTHOR

Born in Beijing in 1933, he was assigned to Urban Design Institute of State Urban Construction Administration after he graduated from Tsinghua University in 1956, transferred to Architectural Society of China in 1965 and has been working there ever since.Since 1984, he had served as deputy secretary-general, secretary-general of Architectural Society of China and chief editor, vice chairman of *Architectural Journal*, currently serves as consultant of Architectural Society of China. In 1987, he took part in the preparations, as one of the founders, for the establishment of China Editorial Society for Science Periodicals (CESSP) , and served as vice chairman for three consecutive terms, and gained Golden Bull Prize awarded by the Society. In 2003, he gained the Knight Medal for Art and Literature of France. His major works include *An Introduction to the World's Gardening, Impressions and Illustrations of Architectural Culture* (domestic and foreign volumes) , *Art of Architectural Photography, Contemporary Architectural Theory under the Context of Chinese History and Culture* (co-editor) , *Fresh Studies on Architectural Technology* (co-editor) , *Dai Nianci—Master of Contemporary Chinese Architecture* (as editor in chief) ,etc.. And also he has published over 70 academic papers on architectural technology and culture at domestic and foreign publications and conferences.

1953年在清华大学读书时

1957年在国家城建总局城市设计院工作时

1983年中国建筑学会副理事长在广东中山市考察时（右起为王华彬、佘畯南、阎子祥、莫伯治前辈，张祖刚）

1991年在上海召开《建筑学报》编委会期间与会者合影（前排左起为聂兰生、戴复东、胡璘、徐尚志、周卜颐、严星华、钱学中、赵冬日、张祖刚、陈鲛、洪碧荣、蔡镇钰，后排左起为曹达、王晓新、鲍家声、郑国英、冯肃元、齐立根、栗德祥、张皆正、顾孟潮、马国馨、范雪、上海记者）

1992年11月，建筑理论与创作专业学术委员会学术交流会

1993年12月在杭州举办建筑前辈座谈会（前排左起为严星华、方鉴泉、汪定曾、张镈、赵冬日、莫伯治先生，后排为浙江省建筑学会、浙江省建筑设计研究院负责人）

1993年高教部勘察设计评优会全体人员于南京合影

1994年5月，建筑学报编委会在新疆乌鲁木齐召开会议

1995年4月参观意大利威尼斯圣马可广场

1995年12月参观法国巴黎卢浮宫在维纳斯雕像前留影

1999年7月中国建筑学会副理事长严星华率团参观访问澳门，同澳门建筑师协会黄如楷先生等人合影

2002年在西安召开中国建筑学会十届三次常务理事会与会者合影

2001年5月参观法国巴黎戴高乐机场新候机楼与其设计人法国著名建筑师安德鲁合影

陪同中国建筑学会理事长叶如棠会见日本著名建筑学教授青木先生

2003年12月在法国巴黎由法国著名建筑师前辈克罗德·巴夯代表政府授予中国建筑学会副理事长张祖刚法兰西共和国艺术与文学骑士勋章

编者序言

中华民族自近代以来，涌现出一批建筑大家，他们为我国建筑文化的传承、古代建筑和历史文化城镇的保护与合理利用、城乡规划、建筑设计创作和建筑科技的创新作出了重要贡献。他们有的在建设理念、建设思想上思考颇深，有的在建筑教育、建筑理论上造诣深厚，有的在建筑科技、建筑设计上硕果累累，为我国建设领域留下了一笔笔宝贵的建筑与文化遗产。在当前城市化进程加快、西方建筑文化不断涌入中国，东西方文化相互碰撞、交融的形势下，深入梳理、品读建筑大家的建设思想和学术成果，对指导当代城市建设具有重要的现实意义。

为传承、借鉴、发展中国优秀的建筑文化和学术成就，中国建筑文化中心组织整理为我国建设事业作出重要贡献的建筑大家的学术论文、报告、笔记和手稿，呈现他们的学术思想、建设理念、专业素质和道德品行等宝贵的精神和物质财富，编纂出版《中国建筑名家文库》（下简称《文库》），以期建设工作者汲取更真实的中华建筑文化知识和学术思想，正确处理传承发展中国优秀建筑文化与学习借鉴西方建筑文化的关系，因地制宜地规划和建设具有中国特色的可持续发展城镇。

我们希望编纂出版的《文库》成为富有历史价值的关于中国建筑文化发展历史的重要学术文献之库，并希望当代建设工作者能够从《文库》中汲取营养和经验并有所感悟、借鉴，为我国建设事业健康、有序发展作出更大的贡献。

《文库》在编纂过程中得到住房和城乡住建部有关领导和老一辈建筑师的大力支持，他们对《文库》组稿、编纂工作给予了很大帮助，在此深表谢意。

中国建筑文化中心

2009 年 12 月

作者自序

1951年，余进入清华大学营建系学习建筑学，毕业设计为河北石家庄市城市总体规划，这为本人奠定了城市规划与建筑设计的知识基础；1956年分配到国家城市建设总局城市设计院工作，曾多年任该院研究室程世极主任的秘书，从程先生那里学习到很多园林与城市规划的新思想；1965年调入中国建筑学会至今，有条件接触到许多国内建筑界前辈和国外著名的建筑师，在交往中感悟到不少的新理念；这些知识、思想、理念促成了日后建立起"走向自然的中国城市、建筑、园林合一的整体建筑观"等观念。今年是余从学习到从事建筑业60年，回顾这一历程，首先想到的是，要感谢新中国成立后母校的教育与培养和建筑界前辈程世极等领导、专家的帮助与启示。

现中国建筑文化中心，发起组织编纂"中国建筑名家文库"系列丛书，由华中科技大学出版社出版，此举是一项富有历史意义和文化价值的工作。编者让我说些感悟之语，余认为"走向自然的中国城市、建筑、园林合一的整体建筑观"，是在中国古代哲学思想指导下形成的，是中国优秀的传统城市与建筑学的理念，我们对此理念及实践渐渐淡漠了。近一时期，国外一些城市规划师、建筑师，特别是世界上当红的知名大师，却十分重视这一观点，突出地反映在其作品中，这种状况给了我很大的震动，因而我一直在撰写这方面观点的文章，提出这一观念需要重新强调，随着社会的进步，它不断地增加新的内容，世界的城市与建筑都在朝此方向发展，殊途同归；这个一体的城市、建筑、园林与自然和谐共生、整体发展的观念，也就是现在我国提出的科学发展观的一个重要理念。

现已进入21世纪，生态平衡、节能环保是城市与建筑的发展方向，我们提出"在中国文脉下，走向自然，为大众服务，可持续发展"的建筑文化理念，中国与其他各国以及全国各地的自然条件、人文环境和经济条件、社会环境皆不相同，所以城市与建筑的发展必然不会一样，各有特点，这就是我们强调中国文脉的因素；当前的城市与建筑的建设中，还要重视走向大自然，搞好自然、经济、社会、文化的生态平衡，节省能源和各项资源，保护环境，减少污染；此外，更应重视为大众服务，落实社会公正，关怀弱势群体，开放城市空间，贴近城市居民，不贪大求洋、片面追求城市气派与建筑形式，不大拆大建、把老居民迁出市区，不修建为少数人享用的高标准楼堂馆所，控制城市小汽车拥堵道路交通，杜绝少数私人获取非法利益，缩小贫富差距，这是贯彻科学发展观、使城市与建筑可持续发展的重要思想。我们相信，中央各部门和地方政府以及建筑科技人员，认真监督实施贯彻党的建设方针政策，一定能够加快实现2020年全面建设小康社会的目标。

建筑科学（包括城市、建筑、园林）是一门综合的大学科，是自然科学和社会科学结合的学科，其内容浩瀚如海，任何一位学者的研究内容都是有限的，我们认为，其成果只能是沧海之一粟。书中个人见解，必有不全之处，仅供同行参考。

2011年4月

目 录
CONTENTS

第一篇　三位一体、生态平衡

1　城市与建筑发展趋势

——三位一体、生态平衡

【摘　要】针对20世纪城市与建筑发展存在的问题，作者提出三个方面的“三位一体”，以促进建设事业的发展。这三个方面是：第一，确立“建筑科学”新概念，要“城市、建筑、园林”三位一体，强调21世纪三者的综合；第二，提高“建筑科学”管理水平，要“领导、业主、建筑科学技术人员”三位一体，重视提高领导、业主的建筑科学文化素质；第三，落实综合系统持续发展，要“生态平衡、适宜人民、富有文化”三位一体，强调下一世纪要着重解决满足大多数人需要的问题。

【关键词】建筑科学　平衡生态　适宜人民　富有文化

在城市与建筑方面，20世纪取得了重大成就，但也带来了很多问题，需要解决与改进。在诸多问题、矛盾中，我们择其要，在三个方面提出三个“三位一体”：第一，确立“建筑科学”的新概念，要“城市、建筑、园林”三位一体；第二，提高“建筑科学”管理水平，要“领导、业主、建筑科学技术人员（规划、建筑、园林三个方面）”三位一体；第三，落实综合系统持续发展，要“平衡生态、适宜人民、富有文化”三位一体。我们认为，在21世纪，针对城市与建筑建设发展存在的主要问题，只要重视解决好这三个“三位一体”，我们的城市与建筑发展就会迅速、持续。所以说探讨这三方面问题，既是理论问题，也是实践问题，具有重要的意义。现提出这些新概念，并非我本人的创见，只是我们研究这些问题，集各方面专家的看法综合提出的，望探讨逐步深入，得以确立，丰富理论，指导实践，达到促进我国建设事业发展的目的。下面分别阐述这三个方面的看法。

一、确立“建筑科学”的新概念

什么是“建筑科学”？我们认为它包括城市、建筑与园林三个学科，而且三者“三位一体”，是一个大学科。这是在历史长河中形成的客观存在。

中外历史文化名城无不如此。中国的长安（西安）、洛阳、东京汴梁（开封）、南宋杭州、元大都（北京）以及南京等，国外的开罗、罗马、巴黎、莫斯科等都是作为“三位一体”规划建设的。北京城，南北向中轴线为核心，前朝后市，左祖右社，道路分为主轴、大街、小街、胡同几个层次，四合院为基本单元，紫禁城、五坛周围绿地、西北郊大片风景园林绿地，“三位一体”有机联系。巴黎城，塞纳河贯穿城市东西与中心区，平行塞纳河的主轴线是卢浮宫和土洛里花园、协和广场、香榭丽舍大街、凯旋门，城市街道亦分有不同层次，城市东西两边各有一个10多平方千米的大公园，好像是城市的“肺”，城市、建筑、园林三者联系有序，形成整体。

20 世纪规划建设起的典范新城也是如此。如上半叶的澳大利亚首都堪培拉，下半叶新建成的巴基斯坦首都伊斯兰堡，中国建国初期 50 年代搞的八大城市等。

到 20 世纪，三者的内容不断丰富，逐步分为三个学科，城市规划与风景园林独立出去。实际上三者需要紧密结合，需要更好地综合。21 世纪我们应强调其综合的一面，但这不等于取消城市、建筑、园林三个学科，它们依然存在，而不是建筑与园林并入城市，称为广义城市学，或城市与园林并入建筑，称为广义建筑学，更不是城市与建筑并入园林，称为广义园林学。因为将此“三位一体”并入城市、或建筑、或园林那一学科加上“广义”二字的提法，不够完整，定位不准。我们一直在思考这个问题，但未得到解决，正在此时，1996 年 6 月大专家钱学森老前辈提出“建筑科学”新概念，其内容即“城市、建筑、园林的三位一体”。钱老将其列为 11 个大学科门类之一，这 11 个大学科门类是：自然科学、社会科学、数学科学、系统科学、军事科学、人类科学、思维科学、行为科学、地理科学、建筑科学、文艺理论。钱老还提出要建立起建筑科学体系的三个层次，即建筑哲学、工程技术理论和工程技术知识层次。我们体会，建筑科学是独立的综合性的大学科，既有自然科学，又有社会科学，而不是属于自然科学内，要同社会科学相结合，而其本身就含有社会科学。通过实践，我们深感到它的综合性，它包括着自然科学和社会科学，具有独立性，所以钱老高瞻深思首次提出“建筑科学”大学科。这个提法是理论的发展，符合其本身的特点，符合历史的发展变化，特别是符合今后城市、建筑、园林三位一体综合发展的需要，这门大学科“建筑科学”理论将对世界人类建设事业的发展起着指导的作用。

二、提高“建筑科学”管理水平

提高“建筑科学”管理水平的核心问题是：领导、业主、建筑科学技术人员（规划、建筑、园林三个方面）三者要结合好，“三位一体”。“三位一体”要起着引导建筑科学建设市场的作用，而不是建筑科学技术人员单纯为生存而迎合业主或领导。

三者结合好的关键是领导。有些城市制定了地方建设政策，城市建设管理得比较好，如广州市提出了保护街区、文物的具体规定，对于哪些地方禁止广告也做出了规定；厦门市领导确定降低市中心建筑容积率，增加绿地，确定建设开放式的人民会堂建筑；珠海市大力搞基础设施建设，修通滨海大道，拨出 3 亿元恢复山体，坚持以发展大运量公共交通为主等；海口市在市中心留出 0.8 km^2 绿地，修建 600 km^2 草坪、3 万株花木，没有放 600 万 t 炼油厂，少百亿元产值、几亿元税收，现生产生活污水全部得到处理，这是全国大中城市中仅有的大气质量好，获“全国卫生城市”等称号，走生态与经济共同发展之路的城市。

现在一些领导错误地认为，现代化等于高楼加玻璃幕墙，或急功近利，以土地抵资金，不顾环境或历史文化建筑，修建高容积率的建筑群。如东北某市博物馆设计，市领导不考虑地区气候和建筑要求，就是要玻璃幕墙；北京在王府井南端修建庞大的东方广场建筑群，到处修建高层塔楼住宅。业主也是这个概念。这是两个重要方面，一个有权，一个有钱。有些领导、业主还认为西洋古典是时髦，具有文化内涵，在一些地方，此欧陆风仍在蔓延。针对这一时弊，解决的办法是：

（1）提高领导、业主的建筑科学文化修养，提高其素质水平。

（2）建立“建筑科学”的综合管理部门，以往普遍存在的城市建设委员会比较合适。因为“建委”

是个综合部门，它要综合协调规划局、土地局、园林局、市政工程局、环卫局、交通局等的工作，它不能同这些专业局平行。所以说各地可恢复“建委”担此具体任务。

（3）建立管理法制。重要建设问题由市人民代表大会讨论通过，领导个人无权决定、无法批条子。还要设立具体的监督机构。要不断充实、调整、完善管理法规和制度，包括“三位一体，加强沟通”的管理制度。

（4）群众参与，民主化（建设规划方案公开，便于落实）。

（5）设立“建筑科学管理学院”，培养专门管理人才，从事建委、规划、建筑、园林、文物管理工作直至这一层的领导和市领导、部领导。管理是一分支学科，十分重要。应该达到不是建筑科学技术人员去说服领导，而是领导站得高，引导科技人员做得更好。

三、落实综合系统持续发展

其主要内容可以用 12 个字来概括，即“平衡生态，适宜人民，富有文化”，三者要“三位一体”。其中平衡生态又包括城市建筑与自然生态、与经济生态、与社会生态的平衡。只落实某一方面内容，达不到可持续发展的目的，只有三个方面的全面落实，才能获得可持续发展。

1. 平衡生态

（1）城市建筑与自然生态的平衡。

这是平衡生态的根本。这一方面要充分发挥科学技术是第一生产力的作用，采用高新技术、适宜技术、传统技术，使建筑技术为平衡生态服务。

如何与自然生态平衡，我曾提过要考虑“土、木、风、水、光、气、材”七个方面，已登在 1999 年 2 期《建筑学报》上，这里不再重复，只举一个体现这七方面的优秀实例，即由罗伦佐·皮亚诺（Renzo Piano）设计的特杰堡（Tjibaou）文化中心，它坐落在滨海的大自然之中，并取当地茅舍之意味，采用木结构骨架，能抵御飓风，利用压差自然通风，自然采光。

林木绿地是其中重要的一项，它可使水土保持平衡，动物生存，防尘、沙、水，降温除湿，美化观赏，协调建筑等。城市中有了大片园林，确实能起到相当于人体中“肺”的作用，如柏林市中心、上海市中心保留了大片绿地，十分可贵。北京亦应在市中心增加绿地，除故宫西、西北、北面为中南海、北海、景山绿地外，保罗·安德鲁（Paul Andreu）设计的中国大剧院方案，增加天安门广场周围的绿地，这是个有远见的设想，现在北京五环路正北面洼里搞了一个 2 km^2 的森林公园，在南苑地带亦应建有大片绿地，以适应夏季南北风，起到两个“肺”的作用。这三处市中心区，可以被看成是城市、建筑、园林三位一体的较好实例。

特杰堡文化中心

利用地下搞公共活动空间，地面做成绿地，也是使城市建筑与自然生态平衡的一种处理办法。如莫斯科红场旁马涅什广场、伦敦加拿利码头地铁车站广场、北京西单文化广场，将商店等设于地下，地面做成林木、草坪，供人们观赏休闲，改善了这些地段的环境。

（2）城市建筑与经济生态的平衡。

这是平衡生态的基础。要利用科学手段，使经济发展与开发资源、生态环境协调同步。

首先要从全国城市布局与规模来看，在逐步走入信息社会的时期，大城市、特大城市要协调发展，它们起着带动经济发展的作用，不容忽视；同时大量发展中小城镇，大中小相结合地发展城市是经济生态平衡的需要。

从城市本身来看，要重视城市经济结构的合理。如珠海市要研究与周围地区包括澳门以及世界经济的联系，以发展高新技术产业为主；充分利用地方资源山和海，利用海可以形成地区的贸易港口中心，利用海可以发展水产；突出知识经济，吸收人才少而精，重视吸纳“知本家”，发展高新技术；搞一些能够带动经济发展的活动，现已定期举办国际航空节、国际赛车，提高知名度，带动各业的发展。

在城市建设中，要强调节省能源，从城市到建筑全面减少能耗（Reduce）。要充分利用自然通风；采用局部空调，在大型公共建筑或工业建筑中，只需要在离地面 2 m 人们活动的范围内使用空调控制温湿度；近几年，已经做到利用电脑调节，将自然通风与人工空调结合起来，既能节能，又可获得大自然的新鲜空气。Reduce 还包括节地、节水和节材等。在城市建设中，并要重视资源的重复使用（Reuse）。21 世纪我国要适当地在建筑工程建设中增加采用钢结构、铝材等的数量，这些材料都可再使用；20 世纪 60 年代，广州搞的北园、泮溪酒家，利用旧装修门窗材料，是重复使用建材的好实例；对于建筑的内外装饰，要考虑便于更新的构造方式，以利于重复使用。在城市建设中，还要重视再生使用（Recycle）。除了纸、木材、橡胶、钢、铝等材料回收再生外，建筑结构空间经过改造装饰再生使用，这种实例在

柏林新议会大厦屋顶（有 360 个镜片反射自然光照亮大厅）

柏林波茨坦广场 Debis 大厦

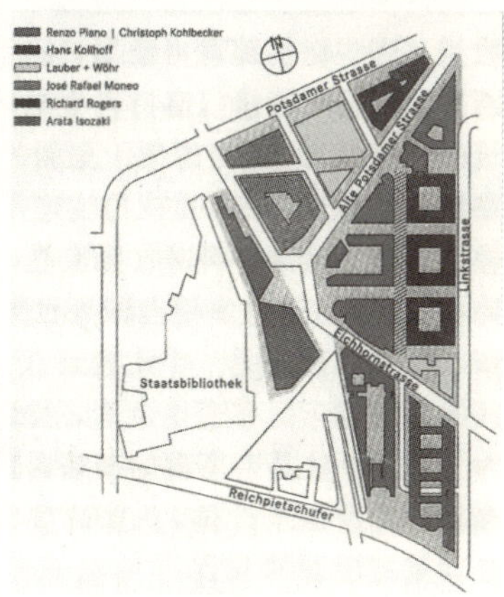

波茨坦广场规划

伦敦加拿利码头地铁车站广场模型

北京西单文化广场

国外已经很多，现在国内也在这样做。所以有人称建筑是一个大容器（Container）。设计就要考虑空间的可变性，留有变化余地，长远结合。有人将这三点概括为“3Rs”，这对资源的节省也十分重要，如果按目前北美消耗的资源来计算，人类需要三个地球，所以说21世纪必须重视资源的节省。

发展生态化的产业体系，要大力发展自然材料、绿色材料、无害材料，减少Voc挥发性有机化合物的使用，特别要发展太阳能，使其转化为电能。塞维利亚博览会英国馆、深圳会展中心、柏林新德国议会大厦等屋顶采用了太阳能光电池的做法提供能源。

（3）城市建筑与社会生态的平衡。

这是平衡生态的目的。首先要进行生态的全民教育。在这一方面，近几年来，我国舆论宣传使居民的意识与行动已经有了良好的开端。

目前还要重视发展社区，完善其社会组织。根据社会物业管理的发展，要探讨生活居住区的基层组织规模，社区规划建设要考虑配套的公共服务设施，要有各种活动的中心与场所，基础设施要齐全，停车场要适应发展，但应整体控制，现阶段特别要强调安全保卫。少数民族地区、有宗教信仰的地区，要布置其传统的社会活动场所。联合国有关组织强调，社区开发要为当地社区的经济和社会进步创造条件，这一观点值得我们重视。在旧城住宅区改建时，应做到住户的相对稳定，回迁率要高，要考虑原居民的就业安排，不能迁出了之，影响社会安定。对外来人口要加强管理，有序安排，这也是一项重要的社会问题。在城市中富有人情的纪念场所，包括建筑、山水园林、街道、纪念建筑物等，要很好保留。这是尊重城市居民的怀念感情，也是保留建筑科学文化的需要。关于城市建筑与文化生态的平衡问题，将在最后一段集中阐述。

2. 适宜人民

为什么要这样提出？因为生态环境、社会文化的内容与表现，在上层人士间都已达到了高标准，甚至是超高标准。21世纪，主要是解决大多数人的问题。联合国教科文总干事费德里科·马约尔等撰文指出“不平等”的挑战，全世界60亿人中有1/2处于每天不足2美元的水准，发展中国家穷人的比例还要大一些。我们应重点解决这些人生存的工作生活环境问题。

首先要解决这些人“住”的问题，要搞好大众需要的住宅，要采用适宜技术搞好居住社区的建设。如埃及著名建筑师哈桑·法塞设计的生土建筑居住区，空间完整，生活舒适，造价低廉，真是为穷人解决了住的问题。原英国皇家建筑师协会（RIBA）主席哈克尼，在英国搞了较低标准的居住区改造，充分利用原有材料改善空间环境，自己组织施工改建，建设费不多，但取得了很好的效果，颇受称赞，因而他当选为RIBA主席和国际建协（UIA）主席。如何搞好中下层人民居住社区，提高其生活质量，是各国21世纪普遍应关注的问题。

还要解决这些人“行”的问题，即交通问题。从大众来考虑，城市要以发展公共交通为主，减少空气污染和交通拥挤干扰。100万人以上的大城市要发展地下铁或轻轨交通。“行”的问题，还要搞好为大众使用的长途汽车站、铁路客运站和航空港的规划设计与建设，并将其连接起来。

同时要发展和搞好大众使用的购物餐饮、文化娱乐建筑，如北京王府井、西单文化广场、上海人民广场、上海南京东路等，这些地段场所的改建发展，就受到广大市民的欢迎。并要发展和搞好一般标准的教育、卫生、体育建筑，为大众服务。

行政管理建筑要开放，一些国家的州政府、市政厅所在地都开放。现北京市人大常委会开始邀请市民旁听。从建筑来看，就要考虑开放式。

3. 富有文化

平衡生态，富有文化，创新发展的生态美学观，有生态文化；适宜人民，有民俗文化、大众文化，这里所说的富有文化，主要强调要发展多元文化。横向来看，一国有其各阶层的文化爱好，包括高雅、大众、民俗文化，多民族国家还有各民族的文化，世界各国又各有自己国家民族的各层次文化；纵向来看，还有各国家民族的历史文化。纵横结合起来，世界有着丰富的多元文化。

（1）应全面重视传统的优秀的历史文化的保护。我们还要加倍努力保留这些不可再现的历史文化实物。全国、省市重点文物保护单位是一个方面，但在历史文化名城整体的街区建筑文化保护方面我们尚有较大的差距。如北京、天津、苏州、绍兴等地已产生了破坏性的建设。对于有价值的历史文化近代建筑，包括新中国成立后新建筑，亦应保留，如北京 20 世纪 50 年代建成的王府井百货大楼同 100 年前建起的芝加哥百货公司大厦一样，从外貌到室内柱头装饰等都按原样整新，是个好实例，值得效仿。

（2）可在重点的知名历史建筑举办活动，但要具有安全防火措施。在开罗金字塔、雅典卫城（Acropolis）、罗马城堡、北京紫禁城太和殿前、午门前、太庙大殿前等都举办过世界一流的音乐会或歌剧演出，这些新尝试，获得了特殊的历史环境艺术效果，使这些老建筑除可参观外，又具有了新的活力。

（3）民间大众建筑文化不能排斥。历史上民间大众活动的公共建筑内外空间，往往很有特点，它和其他艺术如音乐、绘画等，现代主义之后的流派都主张现代与传统、高雅与通俗相结合。因而，我们认为传统通俗的建筑文化应受到重视。如北京什刹海地段、隆福寺、天桥地区以及岳阳市岳阳楼地区等就属于这一文化范畴，它们有历史，深受广大民众喜爱，现在这些地区都作了保留或改善的规划设计，这种做法是可取的。

（4）尊重历史文脉，创造新的街区和建筑。如北京菊儿胡同新四合院住宅区、北京国家图书馆、曲阜阙里宾舍、苏州桐芳巷住宅区以及英国爱丁堡国际会议中心等，这些新建筑从总体布局到建筑造型以及色彩、材料、绿地配置等，都同历史文脉相类似，取得了新旧十分协调的效果。

（5）现代创新，具有地方特点。这就是我们多次提出的“新而有地方特点”，如罗伦佐·皮亚诺设计的特杰堡文化中心非常现代化，但又具有丰富的地方文化内涵（前面已经提及）；他设计的日本关西机场，屋顶顺应气流方向，采用柔性构造结点，关西大地震时，此建筑安然无损；他主持的柏林波茨坦广场总体规划设计，采用原有街坊围合式，建筑为 9 层，只有在转角处他设计的 Debis 大厦为 18 层，建筑简洁，协调统一，颇具柏林地方特色。又如保罗·安德鲁设计的 1998 年竣工的戴高乐国际机场 2F 候机楼，采用玻璃框架结构，使其立柱成为路标、广告，并稳定侧立面结构，还采用自动运输连接高速火车；他设计的上

北京王府井百货大楼室内与外景

芝加哥百货公司大厦室内与外景

海国际机场航站楼、为全国九运会使用的广州体育馆，以及拟选用的中国大剧院方案，都在总体环境、空间布局、采用新结构新材料和布置水面、绿地等方面有所突破，既新又有地方特点。俄国莫斯科红场旁的马涅什地下商场、滨河文化中心，在空间环境、立体交通组织等方面都符合现代化要求，但又具有俄罗斯风格。上海人民广场建筑群，如体现天圆地方的上海博物馆、采用“井”字型平面布局的上海歌剧院、具有中国塔意味的上海金茂大厦和起到控制上海天际线作用的东方明珠上海电视塔等，都很现代化，同时具有中国特点。从整体来看，上海的城市建筑创作走在了前面，值得各地探讨。

巴黎戴高乐国际机场 2F 候机楼玻璃框架结构

莫斯科滨河文化中心

莫斯科马涅什地下商场

建筑继承传统创新，不仅是外表形式形象，还包括有空间布局、建筑构件装饰、雕塑（工艺美术）、色彩、材料、技术工艺、树种花卉等方面，这些内容反映了哲学思想、民族习俗信仰，对于这些丰富的传统建筑科学文化理解得越深，建筑科学文化创新的水平就会越高。对于建筑创新与原有建筑如何协调问题，有两种看法，一种是类似法，容易做到协调，上面提到的第 4 点大多是采用这一做法，适用于大片的背景建筑；另一种是对比法，上面提到的第 5 点大多是属于此做法，适用于标志性重点建筑。我在 1986 年 10 期《建筑学报》上就举过一些对比取得协调的实例，我们认为两种看法，两种做法都存在、都可以，但我倾向创新内容要多一些，所以我对第 5 点中所列举的实例评价比较高。

（原载《建筑学报》2000 年 01 期）

2　走向自然的城市、建筑、园林三位一体的“建筑科学”

【摘　要】作者提出，要进一步认识到城市、建筑、园林三位一体的本质联系，继承与发展这一具有中国特色的“建筑科学”（中国传统称其为营造）。文章着重从城市与园林、城市与建筑、建筑与园林三个方面论述了体现着城市、建筑、园林整体性的“建筑科学”，强调今后应加强三者的联系，发展这一中国特色。

【关键词】建筑科学　三位一体　整体性　中国特色

中国传统的建筑学称为“营造”，包括建筑、城市和园林。20世纪之后，由于现代科学技术的迅速发展，城市规划和园林逐步从建筑学中分离出来，自立学科。从历史发展情况及其内在关系来分析，城市、建筑、园林具有内在的联系，不可分割。时至今日，进入了21世纪，我们应重新强调其整体性，这并不否认各自作为学科的存在，以便各自作深入的研究，促进其自身的发展，但更为重要的是，我们要进一步认识到城市（包括市政工程等）、建筑、园林三位一体的本质联系，继承与发展具有中国特色的营造学。钱（学森）老将此三位一体命名为“建筑科学”，作为一门独立的大学科而存在。现我们着重研究三者的关系，促进对此大学科的承认，它是由城市规划学、建筑学、园林学、市政工程学、城市经济学、建筑经济学等学科支撑的，是自然科学与社会科学结合的大学科，也可称其为宏观的建筑学，更高层次的建筑学，此“建筑科学”大学科的发展将带动和促进城市、建筑、园林各个学科的发展，促进我国各地城市与经济建设的有序发展。

中国历代的都城建设，如秦咸阳、汉唐长安、北宋东京、南宋临安、元大都和明清北京城，都是体现着城市、建筑、园林三位一体内容的较好实例，这是中国优秀的传统建筑文化理念。这里简要分析一下北京城，其三者关系十分紧密。第一，城市与园林的关系，有三个层次：第一层次是城址选择在大自然的怀抱之中，“左环沧海，右拥太行，北枕居庸，南襟河济，形胜甲于天下，诚天府之国也”，西北面是燕山山脉，河流从中穿过；第二层次是城市本身，自西北向东有水系连通，形成绿化地带，南北东西中有天、地、日、月和社稷坛大片绿地，皇城内有西苑，环城有护城河绿地，这些内容构成了城市本身的绿地系统；第三层次是居住的四合院庭院绿地。第二，城市与建筑的关系，城市的结构是清晰的，它有五个层次：最高层次是中心区南北向中轴线的皇宫紫禁城与天安门前政府各部；其次是长安街、皇城部分和东单、东四、西单、西四与前门商业区；第三层次是各小街，小街上有区域性的商业服务建筑；第四层次是居住区的胡同；第五层次是城市的基本细胞——居住的四合院。各个层次的建筑有性质的不同和各种规格的不同，城市的整体是由这些不同层次的建筑局部组合而成的。第三，建筑与园林的关系，可用“建筑在园林中，园林在建筑中”来概括。20 世纪上半叶从高处望北京城市，可看到这一景象的痕迹，城市绿化系统将建筑群包围着，四合院中的花木又是被建筑围绕着。结合上述北京三个方面的关系来看，确实可得出“城市、建筑、园林三位一体”的结论。南宋临安，今日的杭州市，其三位一体的关系与北京城相似，只是规模小些，但它的园林环境特点更为突出，城区紧靠西湖大自然的环境而发展。这一传统的建筑科学文化理念、整体性的哲学思想和规划设计原理是中国的特色。2000 年 4 月 28 日美国宾夕法尼亚大学的建筑学院院长 Gary Hack 在纪念梁思成先生百年诞辰报告会上发言，特别对中国和美国学生思维方式作了比较，认为中国人设计时是从大到小，也就是从城市整体再考虑到单体建筑，而美国则正好相反，他很赞赏前者。这一中国特色，值得继承与发展。

“建筑科学”体现着城市、建筑、园林的整体性。目前我国的许多城市存在的主要问题就是缺少整体性，下面着重谈谈在这一方面存在的问题和今后应如何加强三者的联系，发展这一中国特色。

一、城市与园林

这一关系主要是要解决好城市的大生态环境和中生态环境问题。园林包括自然山水花木、自然风景、公园和其他绿地等，是城市的重要组成部分，它是保证创造良好生活环境的基本因素。

现在存在的问题是：大的生态环境建设投资少，并缺少规划；中生态环境的绿地面积不够，同样缺少城市绿地系统规划或实施规划的措施，缺少保护历史文化名城与绿地相结合的规划和建设；园林中林木少，有的城市建了不少草皮绿地，缺少树木，起不到绿地应有的功能作用；城市水系整治建设差，要加强河面、湖面以及水库的建设，水质要达标，减少过多地抽取地下水，防止城市下沉、荒芜和市内园林缺水；各类的绿地隔离带建设得不够等。

现在北京已朝这方面努力，“十五”期间将加快构筑山区、平原、绿化隔离地区三道绿色生态屏障，建设 10 条通往郊区外地的绿化带（有的宽 200 m），争取全市林木覆盖率达到 48%；同时加强水系的建设，继续采取有效措施保持密云水库的水质清洁，恢复官厅水库饮用水源功能，保护地下水源水质，使全市水体、大气达到国家环境质量标准。预计这些环境建设投资将达 450 亿元以上。

在大、中环境方面搞得好的城市有广东中山市、安徽合肥市等。合肥市在距离市中心 9 km 的西郊大蜀山建设西部森林水库绿地，其面积为 5.5 km^2，在原有林木基础上，开辟发展森林公园，在山北面的董铺水库等周围发展大片经济林木，在大蜀山下发展了菜园、桑园、茶园和苗圃，将风景林与经济林结合在一起。在离市中心 17 km 的南郊巢湖，计划逐步建设巢湖风景旅游区，并顺城市东南主导风向发展引风林带，将新鲜空气引入市区。合肥的中环境，即城市本身的绿地系统，经过半个世纪的建设，建成了围绕旧城的环状绿化带，合肥旧城周长 8 km，保留其护城河，拆除城墙，在西面将城墙土与拓河之土堆成自然山峦，其余三面造势河岸两侧，形成环城绿化带，在此绿化带上，借历史典故发挥，在东南、东北角各开辟了一个 0.3 km^2 左右的“逍遥津公园”和“包河公园”。在这一环形绿化带的外围，环绕西郊、东南郊绿地的内边缘、外边缘，拟逐步建成二、三环绿化带，将郊区绿地联系起来，组成合肥市的绿地系统。这个绿地系统非常可贵，对改善城市生态环境起着重要作用，能改变温室效应，净化空气，卫生防护，防灾隔离，美化城市，为居民提供休闲游览和提高文化素养的场所，结合生产还能创造经济效益，可谓一举多得，是 21 世纪城市发展的方向。但目前许多城市尚未认识到它的重要作用，不仅未做到，亦未有拟实现的规划设想。

以前我曾介绍过瑞士首都伯尔尼、巴基斯坦首都伊斯兰堡、法国首都巴黎、美国首都华盛顿以及西班牙巴塞罗纳等的城市与园林，这些城市都是两者结合紧密的优秀范例，值得我们借鉴。

二、城市与建筑

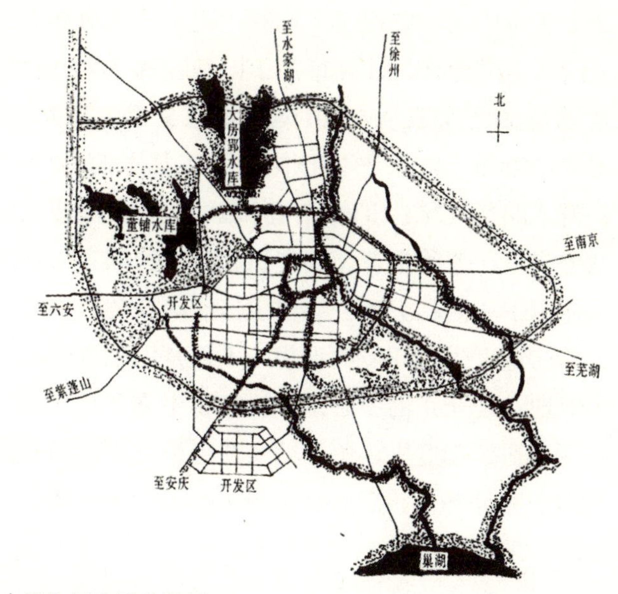

合肥市绿地系统规划

建筑是城市中的主要内容，所以有人称宏观的建筑学就是城市学。建筑的内容在城市中占的比重最大。它在城市结构中是有层次的，如前所述的五个层次，从小到大来看，即居住院落四合院——胡同——小街——大街——中轴线中心区，我们可以将其划分在纵坐标中；建筑的类型包括工业、交通、居住、商业、服务、金融、文化、教育、行政建筑等，公共建筑类一般还有市级、区级、社区级之分，我们将其划分在横坐标中。每当我们设计一项建筑工程或建筑群时，首先要从城市来考虑，从这一纵横坐标中，找出它的定位，这就是从整体中考虑你所设计的局部。建筑总的发展趋势是走向自然，重视建筑与城市整体的关系，建筑造型也是趋向自然美。现在存在的问题是：突出自己，不顾整体，定位不合适；不了解整体，包括建筑内容、建筑容积率、高度等，给未来发展带来后遗症；过于追求外部形式，结合地方特点创新不够；重视自然通风自然采光，利用太阳能，节省能源，改进发展地方建筑材料不够；不少城市缺少个性，没有标志性建筑，立体轮廓混乱，没有节奏；对传统的建筑文化保护差，缺少整体的保护规划，新老建筑不协调，老的受挤压，甚至有些很有历史价值的传统建筑、现代建筑或街区被拆除；还有建筑与道路交通的联系考虑得很不够等。

近两年来，北京的建设规划有些好的实例，是从城市的角度考虑局部的建筑或建筑群与街区。如2000年评选出的北京国际展览体育中心设计方案（获竞赛二等奖，一等奖空缺），这个设计方案是北京市建筑设计研究院搞的，是一个好的设计，设计人从城市的整体考虑这组建筑群的布局。此处位于北京中轴线的北端，紧临北郊洼里森林公园，从城市结构中它处在纵横坐标的最高层次的位置上，其建筑性质是大型的体育、展览建筑群，为举办国际大型综合性体育比赛和展览活动使用。这一项目的定位应是最高层次的大型公共建筑群，设计人根据这个定位，使建筑群的空间布局、使用功能、生态环境、交通构架、造型创新、景观处理、赛后利用等都与城市整体取得紧密联系，较好地解决了局部与整体的关系。又如1999年、2000年王府井商业街整治的城市设计一、二期工程，属于重要大街的全市性商业公共建筑街区的定位，是北京市中心区三条重要商业街之一（其他两条为前门、西单商业街），这一街区的整治是从城市的整体角度考虑的，现其中段完全为步行街，绿化、建筑小品装饰、市政设施与建筑配合，整体和谐。北端东面的老教堂（东堂）外部空间结合绿化处理得比较恰当，不像有些城市虽然保留了历史建筑，但被挤压得透不过气来，十分不协调。此商业街的不足之处是：东安市场的底层未保留原东安市场的基本格局，抹掉了原有特点，同其他大商场、商厦雷同；最不妥当之处是东方广场，它摆错了位置，庞大的建筑群应放到旧城区之外，破坏了王府井、长安街在这一位置上的历史文脉格局，并增加了旧城区的压力。此问题的产生并非规划人员之过，而是原市委书记答应投资人要求造成的。2001 年初北京提出王府井整治的三期工程，将建设长 2.8 km，宽 29 m 的东皇城根遗址公园（实际是绿化带），这正是本人 18 年前在北京市规划局等地所提北京旧城要建三个环状绿化带（即紫禁城、皇城、内外城绿化带）的建议内容，这是将改善环境建设绿化同保护历史文化名城结合起来，值得推荐。还有引起争论的国家大剧院工程，该工程建于北京天安门广场的西侧，其定位应是市中心区的大型公共建筑，法国安德鲁的设计方案，是从城市的整体考虑的，我赞同设计者改善天安门地区生态环境的设想，不仅是大剧院本身，还将前门楼与箭楼、中国革命历史博物馆等地段扩大绿地，使北京的中心部分提高了生态环境档次。其规模、使用功能、空间布局、造价等问题都可调整到合适的程度上，争论的实质恐怕是在建筑造型上。在众多的竞赛方案比较中，从简洁的造型、灰色的半圆形外壳、高度、轴线关系等方面来看，它是最顺眼的设计，它并不突出自己，能获得配角协调的效果。

吴良镛先生在山东曲阜设计的孔子研究院，是从城市的角度规划设计的，将这组研究发展孔子思想的学术机构定位为曲阜新文化中心的标志性建筑群，所以将原用地规模扩大，并加宽小沂河两岸的绿化带宽度，使其在城市中的地位更为突出，在与城市结构的关系上、自身建筑组合上、建筑与园林结合上，都有意识地采用中国传统的环境意念。虽然建筑造型还可再创新些，但它确实是建筑与城市、建筑与园林关系结合紧密的好实例，是体现“城市、建筑、园林三位一体”的一个好作品。下面再专门谈一下建筑与园林的关系。

三、建筑与园林

建筑离不开花木，花木相伴着建筑。古今中外好的建筑莫不如是。“建筑在园林之中，园林在建筑之中”，这是提高生态环境质量所需要的，是建筑与园林结合所追求的。我国对建筑设计有一条规定，新建筑的绿地面积要达到总面积的 30%，旧建筑为 25%，但在执行过程中，往往达不到这一基本标准。现在存在的具体问题是，不少公共建筑的内外都缺少绿地；有的居住区只是造住宅，绿地少，或是走另一极端，不分层次，搞的像公园绿地；还有的高层密集区，高楼成群，产生温室效应，并无改善措施；在重要地区，绿化配置的花木质量有待提高等。

清华大学“伍舜德楼”室内绿化

近一时期，有的城市已建成了一些建筑与园林结合好的实例。如深圳佰士达花园住宅区等，将住宅底层打通，引入绿地，成为园林化的住宅区；清华大学新建成的“伍舜德楼”、广东中山市的一些工厂、合肥市高科技园区、四川宜宾五粮液酒厂等工业建筑都已成为园林化的建筑群；还有不少学校、医院、商场、博物馆、行政办公建筑都在向园林化建筑群发展。

这些成果值得肯定，并要在此基础上扩大范围进一步发展，特别要在为大众生活服务的公共建筑内外增多园林绿化的内容。这样做的目的，首先不是为了美观，而是平衡生态环境的需要，可使大气清新，降温湿润，防止尘污，改善温室效应，其次才是美化观赏、协调建筑的作用。

国外，一些国家在这方面已先走了一步。如意大利I'ARCA杂志刊登的Ambasz's建筑，建筑立面是个垂直花园，屋顶亦为花园，称其为空中花园，这些绿化对改善室内外气候起到一定作用。类似这种生态建筑，在马来西亚、德国、日本等地已建成了许多，其中有不少是结合园林、采用自然通风与采光的高层建筑。又如法国著名建筑师让·努维尔与热德公司合作设计的日本电通公司总部大楼，该建筑包括商业娱乐设施和一座17万m^2的大厦，其底部做成一个公园，是一个园林化的建筑。以前我曾介绍过加拿大蒙特利尔地下地上连通的商厦、多伦多的伊顿中心商场、美国波士顿商场、洛杉矶商场以及纽约金融中心和巴塞罗纳机场候机楼内的花园绿地或高大树木都占有较多的面积，环境宜人，我国的商场、商厦等尚未达到这样的标准，需不断提高。

Ambasz's 建筑外观（上）、剖面

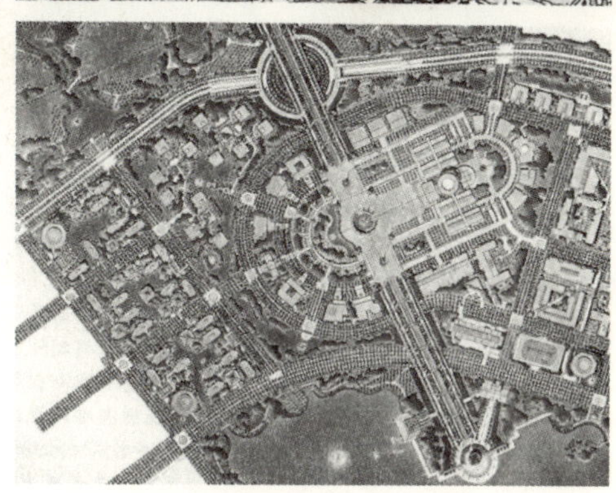

上海市政中心方案规划总平面、透视（上）

美国SWA事务所在世界各地留下了他们的作品，其特点是建筑与园林结合得好，并从城市的角度考虑项目的规划设计。如他们在美国亚利桑那州建的金牧场凯悦饭店，设计意图是唤起人们对沙漠中的绿洲城市文明的回忆，建筑在花园中，花园在建筑中。他们为我国上海所建的中标的上海市政中心方案，用地规模为1 km^2，坐落在中轴线末端的中心花园内，市政厅、花园、法院包围着公共活动广场，形成行政和文化设施结合的重要中心，建筑由绿化环绕，绿化伸入到建筑中。该事务所还作了香港屯门新城城市设计、菲律宾菲林韦斯特城市中心、美国加利福尼亚州新港社区（占地40 km^2）等，这些项目的规模更大，类似一个小城市，其规划设计完全体现了“城市、建筑、园林三位一体”的规划设计思想，使其成为一个整体。

20世纪上半叶，建筑大师柯布西耶1931年所规划设计的“光辉的城市”，就是“三位一体”的实例，虽未实现，后发展为1951年他规划设计的印度昌迪加尔城，此城的规划已实现。20世纪下半叶，日本著名建筑师丹下健三搞的一些日本东京地区等的规划设计，也是体现“三位一体”的实例。近几十年来，上面介绍的美国SWA事务所搞的许多规划设计，中国吴良镛先生对于山东曲阜、福建厦门、广东深圳、海南三亚等地都提出了很好的规划设计设想，这些项目的内容都反映着“三位一体”的规划设计理念。

我们提出这个具有中国特色的“走向自然的城市、建筑、园林三位一体的建筑科学”观点，就是要我们的规划师、建筑师、园林师等继承与发展这一中国特色的思想观点，具有客观存在的“三位一体”的整体理念，“厚积”而后“薄发”，“厚积”互相有联系的广泛的建筑科学知识，可以使你视点高些，看得更为广阔，从整体出发，在这个基础上“薄发”，搞好各自的设计项目；有条件的时候，亦可以做整体的规划设计，承担一定规模整片的城市规划及其建筑设计与园林设计。

（原载《建筑学报》2001年10期）

3 “生态平衡”、“可持续发展”是城市规划建设与建筑设计营造的基本理念

【摘　要】作者提出生态平衡、可持续发展是21世纪中外城市与建筑的发展方向，是判断城市与建筑是否先进的标准。此文针对我国在城市与建筑建设中存在的问题，结合国内和国外的实例，从自然的和社会、经济、文化的生态平衡方面，提出20个具体观点与做法，阐述生态平衡、可持续发展是城市规划建设与建筑设计营造的基本理念。

【关键词】自然生态平衡　社会生态平衡

当今，衡量一个城市的规划建设与建筑设计营造是否先进，主要看其生态平衡、可持续发展理念及其实施的结果怎么样，此生态平衡包括自然生态平衡和社会、经济、文化的生态平衡，这是因为生态平衡、可持续发展是系统的、综合的，只有包括了自然、社会、经济、文化的内容，才能真正实现互补互动、协调持续发展。

这个判断标准，即综合的生态平衡、可持续发展的思想，可以说是今天的城市规划建设与建筑设计营造总的符合发展方向的基本理念。建立这一基本理念并付诸实践的地方，欧美走在了前面，中国广东、江苏、浙江的一些城市也处于这个先进行列或正朝这个目标迈进。但有部分地区存在着错误的思想和做法，贪大求洋，搞得规模过大，追求高楼大厦、大马路、大广场、大学城、大商务中心区等，误认为这就是现代化，这就能够促进经济和城市的发展；对城市旧城区拆迁过多，使有保留价值的历史文化街区遭到破坏，忽视保留原有文化；盲目发展私人小汽车，造成城市中心区交通拥堵，环境污染；对城市空间、建筑设计追求欧陆风格，效仿北京几座特殊工程，片面讲究形式，忽视使用功能、经济性以及发展具有自己特点的创新文化等。针对我们存在的问题，结合国内和国外的实例，下面阐述要达到我国城市与建筑生态平衡、可持续发展目的的四个生态平衡方面的基本理念。

一、自然生态平衡

这是生态平衡的物质内容。这一方面要充分发挥科学技术是第一生产力的作用，采用高新技术、适宜技术、传统技术，使城市工程技术、建筑技术为自然生态平衡服务。过度开采资源、污染破坏环境、人口迅速增长、过多侵占自然，100年前、甚至50年前，还没有如此严重。现在人们认识到为了人类的生存要对有限的地球负责，首先要树立起保护地球自然生态平衡的大的理念，由此基本理念出发，进行城市规划建设和建筑设计营造。2005年6月5日“世界环境日”的主题是“营造绿色城市，呵护地球家园”，号召全世界行动起来，建设人与自然和谐相处的绿色家园。我们认为具体化的理念和做法有：

1. 分散、多中心，建立网络化城市群

在肯定大城市、特大城市要发展的前提下，对于大城市、特大城市如何发展问题，存在着两种思想和做法，一种是“大饼式”或带状无限延伸，另一种是分散、多中心的网络化城市群。前一种实践的结果是：城市自然生态环境失衡，人口密集，交通拥挤，热岛效应强烈，环境污染，同时还存在许多社会、经济、文化方面的弊病；因而后一种做法逐步被人们理解并付诸实施，如青岛市的规划建设，已将城市核心从旧城中心迁至东部，与此同时，北部新城区、西部新城区连同旧城，形成分散的四个重点城区，沿胶州湾再发展一些新城区，以环形路相接，组成多中心的网络化城市群，这样分散式的城市发展，使得青岛市的自然生态环境得到优化，并缓解了旧城的矛盾。西安市的城市总体规划，也作了分散、多中心的安排，市行政中心亦准备迁出旧城，带动新城区的发展。北京市的城市总体规划很早就提出了分散、多中心集团式的发展方向，旧城要减少100万人口，否定了“大饼式”的集中发展模式，这一规划理念是正确的，只是没能按此目标去实施；2004年按照新的发展需要，对北京的城市规划进行了修编，2005年1月27日国务院批准基本同意的北京市城市总体规划，是根据首都政治文化中心的性质，搞好综合的生态平衡，按分散、多中心形成网络化城市群的理念去发展的规划，现在的关键问题是切不可在四环、五环、六环间将自然空间填满建筑，在规划的自然空间内已建的建筑要调整，严格按规划实施。

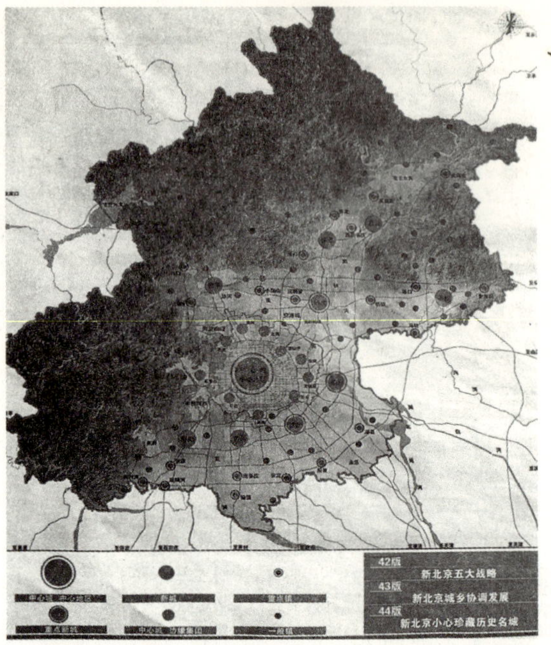

北京市 2004-2020 年总体规划

昆明市主城核心区概念规划中规院中标方案

2. 自然绿地空间系统融入城市

工业时代是开发自然资源的时代，城镇的建立与发展侵占着大量的自然空间，现在人类社会逐步向信息、知识时代过渡，城镇的规划建设应是保护、管理自然资源，与自然空间共生、互融，我们应该明确提出“以人与自然共生为本”的思想理念。在城区内部，应将自然绿地空间系统融入城市，以提高城市自身生态环境的质量。合肥市的规划建设体现了这一理念，广东省中山市的规划建设亦反映了这一理念，有一个自然绿地空间系统规划，正在逐步实现中。2003年中规院规划所所作的“昆明市主城核心区概念规划”在国际投标中获胜，参与的还有日本黑川纪章、美国SASAKI、澳大利亚PTW三家。中规院方案采取的空间模式是“平行滇池的组团跳跃式线型发展格局”，将组团间以河流为主干的自然生态绿地空间加以分隔与联系，形成城市组团与自然共生、依山傍水、城绿交融的昆明春城特色。最近，江苏省常州市、浙江省宁波市与温州市等都在制定城市本身的自然生态规划，并已积极实施，计划于2020年达到生态城市的标准。

3. 控制城市中心区小汽车数量

对城市自然生态环境的破坏，汽车是其中一大项，其他污染源还有工业、取暖烧饭等。汽车排放尾气，产生噪声，飞扬灰尘，影响人身健康与安全，并造成市区交通拥塞，这是大城市中常见的通病，城市居民都在无奈中承受着这种物质的与精神的侵害。

伦敦瑞士再保险公司总部大楼（SwissTower）

首都国际机场 3 号航站楼英国福斯特中标方案

如何解决这个严重的问题呢？国外已有很多经验，就是控制城市中心区小汽车的数量，现在发达的先进城市，其城市中心区的小汽车数量不是在增加而是在减少。在城市中心区的外围设停车场，汽车不能驶入中心区，人进入中心区可步行或乘公共交通。北京完全可以采用这种做法来控制旧城中心区小汽车的数量：在一环区域内，一般的小汽车不能进入，公共交通和在此区域内居住与办公的车辆可以通行。中国发展小汽车过快，若大量投放到中国城市中，则是战略上的失衡。因为发展一辆城市私人小汽车，城市要增加一定数量的道路面积和停车场面积，现在只看生产一辆汽车增加多少国民经济产值，而没有算要相应增加多少城市基础设施的投资和建设时间。汽车发展很快，配套的城市设施跟不上，所以北京交通拥挤、堵塞，大街小巷都成了停车场。现在人们开始认识到城市不能让小汽车交通控制着，要反过来由城市控制小汽车交通。

德国西部巴登州斯图加特等城市的规划建设是一些优秀的实例，中心区控制小汽车交通，组织自行车交通、步行交通系统，如菲尔德市推行骑自行车上班、购物和休闲，埃斯林根市推行在 2 km 短距离内步行，组织有完善的步行交通系统；这些城市的公共交通多为电车，无污染，有些地方如拉文斯堡市“多梅那山坡”居住区还建成无汽车交通居住区，其自然生态环境良好，提高了城市居民的生活环境质量。我们应考虑修建无小汽车交通居住区，肯定会受到欢迎。

4. 自然绿化融入建筑群与建筑之中

一方面，各地在发展各具特点的工厂、学校、公共建筑绿地花园，将这些建筑群建成绿园。如广东省中山市的许多工厂都建成了花园式工厂，其绿地树种的选择，考虑能起净化大气的作用；2002 年 10 月建起的杭州浙江大学紫金港校区，是一个园林化的校园，有助于美育教育和专业学习。从自然生态平衡角度来考虑，这种做法值得提倡。2005 年上海市将对屋顶绿化给予法律支持，它将成为中国第一个以立法形式规范屋顶绿化的城市。

另一方面，建筑外边不仅有绿化庭院，在一些公共建筑或住宅中也要发展绿园，将绿园布置到建筑里边。如英国著名建筑师诺曼 · 福斯特近日设计建成的伦敦瑞士再保险公司总部大楼（SwissTower），是炮弹外形，其流线可使风的阻力最小，加大室内的通风量，在楼内还布置了多个绿园，起到很好的自然生态作用。荷兰 ING 企业总部大楼，在建筑中建有八个绿地花园，把自然绿化空间完全融入建筑之中，提高了工作环境质量。这一做法将在我国逐步得到发展。

5. 充分利用和保护宜人身心健康的自然元素。

我们曾多次提出要重视利用自然的“土、木、风、水、光、气、材”，历史上的中外建筑已有很多这方面的优秀实例。自20世纪初以后，新设备、新材料、新技术的发展，设计建造的建筑或群体忽视了利用这些自然元素，经过几十年的实践，发现这种思路与做法存在着不适用、不经济、还缺少地域文化特点的弊端，于是现在又轮回到要充分利用自然和保护自然。生产力在发展，社会在进步，这种轮回不是简单的轮回，而是上升的前进，具有时代性的新内容。就建筑技术而言，中国较发达国家相对落后些，结合中国实际情况，我们首先要建立起充分利用自然、保护自然的理念，通过逐步实践，必然能够做到城市与建筑自然共生，创造出宜人的自然生态平衡的生活与工作环境。

举三个实例。一个是北京2008年奥林匹克运动会使用的国家体育场，人们称其为“鸟巢”的设计方案，争议较大，直至今日还有人提出反对。我们认为该设计方案的结构、造型是创新的，与自然结合的“光、气、风、木”都有优点，通过采用坚韧、高性能的ETFE（四氟乙烯）充气塑料膜新材料，使外部不受天气影响，内部光线柔和，给人以舒适的感觉，体育场内空间无柱开敞、自然通风、气流通畅，内部草地易于维护，内部看台灰、红颜色，外部地面做成分区的12个属相，便于出入查找，有中国特色，它是一个结构有创新、自然生态环境有进步的新作品，因而对此“鸟巢”设计方案，我们持肯定的态度，判断它是与世界建筑发展同步的，是建筑与自然结合的一个好实例。现在反对者提出，“鸟巢”设计方案造价高，用钢量多，不经济，并有虚假结构。目前的情况是，用钢量早已降下来了，又调整了设计，取消了可开合顶盖，顶部开口更大一些，用钢量又有所降低，造价降至原预算投资，整体结构完整，次肋起着承受分力的作用。所以说，衡量一个建筑是否先进，要进行综合分析，不能因多些用钢量而全盘否定。此“鸟巢”建筑在北京属于特殊工程，全国各地不能盲目效仿。国家体育场等奥林匹克体育建筑群和奥林匹克公园所创造出的走向自然、建筑与自然共生的空间环境是北京市总体规划建设里中轴线发展的又一重要里程碑，至于对此建筑群和大片公园绿地规划设计的种种议论都属于第二位问题，首先应从有利于生态发展的大格局方面给予肯定。第二个是首都国际机场3号航站楼英国福斯特中标方案，其特点是方便使用，高效运营，旅客流线清晰，楼层转换少，结构简洁，网架标准化，易于制作，快速施工，自然采光，自然通风，节能环保，融于自然，沿绿化带通至南航站楼入口，进入楼内种植有高大树木，沿南北航站楼之间地铁线路做成林荫道，于北航站楼内同样大量种植树木，在此二层抵境的国际旅客会有敞亮舒畅之感，屋顶红、黄、金，从飞机上俯视有似龙的外形，具有中国特点。这一中标方案是最先进的，它比国际上现存机场形体环境更加体现出生态平衡、可持续发展的基本理念，其他竞赛方案亦有反映这个理念的先进之处，只是从整体、综合来看，较它略逊一筹。另一个实例是美国纽约世界贸易中心复建工程设计方案竞赛获得第一名的美籍建筑师里布斯金（Libeskind）的设计方案，该方案的特点是同自由女神雕像呼应，具有欣欣向上的气势，现此建筑设计将楼层做到70层，70层以上的标志物与利用高空风能设施结合起来，风能发电供应全楼，这一设计思路和做法是建筑充分利用自然的新内容，具有生命力。

二、社会生态平衡

这是生态平衡的目的。关于社会生态平衡的理念，中心就是面向公共大众，为全人类大多数人着想和服务的问题，使全人类的社会健康地向前发展。前述第一点自然生态平衡的理念和做法都含有为大多数人服务的内容，在城市与建筑建设中，还要特别注意减少少数富有者侵害多数平民的利益，逐步缩小社会贫富的差距，使社会安定、进步、发展，这要上百年或更长时间才能解决，但必须要从现在做起，这是历史上多少先贤追求的梦想。

1. 发展功能混合社区，解决产业发展、社会就业问题

在发展第一、二产业经济的基础上，我国的城市要不同程度地发展第三产业，包括商品流通、经贸、金融、保险、生活服务、社会服务、旅游、文化、卫生、保健等，从事第一、二产业的人数比例将逐步减少，从事第三产业的职工要不断增加，这是产业发展的正常现象。这种变化也给城市带来了改变，就是要发展功能混合社区。这种社区不仅拥有居住功能、配套的公共服务设施，还要根据具体情况安排无污染的第三产业建筑和一些中小型加工工业。

2. 以发展公共交通为主，解决大众“行”的问题

城市交通不畅已成为世界各地城市发展中的社会问题。解决较彻底的城市，都是从城市广大居民的利益出发，以发展公共交通为主，控制城市中心区的小汽车交通。公共交通除公共汽车外，还保留或发展有轨、无轨电车，大城市、特大城市可发展地下铁交通，减少空气污染。有些城市的中心区，根本不准小汽车行驶，仅有公共交通和人行、自行车道，十分安全。

3. 大量修建质好价廉的住房，解决大众“住”的问题

现政府提倡发展经济适用房，就是为了搞好大众需要的住宅，我们要采用适宜技术搞好住宅设计和居住社区的规划建设，面向广大中、低收入家庭，这个方向是正确的，但是还需花大力气去落实。修建质好价廉的住房是可以做到的，住房开发中地皮等价格过高，有的内部设施标准过高，同广大民众的收入不成比例，这说明大众“住”的问题尚未理顺。如何搞好质高价廉的大众住房是我们长期要解决的重大社会问题，绝不可轻视。

4. 发展为大众服务的公共活动空间

城市是为城市所有居民服务的。伴随城市的进步发展，除军事用地、私人住宅外的空间逐步会实现对公众开放。城市的发展，必然要增加为大众服务的公共活动空间，并扩大向大众开放的建筑空间，以提高大众的生活质量，这是工业社会向知识社会过渡的重要内容之一。在向知识社会发展的过程中，城市和建筑的公共活动空间不仅分布在公园、娱乐、博物馆、商业、餐饮、交通等公共场所中，在公有、私有或团体所有的办公或活动之处，亦有布置向大众开放的食堂、礼堂、图书阅览、餐饮和花园等公共活动空间的职责，供城市居民、观光者、过路人使用，这是社会进步的一个特征，我们要重视这一方面的建筑文化的发展。

5. 政策倾斜，缩小城市居民的生活贫富差别

前述解决大众“行”“住”等问题，都需要有政策的倾斜，市场经济是解决这些问题的一个途径，但必须要与政策控制相结合。住建部提出2005年要控制大型公共建筑和高档住宅的建设量，要重视发展适合大众需求的住宅，这一政策得到广大城市及其居民的赞同。现各地政府一定要抓好大众“住”的问题，要有适合本地区情况、符合广大居民利益的房改政策措施，避免侵害大众平民的利益，避免连续不断的上访告状。这是一个很重要的社会问题，直接关系到社会稳定。

三、经济生态平衡

这是生态平衡的基础。发展经济，这是促进社会前进的根本，生态、社会、文化的发展都需要经济的力量，但经济的发展，不能片面地只顾眼前的经济效益，必须要同生态、社会、文化结合起来，综合地取得全面的发展。

德国柏林马克思莱茵哈特大楼设计方案

1. 经济发展与合理开发利用资源、环境保护同步

过去，工业经济发展往往给城镇的环境带来了污染，将大量有害气体排放到大气中、有害废水排入江河湖里，不仅污染了城镇，还影响到周围地区。有的厂矿开发还破坏了自然资源，针对这类问题，现在国家规定工矿企业的发展要与合理开发利用资源、环境保护同步。

云南丽江旧城

就城市与建筑而言，同样不能浪费自然资源和投资，要适用、经济、美观。这里举一个有争议的方案实例，北京中央电视台在两幢塔楼中间以非稳定体连接，此连接体为悬空 L 形，有人称之为“歪门”。为了这一悬空不稳定的结构，要增加大量的投资和钢材，不仅不符合北京抗 8 度地震区的实际，更不符合我国当前的经济情况。早在十多年前，美国建筑师埃森曼就为德国柏林市中心设计过一幢这种类型的马克思莱茵哈特大楼，功能为商务办公、酒店、体育健身、新闻发布、影视、声像等，是个标志性建筑，但后来因造价高而未实施，发达国家都考虑造价，我们更不应该耗费巨资造此技术不成熟的连接体，而应以适合本地条件，符合适用、经济、美观原则为选择标准。

北京国家博物馆扩建工程竞标方案

2. 大力发展符合国情的适宜技术

英国著名建筑师诺曼·福斯特设计的德国国会大厦、英国大伦敦市政厅大楼和伦敦瑞士再保险公司总部大楼（Swiss Tower）等建筑，都是高技术的生态节能建筑，虽效果好，但建造投资高。我们只能在一些重点特殊的工程中采用这种做法，大量的建筑还需要采用适宜技术，就是要在传统技术的基础上加以改进提高，适合我们的经济条件。

3. 节能、节地、节水、节材

中国虽然地大物博，但人口发展迅速，按人均计算下来，我们应属于贫资源国，因而在城市与建筑发展中，必须要节能、节地、节水和节材。从当前情况来看：节能是在建筑设计中要搞好自然采光和通风，避免过多的黑房间，搞好墙体外保温，门窗密闭保温隔热；节地要求新开发的建设用地要少而适当，2004 年 8 月国家已撤销七成开发区，我们还应重视利用坡地，在旧城区内合理调整用地；节水，要大力发展水资源利用和雨水储存；节材，要就地取材，充分利用地方材料和旧有材料。

4. 发展生态环保产业

各地在进行产业经济发展和城市现代化建设过程中，为了维护生态平衡和可持续发展的需要，要重视发展生态环保产业，国家的政策也应向这一产业倾斜，给予优惠，促其发展。该产业的具体内容十分广泛，一方面发展生态环保的建筑材料、构造、设备。另一方面还要发展旧有金属、木材、玻璃、砖瓦、混凝土等建筑材料的回收再造工业。还要发展可以净化大气和水体的林木、草皮和防止污染大气、水体、噪声的设施，发展在社区、小区内就地进行垃圾处理的设施和城市防灾、除雪设施以及其他环卫设备等。

5. 发展文化旅游产业

我国具有5000年的悠久历史，全国各地遍布着自然多姿的历史文化名城和传统建筑，壮丽秀美的自然山川景观，丰富多彩的民族风情，这些都是我们的文化资源。我们要充分利用这些资源，发展文化、旅游产业，从而带动旅馆、餐饮、购物、交通的发展。经济效益是多方面的，是国民经济收入的重要组成部分，所以我们要十分重视保护和发展这些文化资源，严禁对它们的破坏。

四、文化生态平衡

这是生态平衡的精神内容。在当今世界经济一体化的大背景下，不要错误地认为世界城市与建筑也要一体化，我们要强调发展城市与建筑的地域文化，发展文化的多样化，有地方特色。如何实现，要注意以下几点：

1. 要大力保留有价值的城市历史文化街区与建筑

城市与建筑是历史的缩影，保留历史文化街区与建筑是现代健康城市的一项重要内容，其历史文化经济价值是任何新建筑所无法代替的。云南省省会昆明是历史文化名城，但其历史文化街区未能完整保留，十分可惜；对比来看，云南的丽江城对其历史文化城区做了比较全面的保留，现已列入世界文化遗产，其受益是多方面的。2005年1月国务院对北京市修编规划的批复中提出“加强旧城整体保护、历史文化街区保护、文物保护单位和优秀近现代建筑的保护”，北京市人大常委会按此精神立法落实。21世纪初，竣工的上海市中心区的新天地改造街区工程，亦是一个保留历史文化街区的实例，它保留了具有上海特点的石库门建筑和里弄街区布局，上海的这一保留做法现已影响着各地，杭州、南京、长沙、武汉等地都提出要保留各自城市的“新天地”。对此保留有价值的城市历史文化街区的理念，我们应该称赞、宣传，但对其使用功能，内部文化的保留等，还有待进一步研究和改善，不能过分商业化、西方化。

这里再举一个大家关注的北京天安门国家博物馆扩建工程设计实例，参加竞标的都是世界著名的建筑事务所，设计要求保留三面外观，但所有方案全改变了内部院落空间或将其填满，其中英国福斯特建筑事务所同北京市建筑设计研究院合作的设计方案保留原有院落空间较多，很可惜这个方案未被选中。从保留城市历史文化建筑角度及其空间环境和生态平衡、可持续发展来衡量，法国巴黎卢浮宫博物馆、美国华盛顿市中心史密松总部南院工程——非洲、东方艺术博物馆做得最好，扩建面积主要进入地下，地面极少，基本保留了建筑原貌及其环境。中国国家博物馆扩建工程亦应充分利用地下空间，减少地上空间扩建带来的压力。

现有些城市已拆毁一些原有街区建筑，如何补救呢？我们认为，若确有保留价值，可重新恢复。像德国巴登州斯图加特市西面的弗赖堡，按原样重建原有议会大厦、百货大楼等，恢复这一区段原有城市肌理，保持了原有的特色；又如斯图加特市西北面的卡尔斯鲁厄，20 世纪 60 年代为了拓宽道路，拆了旧有建筑，70 年代又恢复了原有城市肌理，重现了自己的传统特色。北京 2004 年重建起纵向中轴线南端的永定门城楼，恢复其空间的标志性作用；昆明重新修建金马碧鸡牌坊，恢复其在旧城中心的空间作用。

2. 发展文化的多样性，要有自己的特点

在不少城市与建筑中存在着文化多样性的特点，除了自身在空间布局、材料构造、雕饰绘画、色彩花木等文化特点的发展与变化外，还有与外来文化的交流融合。对外交往较多的城市，其文化多样性更为突出些，如西安、北京、广州、泉州等城市，受着印度佛教建筑文化的影响，存在着西亚伊斯兰、欧洲基督教教堂建筑。在历史上的西安、敦煌等地，产生有中原同西域融合的建筑和音乐舞蹈文化，敦煌 112 窟反映现实生活的佛国场面“伎乐图”就说明了这一融合文化的特点。在近代半殖民地时期，青岛、上海、天津、武汉等城市建造了许多德国、日本、英国、法国等式样的建筑群，使这些城市具有建筑文化多样性的特点。

在保留城市与建筑历史文化的同时，我们还要重视保留各个城市的自然地貌，如青岛、厦门、珠海的滨海地貌，重庆的临江山城地貌，武汉、南京的山川地貌，这是与自然结合突出城市特点的另一个方面。

建筑的可易性、可变性，亦可增加各地建筑的多样性和特点。我国历史上就有“舍宅为寺”改变建筑性质的做法，如安徽九华山一些寺庙就是由住宅转变的，北京的雍和宫原是清雍正登基前的住宅。建筑的可变性还表现在建筑室内空间上，如 200 多年前建造的巴黎凡尔赛小特瑞安农园的一个厅窗亦可以升降，夏季透明，自然通风采光，并可观赏室外花园景色，冬季升上实木窗墙，挡风保暖；由法国著名建筑师鲍赞巴克设计的巴西里约热内卢音乐城，采用古老鞋盒式音乐厅设计，布置有 10 个不同方向的包厢，视听好，同时可改变成歌剧院布局，舞台扩大，包厢减少，可提高该建筑的使用率。近几十年来，世界各地滨海城市海港区的仓库建筑群等，后改为休闲商业文化娱乐活动区，形成新的特点。从这些实例可以看出，建筑的可易性、可变性还有利于建筑的可持续发展。

3. 高雅与大众结合，丰富建筑文化

文化的多样性，还反映在社会不同层次居民的需求上，在城市中高档高雅的建筑要有，民众喜爱的大众化建筑要有，两者结合的建筑文化也要有，以满足各方面居民的需要。当然，随着社会的发展进步，高雅与大众的建筑文化内涵都在提升。通过社会调查，建筑师人群偏爱高雅建筑文化的较多，

敦煌 112 窟“伎乐图”

巴黎凡尔赛小特瑞安农园内可升降的厅窗

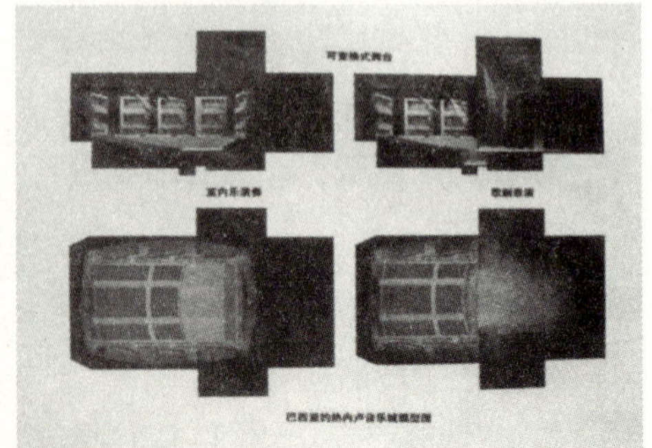

巴西里约热内卢音乐城可改变的观众厅

民众喜爱高雅的但更喜欢大众化的建筑文化，多数规划师倾向于民众的看法。由此可以看出，建筑师的思想容易忽视大众建筑文化，我们希望建筑师重视大众的建筑文化，创造出高雅与大众结合的新的建筑文化，这种新建筑文化的服务面会更广泛些。

北京国家图书馆扩建工程中标设计方案

几乎每个城市都有一条最繁华的商业街，称其为“北京的王府井”，如成都的春熙路、厦门的中山路等，对于这些街道的发展，就是要搞大众与高雅结合的建筑文化，提升和丰富各地的城市与建筑文化内涵，为更多的居民大众使用。

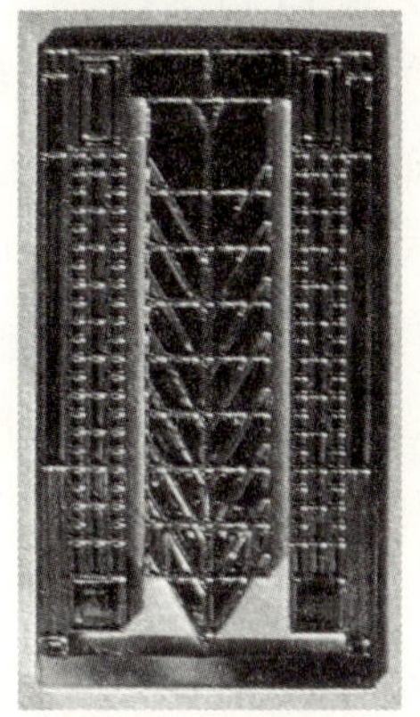

Frank Lloyd Wright 创作的生命之树窗饰

法国米约大桥

4. 创造“新而中”新建筑，发展地域文化

新建筑文化首先要体现出“新”，有生态、节能、环保可持续发展的新理念，有新的技术；同时要体现出“中”，从城市与建筑所在场地的现有形体环境、自然地貌条件和社会经济条件出发，深入了解传统建筑文化在空间布局、构造、形式、材料、技艺、色彩、装饰、雕塑、花木等方面的特点和当前的思想、信仰、习俗要求，以这些内容为手段，通过反复推敲的过程，创作出与城市整体和谐的满足使用者各种功能需要的既适用、经济又美观的“新而中”的建筑。这就是健康城市与建筑所要达到的标准，是我们新建筑创作的目标。达到这个目标并不容易，事先要做很多的调查研究和分析工作，还有一个认真创作的过程。我们当前存在的问题是，不认为建筑创作是一个过程，通过整个过程才能最后产生出建筑空间的形式与风格，而是几天或几周就要拿出设计方案，这些方案往往是片面地追求建筑形式与风格，首先考虑出一个新奇的样式，再去套功能空间和构造、材料，其结果根本做不到“新而中”。2003 年初竣工的海口火车站，其设计是从生态、节能、环保的理念出发的，采用院落格局、顺风向空间序列、自然花木穿插组合、地方材料色彩、可拆装门窗等，既符合生态要求又有地域文化特点，是一个“新而中”的好作品。由德国 KSP 建筑设计事务所创作的北京国家图书馆扩建工程方案，也是一个“新而中”的优秀设计，采用的结构简洁，大量的自然采光通风，节省能源，环境清新，功能布局合理，中心部分下沉式中庭四周存放经典的四库全书，上部安排有数字化图书馆、电子阅览等新内容，其形体环境尊重老馆，是众多竞赛方案中新、老馆最为协调的设计方案，其外部造型还含有图书的象征，因而这个设计方案被选为第一名。这些“新而中”的建筑创作，都促进了地域建筑文化的发展。

5. 发展健康、自然、愉悦的建筑形体环境

当物质经济发展到丰富之时，人们的观念要转到对精神有更多的追求，需要自然、健康，渴望健康、自然、愉悦。愉快使人分泌 β 内啡肽荷尔蒙，增强免疫力和创造力，郁闷就产生去甲肾上腺素，降低免疫力，易生疾病。所以，我们的形体环境创作要做到使人愉悦，真正达到为人与其他动植物生命服务的目的。这也就是生态艺术观的内容。

举几个实例，2004 年是美国著名建筑师赖特（Frank Lloyd Wright）于 1904 年为纽约马丁私人住宅创作生命之树窗饰 100 周年，美国建筑师学会（AIA）送给我一个该窗饰纪念品，这个作品用不透明的珠光玻璃和镀锌铜制成，以生命之树纹样装饰窗户，体现绿色植物生命的重要，给人以自然、健康的感受，这只是体现他的建筑与自然结合创作理念的一个小的实例。日本著名建筑师安藤忠雄设计的六甲山集合住宅，选建在坡地上，它是一个建筑与自然结合的很好实例，每户都能看到广阔的天空和海面，住在这里的人们的感受正如安藤忠雄先生所说：创造的建筑空间如同在诗歌、音乐中，它给你智慧的启迪和生活的欢乐与安宁。最后举一个使人感受健康、自然、和谐的建筑与艺术完美结合的实例，它就是 2004 年 12 月 14 日举行竣工仪式的法国米约大桥，该桥是通往法国西南部海岸的必经之地，全长 2.46 km，桥面高 270 m，是世界桥面距地面最高的桥，呈半扇竖琴状，由 7 根桥墩组成，设计人为英国的诺曼·福斯特。他将其设计成 20° 弯曲形状，有 3% 倾斜坡度，以保证司机驾驶安全和抵御山谷风力，既实用又富有艺术美，它与自然的山谷、河流以及米约小城古典风格十分和谐，出席竣工仪式的希拉克总统和福斯特都称它是建筑与艺术完美结合的新的法国象征。

如果做到以上五点，城市与建筑的特色就会显现，我国千城一面的现象就会改变，文化生态的发展就会平衡。

最后，我们再强调一下建筑与城市建设的整体性，要整体综合地体现自然的、社会的、经济的、文化的生态平衡，以求达到走上良性循环可持续发展的健康之路。生态平衡、可持续发展是城市规划建设与建筑设计营造的基本理念，十分重要。尽管我国目前经济水平较发达国家落后半个世纪以上，但只要全面落实科学发展观，具体落实这一基本理念，就能够提前缩小差距，按时或提早达到全面建设小康社会的目标；尽管存在着开头所讲的错误思想与做法，只要树立起这一基本理念，就能够纠正错误，辨别先进与落后，辨别对与错，辨别一些媒体和一些地方领导与开发商的误导与炒作，走上健康发展之路。所以说生态平衡、可持续发展理念对中国的建筑与城市建设起着引导作用，它可以唤起城市与建筑建设工作者的社会责任感，发挥他们的作用，特别是发挥规划师、建筑师、园林师、建筑工程师以及各级主管建设领导者的引导作用，为全面建设小康社会和跻身发达国家前列作出新贡献。

（原载《建筑学报》2005 年 05 期）

4 走向自然、节能环保、传承文化、服务大众

——纪念新中国成立60周年

中国年历以甲子年开始计算，60年为一轮回。今年是新中国成立60周年，正好是一个轮回的年数，我们回顾新中国城市与建筑发展的60年历程，展望未来，具有特殊的意义。60年来，新中国的城市与建筑的建设，无论在数量上，还是在质量的变化上，都取得了长足的进展，特别是在建筑科学理念方面，经过曲折变化，不断在深化认识和拓宽视角，这些建筑科学理念十分重要与宝贵，它是具体贯彻党的建设方针政策、建设社会主义小康社会的指导思想。为此，本文拟通过60年间各阶段个人经历和了解到的优秀城市与建筑实例，说明这些建筑科学理念。个人接触的面有限，城市与建筑建设的内容非常广阔，所提实例和有关人士只是其中一部分，还望了解的同志撰文提出，因为各地的优秀实例和重要人士对未来的建设发展将起引导作用，值得大家学习和尊重。下面按前后各30年两个阶段进行回顾。

一、前30年——勤俭建设，路线干扰

1. 小有波折，稳步发展

建国初期10年，经济建设主要是学习前苏联先进经验，前苏联的建设思想与做法基本是正确的，前苏联提出的“社会主义内容、民族形式”的口号，助长了我们复古的设计思想，在城市规划布局中也存在有追求形式的地方。1954年周恩来总理在政府工作报告中批评基本建设工程中存在浪费问题，在建筑上采用复古的琉璃瓦大屋顶就是极大的浪费；同年11月全苏建筑工作会议批判了前苏联建筑过分装饰的浪费现象。1955年初我们开展了批判复古主义、形式主义的浪费问题。1955年6月李富春副总理正式提出了“适用、经济、在可能条件下注意美观”的建筑设计方针。1958年建筑工程部刘秀峰部长在青岛召开了全国城市规划工作座谈会，他指出城市规划中存在着“规模过大、占地过多、标准过高、拆迁过快”的“四过”问题。上述问题，存在的面不广，影响的时间不长，所以我们认为它是小的波折。从总体来看，这一时期城市与建筑建设是稳定发展的，其主要规划设计理念对今后建设仍将起着引领的作用。

关于城市方面，在前苏联专家的帮助下，对全国各大区主要城市，如西北的西安、兰州、张掖，西南的成都、德阳、绵阳、金堂、昆明，东北的沈阳、长春、鞍山，中南的郑州、洛阳、武汉、广州、南宁，华东的济南、南京、杭州、苏州，华北的石家庄、太原、包头，以及北京、上海、天津等，重点是西北、西南地区和省会城市，进行了工业化的规划与建设。1956年我和齐立根先生作为建筑专业负责人参加了四川德阳市总体规划设计，前苏联专家库维尔金是这个项目的顾问。1958年

我们做了福建省钢铁基地三明市的总体规划设计。所有这些城市的规划与建设，按照各地的自然条件，合理布置工业和生活居住区；顺应大自然的山水走势，组织城市内外的绿地系统，既环保又防灾；注意保留旧城、利用旧城和保护重点文物单位；重视对工人和广大市民的关怀，城市各项设施标准并无贫富过大的差距。

在建筑方面，学习前苏联工业建筑设计的可行性研究、构造、轴线定位以及建筑设计构件标准化，建起了大量的工业建筑，如我们参观过的北京纺织厂、北京预制构件厂、上海汽轮机厂、石家庄淀粉厂、秦皇岛耀华玻璃厂、太原重型机械厂、长春市第一汽车制造厂、吉林肥料厂、哈尔滨量器刃具厂、西安纺织厂、三明钢铁厂、洛阳拖拉机厂等。这些厂大都配套建有厂前区和完整的工人住宅区。1953 年我作为清华大学营建系学生到长春第一汽车制造厂参加其工人住宅区建筑的施工实习，亲身感受到政府对工人的关心。城市住宅，国家规定黄河以南不设冬季采暖设施，此时住宅使用空调设备尚未发展，因而这段时间全国住宅的耗电量较小，住宅设计十分重视自然采光和通风。期间建起了一些优秀的公共建筑，如 1954 年由著名建筑师华揽洪先生设计建成的北京儿童医院，采用分散庭院式布局，分区明确，绿地庭院宽阔，自然通风、采光良好，四层楼房框架结构，灰色清水砖墙，檐头挑出，配以窗花阳台，体现出“新而中”的建筑风格。又如 1958 年由著名建筑师林乐义先生设计建成的北京电报大楼，它是中国第一幢自行设计和施工的中央通讯枢纽工程，大楼主楼 7 层，连中央钟塔部分共 12 层，总高度 73.37 m，两端伸向北面的东西房间全为附属房间，主体房间自然光明亮、自然风通畅，并使侧立面宽度增加，整体建筑体形稳重、简洁、美观、新颖。还有由著名教授夏昌世先生设计的广州中山医学院生物楼，朝阳面设有横向、竖向遮阳板，夏季遮阳好，自然采光，自然通风，既实用又美观。1959 年建成的北京人民大会堂是个突出的优秀实例，它是为庆祝新中国成立 10 周年而建的全国人民代表大会的议事堂，由著名建筑师赵冬日、张镈先生设计，从设计到建成仅用了十几个月时间，占地 15 hm^2，总建筑面积 17.18 万 m^2，平面是“山”字形，大会堂会场宽 76 m，深 60 m，平面为椭圆形，屋顶高 46.5 m，坐席分上下三层，可容万人，墙面与顶棚角相连，采用“水天一色，浑然一体”的处理手法，大会堂外部建筑造型，高低结合，台基、柱廊、屋檐采用中国传统的建筑风格，与天安门城楼和广场取得了协调而又有创新的效果。从这四个实例可以看出，设计综合解决了实用、经济、美观问题，取得了“新而中”的成果，设计者具有重视自然、环境、文化、大众的建筑理念。

2. 提出基本建筑理论

在建国 10 周年前夕，1959 年 5 月 18 日至 6 月 4 日建筑工程部和中国建筑学会在上海召开了“住宅建设标准及建筑艺术座谈会”，这次座谈会邀请了全国各地 90 多位知名建筑专家、教授参加，会上发扬学术民主，畅所欲言，在讨论了住宅建筑标准之后，用了较长时间广泛讨论了建筑创作问题，大家根据将近 10 年所走过的创作道路，提出各个方面的看法和建议。会前建筑工程部刘秀峰部长查阅了大量有关建筑理论的资料，会议期间听取大家意见，并找一些专家谈话、询问，最后自己写发言稿，把大家的论点汇集、整理、提炼成为大会的总结报告——《创造中国的社会主义的建筑新风格》。此报告经建筑工程部办公厅王唐文主任整理成文，在建国 10 周年之际公开发表。这个报告是认真总结 10 年的经验，首次提出的建筑理论的文章，是开拓中国建筑创作新道路的一篇理论文章。该文讲了六个问题，即：①研究建筑问题的几个基本观点；②建筑的特点及构成建筑的基本要素；③建筑艺术问题；④传统与革新；⑤学习与创造问题；⑥对建筑师的几点希望。这个报告受到广大建筑师的欢迎，明确了建筑创作的方向。“文化大革命”期间被批判为“黑风格”，将其全面否定，现已证明其基本论点是正确的，符合客观规律，符合我国国情，应当继续成为我们今后建筑创作的方针和原则。这些正确的基本论点包括：肯定“最大限度地体现对人的关怀”是社会主义建筑的基本原则；肯定“建筑既是物质产品，又是一种艺术创作”的双重作用；肯定“适用、经济、美观是有机的、辩证的统一，而又主次分明的”，主张在“适用、经济的前提下，尽可能做到美观”；肯定“古为今用”的原则，主张“正确地认识和处理传统与革新的关系”，反对“原封照搬”古典样式，提倡研究多民族的“具有鲜明地方风格的建筑形式”，从中学习优良的手法和技巧；提倡设计人员“要有群众观点，要有劳动人民的思想感情”等。从历史背景分析，此文对一些学术观点从政治上给予否定是不妥的。

刘秀峰部长如此重视建筑理论和建筑历史的研究（中国建筑史的编写工作是他亲自抓的），这在建设系统的部长中是空前的。20 世纪 60 年代末，在他病重之际，我和建筑工程部设计局毋兴元同志曾前往东交民巷他的寓所去看望，那时他已昏迷不醒，我们从内心尊重他对新中国建筑事业所作的重大贡献。

3. 路线错误，阻碍发展

1966 年“文化大革命”开展后，左倾路线造成十年动乱，阻碍了城市与建筑的发展，使我国的城市建设又落后许多。在这动乱的社会历史情况下，富有社会责任感的建筑师仍努力创作出一些优秀的建筑。如 1975 年建成的上海体育馆，系由著名建筑师汪定曾先生设计，建筑面积 12 300 m^2，18 000 个座位，平面为圆形，圆形比方形可减少建筑面积、建筑体积和外墙围护面积；比赛大厅直径 114 m，外形采用传统大挑檐，显示出大跨度屋盖的特色，立面 108 根大窗梃白色竖线条与蓝色玻璃形成对比强烈、简洁明快的韵律；屋盖支承跨度 110 m，挑檐 7.5 m，整个屋盖直径 124.6 m，选用平板型三向空间钢管网架，整体刚度好；施工采用整体提升空中旋转移位的吊装方法；这是一个将功能、结构、经济、造型、施工融为一体的创新建筑。又如由著名建筑师莫伯治先生设计，于 1974 年全部建成的广州矿泉客舍，原为接待外宾的旅游小筑，总客房数 100 间，大部分设在二、三楼上，其下为支柱层，主楼对面西北角设几组小套房，结合连廊，创造出以水庭为中心的庭园空间，主楼后有一小溪流过的小花园，通过支柱层前后通透，自然风通畅，所有客房都自然通风、自然采光，并为花木庭园所环绕；在进入主庭之前，经过一小段前导空间，穿过月洞门，豁然开朗，整体构成为序列空间，环境自然清幽，这是将传统与现代手法糅合的庭园式建筑新创作。还有 20 世纪 70 年代中期建成的广州进出口贸易大楼地区建筑群，包括火车站、东方宾馆及其扩建楼、流花湖公园、公园对面的办公楼群等，这组建筑群的建设考虑了城市与建筑发展的互动关系，注意整体内容与面貌的组合，重视建筑与自然环境的结合，是一个城市设计的好实例。1974 年由著名建筑师佘畯南先生设计的广州东方宾馆新楼，利用东南主导风组织气流通道，客房楼设单边走廊，以迎接最多的东南风，地面设水池花园，天台设屋顶花园，美国《Architectural Records》杂志 1974 年 9 月报道，其设计犹如一杯中国极好的啤酒，把人们从喧嚷的环境转入到安静舒适的绿洲之中。这几个实例可以说明，这一时期城市与建筑整体发展虽然缓慢，但在新材料、新结构的应用和城市街区整体建设上，特别是在走向自然将建筑序列空间与庭园绿地的结合上，又有新的进展。

二、后30年——改革开放，迅速发展

1. 改革开放，多元发展

党的十一届三中全会后，全党纠正了极“左”路线，中国进入邓小平理论指导下，以经济建设为中心，坚持改革开放的时期。建筑界也批判了极左思想，拨乱反正，解放思想，在改革开放方针指引下，不断扩大对外的交往，引进建筑新技术、新材料、新思路，因而在20世纪80年代、90年代，我国的城市与建筑迅速发展。在城市建筑创作方面，建筑内的新设备、材料、构造得到充实、提高，建筑的形体空间环境呈现出多元化的局面，产生许多不同风格的优秀建筑。如1983年建成的广州白天鹅宾馆，它是一座拥有1040间客房的国际五星级宾馆，设计人是著名建筑师佘畯南、莫伯治先生，建筑布局使功能、空间和环境达到协调、统一，将流动空间、餐厅、休息厅、咖啡厅等围绕中庭布置，便于旅客欣赏江景；中庭创造出雅致的富有岭南庭园特点的自然环境，其中流动的瀑布与“故乡水”题字，常能引起人们的思乡之情；宾馆采用高低层结合的手法，高层为客房主楼，外墙白色饰面，颇有天鹅白羽重叠之意，使建筑与自然环境融为一体。这是一个“新而中”具有世界一流水平的建筑实例。由于霍英东先生的坚持，该宾馆对广大民众开放，这在当时是很先进的。又如由著名建筑师齐康、赖聚奎先生设计，1983年建成的福建武夷山庄，它是建在武夷山风景区内大王峰东面的一座中型旅游宾馆，建筑为二、三层，分散布局，吸取福建民居的特点，采用斜坡顶，大挑檐，土红柱、瓦，将建筑与自然风景融合在一起。这是一个具有福建地方民居神韵的建筑创作实例。还有由著名建筑师戴念慈先生、傅秀容女士设计的山东曲阜阙里宾舍，位于国家珍贵文物孔府、孔庙旁，为此在设计前就确定了“甘当配角”的指导思想，把创造协调环境和文化气息作为设计追求的目标，使整个建筑从属于古建筑群，而又是现代新建筑；设计采用化整为零的手法，将建筑分散为传统式的院落，控制建筑高度，使用青砖墙、青瓦顶，入口主体部分为大屋顶，室内布置了历史题材的壁画、文物复制品和名人书法石刻，烘托出强烈的文化氛围。这是一个建在古文物系统附近的“中而新”的建筑实例，其外部形体接近传统建筑形式多一些，这是我们将“中”字放在前的含义。上面三个实例都是宾馆，由于地域的自然与人文情况不一样，所以创造出不同的建筑风格，我们认为都是优秀的。第四个实例是由著名建筑师张锦秋女士规划设计、1998年建成的西安中心钟鼓楼广场，其规划设计力求突出两座14世纪的古建筑形象，沿着“晨钟暮鼓”这一主题，延续古城文化带，创造人性化空间，在钟、鼓楼之间，安排绿化广场、下沉式广场、具有地方建筑风格的下沉式商业街、地下商城，既将分散的钟、鼓楼呼应在一起，很好地保护了古迹，又解决了旧城发展的生活需求，使这一中心地段兼具观光、休息、购物、餐饮等多项功能，成为名副其实的市民广场，为古城西安提供了一个颇具地方文化特色的“城市客厅”。这是一个历史与现代相结合、为广大市民服务、具有良好生态环境的实例。第五个实例是由凌本立、江欢成先生设计、1995年建成的上海东方明珠电视塔，塔高468 m，建筑总面积6.5万m^2，塔身构架是三个圆筒体，以大小不同的11个球体作为连接体，形成和谐、明快、积极向上的造型氛围，标志着上海的腾飞，同时巨大的构架本身就显示着高科技形象，圆球圆柱体的空间构图活泼，适合旅游、游乐的要求，因而整个塔的空间布局符合广播电视、观光旅游、娱乐购物、空中旅馆的功能；塔位于黄浦江的弯道，三面为黄浦江环绕，隔江面对西岸外滩，并正对上海最繁华街道南京路，又是上海路、北京路、福州路、延安路、四平路等重要街道的视线终点，因而这座高大

雄伟的电视塔成为上海新的标志性建筑。这是一个全新的建筑创作实例，其采用的空间对景是传统的手法。

2.《北京宪章》，引导发展

1999年6月23日～26日，国际建筑师协会（以下简称国际建协）第20届大会在北京胜利召开，来自世界各地100多个国家的6000多位代表欢聚一堂，围绕这次大会学术主题“21世纪的建筑学”，广泛地交流学术思想，回顾过去，并针对当前面临的主要问题，展望未来建筑发展的方向。这次大会是由中国建筑学会承办，是经过8年的努力取得承办权，又经过6年的筹备完成的，得到中央领导同志的重视与支持，李瑞环同志出任组委会的名誉主席，建设部部长俞正声为组委会主席，建设部副部长、中国建筑学会理事长叶如棠为组委会执行主席。同前几届大会相比，这次大会具有明显的特点：适逢世纪之交，又是自国际建协成立以来首次在亚澳地区召开，深入探讨符合人类广大民众利益的跨世纪的建筑发展问题，具有特殊的重要意义；总结20世纪建筑发展历史，提出21世纪如何发展的纲领性文件——《北京宪章》，并出版《20世纪世界建筑精品集锦》10卷丛书；举办围绕大会学术主题的内容更加广泛、丰富的大中小型学术研讨会。其中《北京宪章》对21世纪的建筑发展起着重要的引导作用。

《北京宪章》是由大会科学委员会主席、清华大学著名教授吴良镛先生起草撰写，经过科学委员会国内外专家多次讨论，并多方征询意见，反复修改，于1999年2月在东京国际建协理事会原则通过。1999年6月26日上午经国际建协主席莎拉女士在《北京宪章》文献上签字后，于分题报告大会上莎拉主席介绍了起草经过，吴良镛先生宣读了《北京宪章》纲要，全场鼓掌，大会主持人、国际建协三区主席哈克先生宣布《北京宪章》已成为国际建协的正式文献。该文献共分四部分：①认识时代；②直面新的挑战；③从传统建筑学走向广义建筑学；④基本结论：一致百虑，殊途同归。其主要论点是：可持续发展的观念正逐渐成为人类社会的共识，其真谛在于综合考虑政治、经济、社会、技术、文化、美学各个方面，突出整合的办法；走向建筑、地景、城市规划的融合，植根于文化土壤的多层次建构，追求整体的环境艺术；建筑师作为社会的一分子，在实现人类“住者有其屋”的理想中，有义不容辞的社会职责，要把社会整体作为最高的业主；全人类安居乐业和长久持续发展原则是我们为之共同奋斗的目标，建筑师要追求“人本”“质量”“能力”和“创造”……在有限的地球资源条件下，建立一个更加美好、更加公平的人居环境。

为了将《北京宪章》提出的创造社会合理的人居环境、节省地球有限的资源、建筑师以人为本的社会职责等重要论点、思想和观念为国际建筑界和社会上更多的人所接受和理解，国际建协理事会决议委托中国建筑学会成立国际建协《北京之路》工作组，负责这项推广宣传工作。该工作组在2000年举办了“我与《北京宪章》征文评选活动”，2001年筹办了“亚澳地区国际大学生建筑创作竞赛”，2002年在德国柏林举办了“建筑与地域文化国际研讨会”等，扩大了《北京宪章》的影响，促进了建筑的发展。

3. 生态环境，持续发展

后30年的下半时段，特别是进入21世纪以来，对于生态环境的理念，不断加深，各地提出修建绿色建筑、生态建筑、生态城市以及绿色奥运等，以使城市与建筑持续发展。此节按时序介绍几个这一方面的优秀实例。

2001年建成的清华大学建筑设计研究院办公楼是一个探讨与尝试“生态绿色办公楼”的设计，由著名建筑师、清华大学胡绍学教授负责设计完成，从1997年开始研究，1999年提出设计方案。设计布局重点考虑了四个方面的策略：①缓冲层策略，在南面设一边庭，过渡季节它是一个开放空间，冬季是暖房，夏季就成为凉棚，同时朝西设防晒墙，屋顶设两条东西向长条天窗，朝南面设遮阳板系统；②利用自然能源策略，考虑充分利用太阳能，预留了太阳能光电板系统的设施位置；③无害化、健康化策略，各层办公室在过渡季节完全可以依靠自然通风维持舒适条件，边庭不仅提供一个休息与交流的场所，其本身是一个健康的自然调节器，在室外整体设置绿色植被，可以降温、改善环境；④整体的节能策略，采用节能照明灯具，联合电位处理，消防泵自动巡检等。这座建筑好比一辆自行车，使用最少能源，同时有益健康。2003年初竣工的海口火车站，是由中元国际工程设计研究院曹亮功总建筑师设计，其设计完全是从生态、节能、环保理念出发的，采用院落布局、顺风向空间序列、自然花木穿插组合、地方材料、地方色彩、可拆装活动门窗、上陡下缓坡顶等，既符合生态要求，又有地域建筑文化特点，还非常经济适用。2006年建成使用的西藏拉萨火车站，是由中国建筑设计研究院崔恺总建筑师等设计的，该设计创造出良好的生态环境，整体造型横向展开，同背面山势结合为一体，舒展自然；墙体较厚，夏季隔热，冬季御寒，自然采光，自然通风良好，且在屋顶上采用玻璃真空管太阳能集热器分段系统，总集热面积4 000 m^2，主要用于冬季供暖，节能、环保，夏季车站不需要空调，可为生活热水提供热源，并可利用热水对竖风道中空气进行加热，提高自然通风能力，改善室内空间环境，减少能耗；在社会人文生态环境方面，亦有创新，在入口采取墙体倾斜、墙体分隔、厚重砌筑、立面窄窗以及连续的水平屋面等地方处理手法，并将这些手法提炼和改变；在室内主要大厅采用木梁结构，并配以具有地方特点的家具、陈设和大型壁画；在室内外还选用具有藏式特点的白、红、金色，使这幢建筑的外貌和内部富有地域人文特色。第四个实例是2008年建成的北京奥林匹克运动活动区，它位于北京南北中轴线上的北端，过土城绿化带以3 km多绿化带连接面积为5 km^2的奥林匹克公园，将奥林匹克国家体育场馆、国家游泳中心、奥运村以及会展中心、商业文化服务设施等组织在其中，形成一个体育运动、会议展览、商业服务、文化休闲活动区，创造出走向自然、建筑与自然共生的生态空间环境，它不仅体现了“绿色奥运、科技奥运、人文奥运”的精神，还是北京市总体规划布局中轴线发展的又一重要里程碑，这是从有利于生态城市发展大格局方面加以肯定的。第五个实例是2009年正在建设中于2010年使用的上海世博会中国馆，该馆设计是华南理工大学著名建筑师何镜堂教授领衔创作的方案，是从全球华人建筑师征集的344个有效方案中选出的。此方案根据世博会主题，创造自然的地域生态环境和社会的人文生态环境。在自然地域生态环境创新方面，它有一套完整的环保与节能的措施：第一，自遮阳体型实现夏季最大限度遮阳，冬季最大限度透光的效果，夏季节省空调、冬季节省采暖能源；第二，地区馆实行自身减排降耗，其外廊为半室外玻璃廊，用被动式节能技术提供冬季保温、夏季拔风，其屋顶“中国馆城市花园”运用生态农业景观措施实现有效隔热；第三，利用自然通风的架空中庭空间改善热环境，鼎状的四个核心筒架空层在过渡季节利用室外风压形成良好通风，架空层上部的中庭具有良好的热压拔风效应；第四，充分利用太阳能，将屋面遮阳板与太阳能电池方阵结合，实现全馆照明电自给；第五，屋顶设雨水收集系统，地面布置有园林水景，实现水循环利用，并提供生态化景观；第六，采用冰蓄冷技术，实现用电的移峰填谷，节省运行费用，并可平衡市政电网负荷。在社会人文生态环境的创新方面，该馆采用整体为方形、主体居中的布局，似中国周王城图的格局，建筑底部及其周围配以水体，如都城外围的大地乡村田野，加上建筑骨架的红色，隐喻着中国城乡的自然面貌，它体现出中国哲学思想的自然宇宙观，即建筑与自然共生的理念。从社会经济生态来看，它反映出低耗高效，适合地球自然进化的规律。所以它给我的感受是，既有中国社会人文和自然生态特点，又极富现代感，是一座优秀的创新建筑。

三、展望未来——走向自然，节能环保，传承文化，服务大众

1. 走向自然

走向自然是建筑发展的方向。回顾前30年两个时段的北京儿童医院、广州中山医学院生物楼、广州矿泉客舍、广州东方宾馆新楼等几个优秀实例，都很好地反映自然采光、自然通风、适时遮阳、配合绿地等建筑与自然相结合的设计理念。在城市规划建设方面，大量绿化，重视发展城市外围、城市内部和建筑外部的大、中、小型绿地建设。这一走向自然的设计理念，在后30年被一些地方领导和设计人忽视了，为了开发的利益（包括地方政府和开发商），搞高层高密度建筑，侵占绿地，新建筑的自然采光、自然通风条件很差，室内到处需要人工照明和机械通风，这样的建筑或建筑群，若遇自然或疾病灾害时，其损失定会十分惨重。还有些设计人，思想过于依赖现代空调和通风设施，将室外窗、室内门紧闭，既加大能耗，又损害人的健康。这些现象有待不断纠正。我们在回顾后30年提出的广州白天鹅宾馆、福建武夷山庄等几个优秀实例，亦都体现走向自然的设计理念，其中后半段的清华大学建筑设计研究院、海口火车站、西藏拉萨火车站、北京奥林匹克运动活动区、上海世博会中国馆的建筑创作，又增添利用太阳能、采用光电板、利用雨水、采用中水等技术措施，更加丰富了建筑走向自然的内容。这几个建筑项目之所以取得好的效果，是因为清华大学建筑设计研究院、华南理工大学建筑设计研究院、中国建筑设计研究院都组织从事光、热建筑物理的专业人才参加，共同研究、创作的。我们认为，建筑与城市利用太阳能、风能、地热等自然的新技术还会不断发展，因而建筑师规划师应重视同建筑物理方面的技术人员合作，建设部应重视、收回对中国建筑科学研究院的管理，加强并促进建筑物理等新技术的研究与应用。

2. 节能环保

我国城市与建筑方面的单位产值能耗远高于国外发达国家，自然能源的利用尚不广泛，处于初期发展阶段，重视节能仍是今后需要重点落实的一项工作。前面回顾前后各30年中所列举的18个走向自然的实例，它们必然都是不同阶段节能环保的建筑与建筑群，皆有参考价值。

关于环境保护，首先还是要解决大范围的问题。我国城镇与建筑发展的重点，是要逐步减少直至消除对水体、空气的污染，现在有一半以上的城市没有污水处理系统，约60%的城市被垃圾所包围，工业、汽车有害气体的排放也造成了空气的严重污染，污水、有害气体、垃圾、汽车这四个方面的环境治理，仍需要大量的资金和较长时间。这一方面做得较好的实例，如北京对城区河湖水环境的治理，取得了突出成果，城区内重点河道有18条，总长180 km，其排污已得到截流，由新建的5座污水处理厂处理，中心城市的污水处理率由39.4%提高到70%，水质由过去的四、五类提升到二、三类，根据“十一五”规划还将建中心城5座、卫星城15座污水处理厂，于2008年城市河湖水的环境基本变清，臭水不再过市，改善了首都居住的生活环境。又如绍兴市，通过疏通河道，改善水质，修整堤岸，对老城区的18条河道进行综合整治，建设地下排污管网和污水处理厂，污水处理率达80.5%，同时关闭和外

迁有污染的工厂120多个，并将城外清水引入老城区河道，进一步改善水质，同时对31处文物保护单位实行原地、原物、原状保护，还保持了老城区建筑文化风格，因而获2008年联合国人居奖荣誉奖。还有浙江金华市，它是我国重视环境治理、发展生态城市较早的地方，至2006年9月市区已建沼气净化池5045个，总池容12.69万m^3，可净化约60万人的生活污水，从而减轻金华市区已建的8万m^3污水处理厂的负荷与压力。这些实例可作为各地开展环保工作的学习典范。

在大中城市内的中心区或其他重要生活文化区，为了保护环境，要逐渐构建起无汽车行驶的人行街道系统，使这里的空间不受汽车的污染和干扰，且保证人身安全。欧美发达国家的城市早已采取了这样的措施，使这些地方成为为广大市民服务的繁华地区。

关于乡镇建设发展问题，不能片面地理解为主要是拆旧房建新房，首先应着眼于环境的改善，以节能环保的理念推动乡镇建设发展。无自来水的地方，要建水厂，同时要大力搞好污水处理、绿地建设，整治环境，发展道路交通和耗能少、排污少的产业等。

3. 传承文化

中国文化是中国城市与建筑发展的根，所以我们应重视保护城市历史文化街区和文物保护单位；对于城市与建筑的新建设，要重视继承优秀的传统建筑文化，但同时必须根据新的功能需要，采用新的科学技术，创造出新的建筑文化，促进城市与建筑文化的发展。建国60年来，我国城市规划与建筑设计一直探讨如何继承传统文化和发展建筑文化问题。建国后第1个十年建起的北京儿童医院、北京人民大会堂等代表着20世纪50年代的创新建筑，在满足实用、经济的前提下，重视吸取优秀的传统建筑文化；到了20世纪60、70年代，广州矿泉客舍、广州东方宾馆新楼和上海体育馆等，又发展了建筑与庭园的结合和新材料、新结构的应用，这些新内容代表着前30年后半段建筑文化创新的特点。改革开放后的80、90年代，城市与建筑进入多元化的发展，新建筑科学技术的应用不断扩大，在传承建筑文化方面，根据地域空间的不同，有的形似，有的神似，也有的形神兼备；有的借鉴地方民居特色，也有的灵感来源于传统的形式，还有的是全部创新。回顾后30年前半段所列举的广州白天鹅宾馆、福建武夷山庄、山东曲阜阙里宾舍、西安中心钟鼓楼广场、上海东方明珠电视塔实例充分反映了这一特点。发展到本世纪近十年，本文所列举的清华大学建筑设计研究院等5个实例，其建筑创新的内容又增加了自然生态环境，追求低耗高效、节能环保，具有地域的自然生态和社会人文环境的特征。这60年的变化发展，可以说明我们对传承文化理念的认识是在不断地深化，其创新的内容与形式是在不断地丰富。

在保护城市与建筑历史文化方面，其理念认识同样是在不断地提高，从单位保护的认识开始，现已认识到要对历史文化名城整体及其重要街区进行全面的保护，要采取微循环的方法，反对成片拆除；还进一步认识到要将城市建筑历史文化的保护同利用、发展结合起来，使其具有新的活力。前面介绍的西安中心钟鼓楼广场、北京奥林匹克运动活动区，就是很好的实例。但目前，仍有个别的地方领导对城市历史文化是城市的根缺乏认识，如南京市对旧城南区拟大片拆除，2009年初地方有识之士联合上书国务院。

关于创新建筑文化问题，这里再谈两点：一是不要盲目追求所谓代表现代建筑文化的建筑高度；二是不要片面追求怪异型体的时尚。南京市拟建紫峰大厦，118层、高450 m，建筑面积35万m^2，欲与天然的紫金山试比高，在这自然山水优美的历史文化名城修建如此高的大厦很值得商榷；上海浦东区刚建成了400多米高的金融中心，现又要修建600多米高的上海中心；广州市已选定美国SOM设计公司设计的超高层建筑设计方案。这三幢设计中标的设计方案都是境外公司设计的，他们凭借掌握超高层建筑的新技术、新设备、新造型以及所谓的节能环保新效果而被选中，其实从其深深的地基和进口新材料与设备来计算，耗能量是可观的，造价极为昂贵，既不经济又不安全。争建筑第一高度，追求超高层形象，在欧洲发达国家中是不存在的，他们修建少量的超高层建筑都在300 m左右，这是从实用、经济、安全考虑得出的结论。现只是一些中东和亚洲发展中国家追求500 m、600 m、甚至800 m的第一高，这是单纯追求虚荣的形象标志，我们应反对、制止这种做法。另外，当前有些建筑师追求“时尚”的异样形体，要打破几何体、几何线条，认为这是建筑发展的趋势。其实创造各式各样的空间形态只是手段，而不是目的，其目的还是要创造出不同地域的优良生态空间环境，满足物质的、精神的功能需要，其建筑形态由此而自在生成的，单纯追求形态异样，会走入片面追求形式的误区。近一时期，由于计算机、数字化技术和柔性材料的发展，可设计并建造出如自然界中各种曲线变化生命体的空间形体，但都是较低的建筑。对这一新情况，我们应该了解并给予关注，今后大量的民用住宅和一般公共建筑，还要是发展几何形体式，重视低耗高效，创造适宜的生态环境，只是少量的具有标志性的公共建筑，可根据空间的功能需要，在结构安全可靠基础上，创造出异样形体。

4. 服务大众

前30年上半段期间，在许多城市修建了工业区、工人住宅区，充分体现着对工人的关怀，城市内的贫富差距并未扩大；1959年刘秀峰部长在重要理论文献《创造中国的社会主义的建筑新风格》中提出，“最大限度的体现对人的关怀”是社会主义建筑的基本原则，并提倡设计人员“要有群众观点，要有劳动人民的思想感情”；这一服务大众的思想理念在城市管理者和建筑师、规划师的心中是明确的。

后30年在实行市场经济过程中，一些地方领导和一些建筑师、规划师为了局部的经济利益，对于为大众服务的思想理念淡薄了，在城市与建筑建设的许多方面扩大了贫富的差距；1999年吴良镛先生在《北京宪章》中，针对当前国内外存在的问题，提出“建筑师作为社会的一分子，在实现人类‘住者有其屋’的理想中，有义不容辞的社会职责，要把社会整体作为最高的业主”，以加强建筑师要有为大众服务的思想理念；近一时期党和政府提出一些有关城市与建筑建设的政策措施，正在扭转各地忽视大众利益而出现的偏差。

关于城市住房问题，政府正加大建设经济适用房、廉租房的力度，以解决大众的住房问题，但这需要一个较长过程。政府还多次提出控制修建高档别墅住宅、高尔夫球场、高档办公楼、高档酒店及娱乐场所等，以缩小城市贫富差距，缩小城乡差别。一些地方修建了高大的党政办公楼，庄严壮观，很有气派，使老百姓感到地方官高高在上，市民难以接近，扩大了官民的距离，这些地方领导要重新树立起服务大众的理念。服务大众的理念，还应体现在加强乡村的建设上，使城乡同步发展，缩小城乡差距，这一方面的优秀实例是获得2008年联合国人居奖荣誉奖的江苏张家港市，该市围绕打造一个适宜人居和创业的现代化城乡发展目标，使城乡功能、品位、人文素质都有提升，同时推进城乡基础设施建设，并同文化教育配套，城区与农村互动，坚持城乡协调发展，共建共享。张家港市应是许多大中城市学习的榜样。

走向自然、节能环保、传承文化、服务大众的思想观念，是互相联系的，你中有我，我中有你，应综合考虑，回顾前后各30年提出的18个优秀实例，都具有这四个方面的理念内容，只是各有各的侧重点，它们对城市与建筑建设的发展将会起到引领的作用。我们认为，思想理念是基础，这四个方面的理念是城市与建筑未来发展的方向，只要认真贯彻党的建设方针，具体体现出这些理念，城市与建筑就必然会持续发展，为新中国的建设事业作出更多的贡献。

（原载《建筑学报》2009年10期）

第二篇　城市规划与建设

1 大城市中心区的城市设计

欧美一些地区从20世纪50年代始出现了大城市中心区衰落现象，到了60年代后期至70年代、80年代，这些中心区复苏、繁荣。这种现象在我国大城市中并未出现。横观国内外大城市，城市本身都是个有联系的整体，城市的不同区域又可分出不同的层次，几经变化的城市，其中心区仍然处于城市的最高层次。为了更好地发挥大城市中心区最高层次的作用，搞好大城市中心区的城市设计，笔者结合近两年走访美国、加拿大一些大城市以及北京的情况，针对我国的实际需要，提出大城市中心区城市设计应注意的几个问题。

一、项目、设施要增加

随着国民经济的发展和人民生活水平的不断提高，特别是在我国实行计划经济与市场经济相结合之后商品经济迅速发展的情况下，大城市中心区的城市设计，首先要考虑增加或扩大必要的项目、设施，改变现状，以适应新的需要。增加或扩大的建设项目，如金融中心、贸易中心、展览中心、商业食品中心、旅馆、办公楼、车库以及其他文化娱乐中心等；增加或扩大的工程设施，如电力、通讯、供热、供气、给排水以及地下铁、道桥、停车场和绿化等。

我国大城市同国外发达的大城市相比，差距就在这些基础的工程设施和基本建筑项目的内容与标准以及综合的城市设计上。在这些项目、设施的更新、改造、发展方面，欧美重要的大城市经营了100～200年以上，而我国仅在新中国成立后40多年才有了较大的发展。这些差距的存在是必然的。如果我们重视这个问题，作出较好的大城市中心区的城市设计，并逐步付诸实现，这些差距定能在一定的时间内缩小，甚至消失。

目前，我国各大城市中心区的用地、建筑、人口已很拥挤，如何解决增加项目的矛盾呢？无非是从三个方面来考虑：(1) 保留、预留必要的项目用地，同时要制定出优惠的政策，有计划地疏散可迁出的项目和住户。(2) 向地下要建筑空间，如北京天安门广场东侧革命历史博物馆需大量增加展出面积，但没有用地，1987年邀请有关专家讨论了这一问题，拿出了在西郊、南郊的新建方案，当时张镈同志反对分散建设的方案，认为在原址扩建向地下发展最为理想，看来这个向地下要建筑空间的建议可能是个上策。美国华盛顿中心区史密松学会南院工程就是一个向地下发展空间的很好实例。(3) 向空中要建筑空间，于一些非历史文化名城中心区，在建筑容积率、人口密度允许的情况下，改建扩建的工程可适当增加层数与建筑面积。

各大城市中心区增加项目、设施是必须的，但各个城市需要根据各自的特点，提出不同的侧重点和不同的解决方法。关于项目、设施的内容、标准，需有关经济、规划、设计专业人员共同研究、提出计划，经综合论证后领导部门批准。这个项目、设施内容计划十分重要，它是中心区规划设计的基础、依据，不能缺少。

二、交通要畅通，尽可能地发展地下铁

中心区交通紧张、拥塞是大城市普遍存在的主要问题之一，经过近几十年来的不断改进，一些大城市的交通有所改善。凡中心区交通得到缓解的大城市，大都是发展了地下铁，并组织得比较好。概括起来可分为三种情况：(1) 中心区的地下铁交通网同地上棋盘式系统或环形放射式系统的道路网相吻合，只是网的密度稀疏些，两条线的间距约 1 km，在中心区主要点都有地铁车站出入口，来去中心区的交通十分方便，具体实例有巴黎、伦敦、莫斯科和纽约等。(2) 在中心区核心部分组成地下铁环状网，另有几条城市干道地下铁线路通过中心环状网，如华盛顿有从四方穿过中心区并组成中心环状网的 5 条线路。芝加哥中心区地下铁线路同地上高架桥交通线相结合组成环状网，并通向北、西北、西、南几个方向，高架路有噪声，有碍城市观瞻，但还是方便了中心区的交通。又如加拿大蒙特利尔中心区，其中心区地下铁环状网比较大，短边距离有 2 km，从地铁到相邻的干道上有 750 m 的距离，走路约 15 min，这个组成的环状网还有线路伸向东北、西北、西南、东南几个方向。加拿大多伦多中心区地铁环状网比较小，凡是在有地铁线能够接上这个环状网的东、西、北部地区，去中心区更为方便。(3) 在中心区只有一两条地下铁线路通过，主要是在地面上组织好交通单行线，如旧金山市。

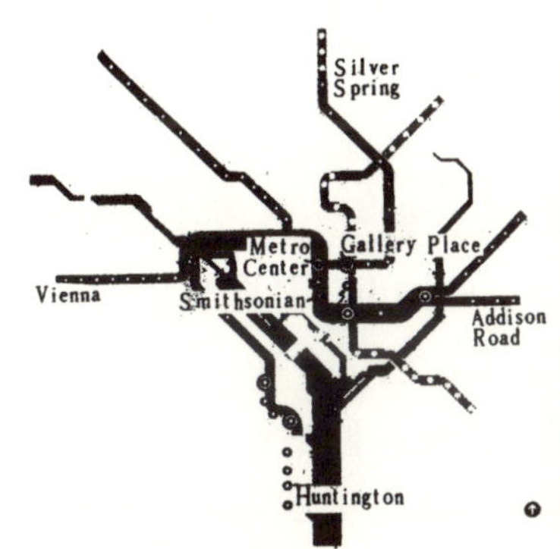

华盛顿地下铁线路

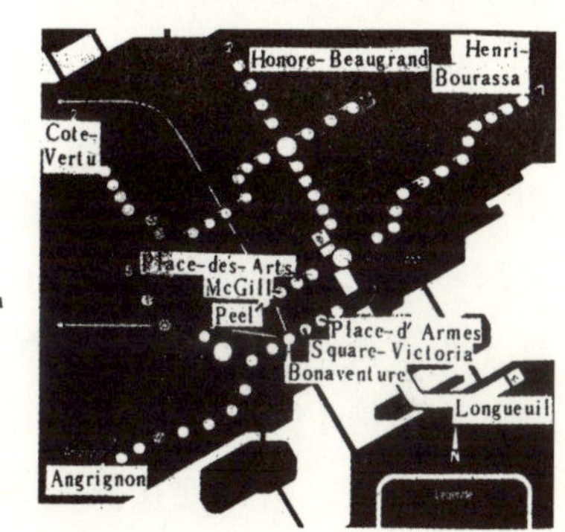

蒙特利尔地下铁线路

上述三种情况，第一种做法效果最好，交通畅通；第二种做法虽不如第一种方便，但从主要区通过地铁可直达中心区环状网，再步行一段距离到达中心区目的地，因而可以说基本上是方便的。第三种做法，其效果不如前两种。我国大城市可考虑选用第二种模式。北京可逐步向第一种模式发展，在现有环城地下铁线路基础上，南北、东西向各开辟三条地下铁交通线同环城线连接，形成地下铁棋盘网，这个网可将中心区的天安门广场和王府井、西单、前门、鼓楼四大商业文化区联系起来，使中心区的交通畅快。

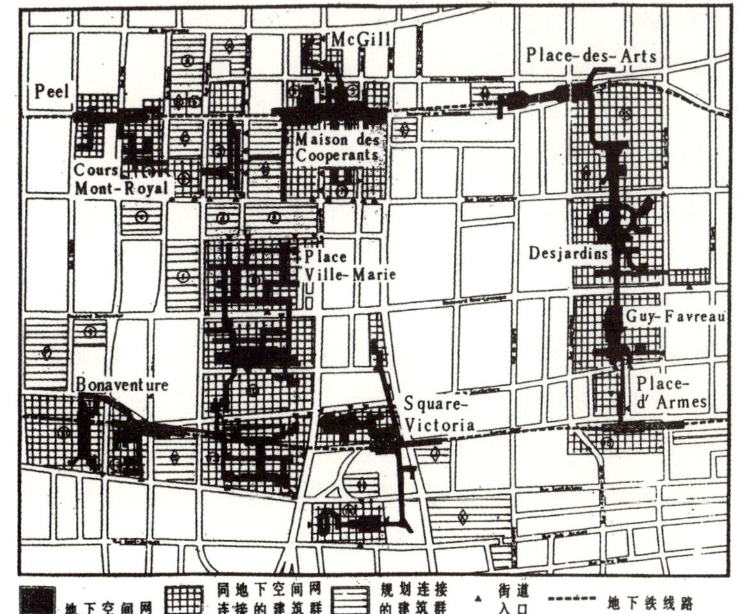

蒙特利尔中心区地下空间系统

三、建筑的环境质量要提高，可向综合、连接、系统发展

这里着重讲同市民生活关系最密切的商业、文化、娱乐建筑。我国大城市中心区都有一条繁华的商业街，从建筑环境方面来看，存在着人车交叉不安全，缺少适宜短暂休息的绿化、水池、座凳设施等问题，现正在逐步改善。

国外近几十年来改建、发展中心区的实例很多，其三步做法可作借鉴。

1. 综合。所谓综合就是将商业性建筑集中，并把文化、娱乐性建筑与设施也集中在一起，组成一幢建筑或一组建筑群。这种性质的建筑，在美国称为 Mall。修建在市中心区的最高级，在各区以及郊区也都建有，便于居民使用。Mall 的布局形式：多为室内步行街，大都是三至五层，中间为步行街，成中庭式样，布置水面、绿化，并有座椅等休息处穿插其间，侧面几层为连接的商店，还有著名的餐馆、书店以及电影院等文化娱乐场所，色彩丰富，美观热闹，气氛活跃。好的实例如蒙特利尔 Cours Mon-Royal、多伦多 Eaton、芝加哥 Water Tower Place 等。这种布局的特点是建筑综合，把步行街转入室内，把自然环境引入建筑物内，方便了居民，改善了人们活动的建筑环境质量。北京过去的东安市场、西单商场也是这种室内步行街的布局形式，只是建筑与设施的标准相对低。

这种综合性的建筑还可建成室内广场的布局形式，这是继室内步行街和旅馆中庭之后发展的，广场四周的多层商店、餐馆、文化娱乐设施同室内步行街相似，但所提供的中心广场具有更多的功能作用，可搞展览和公共演出，还可在此会友，观看中心地区的活动，获得一些最新信息，老人将其作为起居室同朋友聊天。蒙特利尔的 Desjardins 是个典型例子，室内中心广场比较大，绿化、喷泉、座椅、灯光布置得错落有致，四角矗立着四根空心柱，简洁有力，创造出优美的活动环境。今年 5 月国际建筑师协会第 17 届大会开幕前的酒会就在此举行，大会的建筑图片展览也在这里展出，效果很好。

2. 连接。所谓连接就是将室内步行街或室内广场同附近的公共建筑用地道、天桥连接起来，形成更大范围的商业、文化、娱乐活动区。有的还与旅馆、办公楼相连接，活动十分方便。如蒙特利尔 Desjardins 同 Guy Favreau 室内广场、会议中心广场连接在一起；多伦多 Eaton 室内步行街同 Sheraton 中心等通过地下连接起来。

3. 系统。所谓系统就是将均匀分布的连接成片的综合建筑群同中心区地下铁环状网或棋盘网以及地面主要干道接通，组成系统。这是近一时期大城市中心区城市设计的新成果，值得重视。在这一方面蒙特利尔做得比较突出，该市起步并不早，1962 年从发展 Ville Mari Tower 地下空间开始，有机组织、引导发展这种系统。其中心区有三片连接的综合建筑群，即 Desjardins 片、Place Ville-Marie 片和 Cours Mont-Royal 片，这三片同中心区地下铁环状网连通，并与中心区主干道 Catherine、Rene-Leresque 垂直交叉。经历 28 年后，这个城市设计的系统基本实现，每天有近 30 万人使用；从三片 6 个地铁车站来统计，它们联系着 170 万 m^2 办公室空间、1400 个时装用品商店、3 个音乐厅、2 个百货商店、3800 个房间旅馆；商店的街道入口大量转为室内入口，从 1961 年的 2.7% 增加到 36%，鞋店从 0 增到 48%，女服装店从 1.8% 增到 67%；室内步行街、广场的发展促进了街面商业文化设施的改进，增加了电子游戏、快餐、酒吧等，使与室内步行街连通的知名室外商业街 Catherine、Maisonneuve 同步繁荣，发挥了系统的作用。

北京的这种系统，可考虑通过地下组成四片连接的综合建筑群，王府井片以新建多层具有室内

步行街意味的东安市场为重心把王府井东、西两面的主要建筑连接起来，西单片以新建西单商场为中心把西单北大街东、西两面以及西长安街南面的主要建筑连通，前门片以前外大街东、西两面为中心把北面的革命历史博物馆和西面的大栅栏、廊坊头条连接在一起，鼓楼片把鼓楼南大街东、西两面接通；这四片通过地下铁内环网及其里面的三横三竖方格网连通，并与地面主干道长安街、王府井大街、西单北大街、前外大街、鼓楼南大街组成系统。

这种系统的模式，确实能够解决几个主要问题：避免人车交叉的矛盾，使在中心区活动的居民有安全感；满足多功能的要求，商业、文化、娱乐，甚至办公、旅馆连通在一起，使用方便，在此系统中活动，可不必走出室外；提供良好的环境，有自然光穿透或良好的人工照明，并有绿化、喷泉、座椅、洗手间等，还可以做到不冷不热，无雨无雪，道路不滑，便于在此活动、会友或休息；改善交通，将道路网、地下铁网、重要建筑物与公共设施等连接在一起，来去方便；同人防工程结合，地下街、地下广场、地下通道，三者连成的系统是很好的人防工程，如莫斯科地下铁在卫国战争中发挥了巨大的作用。

四、建筑群要有特色

中心区建筑群的立体轮廓线和重点建筑的外观是城市的标志，也很重要，应做出特色。

1. 建筑群要“新而中”，既有时代感，又有地方特点。无论是新建筑，还是旧建筑翻建，都要根据各地的条件，尽可能地采用新技术、新材料、新设备，从而创造出一些新的形式，使新建筑的创作和旧建筑的翻新建立在现代技术之上。市领导决策人要重视这个问题，不可只着眼在合资宾馆上，同时应重视中心区最高层次的公共建筑，少量的也可以搞成合资的项目。

2. 建筑群要重视整体效果。大城市中心区建筑群的布局要有规律，要考虑整体的关系。如美国芝加哥，最高建筑是 Sears tower（也是世界最高的建筑，高约 443 m），第二高建筑是 Standard oil building（高约 346 m），第三高建筑是 John hancock center（高约 343.5 m），这三幢最高建筑在南北向拉开距离布置，其他高层建筑散布在中间，展开的建筑群立体轮廓线还是有节奏的，彼此之间有呼应。旧金山市中心区有三个山头，建筑与地形配合，使建筑群的轮廓更富有韵律。加拿大多伦多市，从水面远眺市中心区，可看到一个优美的立体轮廓线。我国大城市，也应重视这一内容的城市设计。北京中心区的中轴线地区，即珠市口至鼓楼一段，要保持故宫建筑群、前门正阳楼、鼓楼的立体轮廓。王府井片、西单片的建筑群轮廓，也应从整体效果来考虑，不能太高，本身整体变化不宜太大。

3. 建筑群要有自己的特色。各城市应重视找出自己的建筑特色；对原有建筑，在进行维修、改建时应注意不同程度地保留原有面貌；对新建筑，既要注意同周围原有建筑的协调，在非保护范围内的重点建筑，又要注意创新突出。对于这一问题的处理，蒙特利尔市是个较好的实例。该市中心区建筑群的特色是灰石基调和玻璃塔。对原有建筑采用三“Rs”办法，即 Restoration、Renovation 和 Recycling。Restoration 是修复，也就是对有保留价值的古老建筑按照原样修复。Renovation 是整旧翻新，它与修复的根本区别在于不必完全按原样修复；如对 1959—1962 年修建的 P1ace Ville Marie，1987—1988 年翻新时，添加了商业廊、拱天花、酒吧、快餐中心、下沉式庭院、敞开广场等，但原建筑面貌基本予以保留。Recycling 是再生循环，是大的改建，使其新生，具有新的活力，适应再使用的新要求；如 1988 年改建的 Cours Mont-Royal，改建后包括华贵的公寓、有声望的办公楼、商店、埃及风格的电影院和一个高级快餐商场，这些设计围绕中庭、室内步行街布置；还复原了一个老旅馆和一个有声誉的 Kon-Tike 酒吧。对新建筑如 1986 年建成的 Maison'des C'ooperants，它的位置、比例、材料质感与色彩都同其南面的 1859 年建成的 Christ 教堂协调，由于它本身的高耸、玻璃墙面、塔顶两边竖起的斜面，创造出新颖的造型，在中心区十分突出。其他新建筑如信托大厦，有石墙面，与原有灰石基调的老建筑相协调，还有笔挺的玻璃塔，体现新时代。这种新、老建筑融合的建筑群就成为蒙特利尔的特色。多伦多中心区建筑群也很有特色，如市政厅广场，广场一侧为古罗马式旧市政厅，新建市政厅为两座呈新月形的高层建筑，内弧面做成玻璃幕墙，外弧面做成混凝土实墙，对比强烈，并与旧市政厅和金融区摩天楼相协调；这个设计是从国际竞赛 520 个方案中选中的。又如多伦多 Eaton 中心，在其商业街巨大的玻璃拱顶空间，悬挂一群海鸟，增添自然情趣，体现夏季湖滨生活的意境，创造出自己的建筑特色。

北京同样能创造出北京的建筑群特色。中心部分故宫、景山、中南海、北海，属于文物保护区，建筑要 Restoration；前门片、鼓楼片属于整旧翻新区，是 Renoration，可基本保留原有商业街的风貌，但要更新采用新技术、新材料、新设备；王府井片、西单片属于大的改建区，建筑要 Recycling，东安市场、西单商场都可做成多层的室内步行街或室内广场式的新建筑，王府井片要注意保留吉祥戏院、东来顺饭庄等有名的老建筑，西单片也应注意保留长安大戏院、西来顺等知名旧建筑。

五、绿化要尽可能多

这一方面的突出实例是美国首都华盛顿。中心广场建筑群有秩序地融合在大自然的绿化环境之中，广场呈东西向纵轴长条形状，主要建筑坐落在东端尽头，为国会大厦，中心长条形为大片的草坪和绿化，视野开阔，环境优美，其南北两侧排列着各种类型与式样不同的博物馆、艺术馆、美术馆等。广场的西部为更大片的草坪、水面与绿化，其中心是全广场的制高控制点华盛顿纪念碑，碑西为林肯纪念堂，这片更为广阔的绿地与沿河绿地连成一片，景色壮丽。如此多的绿地，创造出更加亲切怡人的空间环境，增加了首都的庄严气氛，进一步突出了华盛顿的文化历史特点。波士顿市中心的绿地也不少，尽管中心区地价昂贵，却一直保留着公共公园和 Commonwealth Avemall 林荫大道，为波士顿增添了文化历史的环境气氛，同时也成为波士顿中心区的标志。

北京的中心区也保留了一定的绿地，如中山公园、劳动人民文化宫、景山、北海等，只是天安门广场绿化少，需大量增加，改善环境；王府井、西单、前门、鼓楼四大商业文化区的室外室内的绿化，要大大增多；还要注意搞好各个公共建筑的小环境绿化，以及居住区的绿地环境。中心区的绿地多了，可使居民更多地接近自然环境，提高建筑环境质量，并能增加地区的文化环境气氛，实用美观，这也是使建筑协调起来的最经济的办法，一举多得，不容忽视。

（原载《建筑学报》1990 年 10 期）

2　中国城市历史文化的延续和发展

中国有着五千年的悠久历史文化，遗留下不少的城市遗址，在现有的许多城市中程度不同地保存了城市历史文化实物，包括大量的建筑和其他，为了保护好这些城市历史文化，我们分两批公布了62个国家级历史文化名城。对于城市的历史文化，如何保护、延续和发展，下面着重谈四个问题。

一、保护城市传统风貌、建筑历史文化的意义和重要性

一个城市的传统建筑、街道、广场、绿地等，代表着该城市各个阶段的历史文化，为了保持城市历史文化的延续，对于有价值的城市历史文化实物必须加以保护，使城市成为城市历史文化的实物见证。历史文化实物比历史记载更为可贵，因为它更加真实确切。城市的发展应在原有历史文化的基础上，不断继承、创新与发展，而不应摒弃历史文化，凭空发展。城市与建筑文化是发展城市与建筑的根，城市历史愈长，其根愈深，根深叶茂，城市历史文化的积淀愈深厚，这个城市的价值就愈大。城市具有各自的历史文化，城市将不会趋于雷同，亚洲城市的特点也就不会消失。这说明了保护城市传统风貌、建筑历史文化的意义和重要性。有了认识，才能付诸行动。

二、中国历史文化名城保护规划的几种做法

1. 整体保护。在城市历史文化实物比较完整，其历史文化价值高的旧城范围内，采用整体保护的做法。如具有700多年历史的北京旧内城区，保护其中轴线、中心紫禁城、中南海、北海、景山以及成片的四合院住宅胡同区，改建、新建的房屋，在高度、形式上都有所要求，以保持整体的和谐。又如具有2500多年历史的苏州，在其12 km^2 的旧城范围内，亦实行整体保护，体现原有的水乡风貌，保护原有城市的主体轮廓，保持原有建筑的风格，新建区在旧城西面开发，使旧城区可取得整体保护的效果。还有一些中小历史文化名城，如山西的平遥、辽宁的兴城，旧城范围较小，城墙、街道、典型的铺面和住宅都整体地进行了保护，并根据新的生活需要，加以整修改造，但其原有外貌较完整地保留了下来；新建部分在其外围发展。

2. 重点保护地段。这是在历史文化名城中采用最多的做法。一般来看，中小城有几个、大城市有十几个或更多的这样地段。如北京的天坛，上海的外滩，苏州的虎丘，成都的文殊院、杜甫草堂等。这些地段是历史上有名的建筑群、寺庙、园林或典型的传统民居建筑群，还有城墙、护城河等。重点保护地段的建筑与环境面貌，按原样保护，要求做到“修旧如旧”，不作大的改变，保持原有历史文化的真实性。

3. 建设控制地带。这个地带大都是在重点保护地段周围的一定范围内，或在城市整体保护的旧城范围内的一些地方。在此地带内，建筑的高度、容积率、形式、内容以及其他建设都有控制性的规定，

目的是确保重点地段的保护和整体的保护，起到过渡地带的作用，使新旧区协调和整体和谐。

这三种做法，在不同的城市、不同的地段灵活运用，它对于反映出城市各自的历史文化起到了积极的作用。

三、在城市现代化建设中，注意地方传统、特点和现代技术、时代精神的结合

20 世纪以来，城市与建筑都朝着现代化的方向发展，特别是近几十年来，工业社会逐步转向信息社会，城市现代化的建设发展速度更为迅速，这一总趋势是由生产技术发展、变革引起的。所以在城市现代化建设过程中，我们必须重视现代技术的应用和反映出时代的精神，城市道路交通建设一定要立体化，建筑交通逐步走上一体化，建筑还要智能化，污水要处理，垃圾要处理并转向产业化。但在运用现代技术进行城市建设时，要充分考虑城市的文化，除前面一段所述保留传统的历史文化外，大量的新建设、新建筑要考虑同原有文化的结合，继承、发展和创新原有的传统文化，保持自己的文化特色。如北京中心干道长安街的建设，地面道路打通后宽 80 m，开辟地下铁路；在西面 20 世纪 50 年代末建起的民族文化宫，反复经过方案比较，最后采用了具有传统特色的方案；在东面于 50 年代、70 年代、80 年代三次扩建的北京饭店工程，一次比一次更现代化，但都考虑了与原有建筑特点的结合。北京清华大学图书馆新馆的建设，其布局、空间组合、设施、管理等都符合现代化的要求，但同时与老馆和清华大礼堂的关系十分协调，融为一体，成为一个地方特色与现代技术结合的优秀实例。又如苏州的竹辉饭店和今年刚完工的吴作人艺苑，采用了地方的庭园布局手法，吸取了当地粉墙黛瓦的民居特点，也都成为现代技术与地方特色结合得比较成功的实例。广州的南越王墓博物馆，是一个更值得推荐的优秀实例，它运用传统的轴线构图、空间序列、庭院布局的手法和现代的空间概念，突出了古墓博物馆的环境气氛和象征含义，使其具有深厚的文化层次和鲜明的时代感。

四、保护自然景观和发展城市绿地是保持中国城市文化特点的一项重要内容

自古以来，中国城市的选址是很有讲究的，讲究背山面水或面向平原，四周有河流穿绕，大多情况是西北高，东南低，日照朝向良好，风向导流畅通；局部建筑群或院落住宅，大体也采取这样的布局，真可谓城市与建筑融入大自然之中。这种大的布局，是符合中国地理山川构造和自然条件的，这部分内容在中国风水学说中是极其科学的，应予肯定。

这种布局是在一定的哲学思想指导下形成的。老子崇尚自然的哲学思想，周礼、儒家的等级严整的思想，糅合在一起指导着我国的城市规划与建设。因而，形成我国许多城市的格局是城市在大范围的自然景观之中，城市内部布局受礼制制约是规整的，在规整中又有自然。用现代的语言来说，城市在大自然、绿化之中，大自然、绿化在城市之中。这种城市与大自然合一的城市设计思想是中国城市文化特点的一项重要内容，理当继承与发展。如北京城，其北面西面群山叠翠环绕，西北高东南低，西、北面的自然景观得到保护和发展，形成著名的“三山五园”；城市中心区，紫禁城背负景山，西北面为琼岛白塔山，西面为西苑，亦是由经过加工的自然景观所环绕，城市内的大小院落中种植各种绿化；从空中俯瞰，北京城在绿化之中，绿化在城市之中，建筑在绿化之中，绿化在建筑之中，十分美丽动人。又如杭州市，几十年来大力保护与发展西湖的自然景观，已成为世界一流的风景城市，突出地反映了中国城市文化的特色。苏州市重点地保护了城市西北面，城外西郊名山的自然景观和旧城的

水网以及数目众多的著名园林，这些园林模拟自然而造，形成了闻名于世的中国园林文化。

具有城市历史文化内涵是21世纪发展高层次城市所必须的，中国城市的持续建设重视历史文化的延续和发展，具有中国自己的特色，是符合历史发展潮流的。

随着向信息社会发展，到21世纪世界上有480多个百万人口以上的大城市和大量的中小城市，如何保持城市的生态平衡，是大家要解决好的重要问题。同时，人们对城市与建筑的要求是高层次的，需要满足其高情感、多方位、多样化的需求。现代中国城市与建筑的发展，重视保护城市传统风貌、建筑历史文化，在城市现代化建设过程中，重视地方传统、特点和现代技术、时代精神的结合，并重视保护自然景观和发展城市绿地，这些都属于具有城市历史文化内涵，非常重要，它是21世纪发展高层次城市所必须有的内容。所以，我们坚持这些原则。现在的问题是，要继续坚持这些已定的原则，不断付诸实现，而不要受到“商业主义”的干扰和破坏。

（原载《建筑学报》1994年03期）

3　加强监督实施城市与建筑发展的政策及其科学规划设计

新中国成立后的60多年来，我国城市与建筑的发展，成就突出，无论是在规划设计理念方面，还是在建设实践方面都有很大进步，这是有目共睹的事实。但由于多方面的原因，在建设过程中遗留下不少问题有待改进，这就需要进一步提高建筑科学（包括城市、建筑、园林）方面的领导、科学技术人员和业主的观念认识，更需要加强监督实施城市与建筑发展的政策及其科学规划设计。我们相信，加强监督实施贯彻建设方针政策，真正落实城市与建筑可持续发展，一定能加快实现2020年全面建设小康社会的目标。下面就这个问题谈六点看法。

一、城镇化速度要适应产业和城市建设的发展

大力发展适合各地条件的产业。城镇化是产业经济发展的结果，第一产业农业发展了，城镇会多起来，第二产业工业发展了，城镇化的比例会增多。所以说，发展产业经济是带动社会、城镇化发展的根本动力，这就是邓小平同志提出"发展是硬道理"的重要思想。这一重要思想是在1978年改变"以阶级斗争为纲"为"以经济建设为中心"而提出的，它还具有重要的历史意义。在本人所写《建筑文化感悟与图说》国外卷与国内卷的书中，用实例说明这一重要思想。国外的如美国的西雅图、波士顿，瑞士的伯尔尼，法国的巴黎，意大利的佛罗伦萨，比利时的安特卫普，埃及的开罗、亚历山大，日本的京都市等。国内的如20世纪50年代后的北京、西安、南京、杭州、苏州、青岛、昆明、成都等重点城市，20世纪80年代沿海成立的四个经济特区深圳、珠海、汕头与厦门市，20世纪90年代开发了浦东新区的上海市。21世纪前后至今原有大中城市和西部一些城市，都是因为协同发展了第一、第二、第三产业，同时带动了这些城市各项事业的发展。这些城市的兴旺证明了邓小平同志强调发展是正确的，符合客观发展的规律，各地区的城市领导都要认真理解和贯彻这一重要思想，根据自身条件，积极发展具有自己特色的产业经济。再有，发展产业经济，要努力以技能与创新为主，提升各类产业的技术水平，这是目前我国同先进国家相比存在的差距。胡锦涛总书记多次强调"要全面提升产业技术水平和国际竞争力……关键是要在'加快'上下功夫"，这也是"三个代表"思想中所提的"代表着中国先进生产力的发展要求"，因而对这一要求，各部门各地区都要加快贯彻落实。

发展工业要与其环境治理同步。第二产业工业企业的建设要同其环境治理同步发展是我国建设的方针原则，如近几年天津滨海新城的工业企业建设等都认真贯彻了这一政策，达到了排放与节能的标准，没有污染环境。但其他地区还有不少的工业企业在走工业化国家初期经历的先污染后治理的老路，一些纺织印染厂、造纸厂仍往河湖排放黑水，一些建材、化工等工厂仍向天空排放含有高浓度氮和硫

的氢氧化物以及烟尘微粒的黑烟。还有一些知名工业企业，极不重视环境治理，如前些时间环保部公布的名列榜首的不合格的紫金铜业集团所属的工业企业，此集团领导对此无动于衷；又如公众环境研究中心主任马军联手全国33家环保组织，花了半年多的时间，于2010年4月完成了对IT产业重金属排放问题的调查报告，报告中所列排放超标的诺基亚、西门子、IBM、苹果和佳能等公司，有的不做回应，有的沉默，还有的急于抹去证据。IT等产业排放含重金属的污染物比排放黑水、黑烟更为严重，因为它是无形的，要存在几十年，很难清除，环保部门对其进行过调查，广东珠江三角洲近40%的农田菜地土壤和珠江、深圳河等多处遭到重金属污染。因此我们认为，要加强监管力度，对于这些违法的工业企业要给予严厉的处罚，限期治理。

城市的发展要与城市建设同步。城镇化发展就是逐渐地让农村人口进入城镇，发展城镇。城市的建设发展是一个庞大的系统工程，包括各类第二、第三产业、居住区、道路交通、绿地、为生活服务的公共建筑（衣食、教育、医疗、文体、环卫和党政机构）以及给排水、电、热能市政管网工程等内容，需要大量的建设资金，由此可以看出发展城镇化不是轻而易举之事。目前，我国的城镇化已显畸形，走出农村的农民工数量超出了城市所能接纳的工作岗位数，几个直辖市和省会等大城市的各项设施满足不了大量农民工涌入的需求，这样发展下去，城镇化是不可持续的，城镇化发展必须要与城市建设的发展相适应。关于住宅、道路交通、绿地和污水、垃圾等问题将在后面各段中论述，这里仅讲一个居住区问题。居住区要配套建设，住宅之外，要同时建起中小学教育建筑、卫生医疗诊所、为生活服务的商店、文化体育设施等，如20世纪90年代建成的合肥琥珀山庄住宅区、珠海拱北花园新区、昆明春苑住宅区以及获2009年中国人居环境奖的天津海河两岸宜居家园、西安曲江新区等，这些居住区的建筑容积率大都在1.5以下，配套设施比较齐全，空间容量适度，生活环境舒适方便。但目前还有不少城市的一些地区存在着居住区建设配套设施不足和质量极差住区的问题。因关怀弱势群体和教育、医疗等属于社会公益事业，建设住宅区的开发部门要同地方政府有关部门合作，共同建设好配套的居住区，逐步改造好城中村和城乡结合处住区。这是共同职责，地方政府的管理部门要监督实施。

城镇化的重点应该是中小城镇。温家宝总理在2010年2月27日与网友在线交流时提出，“希望具备一定条件的农民工融入城市，特别是多到中小城市和中心镇，享有同城市人一样的福利待遇、生活条件，从而解决新生代农民工问题”；并说，最症结的问题是推进户籍制度改革，让他们融入城市。温家宝总理还表示，现代产业工人队伍的主体已经是农民。这是我国城镇化发展的方向，也是党和政府历来提出的建设方针，就是要以发展中小城镇为主，控制特大、大城市的规模。这样做符合中国国情，可缩小城乡差别，达到全国生产力、人口分布比较均衡合理的效果。但贯彻实施这个方针政策相当困难，因为从近期利益着眼，第二产业工业建设在大、特大城市条件好、上马快、可迅速发展。而且有些符合条件进城的农民和中小城市的专业技术人员，片面认为到大、特大城市工作，生活条件优越，待遇高，一心向往到这些地方发展。鉴于此，我们必须下决心，严格控制特大、大城市的规模。

要严格控制特大、大城市的规模。我国直辖市、省会和重要大城市编制的城市总体规划，都是经过各方面的专业人员调查和有关专家研究讨论提出的，随后由各市领导部门审定再上报国务院，最后经国务院批准。国务院对这些城市总体规划都有若干条批复，进一步明确其性质、规模和建设重点等，具有指导性、权威性和法律效应的文件。我们认为，现在各大、特大城市就是要严格执经国务院批准的城市规模问题，它是贯彻城镇化发展的方向，控制特大、大城市规模的重要一环。如国务院批准的《北京城市总体规划（2004—2020年）》，于2005年1月在其批复同意这个规划中，明确"北京是全国的政治中心、文化中心，是世界著名的古都和现代国际城市，中心城的建设，要以调整功能、改善环境为主，控制建设规模……同意《总体规划》确定的2020年北京实际居住人口控制在1800万人左右（其中中心城在850万人左右），应着力于提高人口素质，防止人口规模盲目扩大……"。当前北京常住人口已达到1900多万人，给城市带来多方面的失衡：首先水源不足，现日用水量近300万立方米，年用水量为35亿立方米，每年开采地下水为20多亿立方米，超采10亿立方米，南水北调2亿立方米，密云水库供水3～4亿立方米，十三陵水库无法向北京供水；再有城市用地不足，现中心城区建筑容积率过高，道路交通拥堵，环境质量较差，离宜居城市的标准有一定的差距。控制北京市人口规模是有可能的，一些第二产业汽车工业等和第三产业金融业等都可不在北京大发展，在北京城市总体规划中并没有提出将北京搞成工业经济中心、金融中心；还有落户北京的从中央到地方的行政管理部门亦有精简规模的空间。因此我们认为，北京发展的主要矛盾是要严格执行国务院批准的《总体规划》，监督实施控制其人口规模。

二、走向自然、节能环保，城市、人与自然和谐

要格外重视城市绿地生态建设。城市绿地包括自然风景区、公园和街道、住区、公共建筑的园林绿地，它是城市的重要组成部分，是保证人与自然共生、创造良好生活环境的基本因素。因此，我们要格外重视城市外围大的生态绿地环境、城市本身中的生态绿地系统环境和建筑内外与道路小的生态环境的绿地建设。关于大、中、小生态环境绿地建设，几十年来做得较好的城市有合肥、杭州、厦门、中山、郑州、南宁市等。南宁市委2010年1月召开扩大会议，确定进一步改善城市生态绿地环境，城市建设"不砍树、不推山、不填水"，做好"树、山、水"文章，加快建设"百里环城森林生态圈"，全市种植260万株树木，巩固"中国绿城"的建设成果。我国北部寒冷地区的哈尔滨市，2010年继续积极开展生态绿地建设活动，拟新增绿地8 km^2，新植树木100万株，使城市绿地覆盖率提高到38%，人均公园绿地面积10 m^2。为推动城镇绿地生态建设的发展，住建部评选出命名2009年国家园林城市、县城和城镇77个，包括河北承德市等41个城市、重庆市荣昌县等31个县城、江苏江阴市新桥镇等5个城镇，同时提出希望这些城镇继续努力构建资源节约、环境友好的和谐社会。但还有些城市落后很多，人均绿地只有4 m^2左右，需向上述城市学习，加快绿地生态建设。

城市总体规划布局适应大自然。我国大自然的条件是位于亚洲东部、太平洋西岸，地貌是西高、东低，山脉走向是东西、东北至西南两种方向最普遍，大的河流自西向东流，横贯东西，冬季干冷寒风从西北方向的西伯利亚和蒙古高原吹来，4月至9月受东南方向海洋上吹来的暖而湿的气流影响。根据这样的地域自然特点，城市总体布局和建筑就要考虑西、北面要有较高的山，以挡住冬季干燥的寒风；东面、南面要有开阔的平地，以获得充足的日照阳光；在开敞的平地上要有河流穿过，以供人们和动植物用水，还可起到交通、调节气候、创造景观、平衡生态的作用；夏季风多为南北或东南向，城市街道走向、建筑开窗方向要与风向一致，以利于自然通风。城市、建筑与人同自然和谐，城市总体布局适应大自然，这是节能环保的重要措施。这里举一个正在实施同自然和谐的成都城市规划实例，

该市依托山体、河流区域构建“两带”“一环”“六廊”“十河”“多节点”的自然生态网络格局，包括南北走向的龙门山—邛崃山脉和龙泉山脉自然生态控制区、中心城市的块状景观生态绿地、高速公路生态廊道和十条河道组成的自然生态走廊，以及市域内广泛存在的公园、小块生态绿地、湿地等生物迁徙栖息地，使城市与建筑顺应自然山水，有利自然通风、有利日照，至 2015 年将基本形成园林生态城市。此例可供后进者参考。

加快污水、垃圾的治理与利用。现有不少城市没有污水处理系统，许多城市被垃圾所包围，需要治理的范围大、数量多，我们要多思路、多方法解决这两个方面的问题。解决污水问题，就是要采取多种办法修建污水处理厂。北京城区河湖水环境方面的治理，由于新建了 10 多个污水处理厂，使河湖水变清，臭水不再过市，改善了居民的生活环境，污水变成中水后重新加以利用。德国莱茵河畔的杜伊斯堡市，市内一家造纸厂和两家大药厂，没有自搞污水处理厂，而是合建了一个污水处理厂，共占 2/3 股份，政府参与占 1/3 股份，厂由政府管理监督；这种由几家工厂企业合力，并与政府合作办污水处理厂，是个好方法，比任何一家自办省经费、省力、省时；同时，处理干净的水又供给三个厂循环使用，还可出售给当地的园林绿化部门、庄园和其他企业，获得了较多的收入。这一实例说明办污水处理厂这种公益事业，不是单纯投入资金，是能够做成一种有利润的公益事业，其做法可供我们参考。关于垃圾的治理，就是要分类，加以处理和利用，如建筑垃圾，我国每年产生约有 3 亿 t，根据北京建工学院陈家珑教授计算，每万吨建筑垃圾占地 2.5 亩，需要占用大量土地；如何解决这个矛盾，就是要提高建筑垃圾的再利用率，日本、韩国对这项工作十分重视，将建筑垃圾资源化率达到 90% 以上，而我国的建筑垃圾资源化率只有 5%，浪费了大量的建筑材料资源和土地。在垃圾治理与利用方面，我们应从思想和实践上向他们学习。

建筑利用自然光、风，节能环保。20 世纪 50、60 年代，建筑师进行建筑设计时都很重视同自然相结合，利用自然采光和自然通风，节能环保，只是近期 30 年来，一些建筑师强调建筑艺术形式和技术设备能力，忽视了利用自然、节能环保这个重要问题。近 10 多年来，情况又在变化，逐步加深了对结合自然、节能环保问题的认识，同时发展了这一方面的技术设施，取得了一定的成果。2009 年建成的天津生态城服务中心，主体建筑面积 1.4 万 m^2，整体设计应用了自然通风、自然采光、太阳能发电、中水利用、绿色建材和智能控制等技术措施；围护结构冷热负荷比同类建筑减少 40%，非传统水源利用率达到 70%，生活热水采用太阳能、地源热泵加热节电 70% 以上，建筑照明耗电节约 29.7%。还有 2009 年 11 月完工的山东德州“中国太阳谷”的“日月坛微排大厦”建筑，其总面积 7.5 万 m^2，使用功能是展示、科研、办公、会议、培训和宾馆等，建筑实现了太阳能供暖、供冷、供生活热水和光伏发电等，建筑节能 70% 以上，加上 60% 供暖、供冷，节能率达到 88%，完全符合节能环保、生态化的建筑标准，这是皇明太阳能集团完善太阳能应用技术标准体系的一个实例，因而将它作为 2010 年第四届世界太阳城大会的主会场。

建立与完善建筑节能检测系统。我国现有 400 多亿平方米建筑，如果全部建筑达到节能标准，我们每年可节约 3.35 亿 t 标准煤，相当于减少电力投资每年 1 万亿元。现有建筑中 85% 以上达不到节能标准，这是 1986 年、1995 年节能标准出台，以建设部长令发布、国务院强制节能建筑条款公布之后的现实情况。实施的这段时间不短，但节能效果并不尽如人意。我们和许多人认为，只有实测才能保证节能建筑质量，必须及时对建成的建筑进行节能效果检测，没有达到节能标准的工程，应责令整改。

没有节能效果的全面检测和严格的监督管理，是目前未能贯彻执行国家建筑节能规定的根本原因。为此，我们应建立与完善统一的全国与地方建筑节能检测实施与管理机构。

三、保护城市的重要历史，发展中国建筑文化

此段所讲的要保护并发展城市与建筑的历史文化内容，就是落实“三个代表”思想中提出要“代表着中国先进文化的前进方向。”

不要拆毁历史文化街区与建筑。城市历史文化是城市发展的根，我们不能把根挖掉。为了求新和地方政府与开发商的利益，近20多年来又拆掉不少很有历史文化价值的建筑街区与建筑，这是错误的。如20世纪90年代，天津市老城不顾许多名人的反对，依然被拆除，此城系明代所建，是天津城发展的历史见证。又如北京复兴门至阜成门内以东、西单以西之间的街区，这地区具有元、明、清三代700多年的历史，不仅街区、胡同清晰，还有许多历史知名建筑，这里是旧内城的重要组成部分，近10多年被成区成片铲平，变成了高层高密度的金融街建筑群，极大程度地破坏了北京历史文化旧城的完整性。这两处决策拆除的领导者们，对天津、北京城历史文化的保存是负有责任的。近来还有些地方领导鼓动拆除富有历史文化价值的旧建筑，如北京旧城中轴线北部终端的钟鼓楼地区，2010年初合并前的东城区区长居然提出“钟鼓楼·北京时间文化城”建设规划方案，要拆除该地区内的许多胡同，仅留钟、鼓楼，这样做完全违背了国务院批准的《北京城市总体规划（2004—2020年）》，批复中指出“要做好北京历史文化名城保护工作……保护从永定门至钟鼓楼7.8 km长的明清北京城中轴线的传统风貌特色”；这么重要地区的修建规划，区里无权批准，市里要过问，住建部亦有权监督其执行国务院批复的原则精神，不能毁掉该地区原有北京居民生活风貌。另外好的一面，目前又有些省市进一步重视保护城市历史文化街区与建筑，提出了保护的名单，如广东省公布了第二批保护的省级历史文化街区，包括广州市北京路街区、佛山市顺德区大良旧城街区、中山市孙文西街区、台州市台城老城中心区等8处。

尽量整体保护和发展历史名城。整体保护完整的实例，有云南的丽江、山西的平遥、辽宁的兴城等，这些老城面积小，建设发展后进，又因地方领导重视维护旧城，故有的已列为世界文化遗产项目。其他大量的中国历史文化名城，20世纪受到战争和人为原因，遭到破坏较多，但现在仍要以整体保护并发展的观念来考虑加以补救，亡羊补牢，使其整体轮廓在，保存住它的基本特点，其局部会更清晰，更有价值。首先，如前所述，不要再拆毁有价值的历史文化街区与建筑；其次，要搞好旧城整体的尺度和谐，新建筑要在尺度、空间等方面尊重老建筑，不能过于高大，新旧协调，对旧街区采取“微循环法”，街道尺度不要过宽，重点是要改善其基础设施，改善建筑及其环境，增加些绿地和新生活需要的设施，保存老居民与中华老字号，确保旧城原有的历史文化风貌和生活文化习俗，并改善与提高旧城整体的生活环境质量；再次，要削减一些已建高大新建筑的体量，这就是采取“减法”，去掉旧城内过高新建筑的一部分，以求空间尺度的协调。西安市是一个重视历史文化名城整体保护和发展的实例，几十年来全部保存并修整好明代老城城墙与护城河，并整修好旧城市中心钟鼓楼区的建筑空间环境和重要街区，同时建起旧城同其外围新区的通畅衔接，结合为一体；2010年还将重点加强建设大遗产保护“特区”，设立汉长安城遗址、唐大明宫遗址、秦阿房宫遗址和周沣镐两京遗址等大遗产保护特区，这些特区享受土地、财政方面的优惠政策，此外鼓励民间资本和社会资本参与博物馆建设，将新建50

家博物馆，把西安打造成博物馆城。尽量整体保护历史文化名城，并充分使用和发展，这是我国保护历史文化名城工作的进步和发展方向。

建筑创作要发展中国建筑文化。建筑要继旧创新，发展地域建筑文化，这就是在进行创作新建筑时，要考虑继承优秀传统的精神，这种精神内涵有地域的自然与人文特点，以此来发展具有中国各地特色的建筑文化。如1996年建成的厦门高崎国际机场候机楼，采用新的钢筋混凝土屋架式顶棚结构，创造出具有闽南曲线大屋顶意境的独特造型，其轻巧如鸟展翅飞翔，上部几层高侧窗，自然采光，正脊下设通风口，自然排气通畅，节能并有利于不洁气体排放；它所创造出的中庭式大空间，是一个可随需要变化的弹性空间，在平面分割和竖向空间加层两个方面都可适应新的要求，有利于持续使用；这幢候机楼代表了这一时期创新地域建筑文化的新进展，同时反映了建筑与自然结合，重视自然采光、自然通风、节省能源的建筑发展新趋势。又如2009年12月建成通车的福厦铁路泉州站，采用侧下式布局和下进下出的旅客流线模式，细化了室内外的空间环境、空气质量、噪声控制，建筑大量采用地方自产材料和适宜新技术，仅少量选用高新材料，采用金属板在高空屋顶大挑檐檐口处，加工出精美的屋顶曲线，夏季可遮阳，自然采光，节省能源，加上闽南习惯使用的红墙、白柱，整体简洁明快，创造出富有地域文化特色的现代新建筑。还有获得2010年“好设计创造好效益”中国奖的深圳万科新总部建筑，是由美国著名的斯蒂文·霍尔建筑事务所设计的，其建筑总面积近12.5万 m^2，设计除重视自然采光、自然通风、中水处理，采用太阳能光伏电板与低流量管路系统，使用可再生的竹子与可回收的地毯等节能减排措施外，还特别重视同当地自然环境的结合，建筑形式为低层横卧长龙式，其长度相当于纽约帝国大厦的高度，整体造型与四周群山的形状、高度相协调，建筑由八根立柱所支撑，创造出通透的公共空间与绿地，提高了环境质量，并利于通风与防潮，这种注重结合地域自然环境与不断创新，是斯蒂文·霍尔建筑师在美国与欧洲许多城市所作建筑设计的特点。另外，2010年建成使用的上海世博会中国馆是这一方面的突出实例，采用大挑檐遮阳、自然采光、自然通风、热压拔风和一般建筑材料，充分利用太阳能和雨水等，同自然相结合，节能减排，在其创造投资少的优良自然生态环境的基础上，还进一步创造出深层次的社会人文生态环境，似中国周王城图的格局，如都城外围的大地乡村田野，体现出中国哲学思想的自然宇宙观，即天、地、人和建筑合一，人、建筑与自然共生的理念，所以我们认为它是一座发展中国地域建筑文化的创新精品建筑。创造质量高、造价不高、具有地域特色的创新建筑，是以上四个实例的共同特点，它们可作为建筑创作的榜样。

城市标志性建筑统领空间环境。每个城市都有自己的特点，需要创造出符合自己特点的标志性建筑，在其中心地段和全城空间形成优美的立体轮廓，让人一看就知道这里是哪个城市，这几坐标志性建筑起着统领城市空间环境的作用。1995年建成的上海东方明珠电视塔，位于浦东黄浦江的弯道处，三面为江水环绕，隔江面对西岸外滩，正对着繁华的南京路，又是北京、福州、延安、四平路等重要街道的视线重点，塔高468 m，塔身构成向上的多球体空间造型，因而这座高大壮丽的电视塔成为上海新的标志性建筑；但随后10多年来在该塔的东面区域又建起400多米高的金融大厦、600多米高的上海中心等多座具有标志性的超高层建筑，使浦东区建筑群的空间环境不如以前开朗有序。北京南北向7.8 km中轴线上新修复的永定门城楼和前门箭楼与正阳门楼、人民英雄纪念碑、天安门、景山万春亭、鼓楼与钟楼都是标志性建筑，这一组中轴线上的建筑群仍起着控制北京中心区空间环境的作用，人们看到其中的一个标志性建筑就知道自己所在的方位，但在这纵向中心区的外围，包括旧内城、外城内的四周及其城外四周，修建了成群成组的高层建筑、塔楼建筑，无论在群体造型上，或色彩、高度上，都显得零乱、不协调，更谈不上整体空间环境的艺术性，在这一方面距离国际一流城市有相当大的距离。法国巴黎、美国华盛顿、俄国莫斯科等国家首都城市，标志性建筑明显，城市立体轮廓富有韵律节奏感；美国芝加哥、澳大利亚悉尼市等，除城市中心是集中的高层公共建筑群外，其四周都是具有成片绿化的较低建筑居住区，城市整体空间环境的起伏变化简洁美观，这些实例值得北京参考。还有我国的一些城市，不少的业主都提出要建标志性建筑，如果没有统一的城市立体轮廓规划设计，则城市空间环境一定会杂乱无章。我们认为，各城市应有专门部门负责这一方面的规划设计，如美国芝加哥 SOM 设计公司就负责该市中心区高层建筑群的规划，北京原有的建筑艺术委员会最好能够恢复，承担起这个专题项目的组织与审查工作。

四、发展城市公共交通，联网人行、自行车系统

城市中心区要控制小汽车行驶。随着我国城市汽车的发展，特别是私人小汽车的快速增长，使得大城市的交通被小汽车所主宰，道路交通拥塞，汽车行驶的速度变为每小时 5 ～ 20 km。现发达国家已扭转了这种混乱的局面，改为控制城市中心区小汽车行驶。欧洲许多城市早已圈出市中心区禁止汽车进入的范围，这里只准居民步行或为居民使用的有轨、无轨公共交通车通过；也有的分片设非汽车行驶区，如欧洲文艺复兴发源地意大利佛罗伦萨城，将市中心区西尼奥列广场及其周围地区和彼蒂（Piti）宫地区，以及其他重要名胜处的四周都划为步行区，不准汽车穿行，方便了旅游参观者，还有的封闭一些道路，原为汽车道，后将其纳入人行活动区，汽车不能通过，如英国伦敦市中心区的特拉法尔加（Trafakgar）广场的中心建筑国家美术馆前行车道改为该馆前市民活动场地，并同下面的广场连成一个整体，通过这样的改造，前来广场的人流比以前多了 13 倍。这些国外的做法都有参考价值。我国城市小汽车的发展较晚，如何搞好控制工作滞后，仅仅一些特大、大城市中心区的商业街禁止汽车行驶，近来北京又实行按每日期限不同车牌号的汽车出行。今后城市的汽车量会逐年增加，近一时期主管部门已明确提出我国以发展城市公共交通为主，这是城市交通的发展方向，但如何控制好城市中心区小汽车的行驶仍需各个城市研究落实。

构建人行系统，提升城市生气。在城市中心区或其他重要生活文化区，需要逐步构建起人行街道系统，使这些街道不受汽车交通的干扰，人身安全，活动方便，符合广大居民生活的需要，这是繁荣城市、提升城市生气的重要措施。在这个问题上，我国城市刚刚开始重视，比起世界先进的城市晚了半个世纪。北京于 20 世纪 90 年代开辟了王府井步行街，范围仅在王府井南口至八面槽一段；前门外大街近两年刚改为步行街。上海闻名的南京路商业街在 20 世纪 90 年代也变为步行街。今后，这些城市和其他城市都应扩大范围，使其构成人行街道系统，并与地下铁道和地上公共汽车网连接，方便广大市民出行活动。我了解这方面的世界情况已有 30 多年，除 1979 年去欧洲瑞士一些城市亲眼所见外，并收到香港朋友寄来的《城市设计》（Design of cities）一书，作者是参加过美国费城规划的著名教授 BACON，他介绍费城中心区从 20 世纪 60 年代开始逐渐建立起下沉式广场和四周公共建筑群室内通道组成的人行路系统，这个系统同该市地下、地上公共交通网衔接，使市民来去市中心区非常便利。1990 年我们赴加拿大蒙特利尔城，看到了此城更大范围的中心区人行系统，从 20 世纪 60 年代起，就

构建三片贯通南北向建筑室内外、地上下的人行道系统，这三片条状人行道与环状的地下铁路网连接，组成不受地上汽车干扰和半年寒冷有雪影响的人行系统，故人们称该城为“室内城市”（Indoor City）。上面所述的这些国外实例，很有参考价值。

恢复自行车道系统，控制快速车。20 世纪 50 年代至 80 年代，我国城市的道路交通基本上是正常的，各地采用三块板的道路模式比较多，中间行驶机动车，其两侧设绿化隔离带，此带旁边为自行车道，在 5 ～ 6 km 距离内许多人都选用方便的骑自行车出行。改革开放后的近 10 多年来，私人小汽车发展很快，在大、特大城市里的道路三块板逐渐都被汽车所占用。北京市是个典型的实例，原两块板的自行车道，一部分划为汽车转弯行车道，很大一部分作为小汽车的停车场，有的地区部分地段还取消了自行车道，这种压减自行车道路面积，临时满足超过容量的小汽车需要，是北京道路交通需要改善的重要一面。自行车道管理方面，还存在着超速摩托车、电动自行车在自行车道上飞驰行驶的问题，这威胁着骑车人的安全，但看不见交警过问，这样混乱的自行车道交通，亟待加强管理。城市道路交通是为广大市民服务的，使用它是居民的基本权力。北欧许多国家和德国等地的城市，不断发展自行车道系统，其自行车出行量占整个城市交通量的比重为 30% 左右，在上海世博会上，有自行车王国之称的丹麦，在丹麦馆设置了自行车道，并推广这一健康理念。北京和我国所有的城市都要重新认识这个理念，恢复自行车道系统，控制超速车行驶。恢复自行车道，就要修建一定数量的汽车停车场，使城市增加小汽车数量同发展城市道路交通与停车场相适应，这是城市规划建设与交通部门要考虑的问题，他们要提出需要相应增加用地、停车场建筑和治理空气污染的建设资金，国家发政委和各地城市领导要有综合的观念，认真解决这个问题，不能不顾城市建设的需求，单方面追求眼前大量发展小汽车的利益。

五、落实社会公正，关怀城市居民和弱势群体

邓小平同志提出发展是硬道理，让一部分人先富起来，这是他前面之言，后面他还提出发展起来将带来比发展更多的问题，要带动大家共同富裕，解决社会公平等问题。这也是“三个代表”思想中所提出的要“代表着中国最广大人民的根本利益”。所以我们要特别重视落实社会公正，关怀城市广大居民及其弱势群体。

解决城市居民住房是政府职责。城市居民住房，不是个人问题，是社会政府的重要职责，居住房屋改革初期 80% ～ 90% 的住房拟靠市场商品房解决，很不符合居民工资收入的标准。现阶段政府大力提倡修建政策性保障性住房，就是面向广大中低收入的家庭，解决好大众需要的住房问题，这个方向是正确的，但要花大力气去落实。修建质好价廉的住房是可以做到的，现在每平方米建筑成本造价为 1000 ～ 2000 元，但商品房出售价格一般城市为 5000 元左右，突出高的是北京、上海、杭州、广州、深圳、三亚等地，北京三环内地区高到每平方米 3 万～ 4 万元，这中间除地皮价高外，开发商以保障房建设跟不上之机故意抬高。2010 年 8 月国务院副总理李克强在常州主持保障性安居工程建设工作座谈会上强调，要以更大的决心和更有力的措施，加快把保障性住房建好。与此同时，国务院决定在北京等 28 个城市试点使用公积金建保障房。经过 2010 年调查，北京住总集团负责开发的保障房项目旗胜家园存在着质量差的缺陷，这是因为地价高、售价低，致使开发商不得不压缩成本，这需要北京市政府来平衡地价、质量与价格问题。杭州市搞得较好，提出“六房并举”保障房建设的做法，“六

房”包括廉租房、经适房、限价房、公租房、人才房和危改房，以实现保障全覆盖，到2010年底，市、省两级已建、在建和筹集的公共租赁住房超过170万m^2，可缓解夹心层群体的住房困难。我们希望，各地城市领导要从思想上重视，在资金方面设法筹集齐全，切实加快政策性保障住房的建设，解决好“住”的问题，尽到政府的社会职责，以增强广大居民对政府的信任。

城市各项设施要缩小贫富差距。社会公正反映在城市各项设施上，就是要关怀城市广大居民及其弱势群体，公正地缩小在城市生活与工作环境方面的贫富差距。政府管理部门要在城市生活居住用地中所包括的居住、公共建筑、绿地、道路交通等方面，对弱势群体给予关照和优惠。不应为了利益，扩大富人和弱势群体的矛盾。在居住方面，不能将近日加快建设的政策性保障住房都安排在城市边远地段，不能把城市老居民（多为弱势群体）都迁到城市边缘或远郊地区，城市中心区需要保留老居民，这不仅有社会稳定问题，还有保存城市历史文化生活特点的需求问题，城市内要探讨修建不同收入人群的混合居住社区。在公共建筑方面，不能只顾富人的需要，大量修建高尔夫球场、高档会所、俱乐部、健身房以及高档商店、餐馆、酒店和各类娱乐夜总会等；要关怀广大居民，要方便大众生活，除妥善安排大众衣食和为生活服务的商店外，还要有大众化的托儿所、幼儿园、中小学校和为居民大众看病的医疗卫生机构，以及体育、修理等服务设施，其中有不少是社会公益事业，现中央有关部门已开始增加这一方面的投资和基金安排，各地方城市关心程度不一样，北京就缺少较低收入居民需要的生活服务设施。在文化生活方面，市区各类博物馆、各类公园等应大部分免费开放，现我国的一些城市开始朝这一方面逐步实现着。在城市绿地建设方面，要重视修建直接关系着群众利益的大众性的绿地服务设施，如近几年来成都在市区河流两旁建起了大片绿地、公园，成为广大市民的晨练、休闲的场所；珠海修建了一条长7 km的滨海林荫路，不仅改善了环境，还方便了广大市民，受到人们的欢迎。在道路交通方面，如前段所述，根本是要控制城市私人小汽车，加快发展为广大市民服务的公共交通和人行与自行车道系统。

政府机构要贴近市民，逐步开放。各地城市政府办公建筑是为全体市民服务的机构，应贴近市民，其建筑群应简洁、朴素、亲切；不应搞大规模、大广场、高标准，不应占据市中心的控制地位，好似统治人民的机关，前一时期有些城市新建的政府办公楼群就是这样规划建设的，这种思想观念要彻底改变。20世纪50年代初，重庆市要建一座大会堂和市府办公楼，当时邓小平同志对这两幢建筑提出了设计原则，大会堂要体现其人民性，壮观些，办公楼是服务人民的，要简朴些，著名建筑学家陈明达负责办公楼设计，知名建筑师张家德负责大会堂设计，他们就是按照这一原则完成任务的。邓小平同志提出的这个原则思想，体现着社会公正，今后我们仍应遵循这一尊重人民的设计理念。各地城市的政府机构要对市民开放，使其成为城市的开放空间，这样会更贴近市民，得到人民的信任。我曾多次介绍国外关于政府大楼对公众开放的实例，如美国波士顿、费城、芝加哥伊利诺伊州的政府办公楼，对外开放，市民可随时进入，确实拉近了市、州政府与市民的距离。这种做法值得我国各个地方城市关注，切实协同国务院、中央各部委逐步解决城乡差距、贫富差距和各种官民矛盾问题。

六、管理体制要改革，提高建筑科学管理水平

2010年8月，温家宝总理在深圳庆祝中国特区成立30周年之际讲话中，重提邓小平提出的“我

们所有的改革最终能不能成功，还是决定于政治体制的改革”，深圳将作为试点之地，领导人的产生，实行政治民主，让人民选出社会责任感强、大家信任的干部。这样的领导层就能更好更快地监督实施城市与建筑发展的政策及其科学规划设计。

要实施中央有关部门的监督权。关于第一段所提城镇化发展问题，最近有个研究报告提出20年后城镇化率达到65%，即增长20%左右。由于城镇化发展的速度是一个涉及多方面的综合性很强的问题，最好由国家发改委，住建部、国土资源部、环保部和各个产业部门以及有关社会科学研究单位的专家共同组成这一专题的研究组，进行详细的调查研究分析，而后提出更为可靠的发展数字和落实措施。在此基础上，这些相关部门有责任监督实施城镇化发展的目标。本文第二段中提出“要格外重视绿地生态建设”，“加快污水、垃圾的治理与利用”，“建立与完善建筑节能检测系统”，第三段中所述的“不要拆毁历史文化的街区建筑”，“建筑创作要发展中国建筑文化”，第四段中提出的“城市中心区要控制小汽车行驶”，“构建人行系统，提升城市生气”，“恢复自行车道系统，控制快速车”，第五段中所说的“解决市民住房是政府职责”，“城市各项设施要缩小贫富差距”等问题，都是住建部的管理职责内容，住建部要切实组织其下属单位和各省市有关部门，监督实施解决这些重要问题。

建研院、设计院要回归住建部。从20世纪50年代成立中国建筑科学研究院、中国建筑设计研究院（原称北京建筑工业设计院）起，这两个单位就隶属住建部（原为建筑工程部、国家建委等），改革开放后调整机构时，归国资委管理。中国建筑科学研究对中国的建筑发展有着极大的影响，需要研发的项目很多很多，如建筑材料如何发展采用适宜技术制造出新的地方材料、高新材料；建筑结构如何发展轻巧、施工快、可循环使用的钢结构和钢木结构；研究声光热的建筑物理，如何节能减排、检测建筑节能标准、利用自然光能等重要课题，这些研究项目都是该院的职责任务，完成这些研究任务，需要国家投资、增加人才和添置必要的设备。然而目前中国建筑研究院为了自身的生存，各个研究所基本在维持现状，根本无力去进行上面提到的重要研究任务。现国内新建的大跨度、超高层建筑所用的新材料、新构件、新设备，大都依靠国外进口，建筑技术、建筑构造与建筑节能的创新，成果较小，同我国巨大建筑量的需求很不相称。中国建筑设计研究院是我国建筑创作的领头单位，它负有提出建筑创新理念与实践的职责，不能让建筑开发商主宰着这一领域。为了有效地解决这方面的问题，从国家长远利益来考虑，中国建筑科学研究和中国建筑设计研究院应尽早回归住建部领导，国家要加大对建筑研发工作的投入，同时鼓励研究与企业合作共同开发建筑新材料、新技术，创新新建筑和改造升级旧建筑，可为国家节省可观的建设资金。

培养专门人才，提高管理水平。建筑科学是个大学科，包括城市、建筑、园林、市政工程等学科，又具有自然科学与社会科学结合的属性，所以搞好城市与建筑的建设，要靠城市规划、建筑（含建筑结构、建筑材料、建筑物理等专业）、园林、市政工程，以及交通、环境、社会、地理、文学、美术界各方面人士共同努力去完成。因而培养建筑科学人才，各专业都要多增加其他有关专业的知识，以适应其综合性强的需要。另外，我们认为需要设立“建筑科学管理学院”，培养专门管理人才，他们可掌握上述多方面知识和管理的科学知识，利于从事建设、规划、建筑、园林、文物管理工作，提高管理水平。管理是一分支学科，十分重要，国外建立管理学已有很长时间，我们刚开始重视。这些具有管理知识的专业人才或领导站得高，可引导建筑科学技术人员做得更好，而不是像现在一些地方由建筑科学技术人员去说服领导。提高“建筑科学”管理水平，除重视让有关市民参与外，还要领导、业主、建筑科学技术人员三者结合好，“三位一体”。“三位一体”要起着引导城市与建筑建设的作用，而不是建筑科学技术人员单纯为生存迎合业主或领导。规划师、建筑师、园林师、工程师不能是有权力的领导和有资本的业主的雇佣军，他们具有建设社会主义城市的社会职责与职权。

（《中国建设报》2010 年 11 月 9 日、2010 年 11 月 30 日分别选登）

第三篇　建筑设计创作理念

1　如何使建筑创作走向繁荣

建筑创作千篇一律，众所周知。为什么这个问题迟迟得不到解决呢？这是因为影响的因素是多方面的，既有方针政策的原因，也有技术水平的原因，需要综合地解决这一复杂问题。我们认为要全面地解决下述五个方面的问题，才能使建筑创作走向繁荣。这主要是我个人的看法，也包括在1985年初召开中青年建筑学术座谈会上一些同志提出的意见。

一、方针政策方面

1. 要切实贯彻双百方针。只有百家争鸣，才能百花齐放，繁荣建筑创作。中央、各部门、各省市、各院领导不要干涉建筑创作，不要为设计定出各种框框，也不要层层审查、确定方案，应放手交建筑师自己去选定。建筑师讨论方案，要允许各种方案存在，不要打棍子，真正实现百家争鸣、百花齐放。

2. 要服从总目标总任务。建筑是为人民服务的，总目标总任务是实现四化，工农业产值翻两番，达到小康水平。我们的建筑创作实践和建筑理论都离不开这个总目标总任务，因而，建筑创作要服从总目标总任务。

3. 要立建筑法。建筑师是为社会主义四个现代化建设服务的，是为人民服务的，不能随心所欲。所以，要有符合我国实际情况、符合客观规律的建筑法，建筑师的设计要以这个建筑法为依据。该法不是限制建筑创作，而是有利于提高建筑创作的质量。领导的意见，不能代替法，有抵触时，以法为准。

4. 要疏导不要批判。从解放初期到党的十一届三中全会以前，对建筑设计批判得过多，什么世界主义、结构主义、形式主义、"洋怪飞"、"封资修"等，都批判过，使建筑师不知如何是好。现在，建筑创作也要执行开放的疏导的政策，各级领导要开明，建筑师也要开明，不要再盲目地批判了。

5. 要强调以理论指导创作。我们的建筑理论工作比较薄弱，没有一个专门的研究队伍进行这项重要的工作；学校教师为了教学需要，做过一些探讨，但很少有人进行过系统的研究；设计院忙于应付任务，无暇进行建筑理论的探讨。我们需要建立自己的建筑理论体系，并以此来指导建筑设计实践；只有这样，才能提高设计水平。这就需要恢复研究建筑理论的专门机构，并拨出一定经费组织全国有关的力量，逐步开展建筑理论研究，拿出成果和实践的典型例子，推动建筑创作向更高的水平迈进。

6. 要提高建筑师的社会地位。要尊重建筑师的劳动，给予建筑师一定的自主权。建筑师要有自己的明确职责，领导只是在大的方面提一些原则性意见，具体的建筑创作是建筑师自己的事。建筑师的社会待遇与物质条件，也不要像前一时期那样偏低。

7. 要摆正规划、设计、施工三者的关系。过去有一种偏向，规划管得太死太具体，甚至连线条、窗大小等都做了规定；还有，施工决定设计，为了施工方便，拒绝修建体形复杂的建筑。规划、设计、施工是建成建筑的连续过程，三者要协调好，从技术政策上要明确三者的关系。规划只是提出原则的大的方面的要求，但不能限制设计；设计要考虑施工的方便，但不能由施工来决定设计。

8. 要大力发展建筑材料和设备。这里包括现代建筑材料和地方建筑材料。在这一方面我们比较落后，品种少，质量差，再加上建筑标准受到生产力的限制，不可能提高很多，在这种情况下，要做到建筑创作多样化是很不容易的。因而，必须要迅速发展建筑材料和设备，增加品种，提高质量。

二、设计指导思想

1. 要解放思想。建筑师要自我解放，不要用过去的旧思想、旧观念束缚自己，要去掉旧的条条框框，解放自我束缚和相互间束缚，增加创新的自觉性和积极性。对于美观与艺术问题，要有正确的认识，不能把它同浪费、不实用等同起来。现在的问题是，考虑美观与艺术不够，而不是考虑过多。

2. 建筑创作是为人。人是建筑创作的服务对象，建筑、环境设计的服务对象都是人，所以建筑师也要深入生活，研究人的需要，以此作为设计的出发点。人是建筑的服务对象，不仅要考虑满足人的物质生活需要，也要考虑人的精神需要。当然，人们对物质与精神需要的程度是不同的，它将会随着社会生产力的发展而提高。

3. 建筑师要面对现实的社会。到 2000 年，一些公共建筑、生产性建筑是高标准，现代化的大量的居住建筑仍然是小康水平的。因而在建筑创作上，要根据不同类型、不同标准要求的建筑做不同的处理，不能脱离现有条件去做某些追求，一定要根据现实的条件来考虑。

4. 要建立全面的建筑观。建筑是个复杂的综合体，类型很多，其本身是由多种因素，包括环境、建筑设计、结构、材料、设备、施工等决定的，因而要繁荣建筑创作，就要有一个全面的建筑观，综合地系统地考虑和解决这许多因素的统一问题。

5. 要允许各种建筑风格同时存在。要鼓励因地制宜地创造各种不同的风格，不要推行某一种风格、某一种模式。要深入研究各种类型建筑的使用、形象、特点、环境等情况，以创造新的风格。

三、设计体制方面

1. 要搞项目负责制。设计单位的层次很多，一个设计需要层层提意见。设计单位的上级直到市领导，也有层层的关口，也都要通过，所以有些创新的设计到最后创新的内容都被去掉了，只有四平八稳的设计才被通过。这种多层次的审查设计的体制，是造成千篇一律的一个重要原因。为了解决这个问题，就要改革这种体制，采用项目负责制，设计总负责人有权确定设计方案，对于各种意见有权取舍，设计的优劣由总设计人负责。

2. 设计承包要有利于繁荣建筑创作。在试搞设计承包的阶段中，存在着影响建筑创作的弊病，在报酬分配上，是按产值、平方米数量来计算，鼓励设计人员搞标准图的套用和翻版，不是鼓励大家去进行建筑创作。凡是付出艰辛劳动、认真进行建筑创作的人，就得不到应有报酬。所以，要去掉限额产值、标米量，防止设计简单化、模式化，促进建筑创作的繁荣和提高设计水平。也就是说，要把设计承包同设计质量、水平挂上钩。

3. 要明确各方的职责。规划、施工、业主、建筑师、工程师各个方面的职责都要明确，哪一方不合作不支持，这个建筑项目就受影响，所以，要加强统一领导，明确各方的职责。

4. 要走设计专业化的道路。有条件的设计单位，应根据任务的需要和个人特长与爱好，组成不同类型建筑的专业设计组，专门承担某种类型建筑的设计。这样做，可以深入钻研，掌握某种类型建筑的国内外水平，提高设计质量。

四、设计方法方面

1. 要建立建筑创作的科学方法。系统、控制、信息三大论已应用在很多文化部门，我们应该研究它，把它应用到建筑创作中来。现在的情况是，在建筑界刚开始提倡，下一步是要投入力量，进行应用的研究。建筑是个复杂的综合体，它包括有自然科学和社会科学，更需要以三大论的科学方法去搞建筑创作。

2. 运用 CAD 系统。世界范围内的第三次技术革命，给建筑带来很大的变化，近几年来，世界各国一些大的建筑事务所，逐步运用 CAD 系统进行建筑设计。运用 CAD 系统进行信息、图像处理，会扩大建筑师的创作自由，会创造出更为丰富的建筑新风格。建筑这个复杂综合体的组合与变化，可以通过 CAD 系统迅速地搞出各种比较方案。应用电子计算机进行辅助设计，建筑师的能力越强，其所取得的效果就越好。

3. 要组织设计方案竞赛。对于一些有典型意义的艺术性较高的大中型建筑项目，可组织设计竞赛。这不仅能选拔出优秀的建筑设计，还将推动设计水平的提高，繁荣建筑创作。对于大量的有普遍意义的建筑，如商品住宅等，也可组织设计竞赛，使原先千篇一律的状况得到改善。目前存在有评选设计竞赛方案不公平的问题，为了通过某个方案，在评选委员上做了文章，这种错误做法，今后要纠正。

五、技术艺术方面

1. 要提高建筑师的技术艺术水平。对于建筑师本人来说，提高其技术水平和艺术水平特别重要。当前，从建筑设计队伍来看，由于种种原因，有相当数量的建筑设计人员，他们的古今中外建筑知识与理论不够，也就是创作的手段或称之为创作本领还不够，这是个弱点。只有不断地增加古今中外有名建筑的知识和建筑理论，分析它们的特点，提高自身的技术、艺术水平，才能取得建筑创新的效果。

2. “寻根”。就是要学习、找出建筑历史和传统的精华，包括组合空间，内向庭院，空间序列，建筑与环境、绿化结合，结构、装修、家具的综合一体等，以此为手段，把它运用到新的建筑、创作中。“寻根”不是把新建筑植根于建筑传统之中，而是把建筑传统的优秀部分植根于现代生活需要和现代科学技术里。如何寻找建筑传统的优秀部分呢？是要用设计的观点去分析研究，而不是脱离今天使用去考证和玩味，也就是要与今日的建筑创作挂上钩，使其古为今用。

3. 要因地制宜。这里所指的是广泛的意义。各地的自然条件、历史特点以及材料、构造、传统以及风俗习惯、美学与哲学观点不同，所以因地制宜地进行建筑创作，就一定能够创造出具有地方特点的优秀建筑，避免与其他地区雷同的缺陷。这是提高建筑创作水平的一个重要问题。

4. 要注意整体和谐统一。更广泛来说，这个问题也可包括在“因地制宜”的范畴内。有的同志可能认为这个内容似乎是常谈之语，不必再讲了。其实不然，当前许多设计就是在这一点上存在着不足。新建筑与周围左邻右舍建筑和环境不协调，建筑本身也缺少协调一致，常常采用很不统一的多种做法，给人以庞杂的感觉。内外两方面的协调统一，是搞好建筑创作的又一个重要问题。

我们殷切希望逐步地解决上述的五个方面的问题，使我们的建筑创作走向繁荣，使我国城乡的建筑面貌渐渐地丰富多彩。

（原载《北京建设》1985 年）

2　吸取和隔断传统并存于建筑创作中

探讨建筑创作中吸取传统和隔断传统问题，必须要研究建筑的发展史。研究过去，是为了今天和未来的发展。在这里，举一些在近代建筑发展史上有一定代表性的建筑创作实例以及引用一些著名建筑师的观点，来说明同吸取或隔断传统有关的建筑创作中的几个问题，中心是为了说明在今天的建筑创作中，有的要吸取传统的东西，有的也可以隔断传统，建筑的创作是多种多样的，没有什么固定的模式。

一、建筑技术的发展必然给建筑形式带来变化

建筑技术的发展，包括材料、设备、构造、工艺等内容，它们虽然都是建筑创作的手段，但它们是生产力，制约着建筑的发展，它的发展必然要给建筑形式带来变化。这一变化是客观存在的，不以人们的意志为转移。然而，变化的程度如何？由于情况复杂，要视各地当时的政治、经济、文化、科学技术的情况而有所不同，有的就完全打破了传统，有的在同一建筑中，部分隔断传统，部分吸取了传统的形式。下面以观点和实例加以说明。

（1）考得莫（Cordemoy）在其《建筑新论》（1706 年）中，将 Vitruvius 的理论“实用、坚固、美”三一律转变为秩序、布置、适切。这是对 Vitruvius 正统的挑战。其秩序、布置为有关古典柱式的正确应用；适切是“合宜”的观点。他认为古典元素不要用于纯实用的商业建筑上，并重视装饰的适切性，主张有很多建筑一点也不需要装饰。这是他反对在一些建筑中吸取传统。他还认为独立的柱是建筑的要件，如高直式建筑，既不是拱，也不是嵌柱，应使柱间空隙尽可能透明。他的这种“高直理想”，实际上是一种空间结构。

（2）苏弗劳（Soufflot）的巴黎先贤祠（Pantheon，1755—1790 年）。原为 Ste-Genevieve 教堂，虽然以古典语言表现高直式，并采用希腊“十”字形平面，但由于构造的发展，正厅与走廊使用较平的圆屋顶，另以半圆拱支撑着连续的庑廊，创造了一个明亮又宽阔的内部空间。这一半透明的结构正是考得莫“高直理想”的实现。超益斯（Choisy）在其著作《建筑史》（1899 年）中，以 Pantheon 平面、剖面、立面的等角投影画法来显示造型与构造的主要性。他认为建筑的本质是构造，式样的转变只是技术发展的逻辑结果。

（3）拉布勒斯特（Labrouste）的法国国家图书馆增建大阅览室（1882—1888 年）。大阅览室建于巴黎 Mazarin 宫的中庭内，以 16 根生铁柱支撑着熟铁玻璃屋顶，而不加装饰，创造崭新的空间面貌。他重视结构，这是 Cordemoy、Soufflot 的路线。他对古希腊建筑的研究是从结构工程的观点出发的，他的这个建筑创作是将工程、艺术、科学结合为一体。

（4）柏来奇（Berlage）的阿姆斯特丹证券交易所（1896—1897 年）。采用钢拱架玻璃顶棚做法，

装饰性地突出墙面的石挑头承受钢屋架，清晰地表示拱架的作用。他提倡净化（Purify）建筑，在此建筑中有所体现。这座建筑的外立面处理，仍似中世纪罗马建筑式样。这也是建筑形式转变的一个特点，是由内向外渐变的。

（5）贝伦斯（Behrens）的柏林 AEG 涡轮工厂（1908—1909 年）。厂房的屋顶由三铰拱构成，避免了柱子，形成开敞的大空间，山墙轮廓与多边形大跨度钢屋顶一致，并以缓斜的实墙置于角隅，其表面做稀疏的嵌缝线处理，减轻实墙荷重感，柱墩间开足了大玻璃窗。这座厂房的内部空间和外部式样都突破了传统，具有新的面貌。

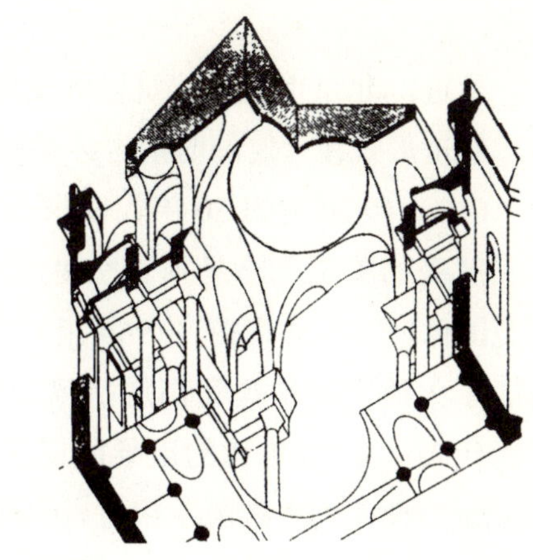

先贤祠

（6）格罗皮乌斯（Gropius）和梅耶尔（Meyer）的法古斯（Fagus）鞋型工厂（1911 年）。格罗皮乌斯 1907—1910 年在贝伦斯事务所工作，1910—1914 年完全追随贝伦斯的路线。这个设计是在贝伦斯涡轮工厂设计的启发下发展的，采用其句法，并扩展其建筑美。转角处，含有构图意义，以玻璃取代实墙，垂直的玻璃形成“垂饰”效果。该设计材料新颖、结构轻巧、造型明快，创造出建筑的现代感。

证券交易所

（7）浦雷（Perret）建造全钢筋混凝土结构，包括 1903 年建于巴黎的富兰克林路公寓、1905 年建于巴黎的修车厂以及 1922—1923 年建于法国 Le Raincy 的圣母院等。富兰克林路公寓是一座 8 层钢筋混凝土框架结构，外立面简洁大方，表现出新结构的特点。1903 年以后，浦雷跟 Choisy 一样，认为结构骨架是建筑的最完美的表现。1908 年勒・柯布西耶在浦雷事务所兼职，此时浦雷因富兰克林路公寓而享盛誉，这使勒・柯布西耶相信混凝土必为未来建筑的主要材料。其构架所创造的开朗平面，便指向着柯布西耶所发展的自由平面了。Le Raincy 圣母院于 1924 年完工，已为钢筋混凝土，出现于富兰克林路公寓后 20 年了，此教堂不仅比例优美、精致，主要是无荷重外壳的充分表现，表现出新构造的艺术魅力。

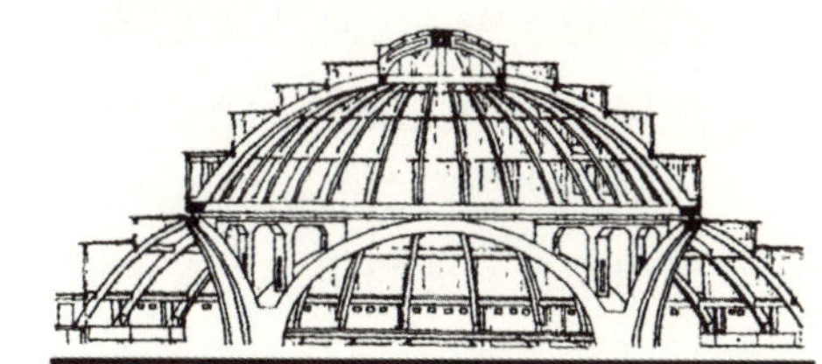

百年纪念厅剖面

（8）麦克斯・博格（Max-Berg）的 Breslau 展览会的百年纪念厅（1913 年）。这座大厅使用大尺度的钢筋混凝土筋梁，跨在直径 65 m 的大厅上，筋梁系从箍梁上射出形成圆屋顶，箍梁又由巨大的三角穹窿拱所支承。这是麦克斯・博格向大空间挑战获得的新成果，形式十分新颖。

（9）正当莎利文在美国芝加哥发展新建筑之际，当时美国为了消除经济的不景气，对 1893 年哥伦比亚博览会建筑，拒绝由莎利文设计，而选择了欧洲古典的巴洛克式建筑。莎利文不禁感慨地说：“博览会的建筑将使美国的建筑倒退至少 50 年！”

第一次世界大战后，即 20 世纪的 20 年代前后，西欧、美国等地出现了复古和折中主义的建筑思潮，这是政治思想要求稳定、趋于保守的反映。纪念性建筑和政府、金融、文化性建筑等大都为古典式样，建筑新技术新形式的发展受到抑制。

最近，北京市的新建筑设计受到了市领导的影响，在外观上要加上一些传统的形式。这些事实说明，建筑形式在一定的时期也会受到政治影响而曲折发展。

（10）自20世纪50年代以来，大跨、高层建筑长足发展，仅以50、60年代为例，如采用钢筋混凝土薄壳的美国圣路易斯航空港（1953—1955年）、悬索结构的西柏林会堂（1957年）、钢网架结构的美国休斯敦市体育馆（1966年）以及塔式高层建筑美国芝加哥汉考克大厦（1965—1970年）等，都体现了大跨空间结构和高层抗风力与地震力的特点，创造出新的建筑形式，打破了传统。高科技建筑的代表，如70年代的巴黎蓬皮杜文化中心，其水平各层空间可随需要而重新分隔；80年代弗斯特（Fostor）设计的香港汇丰银行，不仅在水平向的各层上，在垂直向的层数上也可重新调整。这些高技术的新建筑是科技发展的新成果，是客观存在，都展示出新的建筑面貌，对于它们的先进内容，我们应特别重视。

二、不必强调建筑都具有艺术性，提出减少装饰是进步的

究竟什么是建筑呢？

勒·柯布西耶（Le · Corbusier）在《走向新建筑》（Toward New Architecture 1923年）一书中说：“你使用石头、木材和混凝土，并用这些材料盖房子和宫殿，这是所谓构造，很精巧的构造。一旦这座房子使我很称心，觉得很美好，我会很愉快，而且说‘这多美啊’，那就是‘建筑’了。”笔者体会，他所提出的“美啊”，一部分属于建筑的艺术性问题，而对于大量的一般性建筑来说，就是美观问题。

密斯·凡·德·罗（Mies van der Rohe）对建筑的理解，他在《建筑设计》（Architectural Design三月号，1961年）中说：“建筑的任务不是在发明造型，这是我所深切了解的。我曾尝试去了解建筑任务究竟是什么。我问过贝伦斯，他不能给我答案，他也不过问这个问题。另有人说‘我所建造的就是建筑’。我不满意这样的答案……贝尔拉格是一位非常认真的人，绝不接受任何虚假的事实，他曾经说‘如不是清晰明白的构造就不应该做’。他自己的确做到了这一点，他在阿姆斯特丹的名作交易所，完全采用中世纪砖的用法，有中世纪的特色，却并非属中世纪的。清晰的构造思想是最基本的，我们应该接受此课题。”他认为建筑首先要有清晰的构造，而不是强调建筑都有艺术性。其设计确实也遵循着这一原则。他1910年前后在贝伦斯处工作3年。

莎利文（Su1livan）提出“型随功能而变”（Form follows function），是有一定道理的，建筑的造型、形式随着功能的不同而有所不同，随着功能的变化而变化。他与爱特罗合作设计的Buffalo保险大楼（1895年），就可以说明他的观点。环绕着屋顶的圆窗，隐示着建筑的机械系统，这里已没有Richardson批发商店中那种受抑制的窗头和不见拱廊般的窗，而只是构造的逻辑结果，以柱作格子状排列，柱立于石造基础上，并终止于檐口下。笔者认为，建筑功能的内容，随着社会的进步而不断发展，因而建筑的创新是历史的必然。

建筑的材料、构造，建筑空间的大小、形状及其组合，建筑的尺度、比例等，都属于创造功能的范围，我们修建的大量的一般性建筑，如住宅、商店、中小学和医院、办公楼、工厂等，只需要考虑这些功能方面的美观问题，而不必强调这些建筑具有艺术性，加上一些非必须的传统形式或传统装饰。笔者认为，只有纪念性建筑和政府、文化性等少量高级公共建筑，才需强调其建筑艺术性，但应明确

建筑的艺术性并不等于就是传统的形式与传统的装饰。过去，常把建筑艺术和传统的形式与装饰联系在一起，1959 年兴建的北京十大建筑就存在这一问题。

历来的中外古典建筑，如宫殿、庙宇、市政厅、教堂、贵族府邸等，无论建筑的外面，还是室内的天花、墙面，都有丰富的装饰，包括石雕、木雕、砖雕以及绘画等，以显示其权威和豪富。因而，到了近代，许多有名的建筑师反对这种装饰过多的所谓建筑的艺术性。笔者认为，这一观点是进步的。因为它是推动建筑发展的。

在第一个问题中曾提到的 Cordemoy，他主张很多建筑物一点也不需要装饰，这比路斯（Loos）提出的“装饰即罪恶”先觉了 200 年。路斯发表《装饰与犯罪》一文是在 1908 年。他的观点受莎利文论文《建筑的装饰》（Ornament in Architecture 1892 年）的影响。莎利文在此论文中讲：“我应该说，假使我们能有一段时期完全抑制装饰，而集中力量于创造优美而裸露的造型，必会有裨于美的世界……无论如何我们要了解装饰是一种精神的奢侈而非必须，我们将了然于装饰的极限与了然于朴素的建筑的伟大价值一样。”关于装饰的这些观点，从历史来看，对于我们今天的建筑创作是会有所帮助的。

三、许多著名建筑师在现代建筑设计中也吸取了传统建筑文化

（1）勒·柯布西耶的 Dom-Ino 结构单元。其含意是可拼合成各种各样的建筑，有如玩骨牌时的牌件。它的发展体现了柯布西耶提出的“新建筑五要点”，即底层挑空、自由平面、自由立面、水平窗带、屋顶花园。Dom-Ino 的结构区分，两个宽柱间及一楼梯间构成 AAB 韵律，其拼接住宅韵律同 Palladio 1560 年的 Malcontento 住宅相类似。

1929 年柯布西耶做了四种住宅构图，都考虑了传统因素。第一构图是 1923 年的 La Roche 住宅，是从对高直式复古主义 L 形平面的重视出发的。第二构图 Garches Monzie 住宅，是一个理想的角柱体，同 Palladio 的住宅都在长向上单双间形成 2：1：2：1：2 的韵律。第三、第四构图是在选择上

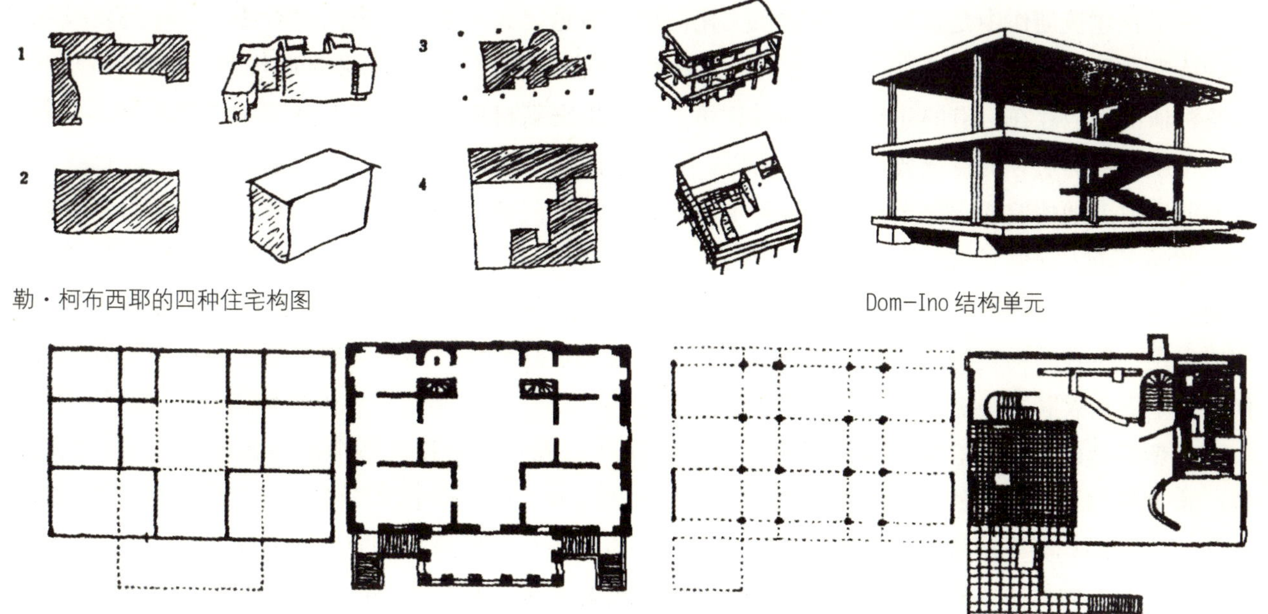

勒·柯布西耶的四种住宅构图

Dom-Ino 结构单元

Palladio Malcontento 住宅（1560 年）和勒·柯布西耶的 Garches Monzie 住宅二者比例韵律分析

对第一、第二构图的调整。第三是第一、第二的结合。第四Savoie住宅是将第一构图圈在一定范围内，可与Palladio的Rotonda住宅相比拟。

（2）密斯·凡·德·罗的IIT建筑学院皇冠堂（Crown Hall，芝加哥，1952—1956年）。它建立了古典意象，这是密斯决心回到Schinkel传统，特别是柏林Altes博物馆的传统作品。Colin Rowe写道："像Palladio的构图特色一样，皇冠堂的确是很对称的，甚至遵守数学规则的，但并不像Palladio构图，以垂直方向的金字塔屋顶或圆屋顶来表现倾向中心性的主题，并没有提供一个中心空间，中心只是个实心，两侧则是大窗户围绕的空间。"笔者分析，这个设计吸取了传统的平面组合韵律，但又不拘泥于传统，在吸取中根据新的需要有所创新，这种做法是可取的。

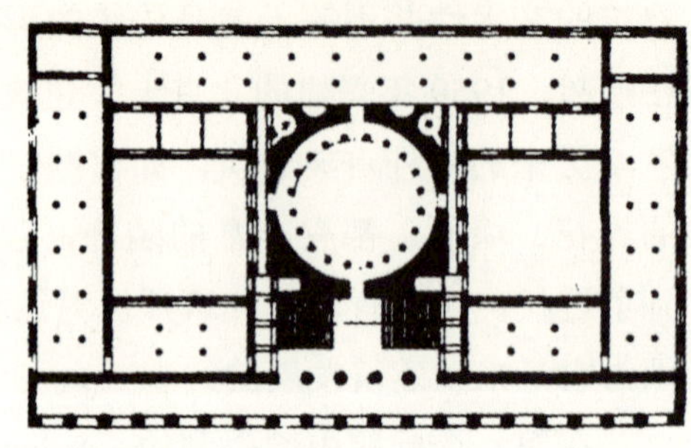

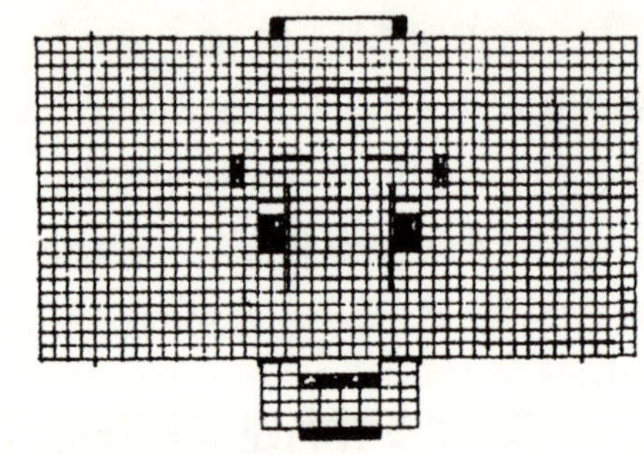

Schinkel的Altes博物馆（上）和密斯的皇冠堂比例韵律分析

（3）今年7月中旬我们赴英国布赖顿（Brighton）参加国际建协第16届大会，会议期间弗斯特到会做了报告，他讲他的很多设计都考虑了传统因素。笔者分析，他设计的高科技建筑香港汇丰银行，在平面构图和建筑造型方面，都包含着传统的建筑文化精神。

从这些实例分析中，笔者认为，许多新的技术因素建立起新的结构体系及其构图准则，但有的传统建筑构图原理，包括平面、空间组合的合理部分，这也是使用功能的合理部分，都是可以也是应该吸取的。

四、在建筑创作中吸取传统和隔断传统同时并存

关于在建筑创作中是否吸取传统建筑文化问题，争论已久。基本上有两种看法，一种是要吸取传统，认为文脉主义是有道理的；另一种则认为要吸取传统就不能创新，必须打破传统。笔者的看法是，这两种情况都应存在，有的建筑就要吸取传统，有的根据新材料新结构的发展和新功能要求，完全打破了传统，当然后者的情况要少一些。所以，我们不能以后者的情况否定新的建筑创造吸取传统，但也不能以前者的情况否定完全打破传统。上面所谈的三个问题，所举的实例和观点，都是为了说明这个问题的。第一问题中有关工业建筑和大跨、高层建筑的实例，大都属于隔断传统的典型；其他实例说明了在同一幢建筑内既有打破传统的内容，也有吸取传统的部分。第二问题所谈的中心意思是，不赞成采用不符合新构造特点和新功能要求的传统外形和传统装饰。第三问题说明了，在许多有名的现代建筑中仍然吸取了传统。

在新的建筑创作中，究竟如何吸取传统或打破传统呢？这要视具体情况而定。如我国的住宅建筑，新中国成立后新建的大量的单元式住宅楼，完全打破了我国住宅的传统，但它是欧洲产业革命后发展的一种住宅类型，这也可以说我们吸取了国外的传统。现在我国住宅设计的问题是，要注意吸取我国传统的合理部分，如堂屋套间、院落内向空间以及老少互相照顾等，这种吸取绝不是照搬，而是要创新。

从不同城市不同区域来看，在历史文化名城的旧区内，吸取传统的内容可能多一些。在这里，“现代主义之后”派的“文脉主义”作品可能取得新旧建筑协调的较好效果，如最近我们参观的法兰克福老城中心广场的新建筑。笔者认为，对于“现代主义之后”派也不要一概否定。至于新区的新建筑，甚至包括旧区的新建筑，若有崭新的功能要求，需用新材料新结构新设备来解决，就可能完全隔断传统。新建筑吸取传统，也主要是在建筑群的整体性、平面组合和空间序列、尺度与比例、结构与装饰结合、建筑庭院与环境等方面，根据今天的功能需要，加以借鉴，进行创新。关于大家争议的吸取传统屋顶或小屋檐问题，笔者的观点是，除一些园林建筑，仍生产使用传统屋面材料的地方，需保留原有建筑外壳者以及在古建筑保护区内的新建筑（只是一种处理手法，不是唯一的办法）外，不要硬加上这些东西。这不是否定屋顶，新建筑也可采取新的坡顶形式，但应根据新材料、新结构、新功能的要求进行新的创作。

从建筑结构来看，新建筑采用木结构、砖木、砖混、框架、空间结构的都有。根据我国的生产力情况，目前以采用砖混结构为主；高层次构造的建筑，可能要打破传统，低层次构造的建筑就要多吸取一些传统。从建筑设备来看，高层次的建筑，设备（包括水、电、空调、音响、自动化、交通等）投资比重要占一半，由于我国这方面的水平不高，所以打破传统的内容又少了些。总的来看，吸取传统的内容要多一些，建筑的层次较多，建筑的形式也必然是多种多样的。

在建筑创作中，无论是吸取传统，还是打破传统，都要很好地去研究传统，研究古今中外的建筑，从中才能了解到如何吸取传统，如何打破传统，如何吸取古今中外的精华，以便创造出符合各地需要的新建筑，推动我国建筑创作的发展。

（原载《建筑学报》1987 年 10 期）

3 建筑创作初步形成多元格局

新中国成立40年来，在我国城市和县镇新建建筑有100亿m^2，城市住宅近17亿m^2，各类公共建筑设施60万个，工业建筑项目29万个，其规模之大，在历史上前所未有，这些建筑在社会主义现代化建设中的作用显而易见。我们回顾40年建筑创作的历史，对于繁荣今后的建筑创作，提高建筑设计和建筑理论水平，是十分有益的。下面概略地谈三个问题。

一、建筑创作40年经历的三个阶段

从建筑创作活动来看，我认为可以大体分为三个阶段。

1. 1949—1964年，全面发展阶段

新中国成立以后，经过短时期的经济恢复，就开始了第一个五年计划，进行了大量的现代工业以及与其相对应的各类民用建筑的建设，这就使我国的建筑创作得到了比较全面的发展。1959年为迎接国庆10周年，北京建造了十大国庆工程，这批工程规模大，功能、技术复杂，艺术性要求高，这是一次探讨民族传统与现代化结合的建筑创作实践。1959年5月还在上海召开了“住宅标准和建筑艺术问题座谈会”，对建筑创作理论进行了探讨研究。这两项活动在当时对后来的建筑创作有很大影响。

2. 1965—1976年，遭受挫折阶段

从建筑创作角度来看，可以把设计革命看作是“文化革命”在设计领域的前奏，因而将1965—1976年作为一个阶段来看待。这一阶段突出地混淆了政治问题与学术问题的界限。一些建筑被错误地批判为“封、资、修”“洋、怪、飞”，使建筑师的思想陷入混乱。在这个阶段中，大量建筑工作者受到迫害，队伍受到摧残，学术活动停顿，造成了极大的损失。

应该提出的是，在这种极端困难的情况下，广大建筑工作者坚持工作，取得一定成绩。还有些建筑师不顾“左”的干扰，做出了一些颇有特色的作品。

3. 1977年至今，走向繁荣阶段

1978年党的十一届三中全会决定全党工作重点转移到社会主义现代化建设上来。我们的经济形势从来没有像这一阶段这样好，建筑活动受到经济发展的影响，也呈现出走向繁荣的局面。无论是城市还是乡村，各项设施的建设，特别是住宅的建设规模空前，这带来一系列学术和科学技术问题，建筑界对此进行了许多工作和学术交流。主管部门组织了多次的创优评优活动，涌现了一大批优秀作品，我们的建筑创作水平有了明显的提高。建筑学会多次组织了繁荣建筑创作座谈会，促进了建筑创作理论水平的提高。由于实行改革开放的政策，增进了中外的交流，学术思想和建筑活动空前活跃。这些建筑活动，在“坚持党的百花齐放、推陈出新、洋为中用、古为今用的方针”指引下，使我们的建筑创作初步形成了多元化的格局。

二、反映建筑创作多元格局的三种建筑类型

1. 第一类是具有鲜明的地方特点或民族特点

在满足实用、经济和采用现代技术的基础上，不同程度地吸取了优秀的传统建筑文化。从形象上分，吸取传统有的比较具象，有的比较简练，还有的抽象，甚至变形，取其意味。从建筑部位（外观、室内、庭院）上分，吸取传统有的侧重在外观上，有的侧重在室内，有的侧重在庭院，也有的将传统贯穿在外观、室内和庭院中。

由于形象、部位侧重的不同，这两方面交错组合的建筑作品多种多样，虽然具有地方或民族特色是共同的，但效果差异很大，又可分为如下四种形式。

（1）传统建筑庭院式，此种形式细分还有两样

①民居庭院（园）式。福州西湖“古蝶斜阳”、武夷山庄、江苏省国画院“四明山庄”、陶行知纪念馆等，都是采用当地的民居建筑形式和内向庭院（园）布局的建筑群，其传统特点是明显的，同建筑的使用性质也是一致的，唯创新的感觉不够显著。

②传统官式建筑庭院（园）式。如曲阜阙里宾舍、西安唐华宾馆，在外观上采取官式建筑或其简化的样式，使建筑艺术形式与现代结构、功能结合起来。阙里宾舍同附近的孔庙孔府，唐华宾馆同附近大雁塔的环境相协调，加上采用传统的内向庭院（园）和反映孔子文化和唐代文化的室内设计，使得这两组建筑群具有完整的中国建筑特点。但也有些建筑师反对这种做法，认为大屋顶太复古。我认为，这是一条与周围古建筑相和谐的创作路子，不能否定。评价一个建筑，不能只看屋顶一个方面，要全面来分析。这两组建筑群的室内设计、庭院（园）设计是相当完美的。如果问，是否有达到协调的其他做法呢？我认为有。属于这种样式的建筑，还有珠海拱北宾馆，采用传统商业建筑形式的南京夫子庙东西市场，以及合肥城隍庙街后半段建筑等。

（2）局部装饰庭院（园）式

这种形式的建筑比较多。在外观上，有的采用比较具象但又改良的局部小屋顶、盝顶、马头墙、吊脚楼、伊斯兰拱形窗与顶等，如北京国家图书馆、杭州黄龙饭店、珠海宾馆、深圳银湖饭店、新疆区迎宾馆接待楼和人民会堂以及成都改建的商业场等；还有的是采用比较抽象或变形的小坡檐、窗框饰、传统柱式等，如北京香山饭店、北京大学理科教学楼、拉萨饭店、深圳滨河住宅区等。这些局部装饰大都选用得比较恰当，使人感到具有地方特点或中国特色。这些建筑都能满足使用功能要求，交通、防火、电讯、电脑等现代设施齐备，采用内向庭院（园）布局，环境优美自然，室内设计同样具有地方特色，大都获得了好评。

（3）内向庭园式

这一种形式，在建筑外观上没有什么传统形式，将地方特点重点放在内向庭园上。20 世纪 60、70 年代建成的广州矿泉客舍、广州白云山庄、广东顺德旅行社以及近几年完工的广州市老干部活动中心等都是采取这一做法。这些内向庭园，多数设有水面，选植当地的花木以及中国特有的山石，运用传统的园林布局手法，并将支柱层与庭园结合起来，使室内外连贯一体，同时室内设计采用地方材料和传统文化装饰，让人活动在庭园和建筑中感到具有明显的地方和传统特点。

（4）室内设计式

采用此种形式，多是高层建筑，其外观是现代建筑模样，在室外庭院（园）方面也不很突出，而是把具有地方或民族特色重点放在室内设计上。如20世纪80年代初期建成的上海宾馆，采用江南地区的木、石、漆雕，青铜、敦煌艺术陈设，中国绘画、书法、家具和造园等，创造出具有“中国式”的室内环境。广州白天鹅宾馆，中庭以庭园为中心，组景焦点是石壁山瀑、玉宇金亭、“故乡水”题刻，餐厅采用木格通雕隔扇、仿古仕女壁饰等，客房布置传统挂屏、红木桌椅，使装修、陈设、家具、线条、色彩带有传统风格，在各处的室内都能表现出中国特色。

又如最近建成的北京国际饭店，中庭以素白色悬梁和井式天窗体现传统风格，各式餐厅分别采用年画、画屏、竹编、木雕、隔扇、落地罩等装饰与部件，使其具有中国特色。北京昆仑饭店，在探讨传统文化与时代精神的结合方面，更富有写意性，在室内设计中运用了庭园、几组叠石、冰裂纹漏窗、隔扇、伊斯兰拱形门楣等，以体现出“中国意味”。

2. 第二类是具有国际现代建筑的特征

新建的这类建筑也不少，如北京京广中心、长城饭店、中国国际贸易中心、中国国际展览中心、金融大楼、上海国际贸易中心、广州天河体育中心、深圳发展中心大厦、深圳国际贸易中心、深圳渣打外贸中心等。从结构上来看，这类建筑大都属于高层和大跨度结构。从建筑使用性质上分析，高层多为银行、金融、贸易、饭店、写字楼以及住宅等，大跨度多为体育馆、展览中心、影剧院等。这些建筑具有新的功能要求，因而造成国际上现代建筑模样也是很自然的。

此类建筑在总体上真有国际现代建筑的特征，这是因为它们采用的是新结构、新材料，并有当代艺术反射、透明、光洁的共同特点。但仔细比较起来，除少数全套引进的之外，大部分与同类国际式建筑还是有所不同的。在这些建筑中，其平面布局和空间处理很多是结合了中国的实际情况，有些还结合当地的自然条件，融进了中国式的庭园布局，因而也就具有了地方特点。

3. 第三类是具有思想哲理、立意明确、突出个性的特点

这类建筑，有的不属于第一类，也不属于第二类，而是思想主题、哲理信念创新的内容更多一些，具有鲜明的个性，所以自成一类。其中，也有些建筑，思想哲理、立意主题突出，但从造型、布局来看，也可说是第一类或第二类。下面举例加以说明。

自贡恐龙博物馆，思想、立意明确，要创造出引起人们对远古时代恐龙生态与埋藏环境的联想。该设计将整个馆的形体、空间结合发掘现场地势，建成巨石形体，体现了粗犷、朴实、浑厚的风格，很好地表达了原立意思想，个性十分突出。侵华日军南京大屠杀遇难同胞纪念馆，立意思想是，使人感染当时悲惨、悲痛、悲愤，设想成为墓地的纪念。该设计将纪念馆同场地、雕塑、环境背景有机地结合在一起，充分体现了这一思想立意。云南石林餐馆新建餐厅，设计思想是，要同石林大自然相协调。作者运用石林竖向划分高低错落有致、质地粗犷的特点，将这些自然美融合在建筑中，创造出一种新形式，具有明显的地方特色。敦煌航空航站楼，设计思想是要创造出西北沙漠干旱地区的建筑格调。设计的大厅外墙封闭、坚实，窗少、小，并成作一圆一方内天井，冬暖夏凉，抵御风沙，建筑造型新颖，个性突出，体现了原立意思想。苏州胥城大厦，建筑位于苏州城墙胥城之外，立意是同胥门城墙相联系，给人们一种联想。设计人运用城垛造型加以抽象提炼，作为建筑造型和空间布局的主题。从总观上来看，这一建筑也可属于第二类，但它有明显的地方个性。无锡支撑体住宅，是结合中国情

况运用国外 S.A.R 理论的设计，其思想哲学很清楚，就是让住户参与设计，可按照自己的情况和爱好布置自己使用的住宅。该设计由于采用小坡檐、内庭院等传统手法，又使其具有明显的传统民居特点，从外观、庭院布局来看，也可说是第一类建筑。

三、几点看法

1. 建筑创作，多元格局初步形成

从上述三种建筑类型来看，我国建筑创作在 1949—1976 年两个阶段的发展基础上，近十多年来逐步地繁荣起来，确实已初步形成了多元化的格局。我认为，对任何一种类型或第一类中的 4 种，都不能否定，都有其存在的条件。现在不是要削弱或取消某一种类，而是要继续发展各个种类，使我们的建筑创作在宽广的多元化的大道上不断前进，使我们的创作之路越走越宽广。近十多年来的建筑创作事实说明了这个看法。这一观点可以解决两个问题：第一，不是像有些同志提出的，我们的建筑创作之路太窄、方向不明确；第二，不能片面地强调只能发展一种形式，要用宽容的观点，共同发展现已存在的多元化格局。

2. 建筑创作，源于生活、根于思想。

我国传统建筑文化是极其丰富的，如前所述，在建筑外观、内向庭院（园）布局、室内设计、整体环境以及设计的思想哲学方面，都有许多值得吸取的内容，但这些民族传统的精华不是今日建筑创作的源，它连同建筑新技术、新材料、新结构等都是创作的手段，是流。

建筑创作的源，是今日人民生活、工作的需要。建筑创作的服务对象是人，所以建筑师要深入生活，要研究人的需要。这种需要，要根据现实的条件来考虑，从总目标分析，我国到 2000 年，一些公共建筑、生产性建筑是高标准、现代化的，大量的居住建筑仍然是小康水平的，因而在建筑创作上，要根据不同类型、不同标准的需要作不同的处理。这就是源于生活。

根于思想，指的是建筑创作的思想哲学、思想信念，也有人称之为立意、主题。要想建筑创新，首先要有新的思想哲理做指导，要立意新鲜、妥切，前面所提的第三类建筑实例，说明了这个问题。这种指导的思想，对建筑创作起决定性的作用，所以可以说它是根。根于思想很重要，这是使建筑创作达到更高层次水平所要掌握的理论。

3. 建筑创作，吸收外来建筑文化

在历史上，我国就善于吸收外来建筑文化，佛塔、石窟、伊斯兰教建筑以及卷草、莲花等花饰都是从印度、中亚以及埃及等地传入的，我们联系实际情况将其“中国化”了。近代，颐和园中的石舫、圆明园中的西洋楼都被布置在园内的一角，中西式建筑共存，这也是一种处理的方法。

当前，我们更需要吸收外国建筑文化。这是因为国际现代建筑，在设计、结构、材料、设备以及设计方法等方面都是先进的，其精华值得我们吸取、消化，以促进我国建筑和建筑创作的发展。改革开放的 10 年来，这方面的实例很多。引进、新建了一些国际系统的高级宾馆、国际贸易中心等；引进了一些新材料、新结构、新设备，使建筑提高了现代化程度；还引进一些室内装修材料、照明设施、家具等，丰富并提高了室内设计水平；并吸取一些新的设计思想和方法。当然，在这些方面都存在有不是精华的东西也被引进了的问题，但从总观上看，引进的主流是好的，它提高了我国的新建筑水平，促进了我们建筑创作的繁荣和向多元化发展。由此侧面来看，改革开放政策是正确的，我们要继续贯彻执行。

吸取外来建筑文化的深入阶段，就是要联系中国的实际，消化国外现代建筑有益的东西。

4. 建筑创作，要“新而中”、细致入微

建筑创作，一定要创新，特别是城市中的重点建筑，最好要反映出有超前的思想，以适应将来发展的需要，促进城市建筑的发展。为了建筑的不断发展，“新”是首先要突出的，同时要密切联系中国实际、当地的实际，中国的特色、地方的特色也就在其中了。这就是“新而中”。我认为它应是我们建筑创作的总方向。

前面分析的三种类型的建筑，都能做到“新而中”。第一类建筑，“中”的特点明显，有些建筑还需要突出“新”，但其中很多建筑，“新”已十分突出，可称之为“新而中”的较好实例。如广州白天鹅宾馆，北京香山饭店、国际饭店，这些建筑都是以“新”为主导，运用传统，不是硬搬传统的东西，而是采取新的手法，使其似是非是，富有新意。像香山饭店中庭的屏风墙，在墙中开了圆洞，又不是屏风墙，起了增加空间层次的作用；在白天鹅宾馆的中庭和总统套房里，将中西式家具布置在一起，对比协调；国际饭店的入口，采用象征华表的四根通天柱，很有气势。第二类建筑，“新”的特点显著，如能使其联系中国的实际，考虑当地的自然条件和历史文化，我想“中”的特点就出来了，亦可做到“新而中”。在这类建筑中，使用地方材料，如在杭州、广州的一些现代宾馆中选用竹材做室内装修，其地方特点就很突出，使人感到“新而中”。国际建筑大师阿尔伐·阿尔托的作品就有这个特点，如他 1938 年设计的 Mairea 别墅住宅，采用韵味天成的竹子做楼梯扶手，令人想起不规则的松树林，具有芬兰地方特色。第三类建筑，思想信念新，容易做到“新”，同样，只要联系当地的实际，“中”的特点就存在了。这种“中”，不一定都是传统建筑文化，可根据新的生活、工作需要的内容，创造出新的“中”，这也达到了“新而中”。所有这些做到了“新而中”的建筑，都可称之为中国的现代建筑。

所谓细致入微，指的是建筑创作不仅要在整体上、主要部分上有创新，符合自身的特点，做到“新而中”，而且要在细部上（Detail）处理得很完整，本身尺度合宜，与整体协调，让人观看建筑可以入微，达到整体、细部都十分完美。国际建筑大师的作品、国内修养高的建筑师作品就有这个特点，一些出色的创新建筑，评其高低，往往差距就在这一点上。如广州天河体育中心，建筑新颖、简朴，具有时代感和地方特点，唯栏板等细部处理尺度欠佳；敦煌航空港站楼，构思新，具有明显的西北建筑个性，唯旅客大厅外墙的垂花门太具象了，不协调。但是，北京香山饭店、曲阜阙里宾舍的细部就经得起细看，使人感到非常完整，是精品。

（原载《建筑学报》1989 年 10 期）

4　展望建筑创作发展

这篇材料，主要是根据世界各地建筑发展的趋势和问题，特别是针对我国当前建筑创作和建筑发展中存在的问题，提出五点关于今后建筑创作发展的看法。我国建筑发展要注意的问题很多，但我们认为这五个方面是重要的，很可能在今后一段时间一直到下个世纪里是一些带有方向性的关键问题。文中所提到的城市与建筑都是笔者经过现场考察并取得了一定资料的，这同仅看书本介绍的感受大不相同，限于篇幅，对材料的说明分析未能展开，仅点出实例要点，以阐述观点，展望建筑创作的发展，观点正确与否，有待历史作出结论。这五点五十个字的看法是：

一、建筑技术——促进建筑发展

建筑发展史说明，凡是建筑材料、结构、设备等有重大进步之后，建筑就产生了变化，突破原有模样向前发展。在当前向信息社会过渡的阶段，信息技术、材料、生物工程等高新技术在迅速发展，必然给城市与建筑带来了很大的影响，形成了推动建筑发展的重大动力。

1. 新材料、新结构、新技术促使建筑更加轻质高强、空间开阔、简洁美观

各种合金钢、复合铝板、金属墙面材料、多种幕状玻璃材料、加工的木材板、高强混凝土、塑料制品以及加工的大理石、花岗石等都在不断发展，我国在这些方面存在着差距。建筑结构技术理论，我国并不落后，现由于缺少新的材料和新技术，致使实践中存在一定差距。

新建筑的空间开放扩大，高层建筑的坚固、抗震，大跨结构的发展以及建筑外貌明亮、简洁，都是新材料、新结构、新技术发展的结果。在新材料、新技术方面，我们正在吸取国外的先进经验，以缩短技术差距。但同时我们不能放弃传统材料、技术的改进与应用。

采用新型幕状玻璃材料的米兰制药厂（戈马拉斯卡设计）

2. 新设备、新设施促使建筑向智能化转变

IB（Intelligent Building）建筑是建筑发展的方向，无论是公共建筑、工业建筑或住宅建筑都不例外，只是在各类建筑中各方面所占比例的程度有所不同。正在发展的所谓 IB 建筑，主要包括三个方面，OA、BA 和 CA。OA（办公自动化），目前办公使用电脑正在普及，但整体联网，发挥自动化的作用尚需着力去做。这一内容（有的包括 BA 和 CA）同建筑空间的

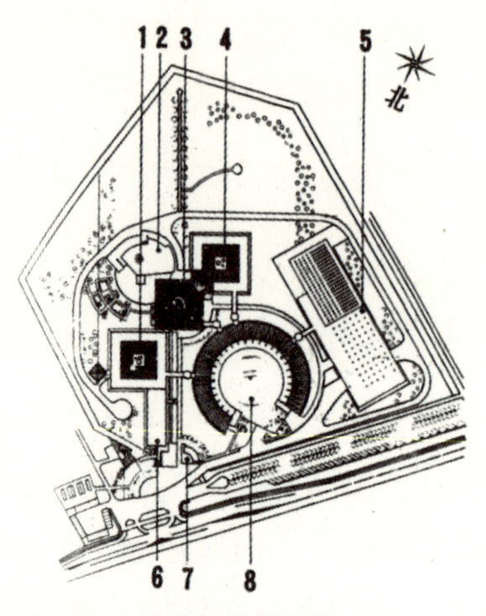

意大利 Parma 储蓄银行总平面

①技术、不动产办公 ②会议室、报告厅 ③智能化控制中心 ④办公中心 ⑤数据库 ⑥营业部 ⑦门卫 ⑧能源供应中心

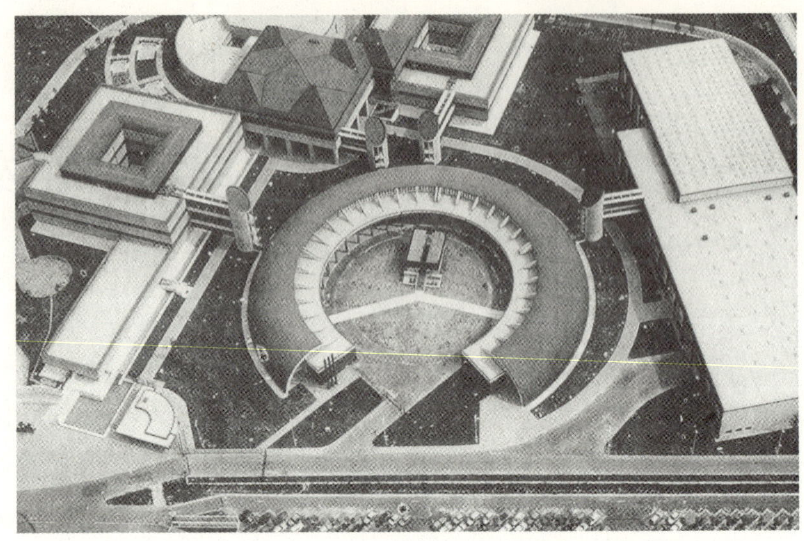

智能化的意大利 Parma 储蓄银行全景（意大利奥斯汀公司设计）

关系，在建筑层高上要留出 30 cm 以上的空间，以便预留、安装有关的管线。BA（建筑自动化），包含交通、水（冷热）、暖、电、气、空调、防火、防盗等自动化，这些设备、设施不断改进、发展，设备所需的空间愈来愈小，但功率愈来愈大；以电脑控制精度高，综合能力强。这方面的部分设备、设计及其技术，我们同样在引进或合资生产。CA（通讯自动化），在这一方面我们比较薄弱，达到 IB 建筑的标准，特别要增加 CA 的设备、设施，要同本市、本省、全国以至世界各地联网，通过卫星、信息高速公路、光碟等，随时获得远程信息和各类资料。在住宅建筑中，CA 已开始进入，发展多媒体，将电视、电话、音响、家用电器以及来访人、商业、金融等处信息联网成一体，十分方便；在家庭中办公也在逐步增多。

我国一些获一等奖的优秀设计工程，同世界同类建筑相比，差距主要表现在智能化方面。

3. 室内设计中包括的装修、家具、灯饰以及其他用具配套发展

国外不断在发展旅馆等公共建筑室内装修、家具、灯饰、用具的系列化配套产品，各系列化配套产品相互在市场上竞争，系列化的产品愈来愈丰富、精致。对住宅的厨房、卫生间，一直也在发展系列化产品，在一些发达国家，这方面的产品花样品种多，货源十分充足，现在我国开始重视这项内容。

4. 建筑节能

节能新技术不断地在发展，从建筑本身来看，改进墙体和门窗的防寒隔热的性能；从区域来看，改进分散的锅炉房供暖系统，集中由热电站供热、供电，由汽变为热水供暖，由汽变为冷水制冷；从系统工程综合计算，节能、节电，使用方便。这一方面的工作，我们正在各地开展，尚需进一步落实。

二、建筑环境——持续建筑发展

这一问题是 1993 年国际建筑师协会在美国芝加哥召开的第 18 届世界建筑师大会进行学术讨论的主题，是近一时期各国建筑师所关注的一个重要问题，也是今后建筑发展必须遵守的一个原则，如果违背这个原则，必将受到自然的报复和历史的惩罚。关于建筑环境问题，涉及问题的面较广，有关历史、文化环境的内容，在下一节中论述，有关“三废”处理、再生再用等专题，这里从略。

1. 坚持合宜的建筑容积率和建筑高度

创造良好的建筑环境同建筑上追求商业利润的矛盾，在世界各国程度不同地存在着，当前在我国表现得比较突出。许多大中城市新建或拟建的建筑容积率过高，创造的局部环境较差，特别是在一些历史文化名城的市中心地区，投资者要建高大的高容积率的宾馆、饭店等公共建筑，追求更多的建筑面积，以取得较多的商业利润。这种现象或建筑方案在北京王府井南口至东单地段、杭州湖滨路一带以及西安、开封市中心附近等地都出现过。这种做法的后果是，不仅破坏了历史文化名城的整体和谐面貌，而且造成这一地段道路交通拥塞，各种市政工程管线短缺、配套设施跟不上，文化、服务设施不够，使城市整体机能失去平衡。这一问题如何解决呢？各城市应综合做出各区的人口密度、建筑容积率、建筑高度、各类建筑项目分布的规划，以此来确定各个地段的建筑项目内容、建筑容积率和高度等。并按此同投资者协调，既不能只顾眼前和局部利益，也不能提出过高的标准不顾目前的实际情况。但必须坚持合宜的建筑环境要求。

2. 要坚持每个建筑项目有 25% ～ 30% 的绿地面积

这是个保证建筑环境的基本要求，无论是公共建筑或住宅建筑群、生产性建筑，都要达到这项基本指标，有的项目还要有更高比例的绿地。在多次重要公共建筑项目的设计方案竞赛中，我们看到不少的国外事务所所做的方案，他们重视了这一基本指标，而在一些国内设计单位所搞的方案里，忽视了这个基本要求。今后，各地审批建筑方案时要坚持这一基本指标，以确保城市各个地段的建筑单元具有基本的绿化环境。

3. 要坚持城市具有较高的整体绿地面积

除各个建筑工程项目具有上述比例的绿地外，城市公共绿地的多少是衡量一个城市环境如何的硬指标。一般来说，城市公用绿地占城市总用地的 1/5 左右，少数突出多的约占 1/3；城市居民人均公共绿地面积一般为 10 m^2，多的为 30 m^2 以上。在这一方面，我国城市还存在着一定的差距，平均一般在 5 m^2 左右。欧美的中小城市，总的来看，城市公共绿地标准较高，环境较好；一些作为首都的大城市，如巴黎、伦敦、罗马、华盛顿等，在城市市区也都建设有几个上百公顷或更大规模的公共绿地，华盛顿更为明显，不仅中心区不高的建筑融于绿化之中，周围都有成片的绿地分隔着城市用地，环境幽美。在高层建筑发祥地的美国芝加哥和纽约、波士顿等地高层建筑密集的市中心区，亦保留有大规模的公共绿地，具有 150 年左右的历史，当时美国继承英国自然式绿地规划的思想，倡导了这种做法，至今已成为城市中可贵的组成部分，受到了人们的称赞。此外，还有更超前的规划建设实例，我们于 1992 年考察了巴基斯坦首都伊斯兰堡，这是一座新建的城市，实现了绿化城市、森林城市的理想，条形城市建于玛格拉山脚下，方格道路网规整简洁，建筑容积率极低，低层建筑完全湮没在绿海之中，虽然目前一般建筑的标准不高，但城市的骨架

伦敦市中心圣詹姆斯公园（17 世纪开始开放）

以及绿地已经成型，到了下个世纪，在这个骨架中的建筑与绿地还可调整提高，这个城市仍然会是一个超前的理想的适合生活工作的生态城市。

以上所述都是硬指标，钱老提出的“山水城市”观点，首先也要在落实这些硬指标的基础上来实现，有的绿地可以做成山水型，但有些只适宜建设成树林和草坪。

三、建筑文化——提高建筑价值

现就这一问题谈两个方面，一是旧建筑应如何对待，另一方面是新建筑创作应如何考虑传统建筑文化的问题。

1. 有历史文化价值的旧街区，应比较完整地保存

对于有历史文化价值的建筑单位的保护，大家的意见基本是一致的，都同意保护，而且提出“修旧如旧”的原则，就是说建筑的修整不应改变原有的做法和面貌。在实践方面，偏重在清代及其以前的建筑单位，对于近代建筑的保护，现应引起重视，近十多年来拆除了不少有历史文化价值的近代名家建筑作品。在这里，我们重点提出的问题是，应注意成片地比较完整地修整、保存有历史文化价值的旧街区。对于这一问题，我们国家的历史文化名城同欧洲国家相比，相差的不是一些而是许多、许多。究其原因，一个是经济实力不足；还有多为一二层木结构，容易损坏；再有主管部门领导的看法不一致，很多人认为旧街区没有必要原样保存，需要新建，最多保留一些传统的风貌。因而在旧城改造过程中，已拆除了很多值得保存的传统旧街区，在六大古都北京、西安、洛阳、南京、开封、杭州和水乡苏州、绍兴以及扬州、成都等历史极为悠久的文化名城中，根本找不到像巴黎、罗马、佛罗伦萨、威尼斯、苏黎世、伯尔尼等欧洲城市的完整旧城街区面貌。从认识上来看，欧洲之所以能够如此保存着旧城街区，主要是他们认识到旧城街区的历史文化价值，这部分实物是“石头的史书”，要比文字史书的记载更为真实、确切，价值更高。从实践上来看，北京拟保留的成片街

波士顿市中心绿地

伊斯兰堡市绿化面貌

伊斯兰堡市住宅街区

伊斯兰堡市总体布局简图

区并不多，北京成片的四合院住宅区，大都变了样，逐步成为大杂院，新改造的菊儿胡同住宅区，只适合于旧城过渡地带的要求，不能代替原有传统住宅区。苏州旧城的主要街道和部分地区早已改变了旧貌，最近市里有关领导提出，还要继续改造，如此下去，苏州历史文化名城的价值将愈来愈小，这是它上不了应有的档次同威尼斯相比的根由。近日还听说，天津的老城地段，已交外商改造，即将重新建设。由此看来，要扭转继续拆改有历史文化价值的旧街区问题，首先还要从认识上入手。

佛罗伦萨圣玛利亚教学及其附近旧城街区

威尼斯圣马可广场及其附近旧城街区

2. 新建筑创作，要继承、发展、创造新的建筑文化

对于新的建筑创作，应强调创造新的建筑文化，包括继承、发展传统建筑文化，创造新的建筑文化和隔断传统，创造崭新的建筑文化。我们提出建筑创作要“新而中”，就是含有这两方面的内容，新建筑必须创造新的建筑文化。我们所说的建筑文化是广义的，它的组成包括有城市、建筑和园林三项内容，在各项中又包含有技术、艺术（绘画、雕刻、雕塑、文学等）、经济、历史、自然、地理、民族等内容。在新的建筑创作中，我们要考虑这些方面的内容，对古今中外建筑的精华应根据具体情况不同程度地吸收，而不是复旧古、抄流派、赶时髦，这样自然就产生了具有中国各地特点的建筑，中也就在新之中了。当前，我国各地的建筑量很大，但突出好的建筑并不多。总的来看，缺少建筑文化，不少建筑商业气太重，抄袭、翻版、粗制滥造的设计较多。近十多年来获国家级、部级一、二等奖的作品，大都重视了建筑文化，继承和发展了传统建筑文化，创造了新的建筑文化。新近建成的广州西汉南越王墓博物馆二期工程、华南理工大学逸夫科学馆、北京清华大学建筑馆、佛山图书馆以及敦煌博物馆方案等，在空间组织、建筑造型、环境氛围、建筑技术等方面都体现了建筑文化的内涵，具有自己的特点，这就提高了建筑本身的价值。在继承传统建筑文化方面，我们应突出发展，这是因为建筑的对象发展了，使用功能要求发展了，建筑的手段包括材料、结构、技术、设备、施工等都发展了。因而，目前有些建筑设计体现建筑文化，仅从外貌上加些传统的屋顶、盝顶、小亭子或其他局部配件，这是肤浅和不妥的，可以说是30年代、50年代时期的初期理解，今天应强调发展，创造新的建筑文化。

四、建筑网络——构成城市整体

现代化城市与建筑的发展，使建筑之间形成的网络关系更为紧密，换个角度来看，每个建筑单元都是城市网络的建筑。更大范围来看，城市之间亦形成城市群网络，其中一些建筑是城市群网络的建筑，它是为城市群网络服务的，关系密切。

1. 建筑网络的分散布局

在当前向信息社会过渡的过程中，城市人口结构在发生变化，信息高速公路、基础设施高速公路在迅速发展，大城市的集中与分散同时存在，带形城市群不断增加，这是形成建筑网络大布局方面的一个特点。

2. 建筑、交通、通讯一体化的建筑网络

公共建筑通过地上地下道路交通连接成网，通过卫星、电脑系统与各地联系成网，这种建筑、交通、通讯一体化是建筑网络发展的又一特点。在这一方面，加拿大蒙特利尔建设得比较领先，美国芝加哥、费城等市中心区也很突出，香港近十多年来集中搞了这一方面的建设，我国上海、广州、北京等地也已开始起步建设。所以，进行一项建筑设计时，要有网络的观念，要考虑它在城市或城市群网络中的地位。

3. 建筑网络中增加开放的建筑空间

构成城市整体的网络建筑，除了住宅、办公等具有私密性的部分外，趋向是逐步增多开放的建筑空间，为城市居民服务，作为居民交往的场所。这表现社会在进步，城市在发展。从300年前开始，特别是近100年来各国城市都在把一些私园转化或新建为向大众开放的公园，在城市广场、市场之外，大量的文化、教育、娱乐、商业、金融、交通以及政府办公建筑等都对大众开放，在这些建筑的内外布置有多种形式的开放的建筑空间。我国广州市规划局办公楼的底层率先建成通透的开放空间，但尚未引起人们的重视。

4. 建筑网络中增多可变性的建筑

构成城市整体网络的建筑还有一个特点，就是增加建筑改变使用功能的应变能力，有人称其为支撑体建筑，也有人叫空壳建筑或开放空间建筑。在住宅设计中，发展大柱网支撑体系，不同住户根据不同要求或同一住户根据发展的变化要求，可安排不同分隔的布局；公共建筑、工业建筑亦做成大柱网体系，当使用性质或生产工艺改变了，各层平面可根据新的需要进行重新分隔，其布局随之改变。在垂直方向的层数方面，同样可以变更，香港汇丰银行就是一例。

建筑分散布局，建筑交通、通讯一体化，增加城市开放空间和应变建筑，是构成城市整体网络的建筑发展新趋势，应引起设计者的重视。

五、综合效益——建筑师的职责

城市建筑设计与建设得如何，要看综合效益，要综合取得社会、环境、经济三方面效益，这一点毋庸置疑。当前，我们有些建筑偏重于经济效益，忽视了社会与环境效益。这中间，存在着业主、投资者要多建建筑面积多回收利润的片面要求，同时也存在着各地城市地价过高，土地价占总投资的一半比例（一般应占30%～40%）。建筑师、规划师要从综合效益出发，说服业主、投资者，现有不少明智的业主、投资者是能接受的。另外，单纯从远景、环境效益出发，提出过高要求，投资者无利可取，这也是不现实的。建筑师要综合三方面效益，考虑近远期结合。做到全面综合是不容易的，是一项十分细致的工作，但必须把握好这个原则。作为建筑师，掌握这一原则是其职责，要从社会利益、城市与建筑整体的环境效益、业主投资者的具体经济利益和整体的经济效益出发，进行建筑创作、设计。现有少数建筑师不顾社会、环境效益，帮助投资者单纯追求投资者的经济利益，这就失去了建筑师应尽的责任，将为后人所指责。

前述的建筑技术、建筑环境、建筑文化、建筑网络的发展趋势如何很好地融入自己的创作之中，使自己的建筑创作真正获得综合效益，促进我国建筑创作事业的发展，这是建筑师的光荣职责，建筑师应珍惜社会对自己的期望和尊重。

（原载《建筑学报》1995年10期）

5 走向自然的建筑发展趋势

这里所提的“自然”，其含义是广泛的，不仅是自然的物质因素，也有自然的精神因素，包括建筑空间的自然品质、自然美的艺术观点。在建筑创作中，考虑了多方面的“自然”，才能给使用的人以舒适、健康、自然的感受，做到花钱少，创造实用、美观的优秀建筑作品，适合新世纪建筑发展的需要，特别适合中国地少人多、资源缺乏的实际情况。这就是本文阐述“走向自然”观点的中心目的。

下面从环境、文化、人三个方面，谈谈在建筑创作中考虑“自然”的内容。

一、自然·环境·建筑

为了大环境的生态平衡，与自然和谐共生，在建筑创作中一定要重视“自然”因素。

1. 充分利用自然

在设计中，要充分体现“因地就势，土生土长；结合园林，花木环境；隔断风沙，自然通风；自然采光，光转化能；采用中水，利用雨水；空气清新，气流通畅；就地取材，天然环保”。这就是我曾提出过的要重视利用自然“土、木、风、水、光、气、材”的七个字。

清华大学伍舜德楼边庭及顶部条形天窗

2001 年 6 月投入使用的清华大学伍舜德楼（即建筑设计院办公楼），在其南侧设一边庭，内植花木，既净化空气，调节温度，又美化环境，在南北顶部各置一条形天窗，可根据四季的不同需要开启或关闭，自然通风，冬暖夏凉，节省能源；外置遮阳板，夏日遮阳降温；西面入口置实墙面，夏防西晒，冬挡寒风；设光电池板，将太阳能转化为电能（待资金落实后安装）。这是一个充分利用自然、节省能源、创造舒适健康环境的优秀实例。

伍舜德楼外景

2000 年英国 Foster and Partners 设计的大伦敦权力机构——市政府综合办公楼，位于伦敦塔桥附近的泰晤士河南岸，除市长办公、居住和市政府各职能部门办公用房外，公共区域设在底部与顶层，可供市民观光游览，中间服务部分还设有 180 个房间的旅馆。该建筑为球状，南面逐层收缩，自身遮阳；周边窗可开启，自然通风；球形的表面面积最小，可减少热能的损耗；下部设一新鲜空气入口，可使室内空气清新；顶部设有光电池板，将太阳能转化为电能；利用地下，贮存热能，进行冷热交换，节省能源。这是Foster继设计德国柏林议会大厦之后，创作的又一充分利用自然的新建筑。至于此建筑北部的大玻璃罩，在中国不一定适用，但其利用自然的设计观点，是值得推荐的。这是因为它能创造舒适、自然、健康的建筑环境，并能节省能源和其他资源。

2. 协调自然建筑

在设计中，要考虑与周围的山水林木等自然协调共生，逢遇河、湖、自然林木、绿化带或公园绿地，都应珍惜这些自然条件，尽可能地保护和发展它们，与其配合融为一体。2001年5月我们有幸参加法国巴黎至马赛TGV（高速铁路）即将全线开通运营前三个新车站的工程检查工作，这三个车站是里昂南面的Valence铁路车站、Avignon车站和靠近马赛的Aix-en-Provence车站，它们都与周围的自然生态环境很好地协调在一起。Valence车站建在一谷地之上，风很大，在车站两侧种植了大片防风林带。Avignon是个有名的历史文化小城，车站选在城外，为了防止洪水，将河流做了分洪处理，并在周围开辟了大片绿地，以提高自然环境质量。Aix-en-Provence车站亦选在一谷地之上，于其四周的上下左右种植了成片的林木，同外围的青山协调成为一个整体。

城市建筑同自然协调，还要重视垃圾的消化，除分类选出可重新再生利用的垃圾外，其余最好就地焚烧消灭，北京良乡新建的生态住宅区做到了这一点，值得推广。

3. 自然持续利用

建筑及其材料可以持续地使用，是对资源的充分发挥，节省了资源，现在世界各地都在考虑这个问题。持续利用，有两个方面要重视，一是选用的建筑材料要可持续使用，如钢材、铝材、木材以及砖等；二是采用大空间，不仅住宅建筑采用大空间框架体系，便于改变，公共建筑亦应选用大空间结构体系，以利于随时根据功能的变

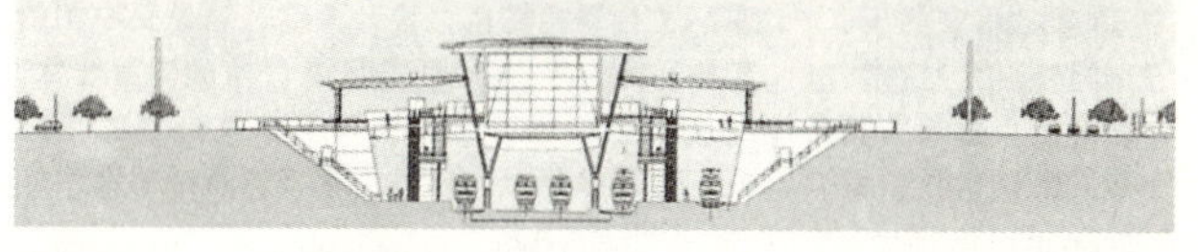

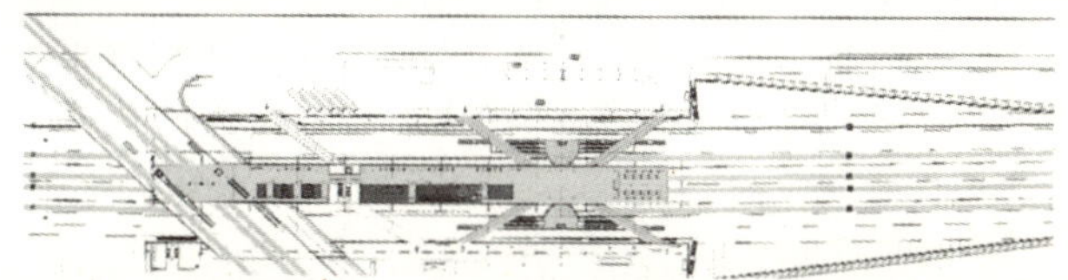

法国Valence铁路车站外景（上）、剖面（中）、平面（下）

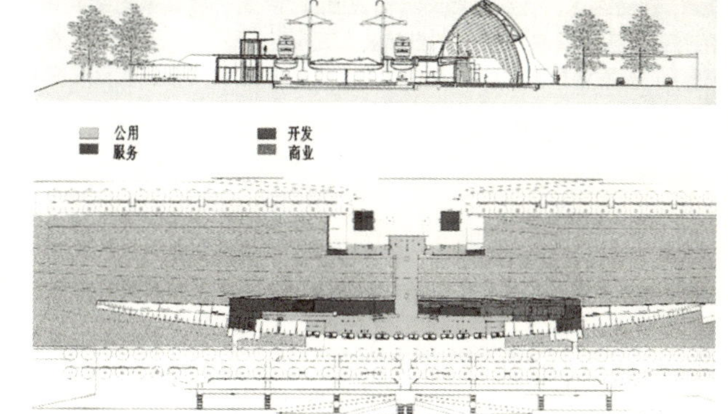

法国Avignon铁路车站内景（上）、剖面（中）、平面（下）

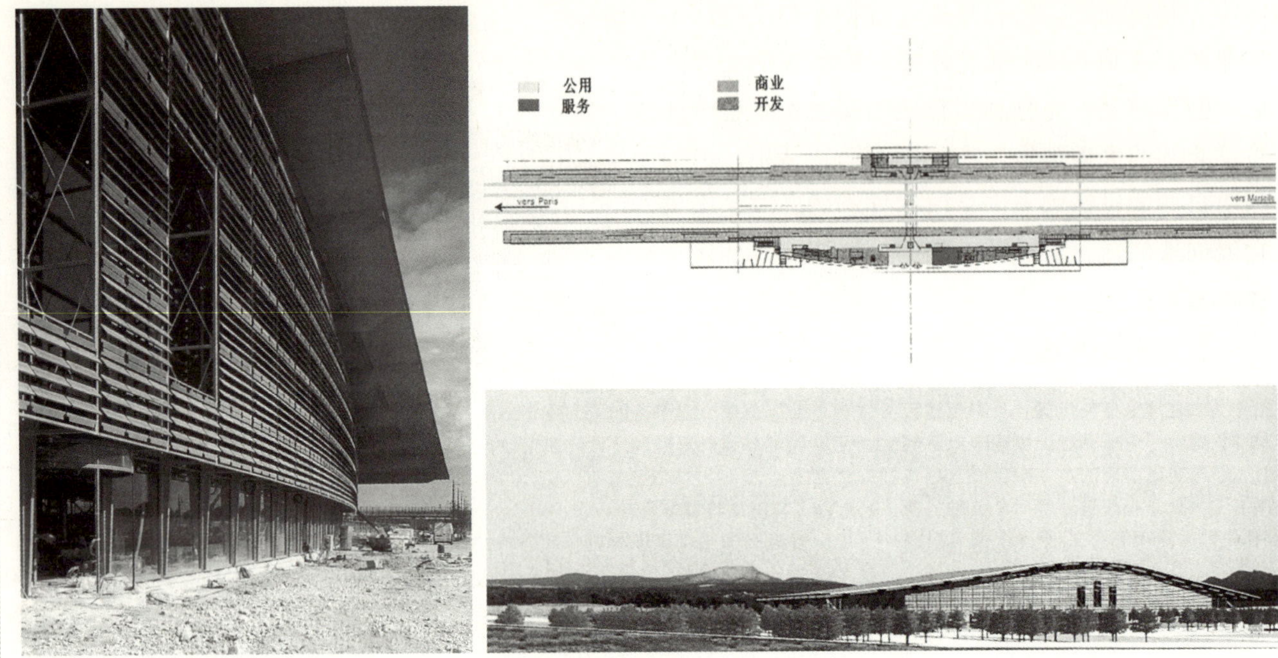

法国 Aix-en-Provence 铁路车站外景（左）、平面（右上）、全景（右下）

更重新分隔继续使用。上一节介绍的法国高速铁路上的三个新车站基本上做到了这两个方面的可持续利用。

二、自然·文化·建筑

从文化的保护与发展需要的角度来看，涉及的内容很多，这里仅侧重谈在建筑创作中要考虑的与自然因素有关的内容。

1. 自然历史文化共生

建筑历史文化是文物，有很高的历史价值和经济价值。江南的水乡、上海的里弄、北京的四合院，都与自然有关，应对其典型的区域加以保护和发展使用。上海旧城改建项目“新天地”设计是个好的实例，保留了里弄邻里空间面貌，又增加了 6 个绿化开放空间和 2 个屋顶花园，融进了自然因素，提高了环境质量。2001 年上半年完工开放的巴黎亚洲艺术博物馆，位于巴黎铁塔附近，其建筑外貌完全保持原样，但内部根据展览需要进行了改造，改造的特点是极为自然，尽可能利用自然采光、自然通风；空间通透，上下层空间自然连通；楼梯为自然圆环状，节省空间、自然，又起到装饰作用；展室背景不封闭，有的以旋转楼梯为展品背景，视觉空间宽敞通透，自然新颖；空间形状、色调简洁淡雅，自然舒适，突出展品。

2001 年 5 月我们到达法国最北端的里尔城，还专门驱车到附近的杜关市代斯卡特大街，参观了屈米设计的弗雷斯诺国立当代艺术学校，该地段原有 20 世纪 20 年代建造的综合娱乐中心，包括电影院、舞厅和转马亭建筑，设计人将这些原有建筑保留，用一新的屋顶盖在新、旧建筑之上，新屋顶高出老屋顶，并开有云状的洞，连同其大的玻璃天窗，自然采光，自然通风，并起到富有诗意地将新、老建筑组合为一个整体的作用。

法国巴黎亚洲艺术博物馆内景（自然采光）

巴黎亚洲艺术博物馆（上下层通透）

美国怀俄明州美国遗产中心外景（上）、内景顶部（下）

2. 自然民族文化共生

世界各地，民族建筑文化都含有自然的因素，在今日的建筑创作中，我们应重视保存其优秀部分并给予发展。如新疆喀什维吾族民居中的“阿以旺”空间形式，它是利用自然采风、自然通风的无顶或有顶的中庭，是团聚、接待客人或是生活起居的中心，符合维族人热情好客、能歌善舞的需要；天津大学建筑学院学生在参加 OTIS 国际学生设计竞赛时，抓住了“阿以旺”这一民族建筑文化特点，在规划设计方案中应用发展，因而获奖。又如建筑师 A · 普雷多克设计的美国怀俄明州的美国遗产中心，采用圆锥体形，是取当地印第安人圆锥帐篷的形象与做法，顶部设一“天眼”采光，也作为中心火炉的烟道，将原有的印第安人帐篷建筑文化应用到现代建筑中，并得到很好的发展。

3. 自然地域文化特色

世界各地的地域建筑文化同样含有自然因素，我们应注意保留这些特色。像建筑师 C · 柯里亚设计的印度斋浦尔市的贾瓦哈尔 · 卡拉 · 坎德拉中心，是为纪念尼赫鲁总理而修建的艺术中心，采用了 9 个正方形宇宙曼荼罗图式，是象征印度教宇宙中 9 大行星的宇宙图式，这 9 个建筑分别以特定的行星命名，通过形式、色彩、环境的不同设计以体现出各部分的特点。我国北京紫禁城的总体布局和各殿、门的命名，亦具有比喻宇宙星座的含义；北京的天坛、地坛、日坛、月坛，也是按照天南、地北、日东、月西的自然现象或宇宙寓意布置的；建筑布局左青龙、右白虎、前朱雀、后玄武，也是根据中国的自然条件提出的。

广东、福建省的骑楼建筑，具有地域建筑文化特点，是因遮阳、避雨需要而产生的，现福建厦门市中山路、广东中山市旧城都保留了骑楼街道，并在新建筑设计中采用和发展。台湾高雄市中心区商业街，大量建造了这种具有自然地域建筑文化特色的骑楼建筑。

三、自然·人·建筑

从人的舒适、健康需要出发，在建筑创作中要考虑自然因素和自然美。

1. 自然空间形状尺度

建筑空间大，形状简洁自然，尺度宜人，注重自然美。这是当前建筑创作的一个特点。仍以法国新建成的高速铁路车站为例，Valence 车站建在谷地之上，空间形状做成桥厅式，大厅长 200 多米，室内地面采取 3% 的坡度，尽端地面高出 6 m，使慢速铁路利用此高差斜交穿过。Avignon 车站建在一坡地旁，高速铁路从坡上穿过，车站大厅依坡建成拱状空间，犹如从地面生长出的坡拱，两边通过中间地道连接；Aix-en-Provence 车站建在垂直一谷地处，公路从谷地立交底部穿行，高速铁路从上面通过，大厅空间做成双缓坡形屋顶，其曲线与背后的女神山顶形状相似。这三个车站的大厅空间较大，适应使用功能与发展的需要，内设有服务、商业和办公空间等，并可随时调整改变，以符合新的要求，其空间简洁，形状依附所在地的地势地貌作不同的处理，与自然紧密结合，并同周围的自然山水相协调。建筑外貌门窗的比例尺度，内部空间的分隔，细部装饰处理，都符合人的尺度要求，给乘客以自然亲切的感觉。

2. 自然结构装饰色彩

建筑结构轻盈自然，结构与装饰合一，色彩淡雅，这是建筑创作的又一趋势。前述法国三个高速

哥斯达黎加都乐果品公司总部大楼会议大厅

法国杜关市弗雷斯诺国立当代艺术学校

印度贾瓦哈尔·卡拉·坎德拉中心

铁路车站都选用轻型钢结构，自然轻巧，无吊顶，结构本身就是装饰，所贴非洲产木板都是木材本色，色调统一高雅，唯 Valence 车站主柱采用红色，设计者称，这是受中国的影响。Avignon 车站的迎风面做成实面墙体，门窗面积较小，以挡风遮阳，其外挂的横向板，连接缝朝上，以防雨水下流造成板面水流条印，下设雨水槽，水从朝天缝流入水槽，这也是构造与装饰效果的结合。Aix-en-Provence 车站的一面，在玻璃窗外悬挑木制的百叶窗帘，用电脑控制角度，以遮阳挡风，其做工精细，使这一构造起到立面装饰的作用，车站的另一面完全通透开敞，没有做封闭空间的墙面和门窗，其结构装饰了空间，车站大厅侧面的楼梯直接与外露的岩石结合在一起，形成自然的构造装饰。

世界各地有的民族喜欢大红、大黄、大蓝的纯色、艳色，其在建筑上的应用也无可非议。

3. 自然环保材料质地

选用当地的天然建筑材料，采用环保建材，外露原材料的自然质地，这是许多设计人所追求的。法国 Valence、Avignon、Aix-en-Provence 车站和清华大学伍舜德楼等都体现了这特点，材料自然、环保，材料质地自然，效果好，创造了舒适、健康、典雅、自然美的空间环境，值得称赞。

哥斯达黎加的建筑师 B·斯塔哥诺设计的都乐果品公司总部大楼，其会议大厅是个高科技视听室，室内有五种亮度和颜色的照明系统，并可通过卫星播放图像，以满足处于不同参数频道的各国主管的需要，尽管室内有这些高科技设备，但建筑采用的是自然乡土的砖石材料，大厅玻璃窗面对的是一片自然景色，将窗外绿色植物引入会议厅内，十分自然幽美。这一实例说明了高科技建筑同样可以选用自然的廉价的环保乡土材料。

在这一节的最后，特别提一下材料“土”，本世纪用土制作的建筑材料和建筑装饰品仍然有被采用的广阔前景，拟将其废除是不可能的。用生土制作的建筑围护结构，有待加进新技术后使用，用土烧制的砖将是很高档的材料，它亦有待应用新技术加以改进提高其质量。为什么这样说，因用土制造出的建材，可使建筑冬暖夏凉，本身透气，对人身体最为适宜，有利于人体健康。在我国西北地区和世界各地有土的地区，应用“土”制作的建材将会得到进一步的发展。我手头有一本 1985 年中国建筑学会主编的北京国际生土建筑会议论文集，书中刊登了世界各地大量存在的和新建造的生土建筑实例，这些事实说明了这一看法。

（原载《建筑学报》2002 年 06 期）

6 适用·经济·美观的双重意义

新中国成立初期，党和政府提出了“适用、经济、在可能条件下注意美观”的建筑方针，1959年建筑工程部部长刘秀峰在《创造中国的社会主义的建筑新风格》理论文章中，对此方针作了阐述，说明“适用、经济、美观是有机的、辩证的统一，而又主次分明的”，要在“适用、经济的前提下，尽可能做到美观”。1978年党的十一届三中全会后，进入改革开放时期，不少建筑师提出建议，取消“在可能条件下注意”8个字，将建筑方针改为“适用、经济、美观”，其意是提高“美观”的地位。建筑需要美观，这由于它既是物质产品又是一种艺术创作的双重作用所决定的。建筑艺术、美观并不是同经济成正比的，花很多钱，不一定能造出艺术性高的建筑，少花钱，也可以建出很美观的建筑。下面就“适用、经济、美观”问题谈五点看法。

一、“适用、经济、美观”的双重意义

“适用、经济、美观”除作为一个时期建筑方针的一层意义外，它还有另一层的意义，这就是建筑的属性，早在2000年前维特鲁威就曾提出建筑要“坚固、适用、美观”。时代在发展、进步，建筑的本质属性没有变，但这三方面的具体内容有变化，其适用性、经济性、艺术性都是相对的，都是在发展、变化着的。就是在同一时期，各个国家之间，一个国家的不同地区，其标准、内容、条件也是不同的。所以说，无论从建筑方针这层意义，还是从建筑属性意义来看，我们搞每一项建筑设计时，都要根据国情，充分体现“适用、经济、美观”的建筑本质特征，认真贯彻这阶段强调某一方面所提出的建筑方针，体现出这三个方面的时代性。

现在存在的问题是，有些政府管理官员、房地产开发商和建筑师、规划师违背“适用、经济、美观”这一建筑方针和其本质属性，思想“浮躁”，管理官员想立见政绩，开发商想立即赚钱，技术人员想立起“纪念碑”作品。

二、违背“适用、经济、美观”原则的负面思想

1. 贪大求洋。在一些城市规划和重要建筑工程项目建设中追求大规模，圈地、占地很大，认为现代化城市标志是高楼大厦、耀眼的玻璃幕墙、金属板、富丽石材，还有大马路、大广场、大草坪、高尔夫球场等。同时认为强势的欧美建筑文化是先进的，曾一时大江南北盛行欧陆风建筑和欧式城市街区模样。

2. 拆毁历史文化建筑。认为中国城市文化街区、住宅院落残旧低矮，占地又多，没有什么历史文化和经济价值，所以北京大量的胡同四合院、天津的明代老城等被拆除，甚至近几十年新建的工业厂房、住宅以及公共建筑也被拆毁，日本在二战后20世纪五六十年代经济恢复发展时期亦出现许多有价

值的历史性街区被拆毁现象。城市与建筑是历史的缩影，保护历史文化街区是现代健康城市的标准之一，其文化经济价值是一些新的高层建筑群无法代替的，如北京的东方广场、辟才胡同以西的金融街区、珠市口以东至广渠门地段，这些新建筑群给北京旧城带来了综合性的压力，极不适用，从大的方面分析，这样野蛮拆毁历史文化街区与建筑是不符合“适用、经济、美观”原则的。

3. 片面追求经济利益。一些追求政绩短期行为的政府管理官员和追求超额利润的房地产开发商在前述两种思想的基础上，于旧城拆旧建新时，在新区建起了不少容积率高、设施标准并不高，缺少本地特色的高层建筑群，其环境质量和文化品味均不高。他们中许多人认为这是合理的，为城市发展旧貌换新颜作出了贡献，也有人心里清楚，他们是昧着良心干的，就是为了肥自己。不少历史文化名城旧城区，像北京一样被港台地产开发商看中，硬是抬高地价，拟建容积率高的建筑群，破坏历史文化的保护，加剧旧城的矛盾，他们从中渔利。

4. 片面追求时尚。不顾客观条件，片面追求时尚的思想主要存在于建筑师内部，前三种思想主要存在于一些行政官员和地产开发商的思想中，当然有些建筑师也有。20 世纪 80 年代，中国建筑师受现代主义之后派思潮影响，现代主义之后派提出重视建筑历史文脉是对的，但也在建筑中加上一些不必要的传统建筑装饰构件；90 年代解构主义思潮提出打破原有建筑组合的秩序，但它对我国的影响面不大，直到今日一些年轻的建筑学生或建筑师对古今中外建筑了解不多，却还在追求这一思潮的表现手法。目前，国际上淡雅极至主义正在流行，即 Minimalism，有人译为简约主义是不确切的，它提倡建筑要净淡高雅，这一思想正在影响着国内一些建筑项目。我们不能全盘否定这些主义、思潮，但反对不顾自己的条件，照搬、模仿他们。我们要根据“适用、经济、美观”三位一体的原则，将中外传统的、当今各种学派思潮中的，也就是古今中外一切优秀可用的都吸收，创造中国的新建筑文化，中国新建筑要“新而中”，新是第一位的，但要符合自己的国情，有自己的特色，这就是中。如果一味片面追求时尚，必然要违背“适用、经济、美观”的原则。

这些负面思想的产生，也是历史的必然，因为思想素质总的水平不高，仍处在初期发展有待提高的阶段。

三、结合三个有争议的北京重点建筑设计实例，试以“适用、经济、美观”的原则对其进行分析

一个是中央电视台大楼建筑设计方案，其设计可称为“新”的实例，在两幢塔楼中间以悬空 L 形连接体衔接，有人称之为“歪门”，它不符合北京抗 8 度地震区的实际，为了这一悬空结构，要增加大量的投资；从艺术角度来衡量，它并不美，生硬的几何形体，且无均衡稳定感。这种曲尺形悬空连接体并不是首创，早在十多年前，美国建筑师埃森曼就为德国柏林市中心处设计过马克斯·莱茵哈特大厦，将两塔楼中间以一曲线体连接，作者说其造型为单性生殖，我们感觉它比库哈斯所设计的中央电视台建筑方案的造型要艺术许多，很柔和、自然，但后来这个设计因造价高而未实施。发达国家都考虑投资昂贵，我们更不应该高投资造此技术不成熟的连接体，应以“经济、安全”、适合本地条件、富有文化艺术性为选择标准。

另一个实例是位于北京人民大会堂西侧的国家大剧院，该方案考虑了改善天安门广场周围的生态环境，增加了本身、正阳门、公安部地段的绿地面积，这一重视生态、环保、可持续发展的思路值得

称赞，就众多的竞赛方案相比，它与周围建筑的协调是很好的，并不突出自己，灰、净、虚。但我从更大范围来分析，认为国家大剧院不应该建在这里，20世纪80年代以前的规划方案，其位置放在人民大会堂南面，规模不是这么大，并非三个剧场集中在一起，规模小、分散，可减少旧城交通与基础设施的压力，投资也会减少很多，并符合北京剧场分散在前门外、东安市场、西单的格局，方便居民使用，同时能更多地发挥人民大会堂万人会场的作用，建筑体量不如此之大，亦可多保留一些旧城的环境氛围，更加突出人民大会堂和天安门广场。原先在设计图上看，大剧院外的空间宽敞宜人，现实物已封顶，给人的感觉是体量大了，这些都是城市规划问题，与大剧院设计人无关，但评价这个工程，要从城市使用、建成后经营费用等来衡量，这样一来，恐怕大剧院在适用性、经济性、艺术性等方面都存在着问题。

第三个实例是为2008年奥林匹克运动会使用的北京国家体育场“鸟巢”，通过对不少结构专家的访问，他们认为此设计的结构构造是先进的，另外在使用功能上也有进步，使场内比赛的运动员和大量的观众有一个更为舒适的环境，运动员能发挥出水平。具体看，这一建筑与自然结合的“光、气、风、木”都有发展，通过钢编织的网架、外敷膜，光线柔和，场内空间无柱开敞，自然通风，气流畅通，内部草坪易于维护，运动合宜。至于用钢量多的问题，现已大量减少。由于此项目是用于国际比赛，其总体要求的标准是高的，应该考虑与世界建筑的发展同步。从这一特点来衡量，它是符合“适用、经济、美观”原则的，它是中国的特殊建筑，中国其他城市不宜效仿。

四、随着社会的发展“适用、经济、美观”的具体内容在变化、增多和发展

目前，世界总的发展是由以工业经济为主的工业时代向知识经济为主的知识时代过渡，此时衡量城市与建筑的“适用、经济、美观”的具体内容，就是要看它是否“重视生态、环保、节能、可持续发展，并为公共大众服务和具有各自的特色”。这也是判断城市与建筑是否先进的标准。当前，我们存在着把建筑艺术形式作为衡量先锋建筑与否的唯一标准，这种观念是片面的、落后的。建筑形式与二者虽然有联系，但已不是工业时代提出的因果关系。建筑的类别亦不必过于强调，有些可以模糊起来，它是动态的、可变的，车站、博物馆、体育馆、超市商场、俱乐部等大跨建筑是可以互换功能的，可称它们为“大容器（Container）”，其外部围护结构可随变化而“变脸”。建筑的适用性在不断扩展，如博物馆，已由原来的一般展陈、教育，发展到今天的以展为主，收藏面积的比例很小，教育面不断扩大、深化，还扩充实践、研究和商业、服务、娱乐的功能等。建筑的美观内容，不能片面地去追求形象的象征性，要增加自然生态的美学观。综合起来，就是要全面地考虑城市与建筑的“适用、经济、美观”，具体一些，就是要与自然共生、可持续发展，为公共大众服务，具有地域的文化特点。再具体些，那要看每个工程项目的具体情况与要求。

五、建国半个世纪后，建议中央领导重申“适用、经济、美观”的建筑方针

2004年6月初，在两院院士会期间，针对当前城市与建筑建设中的需要，有人提出“安全、适用、经济、美观”的建筑原则，这是对上世纪50年代提出的“适用、经济、在可能条件下注意美观”建筑方针做了调整的建议，去掉八个字，加了两个字。当时得到许多人的赞同，这说明大家从内心拥护这一建筑方针，是盼望已久希望明确的方向。作为建筑方针是有时间性的，依据每个时期的实际需要，

可强调某个问题，如果针对一些建筑工程包括桥梁等存在倒塌问题，因而将安全单独提出，放在前面，也是可以的。从适用的含义来看，应首先保证安全，如不特别突出解决这个问题，我们建议中央领导在适当之时可重申“适用、经济、美观”这一建筑方针。

今后，我们在刊物舆论宣传上和城市与建筑的理论研究与实践中，要深入理解和认真贯彻“适用、经济、美观”的建筑方针，综合考虑三位一体的“适用、经济、美观”问题，克服上述各种片面的思想认识和做法，对三者的建筑本质属性和作为方针的双层意义有个全面的了解和认识，以达到更好地为我国的经济建设和文化建设服务的目的。这也是《建筑学报》一直遵循的办刊宗旨，由此可以看出，这次讨论的主题意义重大，具有方向引导的作用。

（原载《建筑学报》2004 年 08 期）

7　从大文化视角思考城市建筑设计创作

大文化的概念，包括科学技术和文化艺术，一个文化圈或一个地域的文化，可以说是地域的特殊生活方式，或生活道理，它包括这里的一切人造制品、知识、信仰、价值和规范等，它综合反映了该地域社会、经济、科学技术、观念、习俗以及自然生态的特点。由此可以看出，城市建筑属于大文化的范畴，它既有社会文化艺术，又有科学技术。因而，我们要从大文化的角度来思考城市建筑的设计创作问题，才可以得到综合的认识与效果，促进城市建筑设计创作水平的提高。城市建筑设计的创新，不是源于形象的创新，而是要达到以低耗高效、节能环保、可持续发展为中心目标的创新。要做到这一点，首先应树立自然生态环境、城市建筑互动、形式美观艺术、既经济又安全、服务广大民众的正确理念。

一、自然生态环境

自然生态环境，这一重要理念是21世纪城市建筑发展的大方向，也应是建筑师进行城市、建筑设计、创作时首先要思考的问题。思考自然生态环境，就是要建筑与自然共生、走向自然，因地就势、如地生长，大量绿化、改善环境，自然采光、自然通风，适时遮阳、光转化能、风化为能(用涡轮机)，就地取材、节能环保，同时要考虑地域的人文特点，创造适合当地生活方式和发展需求的建筑环境，保留和发展历史文化的生态环境。

由《新建筑》杂志社等主办的2008年“家园重建——汶川震区重建建筑方案全国设计竞赛”中获一等奖的“织构”方案，充分体现了“自然生态环境”的理念，顺应自然，利用自然，顺应自然山势，自然采光、通风、遮阳；其总体布局和单体居住空间组合符合羌族的生活方式，而不是错借城市住宅的模式；采用框架柔性结构，以利抗震；选用土、石、砖、瓦地方材料，实用经济，很好地继承与发展了当地自然和人文生态环境的肌理，建构了一个可持续发展的“织构模型”。

2008年获香港建筑师学会奖的“厦门国际海洋客运站”也是个优秀的建筑实例，项目位于厦门市西面，面临大海，场地面积0.027 km^2，站房建筑的多个曲形薄壳屋面与蓝色的海天融为一体，自然采光、自然通风、深檐遮阳，形体简洁高雅，突出了“自然生态环境”的特点。再举一个国外的实例，西班牙巴塞罗那港口酒店，设计者是西班牙著名建筑师里卡多·波菲（Ricardo E · Bofill），这一酒店面临地中海，总建筑面积4.2万 m^2，共26层，高99 m，将于2010年建成。设计从自然生态建筑的概念出发，建成柔美温和、融于海天大自然中的风帆状，下面建造了一个用来控制海水的深码头，从而获得了50 000 m^2 的新增土地，借以造成面向地中海的花园广场，酒店内部与周围360°的自然环境结合为一体。十多年前，我们在巴塞罗那会晤过里卡多·波菲先生，他已有50年的设计实践生涯，在设计这座酒店时他很有感触地说，“我现在的参与，改变了对建筑学的态度，改变了对于自然、生态、环境的态度，建筑应保持对自然的尊重”。我们认为，这位国际著名建筑师的理念转变，可给予我们一些启示。

在城市历史文化遗迹场地上修建博物馆时，更要解决和保护好历史文化的“自然生态环境”问题。如美国《建筑实录》2009年第2期刊登的西班牙Cartagena城罗马剧场博物馆，基地距马德里约48 km，拥有2000多年的历史，新建的博物馆就位于古剧场遗迹前，其高度、材料、色彩、门窗比例尺度、窗框与檐部装饰等都与周围原有的建筑和剧场遗迹协调一致，与原有历史文化自然生态环境保持一致，其内部也配备了现代化设施，为室内空间增加了新的内容。还有，获亚洲建筑师协会2008年金奖的“中国河南殷墟博物馆”，它位于河南安阳殷墟遗迹中。殷墟已有3000多年的历史，是我国商朝的都城，该设计采用下沉式院落布局，展室均设在地下。这样既能很好地保护原有遗迹的面貌，也使建筑内部的布置和设施符合现代展览的需求，这也成为保护建筑历史文化生态环境的又一种设计手法。所以说，“自然生态环境”理念的采用，应视不同的遗迹情况，采用不同的做法，以获得保护、利用与发展的效果。

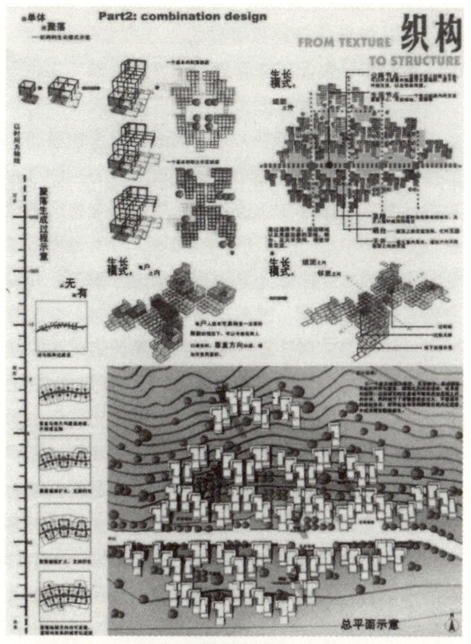

“织构”方案的聚落规划

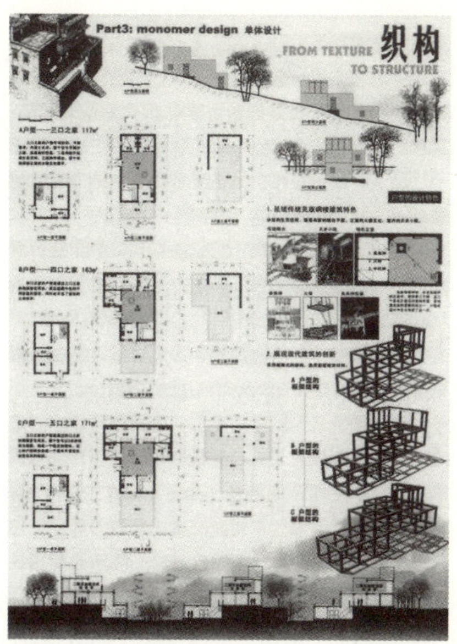

“织构”方案的单体设计

厦门国际海洋客运站外景

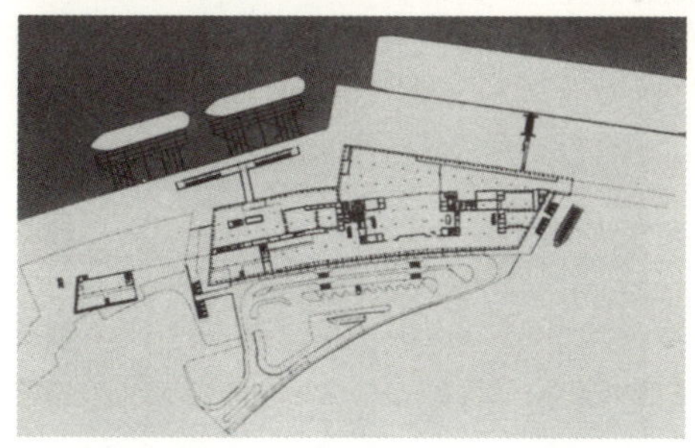
厦门国际海洋客运站平面

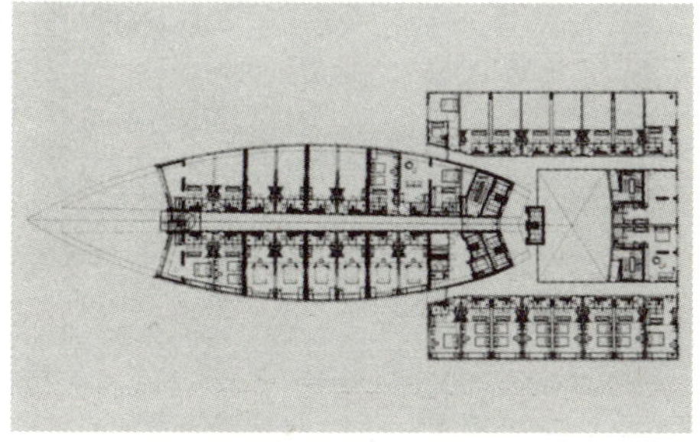
巴塞罗那港口酒店平面

巴塞罗那港口酒店面海立面

二、城市建筑互动

城市建筑是城市整体的一部分，局部要服从整体，因而在进行城市建筑设计时，必须考虑同城市整体的关系，使其通过建筑的内容、形式和人们活动等方面起到增加城市活力的作用，彼此推动发展。

获2008年新加坡优秀建筑设计奖的“新加坡拉萨尔新航艺术学院新校园”，是体现这一理念的突出实例，此方案是从国际设计竞赛170多个方案中选出来的。该校园建筑位于新加坡最繁华的乌节商业街附近，建筑面积3.5万 m^2，于2007年8月建成。其设计采用开放式布局，大胆创新，根据学院功能设置设计、美术、媒体、表演、基础综合研究5个系，并将其规划成6个相互独立的体块，通过校园中庭和城市中庭将分散的体块连接成一个整体，并与城市网络相遇。公共空间屋顶为透光薄膜构造，市民和游人可进入校园观看艺术品生产，学生亦可与游人产生视觉互动，同时可在此举行艺术策展和表演、音乐活动，使这里成为一个很好的艺术中心活动点，促进文化艺术的普及和发展。

武汉琴台大剧院的设计方案是经国际设计竞赛评选出来的，建筑面积6.5万 m^2，于2007年9月建成，所在场地为琴台文化艺术中心公园，总用地为0.21 km^2，大剧院即位于汉水与月湖之间。这组建筑与园林文化休息设施，是借楚国人俞伯牙和钟子期相知相遇“高山流水觅知音”的历史故事而发挥的，城市这块自然风景优美、又具历史文化典故的用地，必将促进琴台文化艺术中心及大剧院的发展，使其成为独具武汉特色的文化休闲活动场所。随着琴台大剧院旁音乐厅和其他文化娱乐设施的不断充实，不仅能改善这一地区的生态环境，还能推动整个武汉城市文化艺术的兴旺与发展，实现城市与建筑的互动。从中可以看出，建立城市与建筑互动的理念，可提高城市建筑策划和建筑创作的水平。

三、形式美观艺术

形式是城市建筑的重要内容，也可以说是重要的组成部分，这是因为建筑的功能包括物质形体空间的使用功能和精神功能，形式的美观艺术对使用者的精神有着很大的影响，形式是含于功能之中的，

Cartagena 城罗马剧场博物馆通过地下与古剧场连通

Cartagena 城罗马剧场博物馆外景

河南殷墟博物馆

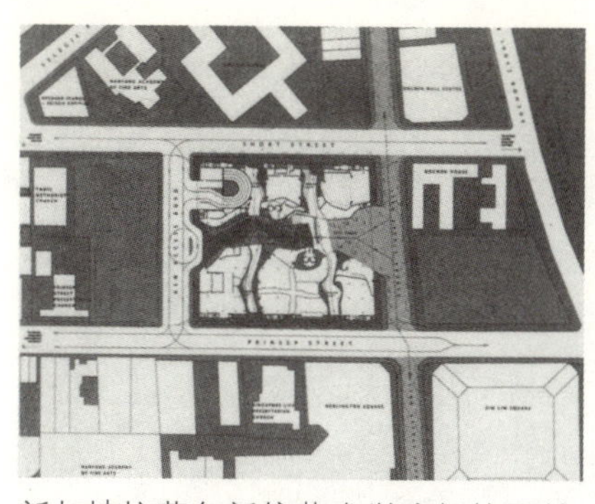

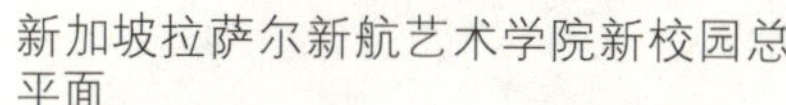
新加坡拉萨尔新航艺术学院新校园总平面

武汉琴台大剧院外部夜景

它是任何建筑不可缺少和回避的内容。因而我们进行城市、建筑设计创作时，应将功能与形式、内容与形式结合为一体来考虑，重视建筑外部与内部形体空间及其细部的形式创作。这种重视，不是先考虑建筑外形，之后再把承载物质使用功能的形体空间往里套，其结果必然造成许多空间的不适用，造成不小的浪费。当前一些建筑师只考虑形式，而走上片面追求形式的误区。

这里举两个使用空间与形式美观艺术密切结合的实例。一是2008年中国建筑设计研究院崔恺、吴斌创作的“敦煌研究院游客服务设施”的设计方案，该建筑位于敦煌市郊，东侧为敦煌机场，距莫高窟15 km，为适应平坦开阔的戈壁滩的特定环境，其形体空间采用横向展开的自由曲面，内部空间依使用功能布置了游客接待大厅、邮局、银行、餐厅、厨房、购物区、办公和数字展示厅、数字展示剧场等，各空间按需求大小穿插、曲直变换，在水平和高差交错过程中自然地生成光缝和光井，把自然光引入室内并布置绿化，接待大厅的天花做成似石窟内的藻井式，部分藻井为采光天窗，外形体配合沙漠中的流沙环境，如同雅丹地貌中的一个岩体，形似莫高窟壁画中的飞天飘带，因具有流动的态势而自然起伏，完全适应风向和空气的流动。球幕剧场的圆球体型镶嵌在曲面屋顶中，丰富了造型变化，外部开窗较少，窗的形式也借鉴莫高窟洞窟开洞样式错落有致，使其既符合现代使用功能、形式审美，又独具现代并有地域传统风格的艺术效果。另一个国外实例是美国著名建筑师斯蒂文·霍尔（Steven Holl）设计的“丹麦Herning市人文中心”，该建筑于2008年建成，建筑面积5400 m^2，内部包括当代画廊、150座音乐厅、多媒体图书馆、餐厅、办公室等。设计以改变环境、创造风景为目标，利用基地内原有草堆和池塘形成新的景观，以新风景分隔出停车场与服务区域。此设计还吸取Herning市原有制造纺织品的历史文化特点，依据功能布置建筑形体。内部画廊均成直角，简洁且布局合理，充分表达对艺术的尊重。画廊内墙体构造轻巧，可按策展需求不断变动，屋顶倒曲形钢屋架可引入自然光，以细杆支撑双层玻璃，整体稳定，并拥有双管系统，能朝多个方向延展。同时，曲形屋顶与周围简洁的白色石膏墙互补，形成明快的展示空间环境，达到赏心悦目的美观效果。这两个实例还说明了要做到使用功能与形式的完美结合和建筑的美观艺术，并不需要过多的装饰以及过度的花销。

四、既经济又安全

从总体来看，当前城市建筑的设计标准要适合我国经济发展的水平，就是要适合全面建设小康社会的经济水平。在这一阶段，国家应严格控制高档建筑的建设和城市内贫富与城乡之间的两极分化，避免浪费和社会的不稳定，同时要重视城市建筑的安全，以免因地震、风灾、水灾等灾害造成不可挽回的重大损失。关于这个问题，针对时弊，此处仅谈两点：一是不要盲目追求建筑高度，超高层建筑不应成为城市追求的时尚；二是建筑容积率不要过高，以利安全卫生。南京市拟建苏宁大厦，高450 m、118层，建筑面积35万m^2，欲与天然的紫金山试比高，在这自然山水优美的历史文化名城修建如此高的大厦很值得商榷；上海浦东区刚建成超过400 m高的金融中心，现又要修建600 m的上海中心；广州市已选定美国SOM公司设计的超高层建筑设计方案。这三幢中标的设计方案都是境外设计公司设计的，他们凭借新技术、新设备、新造型以及所谓的节能环保的新效果而被选中，其实从基础和进口的新材料与设备来计算，其耗能量是可观的，造价也极为昂贵，这种建设既不经济又不安全。而争建筑第一高度，追求超高层形象在欧洲发达国家中是不存在的，它们所修建的少量超高层建筑高度都在300 m左右，只有在中东和亚洲的一些发展中国家才追求500 m、600 m甚至800 m的第一高。这

敦煌研究院游客服务设施建筑鸟瞰

敦煌研究院游客服务设施游客接待大厅内景

Herning 市人文中心鸟瞰

Herning 市人文中心西南面外观

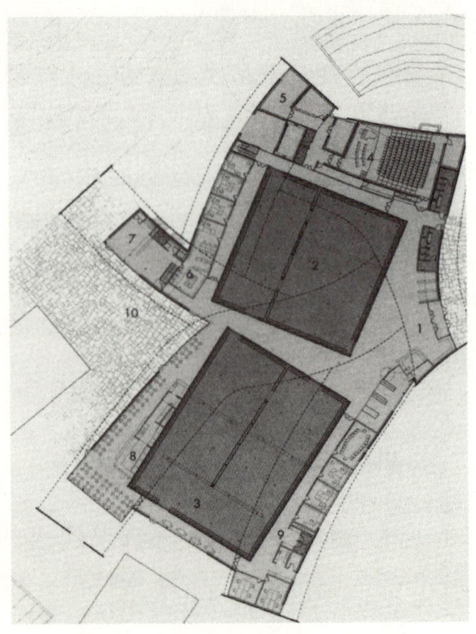
Herning 市人文中心平面

种虚荣的形象标志追求，在经济、安全、使用等方面都存在诸多问题。关于建筑容积率问题，北京、广州、深圳等大城市修建了不少高层、高密度的公共建筑和住宅社区，开发商和当地政府获得了较多的利润和资金，但建设出的环境却使人精神压抑，通风、采光、卫生条件也差，若遇到地震或传染病灾，必将灾害严重，所造成的危害也涉及民生、民权问题，同时现在管理、监督不力，也给一些城市带来不小的隐患。因此，我们应遵循“勤俭建国”的方针，树立“既经济又安全”的理念，不搞追求世界顶级的高标准建筑，转而大量建造实用自然、经济安全、美观艺术的新建筑。

五、服务广大民众

在城市建筑建设方面，服务广大民众的理念在不少地方还停留在口头上，并没有从深层次上加以落实。建筑师、规划师以及城市建筑管理人员在深化认识这个理念，从思想上认识到建设与规划设计广大民众的住宅是民生、民权的问题，是要花大力解决的社会问题；还要认识到在全国建设小康社会的现阶段，要长时间控制修建高档别墅区、高尔夫球场、高档办公楼、高档酒店及娱乐场所等，以缩小城市贫富差距，缩小城乡差别。

在“服务广大民众”理念方面，有一重要内容在这里提出，就是各市党政机关是为人民服务的，而不是人民的统治者，要亲近广大市民。不少城市新建的市府大楼等都未能体现这一思想，仍沿袭过去的传统，将党政机关办公楼集中在市中心区，有轴线、有花园广场，庄严壮观，很有气派，这就使老百姓感到地方官高高在上、难以接近，其效果自然是耗费了大量的资金，拉大了官民的距离。目前，国家不断重申控制建设高档办公楼，这应是长期的政策，同时要进行思想疏导，让政府管理者和建筑师、规划师都树立起新的理念，认识到各级党政机关是服务大众的办事机构，其建筑应是朴素、大方、亲切的，市中心区也应是广大民众进行文化休息活动的场所。

上述的五个理念，都属于大文化的范围，它们是相互联系的整体，是21世纪城市建筑向信息社会迈进所需要的思想理念。对于各地具体的城市建筑设计创作，其侧重点会有所不同，但这五个理念要通过大量调查研究工作后统一思考，这样既可提高建筑设计创作的视点，也可使建筑设计创作符合可持续发展的大方向。

（原载《城市建筑》2009年06期）

第四篇 建筑文化感悟与摄影绘画艺术

1　建筑文化感悟与图说（国内篇）

一、建筑文化理念

这里所说的建筑是“大建筑”，包括城市、建筑和园林，这三者是一个不可分割的整体，有着三位一体的本质联系。钱学森先生将此三位一体命名为“建筑科学”，作为一门独立的大学科而存在。中外几千年来的城市建设都体现着城市、建筑、园林三位一体的内容，三者关系十分密切。这一建筑科学理念、整体性的哲学思想会逐步被人们所认识。

这里所提的文化是“大文化”，从大文化概念来看，它包括科学技术和文化艺术。一个文化圈或一个地域的文化，可以说是地域的特殊生活方式或生活道理，它包括这里的一切人造制品、知识、信仰、价值和规范等，它综合反映了社会、经济、科学技术、观念、习俗以及自然生态的特点。由此可以看出，大建筑属于大文化的范畴，它既有文化艺术，又含有科学技术。什么是科学技术，就是以逻辑思维、逻辑语言对大自然对事物的探索、研究和认识，这是科学家、工程技术专家的事情；什么是艺术，就是以形象思维、形象感受对大自然对事物的描绘、表现和传播，这是文学家、艺术家的事情；包括规划师、建筑师、园林师的建筑科学家是兼上述两家、融两家的专家，这是由大建筑事业的性质、本身属性所决定的。因而，我们从大建筑文化的观点来分析研究中外建筑文化的情况，以得到比较深刻和综合的认识，有利于促进建筑文化的发展。

通过改革开放30多年的建设实践，中国城市与建筑、园林事业取得了很大的发展，积累了一些好的经验。但在一些地方还存在着缺陷：片面追求建筑形式，不适合实际与环境；规模过大，容积率高，水、气、垃圾污染环境，大拆大建毁掉历史，缺少整体保护规划；盲目崇拜西方文化，无视地域文化；占用绿地，浪费资源，少数私人获取利益；城市面貌千篇一律，肌理无序，失去特色；城市交通拥塞混乱，影响居民生活安全；忽视弱势群体利益，扩大居民贫富差距。

针对这些缺陷问题，结合我自1956年以来的考察、参加规划设计过的城市与建筑中选出有参考价值的实例，并吸取国外关于“现代主义”（Modernism）“后现代主义”（Post-Modernism）、“新城市主义”（New Urbanism）、“批判性的地方建筑”（Critical Regionalism）等理论中合理的观点，提出“发展”“环境”“历史”“文化”“自然”“艺术”“人行”“公正”八个理念，期盼我国的建筑文化，全面贯彻落实“三个代表”的思想，即代表着中国先进生产力的发展要求，代表着中国先进文化的前进方向，代表着中国最广大人民的根本利益，使中国的城市、建筑、园林事业的发展确实走上科学发展、可持续发展的道路，为现阶段至2020年实现全面建设小康社会发挥自己应有的作用。这些理念，可集中为“中国文脉下、走向大自然、为大众服务、可持续发展”的建筑文化理念。下面具体阐述这八个理念。

1. 发展

发展产业经济，带动文化建设；不断建筑创新，促进文化发展。

从国内这几十座城市发展历程来看，都是因发展了产业经济带动着城市、建筑、园林事业的发展。产业经济包括第一、第二、第三产业经济。封建社会时期，以第一产业农业经济为主；到了资本主义社会时期，以第二产业工业经济为主；现阶段向信息社会转变时期，凡发达的地区，其第三产业经济都占到最大的比例。这是产业经济发展变化的总趋势。但每个城市都要根据自身的条件，积极发展具有自己特点的产业经济。

1949 年新中国成立后，经过半个多世纪国民经济的恢复和迅速发展，现在我国可分为北京、天津、上海、香港、澳门和台湾 6 个发达地区，辽宁、江苏、浙江、安徽、湖北等 5 个初等发达地区和甘肃等 13 个欠发达地区。

如属于初等发达水平的陕西西安市，从 20 世纪 50 年代初期国民经济发展“一五计划”起，是我国重点规划建设的八大城市之一，现已建成为我国新兴工业基地之一。自改革开放以来，西安市又调整了第二产业，扩展了电子、高新技术与航天科技产业等，同时按照自身是一个重要历史文化名城的特点，拟大力发展文化等第三产业，制定了老城“唐皇城”的文化复兴规划和西安市文化特点的区域规划，包括临潼国际旅游、蓝田美玉文化、长安生态居住、户县农民画、周玉老子文化、高陵现代农业等内容。西安市的观点和做法是正确的，重视城市产业经济的发展，协调发展第二产业经济和文化、服务等第三产业，以产业经济的发展促进西安历史文化名城的保护与发展。

又如 20 世纪 50—60 年代，在北京、上海、南京、杭州、苏州、青岛、昆明、成都等重要城市，都重点发展了第二产业工业经济和一些第三产业经济，同时带动了这些城市的文化建设。20 世纪 70 年代后，国际上出现了石油和美元危机，世界经济不景气，一些发达国家投资到香港、台湾等地，促进了香港金融、商贸等产业经济的发展，也促进了台湾台北、新竹等市区高新技术产业经济的发展，中国的香港、台湾与韩国、新加坡被称为亚洲的四小龙。20 世纪 80 年代后，中国沿海的厦门、珠海与汕头、深圳成立四个经济特区，迅速发展了高新技术、电子、加工产业经济等，其产业经济的腾飞，促进了这四座城市建设和文化建设的快速发展。20 世纪 90 年代后，上海开发了浦东新区，加快了上海金融、商贸产业经济的发展，北京建起了亦庄等新的经济技术开发区，发展了东三环的 CBD 区和西城的金融区，又由于北京筹备 2008 年的奥运会建设，上海筹备 2010 年世博会的建设，使上海、北京两座城市的建筑文化建设得到了进一步的发展。

上述这些城市都是根据自身条件的特点，重视发展产业经济，因而带动着城市建筑文化的发展。

对于我国各种类型地区的发展步骤和指标是不同的，但都要重视发展第二产业经济和第三产业经济，要以城市自身的经济实力促进城市及其文化的发展，这是最现实的，因为经济是基础。对于第二、第三产业的内容与比例，应从大范围的区域来平衡，发达地区城市的第三产业经济所占比重现在大都已超过了 70%，所有历史文化名城应大力发展具有本身特点的文化第三产业，所有城市都要重视逐步发展有利于广大居民的服务第三产业。

关于发展理念，还要重视建筑的创新，只有不断地创新，才能促进建筑文化的发展。建筑创新不是单纯指艺术形式的创新，还包括采用新建筑材料、新技术、新结构、新设备，并能达到“节能减排”效果的新建筑，这样的创新建筑必然会促进建筑文化的发展。

如 1975 年建成的上海体育馆，积极采用新结构、新材料、新设备，其比赛场地呈长圆形，南北轴长 38 m，东西轴长 42 m，屋盖选用平板型三向空间钢管网架，支承跨度直径为 110 m，四周挑檐 7.5 m，整个屋盖直径为 124.5 m，采用整体提升的先进吊装方法；馆身通周用大片淡蓝色吸热玻璃新材料作围护，将 108 根大窗梃处理成白色竖线条，蓝白分明，形成明快基调；还采用电动活动看台、高塔式新光源等，使这座大型体育馆反映出具有民族特色和时代感的新面貌，促进了建筑文化的发展。

在 20 世纪 80 年代中期建成的香港汇丰银行大厦，其建筑创新更为突出，将中央电梯间和服务中心布置在两侧，形成主要结构的八组“通天组合柱”，在这八组主柱上牢扣着五层三角形垂悬桁架，分为五个区的各层楼板由这些桁架悬吊着。这种南北通透的大空间布局，创造出最好的建筑使用空间，各层可根据需要灵活布置隔断，另外在垂直方向，亦可根据高度需要，调整各区悬挂的楼板高度，这种创新是史无前例的。此外，在其高大中庭的顶部装有反射镜片，由电脑控制，将阳光反射到地面广场，使广场有适宜的光亮度。在此大厦近旁于 1989 年又建起了一座中国银行大厦，其分段变形隐喻竹子节节高的造型，采用内部无柱筒形结构，25 层以下为正方形，以对角线分为四个三角形立方体，从 26 层去掉一个三角形立方体，至 38 层再去掉一个，到 51 层又去掉一个，这时只留下了一个三角形立方体直至顶部 70 层，加上顶部的一对桅杆，高度达到 368 m。这一创新的独特造型，完全符合规划让它控制中环 CBD 区空间环境的要求。此外，在楼层底部与室外的空间环境，创造性地做成中国传统园林式景观。这两座香港中环建筑无论在新结构、新材料、新设备方面，还是在建筑空间、环境、艺术布局方面，都是当时世界顶级的水平，它们代表着 20 世纪 80 年代后期建筑文化的新进展。

于 1996 年建成的厦门高崎国际机场候机楼，采用新的钢筋混凝土屋架式顶棚结构，创造出具有闽南曲线大屋顶意境的独特造型，使人马上联想到闽南“倒水”大屋顶的特征，其轻巧如鸟展翅或飞翔状，其几层高侧窗，自然采光，正脊下的通风口，自然排风通畅，减少能源的耗费并且有利于有害气体的排放。它所创造出的中庭式大空间，是一个可随需要变化的弹性空间，在平面分割和竖向空间加层两个方面都可适应新的要求。此外，采用了先进设备，如行李传送、离港控制、闭路电视监控，消防报警、自动灭火、航班信息显示、子母钟等系统，在国内都是首次使用。这幢候机楼代表了这一时期探讨地域建筑文化创新的新进展，同时反映了建筑与自然相结合，重视自然采光、通风、节能的建筑发展新趋势。21 世纪初建成的清华大学建筑设计研究院办公楼，其创新特点是生态、环保、节能。在设计中，于朝南墙面布置遮阳板，墙内设一绿化边庭，调节室内气候，朝西墙面为防夏日西晒和冬季西北风，做成实体并有隔离层，于顶部南北两面各设一东西向的长条形天窗，春秋季可开启通风，夏冬日可关闭保持室内凉气和暖气，减少室外热气与寒气的影响。这幢办公室未采用高档材料，实用经济，但其造型和空间环境的比例尺度、色彩等十分高雅舒适，是一座体现生态文明的创新建筑，对 21 世纪建筑的发展将起引导的作用。

再举两个实例。一个是供北京 2008 年奥林匹克运动会使用的国家体育场，人们称其为“鸟巢”的设计方案，对此设计争议较大，直至今日还有人反对。我们认为该设计方案的结构、造型是新颖的，与自然结合的“光、气、风、木”都是优点，通过采用坚韧、高性能的 ETFE（四氟乙烯）充气塑料膜新材料，使外部不受天气影响，内部光线柔和，给人以舒适的感觉，体育场内空间无柱开敞，自然通风，气流通畅，内部草地易于维护，内部看台灰、红颜色，外部地面做成分区的 12 个属相，便于出入查找，有中国特点，它是一个结构新颖、自然生态环境有进步的新作品，因而对此“鸟巢”的设计方案，我们认为它是建筑与自然结合的一个好实例。现在反对者提出，“鸟巢”设计方案造价高，用钢量多，不经济，并有虚假结构，目前的情况是，用钢量已降下来了，后来又调整了设计，取消了可开合顶盖，顶部开口更大一些，用钢量又有所降低，造价降至原预算投资，整体结构完整，次肋起着承受分力的作用，其用钢量高是它的不足之处。此“鸟巢”建筑在北京属于特殊工程，全国各地不能盲目效仿。第二个实例是首都国际机场3号航站楼英国福斯特中标设计方案，其特点是方便使用，高效运营，旅客流线清晰，楼层转换最少，结构简洁，网架标准化，易于操作，快速施工，自然采光，自然通风，节能环保，融于自然，沿绿化带通至南航站楼入口，进入楼内有高大树木，南北航站楼之间捷运线路设计成林荫道，于北航站楼内同样有大量树木，在此二层抵境的国际旅客会有敞亮舒畅之感，屋顶呈红、黄、金色，从飞机上俯视有似龙的外形，具有中国的特点。这一中标设计方案是最先进的，于2008年年初建成，它比国际上现存机场形体环境更加体现出生态平衡、可持续发展的基本理念，其他竞赛方案亦有反映这个理念的先进之处，只是从整体、综合来看，较它略逊一筹。

上面介绍的自20世纪70年代至今30多年间的创新建筑，都代表着各个年代建筑创新的新成果，具有世界一流的水平，它们都起着促进建筑文化发展的作用。

2. 环境

加强环境治理，改善生活环境；适度空间容量，有利防灾卫生。

对于城市、建筑与园林的发展，要逐步减少直至消除对水体、空气的污染，还要对垃圾进行无害化处理。一个多世纪以来，世界上的很多城市都在做这项工作，因为工厂、城市随时都在排放有害气体、污水和垃圾，机动车也在排放尾气，这四个方面（污水、有害气体、垃圾和交通）的环境治理，需要大量的资金和较长的时间。凡先进的适宜生活居住的城市，都重视解决这个环境问题。

现我国许多城市正在逐步加强环境治理工作，如我国陕西西安市不仅保留了明代城墙，还保留了环城护城河水系，形成了环城绿化带，极大地改善了这一地区的环境；在西安市至2020年的总体规划中，他们将恢复与发展历史上号称的“长安八水”，即东面的灞河、浐河，北面的渭河、泾河，西面的沣河、涝河，南面的潏河、滈河，近期还将投资几十亿元治理环境；西安市规划局和红星局长曾对我说，治理大环境要有甘肃省配合，同时治理渭河上游水。浙江金华市是我国重视城市环境治理、发展生态城市较早的地方，该市市区至2006年9月30日建沼气净化池5 045个，总池容12.69万m^3，约可净化60万人排出的生活污水，它可以作为前处理系统，对金华市区已建的8万m^3的污水处理厂起到减轻负荷与压力的作用；另外，到2005年底金华市区已建生态公厕170座，生态建筑475幢，建筑面积183.9万m^2，屋顶绿化面积14.64万m^2。[1]

近一时期，北京开始重视发展自然绿地空间，从2000—2003年底4年共造林营林1 580 km^2，从2000年开始实施京津风沙源治理生态建筑工程，到2010年国家投资将达到500亿元，在城区内到2008年要再造600个3000 m^2规模以上的小型绿地，使居民出行500 m内都能享受到自然绿地空间；北京在城区河湖水环境方面的治理，取得了突出的成果，城区内重点河道有18条，总长180 km，2007年已完成120 km的治理，其排污口已顺利截流，由新建的5座污水处理厂处理，中心城的污水处理率由39.4%提高到70%，河湖水质由过去的Ⅳ、Ⅴ类提升到Ⅱ、Ⅲ类，根据“十一五”规划，还

1　以下情况是原金华市领导余义耕先生提供的

在中心城区建5座污水处理厂，卫星城区建15座污水处理厂，于2008年城市河湖水环境基本变清，臭水不再过市，改善首都居民的生活环境。

南京市近几年来重点整治了秦淮河的环境，将于2010年全部完成，涉及市政、水利、环保、交通、园林、旅游、社区、商业等多项内容，现已显露出生态和谐的环境，因而2008年获联合国人居特别荣誉奖。浙江绍兴市亦重视全面整顿环境，对老城区18条河道进行综合整治，建设地下排污管线和污水处理厂，关闭和外迁有污染的工厂120多家，并将城外活水引入老城区河道，改善水质，同时降低老城街道人口密度，保护文化景点与文化遗存，协调建筑风格，亦获得2008年联合国人居荣誉奖。

在美国耶鲁大学和哥伦比亚大学共同发布的《2006年环境绩效排名》中，中国位居133个国家中的第94位，比较靠后。目前，我国水体和空气的污染仍十分严重，2006年全国化学需氧量排放总量居世界第一，远超过了环境容量，全国七大水系监测断面中有62%受到污染。全国有近1/3监测断面仍然为劣Ⅴ类水质，失去了生态功能。如海河Ⅴ类水占54%；辽河占40%；陕西渭河从宝鸡至潼关一路污染，潼关进入黄河处为劣Ⅴ类水，群众称“八百里秦川，一千里污染”；山西的母亲河汾河，途经太原、临汾、侯马等城市，有66%成为劣Ⅴ类水质；延安的延河正在成为一条黑水河；由此可以看出，要想城市科学发展、可持续发展，必须治理环境污染。我们搞环境管理就是服务广大的城市居民。我们的看法是，现阶段中国城市与建筑的发展，重点内容是环境的改善，消除水、气的污染，改善道路交通，而不是大拆大建，追求高标准建筑。

适度控制城市空间的容量，根据城市土地、水等资源的负荷量适度发展城市的规模，是搞好城市环境的又一关键问题。目前，我国城市建筑容积率过高、城市人口过密，是造成我国城市环境质量不够理想的一个重要原因。它不仅给城市带来混乱和矛盾，也降低了城市与建筑本身的使用与经济价值，一旦遇到像2003年“非典”传染病灾害时，城市人口过密过大地区将十分被动，平常时期，这些地区的环境卫生亦会受到负面影响。

节约用地是正确的，但要从城市持续发展和防灾、卫生基本要求来考虑，应该找出城市空间容量的合理限度，在合理的限度范围内，又因度的不同而分出不同的等级。

如合肥于20世纪90年代建成的琥珀山庄住宅小区，小区用地114 000 m^2，总建筑面积11.7万 m^2，其建筑容积率为1多一些。珠海拱北花园新区，小区用地69 200 m^2，总建筑面积11万 m^2；昆明春苑小区，用地153 400 m^2，总建筑面积18.66万 m^2，绿地占42.4%；上海三林苑小区，建筑面积毛密度为1.32万 m^2/ hm^2，居住建筑密度为1.2万 m^2/ hm^2，绿地率37%，这些新建居住小区的建筑容积率大都在1.5以下，其空间容量比较适度，有利于防灾和卫生。

关于建筑容积率，从全国城镇平均来看，我们认为住宅区应在2以下，条件较好的应在1.5左右，高层次的应为1左右或更低。中心商业区为2～4，只有个别地段或大城市在4以上。当前，建筑容积率普遍偏高，大中城市的不少住宅区已超过了2，其环境质量上不了档次，厦门、常州、无锡、合肥、扬州的一些住宅区建筑容积率适宜，创造了较好的人居环境。关于人口密度，就一个城市总体来计算，生活居住用地现在平均为300人 / hm^2，每人占城市用地35 m^2左右，今后要发展到200人 / hm^2，每人占地50 m^2左右，再发展应为100人 / hm^2，达到每人占地100 m^2。这里所提生活居住用地，不包括工业、仓库、铁路、机场、军事用地等。这些分析重点说明我们要有“重视防灾卫生，适度空间容量”的理念，不能盲目扩大城镇规模和提高建筑容积率。2007 年 12 月通过北京电台播出，称北京的城市人口到 2020 年要突破原规划的 1800 万人，达到 2140 万，按每人用地 60 m^2 计算，北京完全可以承担。这种推算是片面的，将首都北京的各项标准定得太低了，应严格执行国务院的批示，控制北京的人口规模。

3. 历史

整体保护名城，不毁历史文化；充分使用发展，使其更富活力。

城市历史文化是城市发展的根，我们不能为了求新而把根挖掉。因而，对于历史文化名城，一定要有整体保护的思想理念，即使该城市的历史文化遭到部分破坏，也要从整体保护的观念来考虑加以补救。整体轮廓在，才能保住基本特点，其局部则会更清晰，更有价值。在这一理念与做法上，欧洲比亚洲做得好。欧洲古老的城市较多，其整体保护的实例也最多。

一些城市规划的前辈学者对我说，中国的历史文化名城，总的来看缺少的就是历史文化，这个看法不无道理，一方面 20 世纪前半叶，因战乱毁掉许多，下半叶因建设拆掉不少。欧洲的历史文化名城，不仅保护得多、好，而且完整。如西班牙的巴塞罗那，最早的老城在滨海的西面，至 19 世纪城市扩展时就被完整地保存着，新开辟城市干道沿老城东侧面和西南侧连通，老城的南北向中心道路 Rambles 路与新城区南北向干道通过加泰罗尼亚广场衔接，现 Rambles 路是欧洲著名的一条步行街，顶端连接着知名的哥伦布纪念柱广场。1995 年、1996 年我两次访问该城，游遍了老城的每一条街巷，老城的肌理和几百年的建筑都完好地得到了保护和使用。19 世纪、20 世纪发展的新城区，其近代建筑亦被完整地保留着，如高迪设计的教堂和米拉住宅等都突出在重要街道上，而不是像我们随便拆毁，如北京王府井著名街道旁梁思成先生于 20 世纪上半叶设计的具有中国特色的工艺美术服务商店楼，在 20 世纪 70 年代突然就消失了。类似巴塞罗那这样重视保护城市历史文化的实例，在欧洲各国普遍存在。

找到差距，我们应树立起“保护名城的历史文化是中心”的理念，亡羊补牢，不要再拆毁名城的历史文化街区，要拆改的是破坏名城的新建设项目。具体做法，可采取“转移中心”“减法”“微循环法”和保留老居民、老字号等。

中国历史文化名城发展到中等规模后，除其旧城已缺少历史文化外，为了确保旧城成为历史文化的中心，大多数的名城都应考虑多中心的布局，将行政、经济、商贸、科教等中心迁出，转移到新城区。西安市的总体规划就作了分散、多中心的安排，现正将市行政中心转移到旧城外北部地区，带动新区发展，多中心的转移还可提高旧城的自然生态环境质量，缓解旧城的矛盾和压力，确保西安历史文化街区面貌的恢复。云南丽江市的总体规划建设是个优秀实例，为了完整地保护丽江古城的历史文化全貌，其他中心都布置在古城的外面，市政府行政管理机构迁至南面的八河新区，经济、商贸等中心安排在西面的几个新区，确保了丽江名城的历史文化不受到新建设的破坏，使丽江古城得到整体的保护。

我国许多历史文化名城的旧城中心区都修建了高大体量的新建筑，破坏了整体尺度的和谐，应积极实施“减法”整治。

北京带头采取这一做法，已将中轴线上鼓楼前右侧的地安门百货商场楼减去了两层，把南池子东侧的市房管局办公楼拆掉了顶上三层，以确保这两个地带建筑群的尺度和谐。对于景山公园与北海公园之间不和谐的较大建筑，拟将拆减整治。西安钟楼广场的西南角、东北角矗立着两个大体量的建筑，也应实施“减法”，以突出钟楼、鼓楼的形象，保持旧城核心点的整体艺术面貌。南京旧城已制定出保护和更新的规划，突出保护和发展老城文化，总的原则是好的，但将新街口中心区显现出现代文化，修建了许多高层建筑，并拟再建更高的超高层建筑，这个局部的做法欠妥。这一核心区应实施“减法”，以使旧城建筑群的整体尺度和谐，并减轻旧城中心区人口、交通、设施等方面的压力。

采取“微循环法”改善历史文化名城的街区是个好方法。福建泉州市中心区中山路的改善，没有大拆大改，没有插建高大体量的新建筑，没有拓成大马路，重点改善了基础设施，改善建筑及其环境，基本维持原有建筑和街道的尺度。这就是“微循环法”，它可确保旧城原有的历史面貌和生活方式与文化习俗，又可改善、提高旧城的生活环境，符合我们建设小康社会的经济水平，值得各地政府效仿。北京 2005 年提出了故宫缓冲区保护规划，对缓冲区内的旧街区采用“微循环”和“有机更新”的方法，严格保护区内的胡同、四合院，原则上不成片拆除，主要街巷原则上不再继续加宽，对区内基础设施积极改善，而不是全部废除，重新建新的。北京的缓冲区小了些，还应扩大，如有名的西单地区，已被拆改得面目全非，不少的北京老民居、老字号被迁出，完全失去了北京味及这一地区的风貌，需要有关领导反思。因而，在这里我们强调要树立起“保护名城的历史文化是中心”的理念。

对于这些保护的旧城街区或建筑项目，要充分利用并有所发展，使其更富活力。有的增加绿地及生活内容，成为文化休闲区，如西安大雁塔，在塔的北面，开辟出一个现代城市绿地广场，以大雁塔为广场中轴线的终点，突出大雁塔慈恩寺及唐文化，在绿地广场的中轴线上布满水池及喷泉，为西安人民和中外游人提供了一个极好的文化休闲场所；又如西安临潼骊山华清池，这里有古迹华清宫，是唐玄宗同杨贵妃来此过冬并沐浴之处，此处风景优美，于 1959 年建国 10 周年前夕，在原“女汤”西北面修建起 5 300 m^2 的“九龙池”绿化园林区，建有飞霜殿、晨旭亭、晚霞亭以及传统庭园式的宾馆，于 1990 年又根据新发掘建起“唐代御汤遗址博物馆”等，此地整个规模比原来扩大了 11 倍，使其成为文化风景游览休闲区；在北京王府井大街北面的天主教东堂建筑的前面，开辟成一个较大的绿地广场，这不仅很好地保护了历史文化建筑东堂，而且成为广大市民和中外游人游罢王府井商业大街后到这里休闲观赏老建筑文化的一个好地方。还有的增加文化研究内容，成为文化研究区，如敦煌莫高窟，在南北 1 600 m 长的窟区对面，新建一大型博物馆，并扩大了早已建起的敦煌文物研究所，使这里发展为研究敦煌文化的基地；在湖北荆州古城，于城西开元观旁扩大发展了荆州博物馆和三国绿地公园，于城东修复宾阳城楼，并建起历史碑苑，使其成为荆州古城文化研究区。也有的增加社会活动内容，成为文化与社会公益活动区，如福建厦门南普陀寺，在寺院范围内，发展佛教教育和社会公益事业，已办起佛教教育学院，分男女二部，男部设在寺内，同时还建立慈善事业基金会和义诊医疗机构，为社会群众服务，受到市民的欢迎；又如台湾鹿港龙山寺，它是福建泉州“安海龙山寺”分灵割香而来的，现是台湾最大最佳的龙山寺，除祭诸神灵外，这里还是一个社会救济机构，深受广大民众的欢迎，很得人心。

充分利用并发展历史文化建筑的较好实例，还有北京前门外大街及其东西两侧、四川成都杜甫草堂、成都薛涛井、杭州西湖风景区等，都扩建增加了绿地或博物馆等，使其更富有生气和活力。

4. 文化

尊重历史建筑，新旧和合一体；建筑继旧创新，发展地域文化。

各地文化是各地发展的根，保存住各地的文化，就是保护了各地历史发展的根源，所以我们对于历史建筑要尊重，发展新的现代建筑要处理与旧的历史建筑的关系，不能片面强调某一方面，不能是“非此即彼”，而是要重视双方的互补，“和合”发展。所谓“和合”系调和之意，中国传统文化对万物存在与发展的认识是“天施地化”“阴阳结合”。“和合论”具有辩证唯物、对应统一的哲理，它排除了建筑科学中许多片面、绝对的观点。

我国陕西西安在新旧和合发展地域文化方面，做了大量的实践探讨，其中中国建筑西北设计研究院总建筑师张锦秋院士的规划设计成果最为出色，如 1998 年建成的西安市钟鼓楼广场，其规划设计力求突出两座 14 世纪的古建形象，沿着“晨钟暮鼓”这一主题向古今双向延伸，在钟楼、鼓楼之间安排绿化广场、下沉式广场、下沉式商业街、地下商城、商业楼，既将钟鼓楼呼应在一起，很好地保护了古迹，又解决了旧城发展的生活需求，使这一中心地段兼具观光、休息、购物、餐饮等多项功能，成为名副其实的市民广场，为古城西安提供了一个颇具地域文化特色的“城市客厅”。1962 年建成的北京中国美术馆，由于它位于故宫博物院、景山、北海公园的东面，同这些皇家宫苑相对，在这重要的历史建筑范围内如何和合发展新建筑呢？设计人著名建筑师戴念慈先生，采用新结构、新材料，但在中心部位做成重檐黄色琉璃瓦大屋顶和入口歇山式屋顶，在东西两侧展开部分，底层与最上一层做成空廊式，下大上小，其比例尺度近似于西边的传统建筑，整体造型舒展，虚实对比有序，色彩明快亮丽，又有松竹花木配合，这样处理，同故宫皇家建筑协调一致，使新旧建筑和合在一起。于 1986 年建在山东曲阜城中心的阙里宾舍，北临孔府，西对孔庙，在这历史文物保护单位近旁修建新建筑，设计人戴念慈先生等格外慎重，在平面布局、屋顶形式、色彩等几个方面设法与孔府协调一致。采取传统民居四合院的布局方式，将 1.4 万 m^2 的建筑面积化为几个院落的平面格局；主体部分为钢筋混凝土框架结构，中央大厅采用壳体结构，但外部屋顶做成与孔府类似的多种大屋顶形式，将现代结构与传统形式结合在一起；建筑以两层为主，其体量以及墙面门窗的比例等都同孔府相近；整体的色彩，以灰、黑、白为主，与孔府色调一致，因而宾舍的整体与孔府、孔庙和合为一体。于 1998 年建在澳门大三巴牌坊东侧山冈的澳门博物馆，依大炮台而建（大炮台是为击退来犯的荷兰人，建于公元 1616 年）。设计人充分利用地形，将部分建筑建于炮台山内，在博物馆入口处有一 400 年前砌筑的挡土墙，把此墙保留在厅面，该博物馆为三层，三层展厅的出口处，就是大炮台顶，在平台顶上可观赏到澳门全景，使澳门博物馆同大炮台以及大三巴牌坊和合在一起，成为一个和谐的整体。

关于文化理念，还有一个观点需要强调，就是在进行创作新建筑时，要考虑继承优秀传统的精神，以此来发展地域的建筑文化。20 世纪 80 年代新疆建筑设计研究院率先重视地域建筑文化的继承与发展，如乌鲁木齐新疆人民会堂，该会堂吸取传统的方圆组合形式，以主楼为方，副楼为圆，主楼四角各建一圆形塔，此角塔为管道间，顶以不锈钢做成小穹顶，外墙柱间饰以连续拱形构件，檐部采用深金黄色琉璃瓦，这些内容都体现出新疆伊斯兰传统建筑的风格，但又是新的结构，新的面貌，使人们感受到新疆建筑的地域文化特色。20 世纪 80 年代后期在杭州建成的黄龙饭店，位于西湖风景区宝石山的北面，设计人首先采取化整为零内向庭园式的总体布局方式，此举就在大格局上有了中国的传统特点，其中心庭园的花木桥石与池水亭子的组合完全是江南杭州式样，具有地域园林特点；入口处的大堂，面对的是似中国横幅长卷的山水画面的真实园林空间，体现着中国传统园林主要厅堂正对主景的布局特点；在庭园可观赏到远处宝石山上的保俶塔，与外部环境结合，这又体现出中国传统园林借景、对景的布置手法：南面大堂、北面餐厅、东部多功能厅、西部健身房，当你游走在这南北东西不同的空间环境时，可感受到有变化的空间序列；各个单体建筑的墙面为浅色，配上深绿色瓦的顶，类似于江南民居的粉墙黛瓦色调；但这组建筑群采用的是新结构、新材料、新设施，其各个建筑空间根据新的需求，宽敞、新颖、简洁，所以这是一个继旧创新、发展了地域建筑文化的实例。建在广州沙面的白天鹅宾馆又是一个继旧创新、富有地域文化特点的新建筑，首先追求中国特色的自然意境，使建筑与自然景观结合，进一步点出这里的羊城八景之一的“鹅潭夜月”意境；另外创造出高百米白色的腰鼓形主楼，使其形态有如白羽天鹅在戏水；还创造了一个具有岭南园林风格的中庭，中庭四周为开敞的廊道，与休息厅、餐厅等相连，环廊遍植垂萝，园林由山石池水、亭桥花木组成，具有诗情画意的景观，中庭上部与天相通，顶为藻井式的玻璃顶棚，阳光洒进此庭园，极富生气，特别是接近顶部的高亭下，于石间刻有“故乡水”的点题大字，瀑水从亭边直泻而下，这题字与水流之声会引起海外游子的思念祖国故乡之情；环绕此中庭廊道可到三层的中餐厅，在其入口处就可看到一个能望到天空的环廊水池式岭南庭园，此庭园旁的大小餐厅皆为中式装修和中式桌椅，古朴典雅；主楼客房的装饰挂屏和部分家具等亦为中式，中西结合；此建筑的创新，发展了岭南的建筑文化。

5. 自然

保证绿地面积，人与自然共生；利用自然光风，节能环保舒适。

保证绿地面积，是建立适宜人们生活和工作的生态环境的基础。所以说包括自然风景区、公园和街道、住区、公共建筑的园林绿地，是城市的重要组成部分，是保证人与自然共生、创造良好生活环境的基本因素。因而，我们要重视城市外围大的生态环境、城市本身中的生态环境（绿地系统）和建筑内外与道路小的生态环境的绿地建设。

关于大、中、小生态环境绿地建设突出的优秀城市实例，在国内安徽合肥市是一个。1949 年时合肥是一座小城市，旧城面积 5.3 km^2，人口 5 万，现为安徽省省会，市区人口为 100 多万，是中国首批三个园林城市之一，已建起围旧城周长 8.3 km 的一环状绿化带，在此绿化带的四角结合古迹发展了四个 30 多公顷的公园；在距市中心 9 km 的西部大蜀山上开辟 550 hm^2 的森林公园；在离市中心 17 km 的东南郊巢湖计划逐步发展成为具有特色的风景旅游区，并拟由巢湖至市区建起东南方向的引风林带，顺城市的主导风向，把新鲜空气引入城市中心区；环绕西部、东南部这两大片绿地的内外边缘，拟逐步建成二、三环绿化带，将全市绿地连接起来，形成合肥市自然生态绿地系统；2006 年至今又增加了近千公顷的绿地。这一自然绿地空间系统非常可贵，它对改善城市生态环境起着重要的作用，能减弱温室效应，净化空气，卫生防护，防灾隔离，美化城市，为居民提供休闲游览和提高文化的场所，结合生产还能创造经济效益，它是向知识时代过渡，提高人们生活质量的重要内容。广东省中山市的规划建设亦反映了这一理念，有一个自然绿地空间系统规划，正在逐步实现中。2003 年中国城市规划研究院（简称中规院）规划所所作昆明主城核心区概念规划在国际投标中获胜，其他有日本黑川纪章、美国 SASAKI、澳大利亚 PTW 三家参与。中规院方案采取的空间模式是“平行滇池的组团跳跃式线型发展格局”，将组团间以河流为主干的自然生态绿地空间加以分隔与联系，形成城市组团与自然共生、依山傍水、城绿交融的昆明春城特色；这些组团间以河流为主干的成片绿地加上组团内部至少 30% 的绿地空间，使昆明市的绿地覆盖率超过了 50%。合肥、中山市的绿地覆盖率亦都达到了 50% 以上，使全市的建筑融于绿地之中。

少数民族聚居的村寨，如广西三江马鞍寨，是一个侗族村落，背靠青山，寨前溪水环抱，左右为知名的程阳桥和平岩风雨桥跨水横卧，沟通寨外交通；广西龙胜金竹寨，是一个壮族干栏民居村寨，建在山腰上，山上翠竹成荫，山下溪水流淌，整体与大自然环境结合成一体；又如云南大理地区喜洲、周村等白族聚居的村落，位于苍山洱海之间，气候温暖湿润，林木繁茂，其民居建筑群完全融合在大自然的幽美环境之中；在云南最南部的西双版纳，属热带北部边缘气候，盛产竹木，且水资源丰富，这里的傣族村寨，每家每户占一小方格用地，有多棵高大的椰树为其遮阴，村寨一般建在沟溪旁或江河边，村口的大青树是傣族人民崇拜的标志物，整个村寨就是在竹林、椰林、碧水环绕之中；这些少数民族的村寨，其绿地覆盖率远远超过了城市，真正达到了生活居住地、人与自然共生，城市应效仿其重视与自然结合的精神。

在建筑创作中重视利用自然采光、自然通风和地热等，是节约不可再生资源、保护环境、创造舒适环境的一个重要内容。随着建筑技术的发展，人们过于依赖空调、电气设施的作用，不仅增加能源和资源的耗费，而且不利于身体健康。现空调机在我国城市中的使用发展很快，这不仅极大地增加城市用电量，给城市建筑外观带来了混乱，还将室内的热气、水汽排到室外，污染了市区外部的空间环境。我国著名建筑师莫伯治先生对这个问题早有认识，在其设计建造的建筑中大都以利用自然光和自然通风为主，并将自然花木山水同建筑室内外空间结合在一起。他是我国建筑走向自然的引导者，早期的作品有广州北园酒家、泮溪酒家、白云山庄等。20 世纪 60、70 年代建成的广州矿泉客舍是一个典型实例，主楼前为一水庭，楼后为小溪流过的小花园，主楼底层为支柱层，自然通风极为良好，所有客房都是自然采光、自然通风，面对自然的水庭和花园，节能、环保、自然、舒适。在莫伯治先生设计的几座酒家里，包括白天鹅宾馆的小餐厅内，除利用旧物，具有历史文化艺术性外，还体现了他力求平开窗有利自然通风的设计思想。

20 世纪 80 年代中期建成的香港汇丰银行，底层通透，将建筑主要支承结构与垂直交通系统放在两侧，中间使用空间南北向通透，突出了自然采光与通风，设计人著名英国建筑师福斯特十分重视利用太阳光，还在中庭顶部装有镜片，把阳光折射到广场。到了 21 世纪初，在北京清华大学建成的清华大学设计研究院的办公楼，一改这时的常规做法，于朝南面设遮阳板和花木边庭，朝西面做成实墙，还留有空隙，顶部南北两边各设一条东西向拔风的高天窗，组成了一套自然采光、自然通风与夏日防晒的系统，取得了明显的节能、环保、舒适的效果。2008 年初建成的首都机场 3 号航站楼，是一座十分重视与自然相结合的新建筑，自然采光、通风，室内外绿化同建筑融为一体，体现着建筑设计者福斯特的创作特点；他近一时期为德国设计的法兰克福商业银行总部、柏林议会大厦和创作的英国伦敦的瑞士再保险公司总部大楼（Swiss tower），都是属于这种利用自然、重视生态、节能环保型，这一理念是 21 世纪建筑发展的正确方向。

6. 艺术

创造城市标志，统领空间环境；控制尺度体量，协调城市肌理。

每个城市都有自己的特点，需要创造出符合自己特点的标志性建筑，在其中心地段形成优美的建筑立体轮廓线，让人一看便知这里是哪个城市，这个标志性建筑起着统领空间环境的作用。

1995 年建成的上海东方明珠电视塔，位于浦东黄浦江的弯道处，三面为黄浦江环绕，隔江面对西岸外滩，并正对上海最繁荣的商业街南京路，又是北京路、福州路、延安路、四平路等重要街道的视线终点。塔本身高 468 m，塔身构架是三个圆筒体，以大小不同的 11 个球体作为连接体，构成积极向上、圆球圆柱的空间造型，因而这座高大雄伟壮丽的电视塔成为上海新的标志性建筑。又如北京南北向 7.8 km 中轴线上的新修复的永定门城楼、前门箭楼与正阳门城楼、人民英雄纪念碑、天安门、景山万春亭、鼓楼与钟楼，都是标志性建筑，这一组中轴线上的建筑群仍起着控制北京中心区空间环境的作用，人们看到其中的一个标志性建筑，就知道自己所在的方位。坐落在香港中环花园道的中国银行大厦，高度达 368 m，其节节高的突出造型形象，控制着中环地区的空间环境，成为中环的标志性建筑；位于香港湾仔港湾道的中环广场大厦，高 375 m，迄今为止是香港的最高建筑，是一个三角形构造形体，它控制着香港半岛东部的空间环境，又是一个标志性建筑；这两座香港本岛东、西两边的标志性建筑都不够高，将来根据需要若能修建一座 600 m 左右的大厦，就像美国芝加哥中心区于 Grand Park 后拟建一座高 667 m 螺钉形的住宅大厦一样，才能由此超高的建筑形体统领着整个地区的空间环境，突出了中心区的城市立体轮廓。加拿大多伦多城市中心的立体轮廓为什么优美，就是因为它有一座 553 m 超高的电视塔统领着沿湖岸的高层建筑群。

在历史文化的旧城内，掌握尺度、体量的和谐是个关键理念，如果新建建筑，它的体量不能高大，容积率不能过高，其尺度、体量要同原有历史文化建筑和谐。现在我国众多的历史文化名城的保护，一定要有控制尺度体量的整体理念，对已建起的高层建筑要适当采取减法，协调城市肌理，使名城的历史文化得到整体保护。

在这方面做得比较好的实例，如杭州黄龙饭店，它坐落在宝石山北面，设计者很注意控制尺度、体量，将 4.2 万 m^2 的建筑量，采取体量分割、化整为分散的建筑布局手法，以此来同自然山体取得和谐，并与旧城街区的尺度相适应，成为旧城肌理的延伸，表现出一种整体协调的形象，因而受到称赞。又如山东曲阜阙里宾舍，设计人戴念慈先生十分注重建筑尺度的比例关系，将宾舍建筑高度基本定位为二层，在立面分割、门窗大小等方面都很考究其比例尺度，此宾舍建筑群同孔府、孔庙建筑协调一致，保持了这一中心地区原有建筑的历史文化面貌和城市原有的肌理。类似的做法，还有珠海宾馆，它位于珠海石景山风景区旁，设计者莫伯治先生同样采取低层分散庭园式的布局，其尺度、体量完全与景区协调，同景区融合为一体。莫伯治先生等创作的广州西汉南越王墓博物馆，利用山岗坡地，组成围廊院落式格局，其尺度与广州旧城建筑一致，保持着原有的城市肌理。

7. 人行

构建人行系统，联网公共交通；延展流动空间，提升城市生气。

在一个城市的中心区或其他重要生活文化区，特别是旧城市中心区，都要逐步构建起人行街道系统，使这些为广大市民生活服务的街道空间环境不受汽车交通的干扰，人身安全，人气旺盛，真正成为符合城市市民生活需要的繁华街道。这是城市繁荣和发展的重要措施，也是促进消费增长、经济发展的重要举措，它体现着城市现代化的水平和城市兴旺与对城市居民关怀的程度。随着城市汽车的发展，特别是私人小汽车的快速增长，使城市交通被小汽车所主宰，道路交通拥塞。现在发达国家的城市已扭转这种混乱局面，变成控制城市中心区汽车，构建起人性化的步行道路系统，并同公共汽车网站和地下铁路交通网站联成一体，丰富了这一地区的活动内容和提高其空间面貌的艺术水平，方便并吸引更多的居民到此活动，提升了城市生气。

在这一方面，我国城市刚开始重视这个问题。如北京于 20 世纪 90 年代开辟了王府井步行街，范围在王府井南口至八面槽一段，今后应扩大范围，并与地下铁路网连通，王府井路段本身亦应有地下铁路通过；北京前门外大栅栏街，早已是步行街道，它四周的许多街道和胡同也应改为步行区。上海闻名的南京路商业街在20世纪90年代也变为步行街，公共交通和机动车从其南北两侧街道通过。天津市中心区劝业场旁的滨江道，开辟为步行街已多时，深受广大市民欢迎。广州市中心区早已构建起路口的过街天桥，现已做出人行街道系统规划，拟逐步实施。为了避免汽车干扰，构建人行系统，联网公共交通，做得好的城市要属香港了，它虽然比欧美一些城市晚起步20多年，但它在20世纪80年代末至21世纪初，于香港中环、九龙中心区等地修建了大量的建筑连接体、过街天桥和爬山廊道，将大型公共建筑、写字楼与商场连通，将香港中环的前山地区与山后的南边地区连通，构建起人行系统，这个有顶盖的人行系统同地下铁路网相连接，方便了广大居民的出行，且可避免日晒和雨淋。

2007年11月14日英国伦敦市长肯·利文斯通在伦敦市政委员会上说，他计划把伦敦市中心区几条繁华的街道和几座公园，如摄政公园和牛津街、购物区等改造为步行街，只允许行人和自行车通行，并希望这一区域的这些街道建设成为像西班牙巴塞罗那Rambles步行街一样的林荫路，此项改建工程将分期完成。此外，笔者还想介绍欧洲文艺复兴发源地佛罗伦萨开辟步行区区域（Pedestrian Precinct）的做法，该市将中心区西尼奥列广场及其周围地区，北至圣·玛丽亚教堂、钟楼，南至阿尔诺河、旧桥，全划为步行区，在城内其他名胜处也划出一定的范围作为步行区，不准汽车行驶，方便了旅游参观者。我国香港的做法、伦敦的计划改造工程、佛罗伦萨的管理办法，对于我国城市，特别是历史文化名城都有参考价值。笔者认为，在城市中心繁华地区，一定要控制机动车的交通，构建扩大范围的步行交通系统，此系统还要与公共交通网联成一体，延伸拓展市民活动的流动空间，提升城市的活力与生气。

8. 公正

落实社会公正，关怀弱势群体；开放城市空间，贴近城市居民。

社会公正反映在建筑文化中，就是要关怀城市广大居民及其弱势群体，公正地缩小在城市生活与工作环境里的贫富差距。政府管理部门要从城市生活居住用地中所包括的居住、公共建筑、道路交通、绿地等各个方面对弱势群体给予关照和优惠。不应为了经济利益，过多地发展高档住宅、高档娱乐与商业建筑以及私人小汽车等，扩大富人和弱势群体的差距。

在居住方面，厦门新建住宅区考虑经济条件差些居民的要求，给予优惠与关照，受到联合国人居中心组织的表彰。从2007年起，各地城市都在增加经济适用住房的建设量，以满足收入较低弱势群体的需要。

在道路交通方面，香港重视发展公共交通，地上公共汽车线路与地下铁路东西横贯香港半岛，并通过隧道同九龙地区与新航空港连通，广大居民使用方便；实行单行道较多，减少路口停车时间；汽车停车场较多，而不是像北京大街小巷、胡同、小区道路两旁都变成了停车场。

在城市绿地建设方面，近几年来成都市在市区河流两旁修建了大片的绿地、公园，成为广大市民晨练、休闲的场所；珠海修建起7 km长的滨海林荫情侣路，不仅改善了环境，还方便了广大的市民；汕头也在海边扩建了公园，受到市民的欢迎。这些绿地服务设施都是大众性的，直接关系着群众的利益。

在公共建筑与文化生活方面，不能只顾富人的需要，大量修建高尔夫球场、高档会所、俱乐部、健身房以及高档商店、餐馆、酒店和各类娱乐场所等，要关怀广大居民，重视修建满足大众生活需求的各种公共设施，在新开发的社区内，除为居民日常生活服务的衣食商品商店外，还要有幼儿园、托儿所、青少年学习的中小学校，为居民看病的医疗卫生所以及其他文化体育、修理等服务设施，其中有不少是社会公益事业，应由政府负担。上海市规划局编制的《上海市菜市场和公共厕所规划布局纲要》就很好，提出到2020年全市中心城区将新增200多个菜市场、800多座公共厕所，菜市场以500 m为服务半径、公厕是以300 m为服务半径考虑的。这种为大众生活方便的服务思想，值得北京和其他城市学习、效仿。

在文化生活方面，市区各类博物馆、各类公园等应大部分免费开放，国外好多城市都不同程度地做到了这一点，我国的一些城市也开始朝这一方向努力。

开放城市空间，还有一点在这里提出，就是政府机构办公楼、公司企业写字楼对公众开放。这是城市发展的新趋势，欧美许多城市已这样做了，使这些城市空间更贴近城市居民。20世纪90年代，广州市规划局的建筑布局与管理是开放型的，时任副局长的是林兆璋建筑师，他对国外发展趋势比较了解。还是在20世纪90年代，厦门市中心大会堂建筑设计方案评选，最后选中的上海市建筑设计研究院的设计方案，其中重要一点就是它属于开放型的，这座建筑早已建成使用，里面有城市建设展览等，经常对大众开放，很受广大居民欢迎。国外公司企业办公楼对公众开放，这是21世纪初兴起的，如荷兰新建的ING集团总部办公楼，建在阿姆斯特丹，除办公用房外，内有可供公共活动使用的大礼堂、餐厅、图书室和8个内部花园，这些设施都对外开放，供城市居民、观光者和过路人使用，这种开放型建筑体现着社会的进步，值得我们关注。

体现社会公正，有一个重要的理念要有所改变，政府机构是为人民服务的，其建筑群应简洁、朴素、亲切，不应搞大规模、大广场、高标准，不应占据市中心的控制地位，好似统治人民的机关。目前有不少新建城镇的政府办公楼就是这样建设的，他们思想理念要彻底改变。

通过以上结合实例的分析，我们对建筑文化的感悟是：要有“发展”的理念，重视发展具有自己特点的产业经济，以此带动建筑文化建设，并重视建筑的不断创新，促进建筑文化发展；要有“环境”的理念，加强水、气、垃圾、交通的环境治理，改善生活环境，适度控制城市规模和建筑空间容量，以利于防灾与卫生；要有“历史”的理念，整体保护历史文化名城，不毁坏历史文化，将保护、使用同发展结合起来，使历史文化更富有活力；要有“文化”的理念，尊重历史建筑文化，新与旧、现代与传统建筑和合发展，新建筑继旧创新，发展地域建筑文化；要有“自然”的理念，建设城市绿地系统，保证绿地面积，充分利用自然光、风、热，节能环保、人与自然共生；要有“艺术”的理念，创造城市与建筑标志，统领空间环境，并形成优美的城市立体轮廓，控制旧城建筑与道路的尺度，协调城市肌理；要有“人行”的理念，构建人行道路交通系统，并与城市公共交通联结成网，避免汽车干扰，提升城市人气；要有“公正”的理念，落实城市居住、公共设施、文化教育、出行交通的社会公正，关怀广大居民及其弱势群体，开放政府管理机构，贴近广大城市居民。我们相信，这八个理念对于建筑文化的发展是有益的，是符合“三个代表”思想精神的，它会为提高我国城市、建筑、园林的规划建设水平作出一定的贡献。

二、国内建筑文化精品图说

实例 1 西安慈恩寺大雁塔

位于唐长安城东南端，正对唐代大明宫，互为对景。现明城缩小，就位于西安城南郊。隋代此处为无漏寺，唐高宗李治为纪念其母文德皇后重建，后坍掉，武则天与王公贵族再建，为楼阁式砖塔，平面方形，上下挺立收分，塔身 10 层，现仅存 7 层，高 64 m，这种做法是唐代塔的特点。其内部是木制梁枋、楼板隔层，木制楼梯上下，各层四面开门，于明代重修时外面加了一层包砖，但其外形轮廓风格与内部构造仍是原来面貌。雁塔之名来源于西域，后因公元 707 年又建荐福寺密檐式塔，两塔的体量一大一小，故分别称慈恩寺大雁塔、荐福寺小雁塔。现于塔北面开辟绿地广场，更衬托出大雁塔雄伟壮观的挺拔气势。此塔于 1961 年被列为第一批国家重点文物保护单位。拍摄时选在清晨，并于中轴线上，以体现其雄伟的气势。

大雁塔外景

大雁塔外观近景

实例 2 天安门广场

位于北京市区中心，南北纵向中轴线和东西横向轴线的交会处，主体建筑天安门城楼坐落在广场北端的中轴线上，此城楼原为明清两代皇城的正门，创建于明永乐十五年（1417 年），高 33.7 m，原名承天门，清顺治八年（1651 年）改建后称天安门。在广场中心建立人民英雄纪念碑一座，于 1958 年 4 月落成，碑高 37.94 m，碑心正面镌刻毛泽东题词“人民英雄永垂不朽”八个镏金大字，整座纪念碑用 17 000 多块花岗石和汉白玉砌成，雄伟壮观，庄严肃穆。

天安门

从西边东望纪念碑、中国革命和历史博物馆与毛主席纪念堂

天安门广场全景（从东北角向西南方向望）

在广场西侧，于1959年建成人民大会堂，建筑面积17.18万m^2，面对天安门广场的正门，矗立着12根高达25 m的浅灰色大理石圆柱的柱廊，建筑总高40多米，庄严绚丽。内设宽76 m、深60 m的万人大会场，是全国人民代表大会开会的地方，也是国家和人民群众开展重要活动的场所。在北边设有可容5 000座位的大型宴会厅；南边是人大常委会办公楼。在广场东侧，于1959年建起中国革命博物馆和中国历史博物馆，两馆合成一座壮丽的建筑，总建筑面积为6.5万m^2，连接两馆的正门同样是12根巨型方柱的门廊，但同人民大会堂有所不同，柱形为一圆一方，廊型是一实一虚，两者在变化对比中取得和谐。色彩与人民大会堂一致，墙面为浅黄色，屋檐是镶砌的黄绿色相间的琉璃瓦，使建筑轮廓鲜明，广场东西两侧建筑协调。

沿南北中轴线往南，在人民英雄纪念碑后，于1977年9月建起毛主席纪念堂，再向南便是广场南端的正阳门。正阳门是明清两代北京内城的正门，城楼建于明永乐十九年（1421年），高42 m，其后的箭楼建于1439年。

1959年，在修建广场两侧巨大建筑的同时，开辟出规模为40 hm^2的长方形的天安门广场，为这一年10月1日庆祝国庆10周年使用。天安门广场是新中国的象征，它吸引着成千上万的中外旅游者前来观赏。改扩建后的天安门广场，气势磅礴，建筑高度从33 m至42 m，建筑色彩统一，新老建筑和谐，形成一个完整的建筑艺术活动空间，因而我们认为这项建筑工程是成功的。唯一不足之处是广场大空间内缺少绿化，可考虑适当增加些活动绿地花木，节日需要大场地活动时，能将其移出。

广场中轴线上的天安门、人民英雄纪念碑于1961年列为第一批国家重点文物保护单位，正阳门于1988年列为第三批国家重点文物保护单位。

拍摄时，选用高架车升空20 m高，使用林好夫超广角镜头（底片为6 cm×17 cm），以体现天安门广场的宽阔空间。

实例 3　故宫

故宫原为紫禁城，是明清两代的皇宫，是我国现存最大最完整的历史文化建筑群，建成于明永乐十八年（1420 年），占地 72 公顷，建筑面积约 15 万 m^2，它的布局是“外朝”“内廷”坐落在中轴线及其两侧的对称位置上。“外朝”以太和、中和、保和三大殿为中心，文华、武英两殿，位于东、西两边，这里是皇帝处理朝政的场所。“内廷”有乾清宫、交泰殿、坤宁宫和东西六宫等，是皇帝处理日常政务和后妃、皇子居住生活的地方。故宫南面是端门与天安门形成长条形前庭。故宫的正门是午门，北门是神武门，东门是东华门，西是西华门。乾清宫东西两边各布置六组院落，即东六宫和西六宫。内廷还建有三座花园，神武门南边为御花园，宁寿宫西面为乾隆花园，慈宁宫北面是慈宁宫花园。故宫建筑群雄伟壮丽，是中国古代建筑艺术的伟大成就，其内部还保存有历代的珍贵文物，于 1961 年列为第一批国家重点文物保护单位，并于 1987 年被列为“世界文化遗产”，我们应格外重视对故宫、皇城及其周围环境的保护。

午门主楼

午门全景

从景山万春亭望故宫

实例 4　长城——八达岭

在北京延庆是长城的一个关口，其关城为东窄西宽的梯形，建于明弘治十八年（1505 年）。长城全长 6 700 km，现已列为世界文化遗产项目，于 1961 年列为第一批国家重点文物保护单位。秦始皇统一六国，将赵、燕、秦曾建起的高大土城墙连接成一道万里长城。到了明代，加强防御，部分改为砖石构造，西起嘉峪关，东到山海关。八达岭一带的长城，依山势而建，平均高 6 ～ 7 m，宽 5 m，以大块城砖砌筑墙体表面和墙顶地面，外侧做成垛墙，便于防御，下层有空屋，可驻兵和贮存武器。至清代，长城逐渐失去防御作用，日渐荒废。新中国成立后补修了八达岭关城城楼和城台，1978 年又重建了居庸外镇的城楼。自列为世界文化遗产项目后，更加重视整体环境的保护和改善。八达岭一

长城秋色

长城外遍布红叶的地段

八达岭长城墙身高陡的地段

带的长城，每逢秋季有红叶相衬，更显其气势宏伟，幽美壮观。所拍照片，力图体现这一带长城的秋色美景。

实例 5　居庸关云台

位于昌平居庸关关城内，是一过街塔的基座。建于元至元五年（1345 年），在台上原有喇嘛塔，所以叫过街塔，元末明初时塔被毁，后重修寺院，于康熙四十一年（1702 年）又被焚毁，只留下了云台。台是用汉白玉石砌成，台顶四周设石栏杆及排水龙头，高 9.5 m，东西面宽 26.84 m，台座中间南、北各开一五边折角式拱券门，券洞边上雕饰各种花草图案，券洞内雕有四大天王和坐佛 10

过街券洞门

券洞内天王雕像

尊，壁间还刻有梵、藏、维吾尔、汉、八思巴、西夏 6 种文字的《陀罗尼经咒》和《造塔功德记》，这是现存珍贵的元代雕刻艺术作品，于 1961 年第一批列为全国重点文物保护单位。我介绍此实例的意义就在于此。

实例 6　蓟县独乐寺

位于蓟县城西门内。介绍此实例，主要是因为它是研究我国古代木结构建筑的重要实物。此寺始建于唐代，主体建筑观音阁和山门是辽统和二年（984 年）重建，是辽时的代表作品。观音阁上、下两层，中间有一暗层，总高 23 m，梁柱榫接，并有防震支撑，历经多次地震，特别是 1976 年的唐山大地震，此阁仍安然屹立，是我国现存最古老的木结构楼阁。阁内观音立像高 16 m，是我国最大的泥塑之一，两侧服侍菩萨和山门内天王像，也是辽代彩塑珍品。山门屋顶是五脊四坡形，出檐深远，檐角似飞翼，是我国现存最早的庑殿顶山门。主体建筑后经明万历、清顺治、乾隆、光绪时维修。该寺于 1961 年列为全国重点文物保护单位。

拍摄时选用 PC 镜头，以体现楼阁巍然挺拔的雄姿。

独乐寺山门

独乐寺观音阁外景

实例 7　上海博物馆

位于上海市人民广场的中轴线南端，同北面市政府大厦遥遥相对，总建筑面积 3.8 万 m^2，建成于 20 世纪 90 年代，设计人是著名建筑师邢同和。为了适应这开阔的广场空间，并与周围高层建筑相对应，采用横向宽平的体型，既平稳又舒展，避免压抑感。建筑下部做成方形，

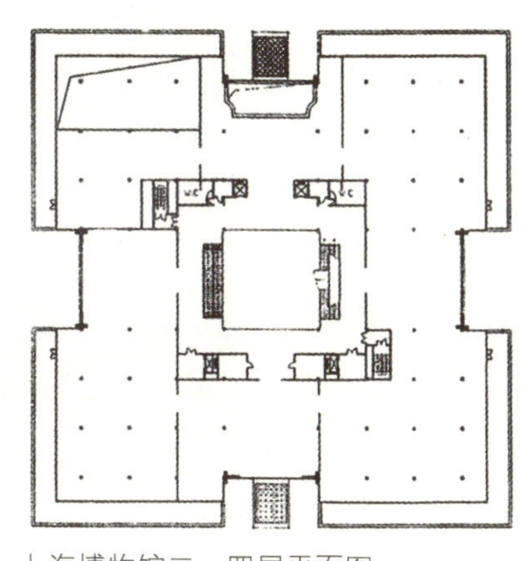

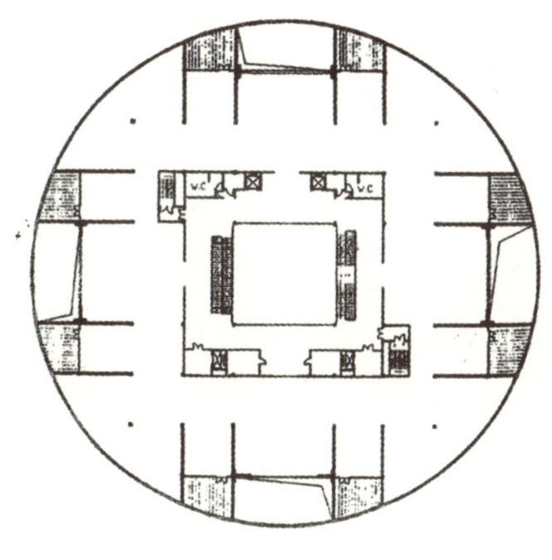

上海博物馆二、四层平面图

呈两级台阶状，似为基座，顶部做成圆状，有如中华铜镜，沿圆形顶部在东西南北四个方向各重点装饰一个拱环，似古代青铜器造型与浮雕纹饰，整体下方上圆的自然融合，寓意于中国古代自然观学说中的“天圆地方”，在南立面入口处设置一组体现中国传统特征的雕塑，使其成为一座功能齐全、技术先进、造型现代又具有东方特色的大型文化建筑。其地上五层设有10个专题陈列馆和其他展厅，地下两层为文物库藏、学术研究和行政管理区。这是一座继旧创新、具有地域文化特点的新建筑。该项目已选入《20世纪世界建筑精品集锦》东亚卷中。

上海博物馆近观夜景

上海博物馆远观全景

实例8　杭州灵隐寺

位于西湖西北山麓，面对飞来峰，前有冷泉。东晋咸和初（约公元326年），印度高僧慧里来此，感到这个山峰像是印度灵莺山的小岭，不知何年飞来？遂面此山峰连寺，给寺起名为“灵隐”，称此山峰为“飞来峰”。飞来峰石态万千，如龙似虎，峰上古木参天，峰下岩洞幽深，洞壁满布五代以来石窟造像380多尊，在这佛教圣地修建的灵隐寺，虽毁坏多次，但不断重建，因这里的环境富有灵气，现存寺院为19世纪重建，1956年和1970年曾两次大修。主体建筑是大雄宝殿，殿高33.6 m，殿内正中有释迦牟尼金装像，高9.1 m，庄严肃穆，跏趺于莲座，眼神祥和，像后是影壁，壁背面塑有观音立鳌鱼背上，前有善财童子作膜拜状。殿前保留有五代时期的两座石经幢，

灵隐寺外景

苍郁古木，遮天蔽日，冷泉流经处筑有泉亭，环境清幽。这种寺内的自然环境及其周围的大自然环境，再加上山林的空气清新，寺庙的宏伟气势，就造就出了“灵气”。有了这种“灵气”，寺庙自然会不断被修缮或重建，长期保存下来。这座灵隐寺就是符合这种情况的一个实例，它是我国佛教禅宗十刹之一，重要的一座历史文物建筑单位。

宾馆中餐厅水庭

实例 9　广州白天鹅宾馆

位于广州沙面岛南侧，南临珠江白鹅潭，是拥有 1040 间客房的国际五星级宾馆，1983 年建成，设计人是著名建筑师佘畯南、莫伯治先生等。宾馆布局使功能、空间和环境达到协调、统一，将门厅、休息厅、咖啡厅、餐厅等公共活动部分临江布置，使旅客便于欣赏江景；中庭作为一个整体的多层园林设计，所有流动空间、餐厅、休息厅、商场等围绕中庭布置，构成上下盘旋、高旷深邃的园林空间，将动与静有机结合融为一体，加上流动的瀑布与“故乡水”题字，使此中庭气势雄伟、雅致和谐，富有岭南庭园的特色，常能引起人们的思乡之情，让旅客流连忘返。宾馆采用高低层结合的手法，高层为客房主楼，外墙白色喷涂饰面，颇有天鹅白羽重叠之意，使建筑与环境融为一体。该馆建成使用后，一直坚持对公众开放，体现了社会的公正。此建筑已被选入《20 世纪世界建筑精品集锦》东亚卷中。

宾馆客户会客室中西式结合的家具与装饰

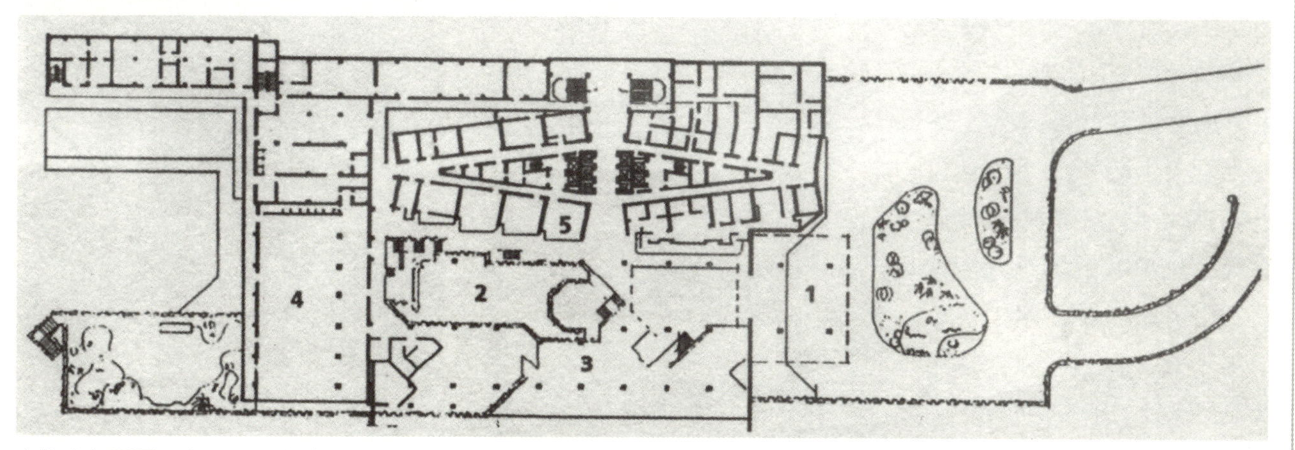

宾馆底部平面图（1- 入口门廊，2- 中庭，3- 临江休息厅，4- 餐厅，5- 上部为客房层）

宾馆总统套房卧室

宾馆总统套房花园

宾馆中庭

实例 10　敦煌莫高窟

在敦煌城东南 25 km 处，它具有深、神、美、玄、秘、谜的特点，集建筑、雕塑、绘画艺术为一体，是世界佛教艺术的宝库，人类文化的宝藏。1961 年已列为第一批国家重点文物保护单位。1996 年 9 月中国建筑学会《建筑学报》编委会委员对敦煌市规划与建设进行评议后，委员们到此窟参观，它给我的感受是，这颗文化明珠，虽经沧桑风雨，千年不衰，风姿犹在。该窟开凿于鸣沙山东麓断崖上，上下五层，起伏错落，南北

第 112 窟反弹琵琶伎乐（中唐）

莫高窟主入口外景

长 1 600 m，宏伟壮观。据记载始建于前秦建元二年(366 年)，至唐代武则天时，已有窟室 1 000 多龛。现存历代壁画、塑像的洞窟 492 个，壁画 45 000 多平方米，彩塑 2 415 身，这些画面如按 2 m 高排列，就可组成 25 km 长的巨型画卷，它是我国现存内容最为丰富、规模也是最大的石窟艺术宝库。洞窟最大者高 40 m，30 m 见方，最小者高不过尺。壁画内容为佛像、佛教史迹和经变、神话以及装饰图案等。彩塑均为泥制，有单身像、群像，群像以主佛居中，两侧侍立天王、菩萨等，少则 3 位，多则 11 位，最大者 33 m 高，小者 10 cm，神态各异，人物性格突出。

香港湾仔运动场东至海底隧道间立交场地

实例 11　香港城市交通

香港的城市交通组织得比较好，对广大香港居民来说，是方便的。城市地下铁路贯穿本岛东西，有两条过海隧道同九龙地区组成环状地铁线路，1998 年香港新机场启用时，此环形地下铁路线已伸出专线通至新机场。地面汽车交通道路的组织亦很有序，在湾仔港湾处有过海隧道连通本港与九龙地区；于隧道出入口处开辟大片的立交桥场地，避免平交，便于分路行使；在主干道交叉口处设立交桥，保证单行线路行使连贯，只是路线长一些；在公共聚集活动处设有较大的汽车停车场。人行道路逐渐扩大组成系统，1986 年 7 月我第一次到香港在中环和尖沙咀中心区见到的只是小范围的人行道路的连贯，中间架有一些跨街桥廊；1993 年、1995 年我多次来香港时，明显地看到这些

香港中环立体人行廊道

香港中环人行过街廊

中心区的人行道路系统在扩大；当我21世纪初再到香港居住在本岛后山香港大学时，已见到有爬山廊道通至后山，人行道路系统继续在发展，方便了居民。香港在城市交通组织与发展的这些做法，对于中国内地的大城市很有参考价值。

实例12 中国银行大厦（Bank of China Building）

位于香港中环花园道，建成于1989年，共70层，高368 m，设计者是世界著名建筑师贝聿铭先生。对该设计的要求是，在这中环商业金融区，要起到统领这一地区的作用。贝先生采用竹子隐喻节节高的造型，具体方案是分段变形的塔楼，内部无柱的筒形结构，25层以下为正方形，以对角线分为四个三角形立方体，自26层去掉一个三角形立方体，至38层再去掉一个三角形立方体，到51层还去掉一个三角形立方体，这时只留下了一个三角形立方体直至顶层，接上顶部的一对桅杆达到368 m高度，建成时是香港最高的建筑。它的富有创造性的独特造型，完全达到了规划的要求，它控制着中环CBD区的空间环境，将周围知名建筑组合成为一个整体。此外，在楼层的底部和外面的环境，创造性地运用中国园林的手法，造出多样的宜人的山水花木景观环境，让人流连。设计者是十分精心谨慎的，还满足了香港风荷载大的要求和严格预算为1.3亿美元的控制要求。该建筑已被选入《20世纪世界建筑精品集锦》东亚卷中。

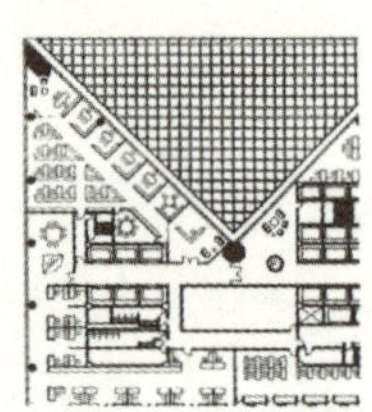
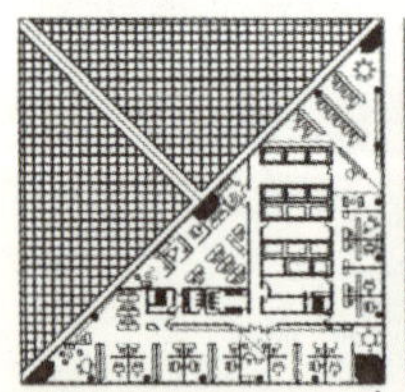
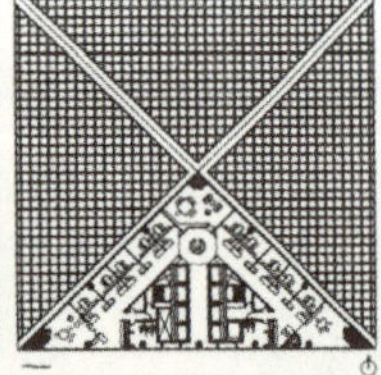

中银大厦3、26、38、51层平面（I.M.Pei事务所提供）

中银大厦从底层大厅内看室外花木景观

中银大厦侧面水木景观

中银大厦外景

实例13 大三巴牌坊

作为澳门最主要的标志性建筑，大三巴牌坊是1835年一场大火留下的圣保罗教堂的前壁遗迹。圣保罗的当地译音是“三巴”，因澳门还有一个教堂名为“三巴仔”，所以称此教堂为“大三巴”，以示区别。由于残存的教堂前壁像中国的牌坊，因而称之为“大三巴牌坊”。在牌坊的雕饰中，有中国的牡丹和石狮像等，体现着中西合璧的一些特点。1990—1996 年，对此教堂遗址进行了考古发掘和休整遗迹工作，同时在原教堂主祭坛部分建立了一个天主教艺术博物馆，加强了对此建筑遗迹的保护。

澳门大三巴牌坊全景

实例 14　台北国父纪念馆

建于台湾省台北市，设计建造年代是 1968—1972 年，设计人是著名建筑师王大闳。孙中山先生是中国民主革命的先驱者，逝世后民众称先生为“国父”。该纪念馆采用变异的中国传统的黄色琉璃瓦大屋顶形式，在南面主入口的屋面中央断开，变为弯曲起翘的大雨罩，这是其造型的主要特征。整体外观，仍采用中国传统的基座、柱子、屋顶三段划分的模式，平面为方形，四周为柱廊，庄严肃穆，很有气势。但列柱与梁枋均为钢筋混凝土构造材料，其节点细部都已变异简化，室内装修、色彩、木格窗等皆有中国传统建筑的风格，因而它是在台湾探求“现代中国建筑风格”的一个重要实例。这个项目已选入《20 世纪世界建筑精品集锦》东亚卷中。

台北国父纪念馆大厅孙中山先生像

台北国父纪念馆外景

实例 15　台北故宫博物院

选址在台北背山环境清幽之处，这是它的第一个特点。第二个特点，建筑采用中国传统宫殿式，由高平台、高台阶、高城墙式墙面托着琉璃瓦大屋顶宫殿式建筑群，再加上入口的石牌坊和轴线对称的布局，其外观很有庄严雄伟的气势。第三个特点，其内部珍藏着许多珍贵的文物，这些文物都是原存在北京故宫的珍宝，后经蒋介石多次转移，最后从南京运到台北，都是中国历代字画、陶瓷、金属制品等国宝真品；1993 年 7 月我们中国建筑代表团成员参观到这些原作国宝。另外，该博物馆还经常举办些学术讲座和学术研讨座谈会等活动，交流学术思想和探讨一些学术问题，这一做法有益于提高对中国文化的认识水平，可资参考。

台北故宫博物院展室

台北故宫博物院外景

（原载《建筑文化感悟与图说》（国内卷）　中国建筑工业出版社 2009 年 10 月出版）

2　建筑文化感悟与图说（国外篇）

一、建筑文化理念

这里所说的建筑是“大建筑”，包括城市、建筑和园林，这三者是一个不可分割的整体，是有着三位一体的本质联系。钱学森先生将此三位一体命名为“建筑科学”，作为一门独立的大学科而存在。中外几千年来的城市建设都体现着城市、建筑、园林三位一体的内容，三者关系十分密切。这一建筑科学理念、整体性的哲学思想会逐步被人们所认识。

这里所提的文化是“大文化”，从大文化概念来看，它包括科学技术和文化艺术。一个文化圈或一个地域的文化，可以说是地域的特殊生活方式或生活道理，它包括这里的一切人造制品、知识、信仰、价值和规范等，它综合反映了社会、经济、科学技术、观念、习俗以及自然生态的特点。由此可以看出，大建筑属于大文化的范畴，它既有文化艺术，又含有科学技术。什么是科学技术，就是以逻辑思维、逻辑语言对大自然对事物的探索、研究和认识，这是科学家、工程技术专家的事情；什么是艺术，就是以形象思维、形象感受对大自然对事物的描绘、表现和传播，这是文学家、艺术家的事情；包括规划师、建筑师、园林师的建筑科学家是兼上述两家、融两家的专门家，这是由大建筑事业的性质、本身属性所决定的。因而，我们从大建筑文化的观点来分析研究中外建筑文化的情况，以得到比较深刻和综合的认识，有利于促进建筑文化的发展。

通过改革开放后来多年建设实践，中国城市与建筑、园林事业取得了很大的发展，积累了一些好的经验，这些内容将在国内卷中介绍。但在一些地方还存在着缺陷：片面追求建筑形式，不适合实际与环境；规模过大，容积率高，水、气、垃圾污染环境；大拆大建毁掉历史，缺少整体保护规划；盲目崇拜西方文化，无视本国地域文化；占用绿地，浪费资源，获取少数私人利益；城市面貌千篇一律，肌理无序，失去特色；城市交通拥塞混乱，影响居民生活安全；忽视弱势群体利益，扩大居民贫富差距。

针对这些缺陷问题，在此国外卷中，结合我近30年来考察国外几十座城市后选出的有参考价值的实例，并吸取国外关于“现代主义”（Modernism）、“现代主义之后”（Post-Modernism）、“新城市主义”（New Urbanism）、“批判性的地方建筑”（Critical Regionalism）等理论中合理的观点，提出“发展”“环境”“历史”“文化”“自然”“艺术”“人行”“公正”八个理念，期盼我国的建筑文化，全面贯彻落实“三个代表”的思想，使中国的城市、建筑、园林事业的发展确实走上科学发展、可持续发展的道路，为现阶段至2020年实现全面建设小康社会发挥自己应有的作用。这些理念，可集中为“中国文脉下、走向大自然、为大众服务、可持续发展”的建筑文化理念。下面具体阐述这八个理念。

1. 发展

发展产业经济，带动文化建设；不断建筑创新，促进文化发展。

从国外这几十座城市发展历程来看，都是因发展了产业经济带动着城市、建筑、园林事业的发展。产业经济包括第一、第二、第三产业经济。封建社会时期，以第一产业农业经济为主；到了资本主义社会时期，以第二产业工业经济为主；现阶段向信息社会转变时期，凡发达的地区，其第三产业经济都占到最大的比例。这是产业经济发展变化的总趋势。但每个城市都要根据自身的条件，积极发展具有自己特点的产业经济。

如美国的西雅图市，1916 年在这里建立了波音飞机公司总公司和下属四个子公司，其职工数占了全市职工总数的一半；1949 年辟为自由港，成为美国西北部的最大港口城市；随着城市环境的改善，又发展了船舶和医疗设备制造业等，现已成为美国重要的飞机和船舶制造中心，这些产业经济的发展，又带动了该市的建筑文化建设。美国东部城市波士顿是新英格兰地区最大的港口城市，文化历史较长，20 世纪发展了机械工业、电子工业和金融业等，还建立起国家航空与航天研究中心，产业经济的迅速发展，带动了这座文化老城的文化建设。

又如欧洲城市，瑞士首都伯尔尼大力发展钟表产业，以表都闻名于世；法国首都巴黎是法国制造业中心，全国 1/5 的工业生产能力在大巴黎地区；比利时的安特卫普是欧洲第二大港口城市，是比利时钻石加工和贸易中心，设有 250 家钻石加工厂和 7 所钻石学校，其钻石加工量占全世界总量的一半；意大利的佛罗伦萨市，以发展旅游产业为主，其工业、手工业亦是围绕着艺术品，包括皮革、珠宝、纺织、陶器、银器等。

非洲的埃及首都开罗市，全国的 1/3 工业设在这里；埃及亚历山大市，是埃及的最大港口城市，全国 90% 的进出口货物吞吐在此，是世界著名的棉花市场和避暑胜地。

亚洲的日本京都市，是日本古都，也是宗教和文化中心，1950 年被宣布为国际文化观光城市，以发展旅游、文化产业为主。

关于发展理念，还要重视建筑的创新，只有不断地创新，才能促进建筑文化的发展。建筑创新不是单纯指艺术形式的创新，还包括采用新建筑材料、新技术、新结构、新设备，并能达到“节能减排”效果的新建筑，这样的创新建筑必然会促进建筑文化的发展。

如 1929 年建造的巴塞罗那国际博览会德国馆，是由世界公认的建筑大师密斯·凡·德·罗设计的。该建筑采用了新材料、新结构，由 8 根支柱在凸出部位拧紧共同支撑一个钢制的屋面板，这 8 根镀铬支柱闪闪发光，馆内墙板不起承重作用，只是分隔出不同的空间，墙板材料为纹理精美的大理石和细纹理的苹果绿透明玻璃、乳白色不透明玻璃、鼠灰色镜面玻璃，以这些新材料、新构造创造出如行云流水般的、有自由导向的、室内外变化丰富的“流动空间”，将建筑新技术和建筑艺术有机地融合在一起。这种建筑创新对现代建筑文化的发展起了促进作用。

又如芝加哥，在 20 世纪 60 年代建起的汉考克大厦，其结构也有创新。大厦像是缠着钢箍的筒，每 18 层高度以斜叉十字钢撑构件束住，承受竖向与侧向荷载，其外形又好似一座纪念性的方尖碑，建筑内容原为公寓和商业楼，现合而为一。在 20 世纪 70 年代建成的芝加哥西尔斯塔楼，当时是世界最高的大楼，其建筑结构和建筑造型都有创新，采用束筒式结构，由 9 个 22.9 m 见方的筒形平面拼在一个 68.7 m 见方的大筒内，整个建筑分成 4 段，用逐段减去两个方筒的做法直升到顶，以减轻压力，整体稳定，加上顶部立有两根巨型天线，其体形富有变化。20 世纪 80 年代建造的芝加哥伊利诺伊州政府大楼，外墙采用反射玻璃和一段透明玻璃幕墙，使中庭得到自然采光，中庭大厅由蛛网般的钢结构覆盖着，大厅内有独立的电梯箱、分段悬挂的楼梯、精细的管道等，这些新材料、新结构反映着高技派现代美的风格。这三幢芝加哥新建筑，在结构、材料、工艺、内容、形式等各方面都有创新，但这些面貌全新的建筑，都考虑了同周围环境的协调，它们代表着不同年代的新进展。

于 1995 年建成的巴黎法国国家图书馆，它本身除采用新材料、新构造、新设备、新信息技术外，还有一个创新思想，就是将这一空间植入城市结构中，人们可以方便地进入这个空间，此空间由像 4 本书的塔楼来限定，在人们脑海中留下深刻的印象——一个能产生伟大思想的空间，此空间中心有一个不能进入的森林公园，象征着不可触动的自然，同时改善了这里的空间环境。这一创新反映着 20 世纪末期建筑文化的新发展。

21 世纪初拟建的美国纽约世界贸易中心复建工程，2002 年举办了该复建工程设计方案竞赛，最后美籍建筑师里布斯金获胜，他的方案同自由女神像呼应，具有向上的气势，后于 70 层以上的塔尖部分，设计成利用风能转为电能的设施，这种充分利用自然、节能减排的新内容是近一时期建筑创新的一个重点，对此我们应格外重视。这些实例说明，建筑创新的内容在不断地增加与丰富，而不是片面追求建筑形式，现正在努力创造符合人类社会进化规律要求的“低耗高效”、与自然共生的新建筑，以促进建筑文化的持续发展。

2. 环境

加强环境治理，改善生活环境；适度空间容量，有利防灾卫生。

对于城市、建筑与园林的发展，要逐步减少直至消除对水体、空气的污染，还要对垃圾进行无害化处理。一个多世纪以来，世界上的很多城市都在做这项工作，因为工厂、城市随时都在排放有害气体、污水和垃圾，机动车也在排放尾气，这四个方面（污水、有害气体、垃圾和交通）的环境治理，需要大量的资金和较长的时间。凡先进的适宜生活居住的城市，都重视解决这个环境问题。

据环境优美的美国西雅图市的规划委员会介绍，西雅图在半个多世纪以前，城市环境污染严重，交通拥堵，居民生活不安定。为了改变这种不良现象，他们进行了反思，首先治理了位于市中心区东北面的华盛顿湖，对全地区的污水进行监控排放，使湖水变清，并治理全市水系，严格处理下水道系统，同时改善交通，发展步行和大众运输的道路系统，发展免费的城市公共交通，恢复了西雅图原有的大自然的优美面貌。该市环境的改善，带动了经济的发展，而经济的发展又促进环境的进一步改善，走上了城市科学发展的道路，成为人们公认的“宜居城市”。

1979 年，我们访问瑞士时，看到这个国家的城市与乡村的环境是清洁卫生、符合环境要求的。首都伯尔尼，穿过的莱茵河支流阿勒河水清澈见底；沿日内瓦湖畔经洛桑到日内瓦市，湖水清澈碧蓝；苏黎世市所依的苏黎世湖亦经过了长期的治理，湖水逐步变清；这样的环境效果，是瑞士各地加强环境治理、严格管理的结果。在垃圾处理方面，瑞士各城市早已采取分级处理的办法，既废物利用，又清洁环境。政府鼓励建筑使用太阳能，给予优惠政策，既节能，又环保，瑞士是欧洲发展太阳能建筑最多的国家之一。

1996 年我们来到比利时西北部的布鲁日城，它有“北方威尼斯”之称，真是名不虚传，旧城河道成网，河水晶莹碧清，整座城市整洁有序。我们了解到，城市管理部门对河道水质、垃圾处理、烟气排放都有一套符合环保要求的标准和管理办法，以保障居民生活和旅游开放的环境质量。

适度控制城市空间容量，根据城市土地、水等资源的负荷量适度发展城市的规模，是搞好城市环境的又一关键问题。目前，我国城市建筑容积率过高、城市人口过密，是造成我国城市环境质量不够理想的一个重要原因。它不仅给城市带来混乱和矛盾，也降低了城市与建筑本身的使用与经济价值，一旦遇到像2003年非典传染病灾害时，城市人口过密过大地区将十分被动，平常时期，这些地区的环境卫生亦会受到负面影响。

节约用地是正确的，但要从城市持续发展和防灾、卫生基本要求来考虑，应该找出城市空间容量的合理限度，在合理的限度范围内，又因度的不同而分出不同的等级。如美国西雅图市，分为四个等级：中心区（Urban Center Villages）居住密度每英亩（约 0.4 hm^2）15～50居住单元，核心区（Hub Urban Villages）每英亩15～20居住单元，住宅型区（Residential Urban Villages）每英亩10～15居住单元，邻里区（Neighborhood Villages）每英亩8～10居住单元。为了保证城市的环境质量，该市采用都市村落的理念。当然西雅图市的标准较高，我们应根据我国地少人多的实际情况定出适度的空间容量，但其理念与做法有参考价值。

在一些历史文化名城的旧城中心区，人口密度比较高，为了改善环境，应采取减法，降低建筑容积率。法国巴黎在其旧城核心部分，适度调整了空间容量，将住宅建筑容积率由4～5降低到2.7以下；把经营多种活动的第10区、第11区的建筑容积率降为2；在旧商业区内，不准提高建筑容积率，有些要降低到2以下，以保留19世纪形成的第8、14、17区的城市结构。

又如美国西海岸的洛杉矶市，它是美国第二大城市，其城市布局是分散式，仅中心城市区最大，集中修建了一些高层建筑，其余各城市点，建筑容积率不高，住宅多为1～2层木构房，空间容量低，生活环境舒适，有利于防灾卫生。这一实例的标准高，但其分散布局的模式有参考价值。再看看欧洲意大利的佛罗伦萨市，它是历史文化古城，是欧洲文艺复兴的发源地，它控制着城市的空间容量，除佛罗伦萨的教堂高107 m、大教堂旁钟楼高84 m，以及西尼奥列广场旧宫塔楼高95 m外，其余皆为低层建筑，没有任何新建的高层建筑，城市规模适度，城市空间容量适度，环境舒适。

3. *历史*

整体保护名城，不毁历史文化；充分使用发展，使其更富活力。

对于历史文化名城，一定要有整体保护的思想理念，即使该城市的历史文化遭到部分破坏，也要从整体保护的观念来考虑加以补救。整体轮廓在，才能保住基本特点，其局部则会更清晰，更有价值。在这一理念与做法上，欧洲比亚洲做得好。欧洲古老的城市较多，其整体保护的实例也最多。

城市整体保护最好的要属意大利首都罗马，该城已有2000多年的历史，从公元前建起的古罗马中心广场遗迹一直到20世纪初为意大利开国国王建成的埃马努埃尔二世纪念碑，都完整地保留着，这座历史文化名城已变成一座巨型的历史博物馆城，没有什么损坏。新的首都城市在其南7 km外另建起来。这种分开新旧城的做法，使历史文化名城得到了整体的保护。新中国建国初期，梁思成与陈占祥先生曾提出过类似的整体保护北京历史文化老城的方案，但未被采纳，以致北京失去了老城的整体风貌。

另一个整体保护历史文化老城的好实例是法国巴黎。巴黎是法国的首都，其做法是未将行政中心迁出，另建新城，而是采取“成片保护、分级处理”的整体保护原则，这个原则是在1977年巴黎议会通过的巴黎旧市区改建规划中提出的。巴黎旧市区，是指 1845 年修筑的城墙以内的范围，包括东、西两个森林公园，面积为 105 km^2。这个整体保护原则，是将旧市区分为内、外两个圈，椭圆状的内圈是保护传统的核心部分，内圈属于一级保护区，整治有三条具体原则：①保护老的住宅区，并加强居住功能，提高其舒适程度；②保存各种各样的功能，改进公共活动空间，包括文化、娱乐、商业等设施的改进；③保持 19 世纪建筑面貌的统一。为什么把内圈作为保持传统的核心部分呢？这是因为巴黎城的产生、发展在这个区，著名的城市中轴线贯穿这个区，城市的传统文化、商业区、街道以及闻名的古建筑和传统居住街坊等也都在这个区，是巴黎的精华所在。外圈属于二级保护区，在这个外圈中又分为三类，各类处理的具体原则是：①一类，为确定的有保存价值的街坊，保持原建成区的特点；②二类，维持原有居住的功能，对已有建筑重新控制，并适当改建建成区；③三类，发展居住的功能，对已有建筑重新控制，可以改变原有的特点。对于建筑密度、高度都有严格的控制数据。建筑容积率控制数在前面已有部分说明，内圈核心部分的“屋顶”高度控制在 25 m，外圈最高建筑控制在 37 m 以下，外圈内需要保留的街坊、广场和某些风景地区同样控制在 25 m。巴黎旧城规划的这一“成片保护、分级处理”的原则，确实保持住巴黎旧城历史文化的特点。

在西班牙的巴塞罗那，最早的老城在滨海的西面，于 19 世纪城市扩展时就被完整地保存着。新开辟的城市干道沿老城东侧面和西南侧连通，老城的南北向中心道路 Rambles 路与新城区南北向干道通过加泰罗尼亚广场衔接。在 19 世纪、20 世纪发展的新城区里，其近代建筑如高迪设计的教堂和米拉住宅等都被完整地保留着，突出在重要街道上。类似巴塞罗那整体保护历史文化旧城的实例，如比利时的布鲁日、西班牙首都马德里、瑞士首都伯尔尼、意大利的佛罗伦萨和威尼斯等，在欧洲各国普遍存在。

对这些整体保护的旧城街区或建筑项目，要充分利用并有所发展，使其更富活力。有的增加生活内容，如意大利威尼斯圣马可广场，在市政大厦底层和广场北边的小街内，发展着各类商店、餐馆等，在广场东面设一些室外咖啡座，方便了生活，使游客感到它是一个“漂亮的生活客厅”。日本东京都浅草寺，此寺一年内要进行许多节日活动，在这个被保护的历史建筑周围，逐步建起商场、游戏机室等设施，并扩大了花市，形成了保留老东京风俗历史的商业游览繁华区，现已成为访问东京的外国游客必去的观光处。其他如西班牙马德里的市长广场、美国芝加哥密歇根大街南段、西雅图城市中心滨海区、德国法兰克福罗马人广场等，都是在要保护的历史建筑群内及其周围添加生活设施，使这些地方更富有活力。还有的增加绿化园林内容，如日本东京都的上野公园，在原有的博物馆建筑旁建起绿地和动物园，同时将这里组合成一个占地 52.5 hm^2 的大公园，成为人们观赏历史文化或观赏动物并能休闲养神的绿化场所。美国洛杉矶亨廷顿文化园原是亨廷顿先生的住处，有一藏有珍贵书籍的图书馆和一个艺术品收藏馆，后又发展占地 130 英亩（约 53 hm^2）的植物园，共建了 12 个花园，现已成为洛杉矶市的一个国家文化和教育中心，可称其为“亨廷顿文化园”，到此园内可阅览珍贵的原稿，欣赏历史艺术珍品，还可在不同类型的花园内游览或休息。其他如比利时安特卫普的鲁宾斯博物馆、日本奈良的东大寺与鹿苑、京都的金阁寺和清水寺等，都是在原有历史建筑周围增加绿地花园，使其更富有生气和活力。

4. 文化

尊重历史建筑，新旧和合一体；建筑继旧创新，发展地域文化。

对于历史建筑要尊重，新的现代建筑要处理好与旧的历史建筑的关系，不能片面强调某一方面，不能是“非此即彼”，而是要重视双方面的互补，“和合”发展。所谓“和合”系调和之意，中国传统文化对万物存在与发展的认识是“天施地化”、“阴阳结合”。“和合论”具有辩证唯物、对应统一的哲理，它排除了建筑科学中许多片面、绝对的观点。

在重要的历史建筑范围内如何和合发展新建筑呢？爱尔兰都柏林“三一学院“给我留下了深刻的印象。该学院位于都柏林市中心区，创建于17世纪，是爱尔兰最著名的高等学府，由两个庭院组成，中间立一高耸钟楼，将议会广场与图书馆广场分开，新建筑的发展是在图书馆广场的侧面，开辟一个学友广场，此新广场的一面为老图书馆，紧挨老馆建一新图书馆，对面建一新艺术馆，这些新馆的建筑高度、体量、色彩、材料等都尊重老馆，同老馆协调一致，只是墙面门窗的分割与装饰比较简洁，广场中心铺以草坪并立一新雕塑，形成了一个完整和谐的大院落，学生们在此席地而坐，有的读书，有的在交谈，和谐而有生气。美国纽黑文耶鲁大学，创立于公元1701年，它是美国第三所最古老的高等学府，校园建有希腊、罗马古典复兴式的老学院庭院建筑群，在20世纪下半叶添建了一些新建筑，如1977年建成的由路易斯·康设计的耶鲁英国艺术中心，完全是新材料、新结构，但设计人将建筑的高度和外墙线条的分割同周围建筑协调一致，使新旧建筑和合在一起；还有扩建的图书馆新馆，采用白色大理石墙面，控制建筑高度，使其同周围砖石建筑相协调：整个校园最高建筑是1917年建起的哥特式的哈克尼斯钟楼，楼高67 m，它统领着耶鲁大学建筑群空间，新旧和谐一体。还有法国里尔美术馆，原老馆建于1895年，是古典复兴式建筑，20世纪70年代扩建此馆，首先清理和恢复原有老馆，并在其对面建一新馆薄片建筑，薄片建筑外表面是透明玻璃，中间的小镜片布成方格网，镜面反映出老美术馆的风貌，将新与旧和合在一起。其他如法国著名建筑师屈米设计的杜关市弗雷斯诺国立当代艺术学校，美籍华裔著名建筑师贝聿铭设计的华盛顿国家艺术馆东馆，美国著名建筑师菲利浦·约翰逊设计的波士顿公共图书馆新馆，都是尊重原有历史建筑，同其协调，组合成新旧和谐的一体。

关于文化理念，还有一点需在这里提及，就是在创作新建筑时，要考虑继承优秀传统的精神，以此来发展地域的建筑文化。如巴基斯坦首都伊斯兰堡的费萨尔清真寺，它的建造年代是1970—1986年，这组建筑包括礼拜堂、沐浴区院落和一所国际伊斯兰大学，设计人突破了传统常规的拱券、穹顶、伊斯兰图案的具体模式，而是应用新材料、新结构体现传统清真寺的精神意味，将礼拜堂屋顶以钢筋混凝土空间构架形成巨大帐篷形式，大堂四角立有四个高耸的邦克楼，礼拜堂前布置一个大院落，“麦加朝圣墙”和“圣龛”位于堂和院的主轴线上。这一创新发展了清真寺的建筑文化。又如美国洛杉矶南郊的加登格罗夫社区教堂，于1980年建成，这个设计完全创新了教堂的建筑平面布局和空间环境，只是继承了教堂要与天呼应的精神和老教堂自然通风、采光的做法；为了使每个座位对着并接近圣坛，将古典希腊“十”字形教堂平面改为四角星状，圣坛在长边的中心，其前为长方形座池，东西厅和南面设挑台座池，采用新结构白色钢网架和新材料反射玻璃，仅使8%光线透入，形成晶莹透明无顶无墙与天对应的宁静空间感觉，内部无空调设施，完全是利用自然通风和自然采光。此建筑的创新，发展了教堂的建筑文化。

此外，如美国波士顿市政府办公楼、美国华盛顿纪念碑、加拿大蒙特利尔加拿大建筑中心等建筑，都是考虑与原有建筑和传统精神的结合，创造出适合所在地的新建筑，发展了这个地域的建筑文化。

5. 自然

保证绿地面积，人与自然共生；利用自然光风，节能环保舒适。

保证绿地面积，是建立适宜人们生活和工作的生态环境的基础。所以说包括自然风景区、公园和街道、住区、公共建筑的园林绿地，是城市的重要组成部分，是保证人与自然共生、创造良好生活环境的基本因素。因而，我们要重视城市外围大的生态环境、城市本身中的生态环境（绿地系统）和建筑内外与道路小的生态环境的绿地建设。

关于大、中、小生态环境绿地建设突出的国外优秀城市实例，我所看到过的要属巴基斯坦的伊斯兰堡。伊斯兰堡是巴基斯坦首都，1961 年始建，1970 年基本建成，人口 20 多万。该市北依玛格拉山，东临拉瓦尔湖，南有夏克帕利山，山上、湖旁林木丛生、花树相伴，城市就在这绿色自然中呈东西向长条状、棋盘式布局发展着。东部为行政办公区和公共事业区，西部为住宅社区，西南部为轻工业区和大专院校区，这些区内的建筑，都没有高层，居住社区为 1 ～ 2 层住宅，建筑容积率在 1 以下，各区内的建筑都融于绿化之中，绿地覆盖率在 50% 以上，路网绿化带将各区内的绿地、花园、公园同城市周围的山上、湖畔绿地连接为一个整体，全市内外的绿地贯通在一起，建成区范围内的绿地覆盖率达到 70%，完全是一个森林花园城市。该市的绿地面积，远远超过了我国 2005 年国家林业局颁布实施的“国家森林城市”建成区绿地率达到 35% 队上的指标。这个 35% 的指标，就是我国现行规定生活居住用地内居住区、公共建筑要有 30% 的绿地面积，再加上公共绿地面积和道路用地的绿地面积总和的绿地。

西班牙巴塞罗那是一个滨海城市，背山面海，北面扁长的山体上连续的丛林构成天然绿色屏障，平行山体的海滨浓郁的林木连绵不断。沿海西南部矗立着 Montjuïc 山丘，它的东面紧临旧城，经过几百年的建设，这里有著名的城堡、博物馆、展览馆、植物园以及 1992 年举办奥林匹克运动会的主体育场等，这些新老建筑隐没在苍翠绿海的环抱之中。1995 年 12 月，我们专访了这一片的景点、花园 10 多处，同时还对北山脚下东北部名园、公园进行了考察，这里有高迪设计的极为自然的桂芦（Güell）公园、18 世纪末建造的赖伯润特（Laberint）历史名园等 10 多处。1996 年 7 月我们在国际建筑师协会大会期间参加了大会于北山脚下西北部一些花园、公园举办的活动，在这西北部地区有各类绿地 10 多处；会后，我们游览了滨海东南部的公园和小游园 10 多处，并徒步沿新城林荫大道观赏，这些东西向、南北向以及对角线放射形林荫绿化带将上述四个方位的 60 多个绿色斑块连接成为一个整体，形成极具地域特色的绿地系统，它镶嵌在大自然的青山碧海之间，为居民创造了一个很好的生态环境。该市的绿地覆盖率已达到 50%。

美国首都华盛顿，其中心区位于波托马克河和阿纳科斯蒂亚河两河交汇处，两条河河畔的大片绿地环绕着它，内部是国会大厦至林肯纪念堂 3.5 km 长中轴线两侧绿地与分散且不高的建筑组成的中心区，这里突出的是大自然的绿地环境，是一个园林式的中心区，体现出首都的政治文化气质。中心区外围布置有多处大片的森林绿地，居住区多为低密度低层住宅，全市无高层建筑，规整的路网绿化带将这些森林绿地、公园、各区内绿地、花园沟通在一起，使全市的建筑融于绿地之中，其绿地覆盖率达到了 60%。

还有美国波士顿市中心区、法国巴黎市中心区等，都保存着相当大的绿地面积，创造了人与自然共生的环境。

在建筑创作中重视利用自然采光、自然通风和地热等，是节约不可再生资源、环境保护、创造舒适环境的一个重要内容。随着建筑技术的发展，人们过于依赖空调、电气设施的作用，不仅增加能源和资源的耗费，而且不利于身体健康。现在空调机在我国城市中的使用发展很快，这不仅极大地增加了城市用电量，给城市建筑外观带来了混乱，还将室内的热气水汽排到室外，污染了市区外部的空间环境。一些著名建筑师和瑞士、加拿大等国家对此问题早有认识，在其设计建设的建筑中大都以利用自然光和自然通风为主。如世界著名建筑大师赖特设计的住宅，包括为自己设计的芝加哥住宅和工作室，都是“自然的建筑”，自然采光、自然通风，与室外自然环境组合为一个整体，连其平面布局都体现着自然、灵活；对于窗的细节，他反对推拉窗，采用平开窗，以利自然通风。又如著名美籍日裔建筑师雅马萨奇，他崇尚自然的光和水，他设计的西雅图北部展览馆建筑和其他一些低层建筑，都体现出光亮、洁白和反影，自然采光，自然通风，并伴有水池喷泉，倒影清透，新颖醒目，节能环保。1979 年我们访问瑞士北部的巴塞尔、中部的伯尔尼、南部的博瑞格，其住宅、体育馆、室内游泳池等，都是利用自然采光和自然通风，这说明了这个国家很早就重视节能环保和人体的舒适。1990 年我们访问加拿大的蒙特利尔市，这里的建筑装饰简洁而实用，如蒙特利尔 Desjardins 建筑，它位于市中心区东部片，此建筑的地下层将东部片南、北两个地铁站之间的建筑群连接起来，形成地下空间网，在这个建筑的地下层和地上层都布置有花木、水池喷泉，创造出自然的舒适环境，更巧妙的是，在地下层内引进了自然光线，在地上层大厅更是开敞明亮，充分利用自然光和自然通风，取得了节能环保舒适的效果。

6. 艺术

创造城市标志，形成优美轮廓；控制尺度体量，协调城市肌理。

每个城市都有自己的特点，需要创造出符合自己特点的标志性建筑，在其中心地段形成优美的建筑立体轮廓线，让人一看便知这里是哪个城市。这个标志性建筑起着统领空间环境的作用。

如加拿大多伦多市中心区电视塔和滨湖建筑群，在沿安大略湖滨西边建一高 553 m 的加拿大国家电视塔，在此高塔旁建有屋顶可开启的大体量的大型体育场馆，以这组有对比关系的建筑统领着湖滨的高层建筑群，形成了一个富有节奏韵律、空间平衡的主体轮廓线，它就是多伦多城市的标志。又如美国芝加哥市中心区高层建筑群，在密歇根湖滨长条形公园绿地后面，高层建筑排列有序，南部是最高的深色西尔斯塔楼，中部有第二高的浅色石油大楼，北部是第三高的深色汉考克大厦，在这三幢高层建筑之间布置其他较低建筑，组成了高低错落的建筑群，从湖岸由东向西望去，呈现在眼前的是一幅有音乐节奏、诗词韵律的建筑主体轮廓画面，它已成为芝加哥市的标志。芝加哥高层建筑的布局是有规划的，1993 年 6 月我们访问 SOM 建筑师事务所时看到了这个规划，几十年来该所一直负责这项工作，他们是从用地平衡、使用功能和改善环境等方面进行规划建设的。这种做法值得我国大城市参考。再看看美国西雅图市中心区海滨建筑群，这里从北到南分为三段：北段是低层建筑群，但立有高 185 m 的西雅图最高标志性建筑“太空针塔”；中段沿湖滨保存着原有的低层公共建筑，其后为新建的高层建筑群，包括金融区、商贸中心、通信和市政厅等；南段又是低层区，有开拓者广场和历史保留区，还新建了一幢低平的供娱乐运动使用的圆形穹顶建筑 Kingdome，其后为国际区。这三段北、中、南三部分有节奏地构成了西雅图中心区滨海的建筑主体轮廓，它的韵律是平中有高、高、平，且有层次，沿海边建筑低，往后退依山势排列高层。这样的布局，不仅使城市有艺术的主体轮廓线，而且保存了历史文化建筑，还做到了功能分区合理，城市用地平衡。

在历史文化的旧城内，掌握尺度、体量的和谐是个关键理念，例如新建建筑的体量不能高大，容积率不能过高，其尺度、体量要同原有历史文化建筑和谐。现在我国众多的历史文化名城的保护，一定要有控制尺度体量的整体理念，对已建起的高层建筑要适当采取减法，协调城市肌理，使名城的历史文化得到整体保护。

在这方面国外做得比较好的实例，如法国巴黎新歌剧院，它坐落在著名的法国革命象征的巴士底广场上，设计方案是通过国际设计竞赛选出的，其建筑形式注重体量分割与对比，以此来同街区、广场的原有尺度相适应，建立起一种整体协调的概念，因而被选中。又如巴黎卢浮宫扩建工程，20 世纪 80 年代，法国总统密特朗因扩大规模需要，决定把财政部从卢浮宫迁出，最后选用美籍华裔著名建筑师贝聿铭先生的金字塔式扩建设计方案，其扩充的建筑面积完全放在地下空间，地面上玻璃金字塔入口建筑的尺度、体量适合于原有的建筑空间，还保持着原有的城市肌理。类似的做法，还有美国华盛顿史密松非洲、近东及亚洲文化中心工程，该工程于 1986 年建成，建筑面积为 66.8 万平方英尺（约 62 000 m^2），其周围是 19 世纪、20 世纪初的历史文化建筑，通过设计竞赛被选中的设计方案，是将建筑布置在地下空间，仅在地面上设入口亭式建筑，保持了地面原有建筑的历史文化面貌和城市原有的肌理。

7. 人行

构建人行系统，联网公共交通；避免汽车干扰，提升城市生气。

在一个城市的中心区或其他重要生活文化区，特别是旧城市中心区，都要逐步构建起人行街道系统，使这些为广大市民生活服务的街道空间环境不受汽车交通的干扰，人身安全，人气旺盛，真正成为符合城市市民生活需要的繁华街道。这是城市繁荣和发展的重要措施，也是促进消费增长、经济发展的重要举措，它体现着城市现代化的水平和城市兴旺与对城市居民关怀的程度。随着城市汽车的发展，特别是私人小汽车的快速增长，使城市交通被小汽车所主宰，道路交通拥塞。现发达国家的城市已扭转这种混乱局面，变成控制城市中心区汽车，构建起人性化的步行道路系统，并同公共汽车网站和地下铁路交通网站联成一体，丰富了这一地区的活动内容和提高其空间面貌的艺术水平，方便并吸引更多的居民到此活动，提升了城市生气。在 20 世纪 60 年代，加拿大蒙特利尔市中心区就开始构建地上地下连在一起的人行系统，于中心区东部 Place-des-Arts 片、中部 Place Ville Marie 片和西部 Cours Mont-Royal 片，构建起南北向贯通的室内外、地下地上人行道路系统，并将这三片条状人行道路同地下铁环网连通，组合成不受地上汽车干扰的人行活动系统，人们在中心区活动亦可不受雨雪的影响。这个人行活动系统联系着 170 万 m^2 办公室空间、1400 个时装用品商店、3 个音乐厅、2 个大百货商店和拥有 3800 个客房的多家旅馆，极大地方便了城市居民的工作与生活，这里的商业经营和文化活动也同步繁荣，发挥了人行活动系统的作用。加拿大多伦多伊顿中心，于 1967—1981 年分三期工程建成长 284 m 的室内商业步行街，此步行街出入口，通过天桥和地道同公共交通站、停车场、周围建筑相连，形成一个人行的空间系统，购物和交通都十分方便。美国的费城也是在 20 世纪 60 年代于市中心区构建起大范围的人行系统，其中心建筑是老市政厅塔楼，在此塔楼后面建一下沉式广场，通过此广场同周围建筑联成一体，组成与公共交通连接的人行交通系统，使人们来市中心区活动十分便捷。

日本名古屋市中心大街是南北向主轴线，布置了宽 100 m 的绿化带，在此绿化带中布置有名贵花木、喷泉雕塑和 180 m 高的电视塔，环境清新开敞。这是一条完整的步行花园街，在交叉口处都由地下连通，不受汽车干扰；中心大街地下为商业街，地下建筑通过地道与步行花园街连接，地下铁路网站设在地下层内，使这一中心大街人行系统同市内其他各区公共交通网衔接起来，市民与游客来去非常方便。法国巴黎市中心主轴线，同样是花园绿化带，即卢浮宫至协和广场之间的吐洛里花园，花园为下沉式，布置有大小水池、喷泉、雕塑、花坛，是一条休闲散步的人行通路，此花园东侧有地下铁路卢浮宫站、协和广场站与其相接，交通方便。日本东京都银座，是东京最繁华的商业区，从 1970 年 8 月起，每逢星期日下午、节日午后，禁止车辆通行，改为步行街，街心还设有咖啡座，此时游人更多，更活跃，也更安全；此银座大街北起京桥，南至新桥，都有地下铁路网站与其连接，方便人们到此活动和游览。西班牙巴塞罗那旧城中心 Rambles 步行街，是欧洲闻名的步行街，它还是个鲜花市场，人称“花市大街”，这里已成为各国游客必到之处，此步行街出入口都与城市地下铁路网站相连，方便游览。再举一个英国伦敦中心区著名的特拉法尔加（Trafalgar）广场实例，它于 2003 年完成了改造工程，将此广场中心建筑国家美术馆前的车行道路封闭，建筑前的下沉式广场的大高差台阶改造变成美术馆入口的大台阶，把美术馆建筑同广场联为一体，并于广场两侧与前面组成一个人行道路系统，同车流分行，通过这样的改造，前来广场活动的人流比以前多了 13 倍，提升了这一地区的人气。

8. 公正

落实社会公正，关怀弱势群体；开放城市空间，贴近城市居民。

社会公正反映在建筑文化中，就是要关怀城市广大居民及其弱势群体，公正地缩小在城市生活与工作环境里的贫富差距。政府管理部门要从城市生活居住用地中所包括的居住、公共建筑、道路交通、绿地等各个方面给予弱势群众关照和优惠。不应为了经济利益，过多地发展高档住宅、高档娱乐与商业建筑以及私人小汽车等，扩大富人和弱势群体的差距。

在城市发展中，旧城区要保留老居民，如法国巴黎旧城区、比利时布鲁日水乡老城区、西班牙巴塞罗那旧城区、美国西雅图老城区，都保留并改善着原有居住建筑，大部分老居民还在，而不是拆旧建新的高楼，把老居民弱势群体迁至郊区，使老城区变成了有钱人的居住地。他们改善或改造旧城区住房、保留老居民的做法，值得我们参考。因为这不仅是经济问题，而且存在社会问题，它保存了城市的历史文化街区，有老居民在，其文化生活特点就得到了保存，还由于政府的关照、社会公正，促进了社会的稳定。

社会公正，还体现在公共服务设施安排上，不能只从赚钱出发，要方便大众的生活。对于城市大众衣食和日常生活需要的公共设施要作妥善安排，这才是真正为城市广大居民服务。如美国西雅图市中心区中部海边依然保存着为一般市民服务的海鲜市场，建筑为原有的低层房屋，但整洁有序。美国东海岸现代化城市波士顿，在其中心区广场市政府大楼的后面仍保留着为广大市民服务的大众化老商场，受到居民的欢迎，而不是借新建市府大楼之机，拆老商场建新的商业大厦，使当地政府和开发商损害大众利益获得自身的钱财。这些好的做法，都值得北京和一些其他城市学习、效仿。方便大众生活，还体现在多开辟一些城市室外公共活动的小型广场空间，如美国纽约洛克菲勒中心下沉式广场、西雅图中心区中部高层建筑间的休闲广场、芝加哥市民中心广场、英国布赖顿住区中生活广场等，在这些小型广场空间内，布置有咖啡馆、花木雕塑、冰场、跳舞场，成为市民休闲、游乐的公共场所。

在文化生活方面，体现关怀广大居民的是，市区各类博物馆免费开放，市区各类公园免费开放。

在我所介绍的这些城市中，都不同程度地做到了这一点。我国的城市也在朝着这一方向逐步实现着。

开放城市空间，还有一点值得我们参考，就是各地市政府办公楼、州政府大楼对公众开放。如波士顿市政府办公楼，平时市民可随时进入，人们都知道此楼突出部分为市长办公室，十分开放，这种做法拉近了市政府与市民的距离。又如芝加哥伊利诺伊州政府大楼，其布局体现出公众性，平易近人，中间为公众活动的中庭，围绕中庭的低层部分是商店，供大众使用，政府办公楼层在上面，均敞向中庭，为开放式办公室，每日来此参观的游人与市民络绎不绝，给人的感觉是，州政府工作人员贴近了城市居民。1989 年我们到达费城，看到的市中心市政厅塔楼同样是市民可以随便进入，它对外开放。

通过以上结合实例的分析，我们对建筑文化的感悟是：要有“发展”的理念，重视发展具有自己特点的产业经济，以此带动建筑文化建设，并重视建筑的不断创新，促进建筑文化发展；要有“环境”的理念，加强水、气、垃圾、交通的环境治理，改善生活环境，适度控制城市规模和建筑空间容量，以利于防灾与卫生；要有“历史”的理念，整体保护历史文化名城，不毁坏历史文化，将保护、使用同发展结合起来，使历史文化更富有活力；要有“文化”的理念，尊重历史建筑文化，新与旧、现代与传统建筑和合发展，新建筑继旧创新，发展地域建筑文化；要有“自然”的理念，建设城市绿地系统，保证绿地面积，充分利用光、风、热，节能环保、人与自然共生；要有“艺术”的理念，创造城市与建筑标志，统领空间环境，并形成优美的城市立体轮廓，控制旧城建筑与道路的尺度，协调城市肌理；要有“人行”的理念，构建人行道路交通系统，并与城市公共交通联结成网，避免汽车干扰，提升城市人气；要有“公正”的理念，落实城市居住、公共设施、文化教育、出行交通的社会公正，关怀广大居民及其弱势群体，开放政府管理机构，贴近广大城市居民。我们相信，这八个理念对于建筑文化的发展是有益的，是符合“三个代表”思想精神的，它会为提高我国城市、建筑、园林的规划建设水平作出一定的贡献。

二、国外建筑文化精品图说

实例 1　开罗吉萨金字塔群

吉萨金字塔群，位于埃及开罗市西南的吉萨地区（Giza），建在尼罗河西岸广阔无垠的沙漠边缘的一块高约 30 m 的台地上，塔形高大、简洁、沉稳，极富表现力。它是前人列为“古代七大景观”之一而唯一保存至今的一组建筑，是联合国教科文组织选入世界第一批文化遗产的项目。

该塔群是埃及第四王朝（约公元前 26 世纪）存放奴隶制法老（国王）木乃伊的陵墓，共有三座金字塔，均为正方锥体，其中最大的 Cheops 金字塔高 146.6 m、底边长 230.35 m，Chephren 金字塔高 143.3 m、底边长 215.25 m，Micerinus 金字塔高 66.4 m、底边长 108.04 m。这三座金字塔是用浅黄色石灰石块砌成，所用石块巨大，有的长 5 ～ 6 m，重 3t 以上，两个大金字塔各要使用 200 多万块巨石。基室在塔的中心位置，从甬道进出，部分甬道窄小，需弯腰行走，部分地段通风差，能嗅到异味。

开罗城图

此片是1985年1月下旬国际建筑师协会（UIA）第15届大会结束后在此举办音乐晚会时拍摄的夜景。由此给我的启示是，于著名古迹范围内在保证安全条件下，可以搞音乐、戏剧演出活动，能够获得特殊的感受，并能给古迹增加新的活力。这一夜间景物是静止的，采用小光圈，长时间曝光，效果清晰

此地每日吸引许多来自世界各国的游客。通过人物体现现场氛围

斯芬克斯前身。这个局部系用望远镜头拍摄的，运用光影和白云衬托面部阴影处，体现像的立体感和层次。传说面部鼻子的残破处，是1798年法国拿破仑打入埃及时用大炮轰掉的

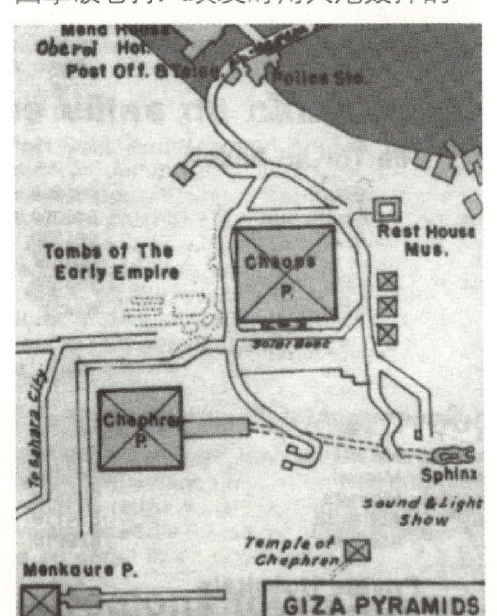

金字塔平面图

细部。透过光影和人物的对比，体现巨大的石块和塔的壮阔

在三座塔前方有一座巨大的狮身人面像，是就地岩石凿成，高约20 m，长约46 m，它与对角线相接的金字塔群形成了一个富有变化的整体。关于狮身人面像斯芬克斯（sphinx）有一个神话故事，在上埃及底比斯城外出现了一个长着美女头部、狮子身子的怪物斯芬克斯，她是巨人堤丰和蛇怪所生的一个女儿，她对来往底比斯的居民提出谜语，如果猜不出就被她吃掉，全城恐慌。该城张贴告示，谁能除掉此怪物，就可获得王位。原逃离底比斯的俄狄浦斯勇敢地站在斯芬克斯面前，请求解答谜语，狡猾的怪物出了一个难猜的谜语“早晨四条腿走路，中午两条脚走路，晚上三条腿走路，这是什么生物？”俄狄浦斯随即答出“这是人，人在幼年恰似生命的早晨，用两条腿两只手在地下爬行；到了壮年就像生命的中午，用两条腿走路；到了老年就如生命的黄昏，需拄拐杖，犹如三条腿走路。”他准确地破解谜语，使斯芬克斯不得不坠岩死去。此后，俄狄浦斯就成了底比斯国王。

这组金字塔群，历时30年，驱使10万奴隶建造完成，是奴隶制社会皇权统治压迫下的历史产物；同时也体现了古埃及卓越的起重运输与建造技术，以及高水平的象征性的与大自然相结合的建筑艺术。

实例2　卢克索卡纳克阿蒙太阳神庙

要想了解更多的埃及古文化，除开罗外，还要沿尼罗河到上埃及去考察，我们专程到卢克索（Luxor）访问，卢克索城就是古时的大

城市底比斯（Thebes），是古埃及中王朝和新王朝的都城。现卢克索尼罗河东岸保存着峡谷里的陵墓等古迹，在尼罗河西岸市区的东西两面保存着卢克索阿蒙和卢克索卡纳克（Karnak）阿蒙（Amon）太阳神庙。1924年美国芝加哥之家组织在这里整理恢复神庙壮丽的石雕彩绘，费尔博士等在此工作了几十年。阿蒙本是中埃及赫蒙的地方神，于公元前1991年传至底比斯成为

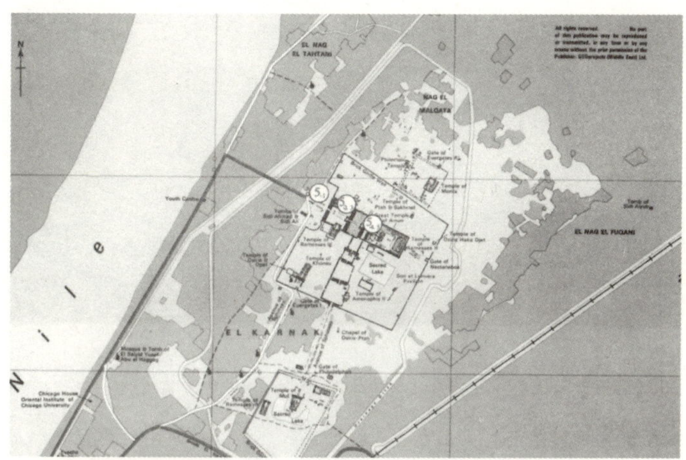

太阳神庙总平面图

列柱大厅前

入口门楼前，左边为神庙中轴线

侧面列柱

前院拉美西斯二世雕像，腿部为王后像

法老的佑护神，又与太阳神瑞融为一体，称阿蒙—瑞为国神，卡纳克阿蒙太阳神庙建于公元前 14 世纪，是埃及最为壮观的神庙。该神庙规模大，布局对称，有明确的中轴线，将入口、前院、列柱大厅、后院串联起来，空间层次分明，创造出神圣的气氛。

前院立有拉美西斯二世（Ramses II）雕像，后院立有方尖碑。中间列柱大厅是神庙的核心建筑，由 16 列共 134 根高大密集的石柱组成，列柱上刻有象形文字、太阳神故事和帝王功绩，中间两列 12 根圆柱，高 20.4 m，直径 3.57 m，上面的大梁长 9.21 m，重达 65t。我们参观到这里，当时惊叹的心情，至今记忆犹新，它是继开罗金字塔后建成的又一雄伟建筑，再次体现了古埃及高超的起重运输与建造技术，并体现着象征性建筑艺术已转向内部院落空间序列组织的发展。

实例 3　巴比伦（Babylon）城

它是世界著名古城遗址，位于伊拉克首都巴格达南 90 km 幼发拉底河右岸处。约公元前 1830 年古巴比伦王国成立，在此建都，其间汉穆拉比国王（公元前 1792—前 1750 年）领导制定出具有历史意义的世界上第一部法

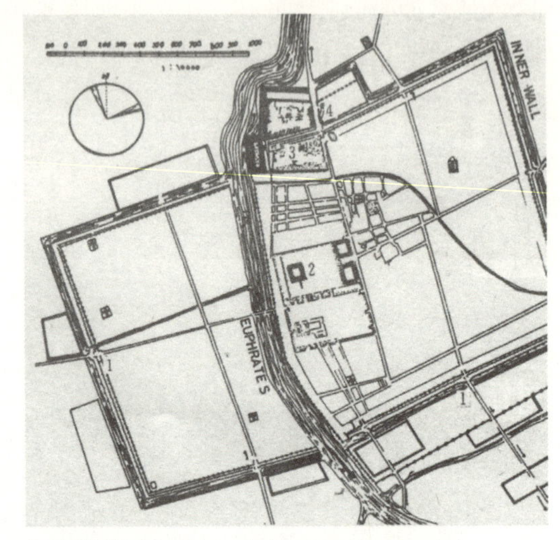

巴比伦城平面图（1- 城门；2- 塔；3- 南宫；4- 伊什塔尔门）

现立于城北部故宫遗址内的巴比伦雄狮

已修复的遗址局部

仿建的伊什塔尔门前部

城门四周装饰的彩色琉璃砖

典——《汉穆拉比法典》，以法治国，正文282条，刻于石碑上，该原件现存巴黎卢浮宫博物馆。公元前604—前562年国王尼布甲尼撒时期，巴比伦城规模宏伟，建筑壮丽，有三道城墙环绕，现仿建的伊什塔尔门局部，外贴琉璃砖，以砖组成公牛及其他四条腿走兽的图案，色彩典雅亮丽，历史说明这里两河流域是琉璃砖的发明地；于城北面宫内，尼布甲尼撒为其妻子谢米拉密得建造了被誉为古代七大奇观之一的“空中花园”，此园为多层露天平台，在露天四周种植花木，整体外形恰似悬空，故称“空中花园”（Hanging Garden），现仅存遗址，但它对于我们今天的悬空绿地建设仍有启示的价值；于城中还建有高91 m的7层塔庙，《圣经》中的故事对此都有描述；现在北面宫殿遗址中立有一座雄狮足踏一人的巨石雕塑，这就是著名的巴比伦雄狮，它是巴比伦的象征。公元前539年后，巴比伦城被波斯人占领，公元前4世纪末城市逐渐衰落，至公元2世纪变成废墟。

博物馆内展出的古城模型，左部为塔庙

1985年我们来到这座古城遗址，看到了正在加紧修复遗址的情景；还参观了以仿建一座城门为入口的博物馆，馆内展出了巴比伦古城复原的模型，甚为壮观，还有一件意义重大的刻有《汉穆拉比法典》的石碑复制品。在此现场给我的启示是，世界四大文明古国的历史文物需要特别珍惜和保存，此四处都是沿河域发展的，沿尼罗河发展的埃及、沿两河流域发展的巴比伦、沿印度河恒河发展的印度，其传统历史文明都中断过，唯有沿黄河长江发展的中国，其历史文明从未中断过，因而中国人应格外重视中华文化的继承和发展。

在此遗址的摄影，着重以光影反映出主题的特点。

实例4　雅典卫城

雅典是希腊的首都，雅典作为著名古都，卫城是其重要标志。雅典卫城位于城中心一个高出地面70～80 m的陡峭高台上，重建完成于公元前430年前后，是为纪念波希战争希腊取得反侵略胜利而建，它成为希腊的宗教和文化中心。其主题是雅典娜胜利女神庙，雅典娜是希腊神话中智慧与战争女神，她与海神波塞冬争夺雅典保护权取胜，成为雅典保护神。卫城东西长约280 m，南北最宽处130 m，从西端上下山，主要建筑偏于西、北、南三面，建筑布局依地势自由活泼，人们从西南角登

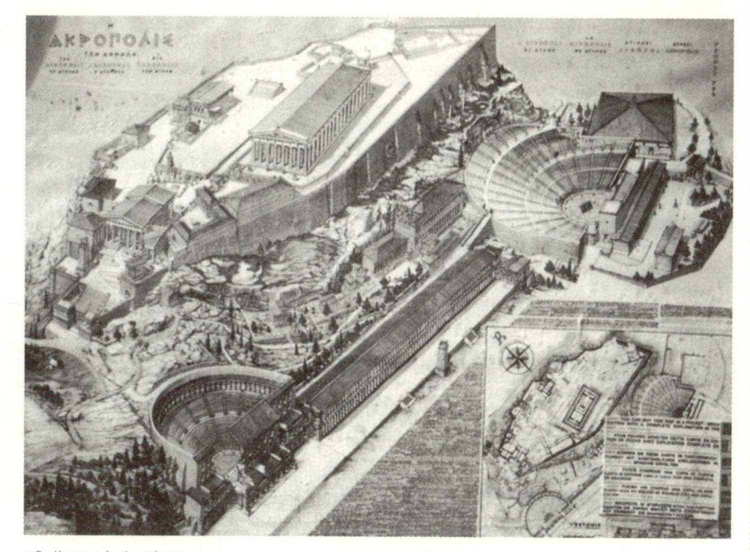

雅典卫城鸟瞰图

山，这里右边矗立一堵高的基墙，当时墙北面挂满波希战争中的战利品，沿基墙转弯进入山门，面对着雅典娜镀金铜像（已毁），该像是整组建筑群的构图中心，走过雕像在右前方可看到主体建筑帕提农神庙的列柱和连续浮雕之外观，但需左转先观看建于不同高度地面的伊瑞克提翁庙，再前行右转，来到帕提农神庙东面正门，进入纪念守护神雅典娜的圣堂中。每年祭祀一次，每四年举行一次大型庆典，前往祭祀的人群，就是按前述路线行进的，典礼之后，人们载歌载舞，欢度节日。

建在高地上的帕提农神庙

卫城露天剧场

卫城的主体建筑是帕提农神庙，是守护神雅典娜之庙，公元前438年竣工，它突出在卫城的最高处，采用围廊式，周围列柱为46根最大的多立克式，柱高10.43 m，底径1.905 m，比例匀称，刚健有力。东、西两面山花墙上和周围92块垄间板雕刻着雅典娜的故事和希腊战胜各种敌人的故事，以唤起希腊雅典人的勇敢精神和自豪感。建筑石材全部采用雅典附近的蓬泰利克大理石，洁白晶莹，配以镀金铜门、彩色雕饰，辉煌端庄，它代表了古希腊多立克柱式石材建筑的最高成就。此建筑的艺术布局、符合人的比例尺度、象征性的艺术感染力、细部的精美等都说明了它是一座古典建筑的优秀实例，值得我们关注。

伊瑞克提翁庙，传说伊瑞克提翁是雅典的始祖，此庙廊柱系爱奥尼式，建于公元前421—前406

建在断坎上的伊瑞克提翁庙西面

秀丽的女郎柱廊

年，建筑成功地横跨在南北向的断坎上，按照起伏的地形，运用不对称的手法，满足了功能需要。为了接引从帕提农神庙西北角走过来的仪典队伍或上山过雅典娜神像前行的人群，在其南面角上布置一个女郎柱廊，面阔三间，进深两间，站立着6个2.1 m高的女郎雕像柱子。秀丽的女郎充分表现了爱奥尼柱式的性格，使该庙与其南边壮美的多立克柱式的帕提农神庙形成了鲜明的对比。这一艺术手法亦值得我们学习。在卫城高台南端的角下，建有露天剧场。1993年9月25日晚，世界著名音乐演奏家雅尼（Yanni）在此举办了雅尼音乐会，获得了成功，这再一次证明了在古建筑群中开展音乐、戏剧演出活动，可以取得特殊的效果。

1985年2月初，我们在中国驻希腊大使馆官员的帮助下，专门来到雅典卫城参观。这时希腊政府正在组织专家重修帕提农神庙和伊瑞克提翁庙，所拍照片部分带有脚手架。这组照片，注意运用光影表现主题、环境。

实例5　罗马万神庙（Pantheon）

它建于公元120—124年，是罗马穹顶结构技术的最高成就，系圆形，为两个43.3 m，即穹顶直径43.3 m和顶高43.3 m。穹顶和墙体所用材料为天然混凝土和砖，穹顶分层发券砌筑，下厚上薄，墙体内沿周围亦发券，以便做成壁龛和大门，外墙划分为三层，第三层包住穹顶下部，使结构安全。穹顶象征天宇，顶中间开一直径8.9 m的圆洞，其意是天人沟通联系，从圆洞射入室内的柔和光线，体现出神秘宁静的宗教气息。穹顶分层分格装饰，以求与下部墙体分格形式的协调统一，这是以类似而不是以对比求协调。这又是一座结构、功能、艺术结合统一的优秀建筑实例，其设计创造精神值得我们思考。参观时未带上超广角镜头，只能拍下体现建筑特点的局部内部空间。

罗马万神庙外景

罗马万神庙内景

实例6　威尼斯圣马可广场

威尼斯是世界上有名的水乡城市，圣马可广场是威尼斯最大的广场，也是世界上最著名的广场之一，获得了“欧洲最漂亮的客厅”的美誉。它基本上是在文艺复兴时期扩建、修改完成的，16世纪珊索维诺做了较多的规划设计工作。

圣马可广场由大、小两个广场组合而成，大广场东西向，连接大广场和海面的小广场南北向。大广场为梯形，长175 m，东面宽90 m，布置着主体建筑圣马可大教堂，西边宽56 m，经改扩建，西、南、北三面为连成一体的新旧市政大厦；小广场同样为梯形，东面是紧挨圣马可大教堂的总督府，西边是连接新市政大厦的图书馆，南边海口处有一对从君士坦丁堡搬来的石柱，海中建有圣乔治教堂和尖塔的小岛成其对景，回首北望是圣马可大教堂和高100 m的钟塔，这两座对比强烈的主体建筑起着既分隔亦连接大小广场的作用。

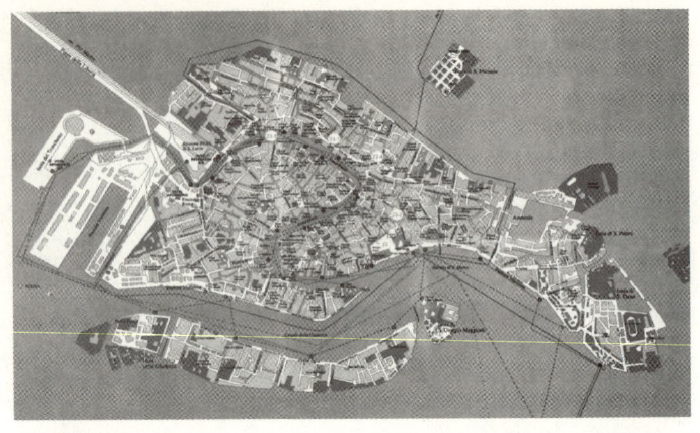
威尼斯城图

钟楼（左）、圣马可大教堂前鸽群

整个广场的周围建筑是券廊式、水平线条划分的三层模样，以此为衬托，突出了装饰华丽的圣马可大教堂和简洁高耸的钟塔。这个世界著名广场的规划建设，使我感悟到：优秀建筑群的形成往往需要一定的时间，有的是经过不断地修整改进而后完美的；其艺术性在于整体的统一和谐，在基调一致的烘托下突出主体建筑；建筑群中若能建有一个制高点最为理想，它既可控制全局，又可供人们眺望全景。我曾两次来到这个广场，一次是有微弱的阳光，另一次则遇到蒙蒙细雨，因而在有微弱的阳光拍照时，注意反映主题建筑的细部；在细雨过后时，注意反映地面反影的环境特点。

从广场东北角钟楼下拱门望圣马可大教堂

广场东面的圣马可大教堂和总督府

小广场，从西向东望

小广场，从北向南望

实例 7　巴黎圣母院

它是世界闻名的天主教堂，建于公元 1163—1345 年，坐落在巴黎市中心塞纳河中的西岱岛上，经战火破坏，后重建，1864 年开放。它是一座典型的哥特式教堂，平面宽 47 m，长 127 m，内部大厅高 32.5 m，可容 9000 人进行宗教活动。哥特式教堂的结构特点是，采用骨架券作为拱顶的承重构件，使拱顶荷载集中到十字拱的四角，并使飞券落在侧廊外侧横向墙垛上，因此侧廊拱顶不承担中厅拱顶的侧推力，中厅可以开很大的侧高窗，尖券和尖拱的侧推力比较小，结构大为减轻，材料大量节省，同时形成了自己的轻巧风格。正外立面纵向分为三层，底层并排三个尖券门洞，三个门

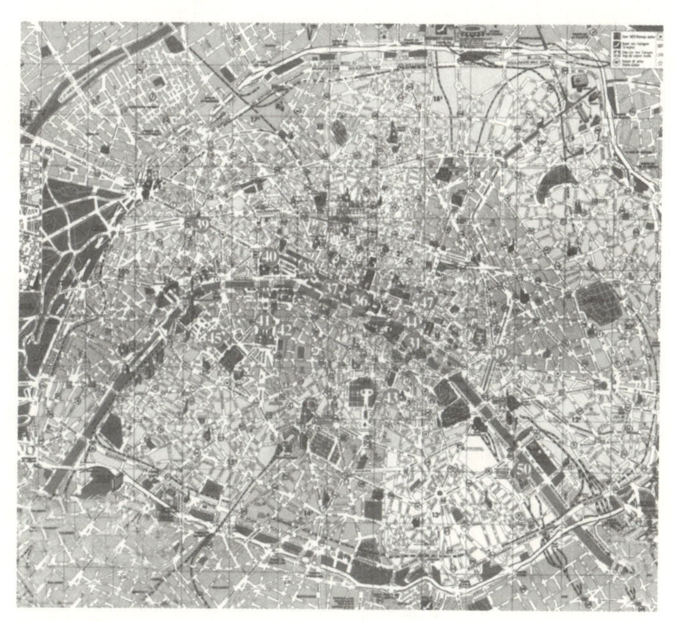
巴黎旧城图

远眺的巴黎圣母院。2001 年 5 月从东面楼上远望巴黎市中心，它矗立在西岱岛中

洞之上是一长条 28 个壁龛，为耶稣基督先祖 28 位帝王的雕像；中间一层的中间，是一圆形直径 10 m 的玫瑰窗，是初建时的原物，它象征着天堂，再往上是一条雕花石柱将两边的塔楼连接为一体。13 t 重的大钟就挂在正厅顶部。当中高达 90 m 的尖塔与前面一对塔楼成为人们视线的焦点。巴黎圣母院的闻名，不仅是因为它的建筑精美壮丽，法国作家雨果写了著名小说《巴黎圣母院》，还因为这里已形成了一个法国政治活动的中心，如 1654 年路易十四、1774 年路易十六、1804 年拿破仑都在此举行加冕大礼，1918 年和 1945 年巴黎市民在这里欢庆两次世界大战的胜利。雨果形容巴黎圣母院是“大石头的交响乐”，它确实是法国巴黎建筑艺术史上的一颗闪亮的宝石。

晨曦中的巴黎圣母院。1982 年 5 月清晨散步到这里，刚刚升起的太阳照亮了路灯，幽静的环境让人联想起这里曾发生的故事

实例 8　巴黎凡尔赛（Versailles）宫

它坐落在巴黎西南部 18 km 处的凡尔赛镇上，镇上三条放射路聚焦在此宫前。这里原是一个小村落，路易十三为打猎休息，修建了城堡。1661 年路易十四开始建宫，1689 年完成，历时 28 年，建筑面积 11 万 m^2，园林面积 100 万 m^2。建筑为三层古典主义形式，以东西为轴线，向南北对称展开，主体长达 700 多米，中间是王宫，两翼是政府办公处、剧场、教堂等，外部简洁壮观，内部富丽堂皇，采用大理石镶砌，以雕刻、挂毯和巨幅油画装饰。宫殿如此雍容华贵加上大规模的园林，使其成为世界闻名的法国宫苑，联合国教科文组织已将它列为世界文化遗产。当时，路易十四让勒·诺特规划设计凡尔赛园林，他提出：要搞出世界上未曾见过的花园，要超过西班牙埃斯库里阿尔宫。为了达到路易十四这一要求，体现君主的绝对的权威，勒·诺特采取了如下手法。

（1）大规模。大胆地将护城河、堡垒合并，并向远处延伸，园林占地 100 hm^2，是一个宏大的园林。

（2）突出纵向中轴线。三条放射路，焦点集中在凡尔赛宫前广场的中心，接着穿过宫殿的中心，轴线向西偏北伸延，在这条纵向中轴线上布置有拉托那（Latona）喷泉、长条形绿色地毯、阿波罗（Appolo）神水池喷泉和“十”字形大运河。站在凡尔赛宫前平台上，沿着这条中轴线望去，景观深远，严整气派，雄伟壮观，体现

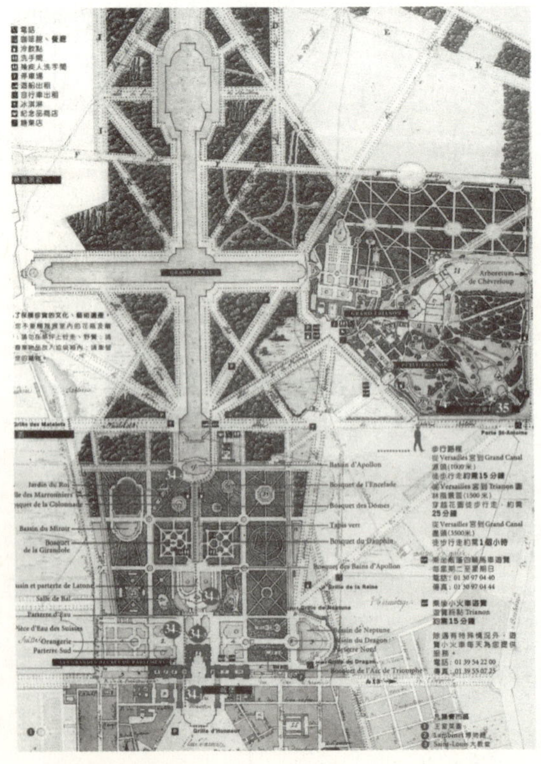

凡尔赛宫平面图

出炫耀君王权威的意图。

（3）采用超尺度的“十”字形大运河。勒·诺特对此设计从未感到怀疑，认为巨大的运河像伸出双臂的巨人，可以给人以无比深刻的印象。这一构思与做法，可以说是在沃克斯·勒·维康特别墅园内采用横向运河的基础上发展的。粗犷的大运河景观十分开阔，它加强了轴线的宏伟气势。

（4）均衡对称的布局。在纵向中轴线两侧均衡对称地布置图案式花坛和丛林，既有变化，又是统一向心的。中轴线左、右两个外侧，布置有一对放射路，通向“十”字形运河两臂的末端，左端是个动物园，右端是个大特瑞安农（Trianon）园。这样处理，既可突出中轴线，又增加了园景的内容与变化，这也是沃克斯·勒·维康特园的发展。

（5）创造广场空间。在道路交叉处布置不同形式的广场，纵横向道路围起的绿地中也安排有各种空间，用作宴会、舞会、演出观剧、游戏或放烟火使用，以满足国王享乐生活的需要。

（6）以水贯通全园。在纵向中轴线上布置连续不断的壮观水景，是凡尔赛宫的一大特点，也是它出名的一个主要原因。当地水源并不丰富，是从较远之处引水到宫中：由于耗水量极大，以致不能经常开放动人的喷泉。而众多水景在前面已经提及，它们之间是互有联系与呼应的。

从入口广场望宫殿中心（中心处保留路易十三时期建筑）

从园林望宫殿中心

拉托那雕像水池喷泉

阿波罗雕像水池

中轴线景观

（7）遍布塑像。在中心的两大喷水池中，是以拉托那和阿波罗神塑像为核心，雕塑生动细致，神态自如，起到了点睛的作用。在两大喷水池中间的林荫路两侧各布置一排塑像，栩栩如生，起到陪衬作用。

（8）建筑与花园相结合。这一方面是法国园林设计的进步，改变了建筑与花园缺少联系的不足之处。建筑与花园相结合，表现在互相的联系上，除将建筑的长边及其凹凸的外形同花园紧密联系外，有的还将花园景色引入室内，如著名的镜廊，全长 72 m，一面是 17 扇朝向花园的巨大拱形窗门，另一面镶嵌着与拱形窗门对称的由 400 多块镜片组成的 17 面镜子，在镜面中反映了花园景色。

勒・诺特所设计的凡尔赛宫园林，是吸取了意大利文艺复兴时期台地园设计的优点，结合法国的情况，创造出法国“勒・诺特式”园林，使新的规则式园林设计达到了新的高峰，他的名字作为造园专家在欧洲红极一个世纪。

实例 9　巴黎明星广场凯旋门

从协和广场沿中轴线西行，在香榭丽舍大街西端的沙右山丘山矗立着一座雄伟建筑，它就是世界闻名的明星广场凯旋门。这座凯旋门是根据拿破仑的命令，用来纪念法国大军，于 1836 年建成的。其规模超过罗马君士坦丁凯旋门，高 49.4 m，宽 44.8 m，厚 22.3 m，方方的简洁构图。同罗马凯旋门不同的是没有柱或壁柱，墙上的浮雕尺度异常大，人像高达 5～6 m，其中一幅最精美是北面的“马赛曲”，上面描述着 1792 年义勇军出征的情景，其上方的浮雕是拿破仑大捷庆祝仪式的场面。正是由于它的位置高、规模大、造型简洁、浮雕动人，所以显得格

凯旋门的正立面

外壮观，使东西向中轴线到此达到了新的高潮。这些手法具有参考价值。

凯旋门建成后，交通堵塞，后开辟了圆形广场，12 条宽大街道交会在此广场，故称此为明星广场，这一大拱门也随之改称为明星广场凯旋门。1920 年在拱洞下建了“无名战士墓”，每到傍晚，这里便燃起不灭的火焰，以示悼念。

1982 年 5 月的一个清晨，赶在太阳刚升起后拍摄，以取得晨光斜照、拱门辉煌壮丽、浮雕生动精美的效果。

实例 10　巴黎蓬皮杜文化中心

蓬皮杜文化中心是法国总统蓬皮杜决心在巴黎市中心兴建的一个重要文化中心，该项设计是向全世界招标，最后著名建筑师皮阿诺和罗杰斯的设计方案被选中。工程于 1972 年动工，1977 年1月完成，建筑外部像是一座工厂，漆成不同颜色，不同颜色代表不同的功能。蓝色管线是电气设施，红色为运输线，绿色是水处理系统。内部为大柱网，可灵活变动其使用功能。由于建筑体量、高度的控制，它与周围环境尚能和谐在一起。

蓬皮杜文化中心外景

我国驻法大使姚广在中国展览开幕式上致辞

阎子祥先生（右一）在中国展览开幕举办的酒会上

由中国建筑学会和法国巴黎蓬皮杜文化中心工业创作中心合办的“中国建筑、生活、环境展览”，1982 年 5 月 18 日就在巴黎蓬皮杜文化中心隆重开幕。以中国建筑学会副理事长阎子祥为团长，张开济总建筑师、何镇强教授和张祖刚组成的中国建筑代表团，出席了开幕式。我国驻法大使姚广也出席了开幕式，并发表了讲话，随后，在阎子祥和文化中心负责人拉霍什（Larroche）夫人陪同下参观了展览。出席开幕式的还有法国文化部部长代表拉其（Larqu1e）先生和法国各界人士、旅法华侨等，共 2000 多人。拉霍什夫人讲：在蓬皮文化中心举行过这类展览的开幕式中，这次展览是人数最多、气氛最为热烈的一次。这次展览是成功的，使法国人民进一步了解中国广大人民生活和城乡建筑的情况，并增进中法人民之间的友谊，同时为中法文化交流开辟了一条民间交往的途径。

实例 11　莫斯科红场（Red Square）

它是俄罗斯首都莫斯科市中心广场，紧靠在克里姆林宫东墙的东面，原作过商业广场、刑场。公元 17 世纪莫斯科从波兰贵族军队手中解放出来，17 世纪中叶起称“红场”，俄语红色有美丽之意，

莫斯科红场模型

红场即美丽的广场。广场为长方形，南北长 695 m，东西宽 130 m，总面积 9 万 m^2，是莫斯科重大历史事件的发生场所，十月革命后是前苏联人民和俄罗斯人民举行庆祝活动、集会的广场。广场的主要面朝东，正中为列宁墓，基后是两端耸立着斯巴斯基钟楼和尼古拉塔楼的长条形克里姆林宫墙。红场南面是华西里·伯拉仁内教堂，建于 16 世纪中叶，是为庆祝战胜蒙古的侵略而建的，它是由 9 个墩式教堂组成，总高 47 m，中央帐篷顶上是一个小穹顶，周围 8 个小墩子排成方形，高低错落地举起 8 个葱头状的穹顶，穹顶以金、绿色为主，夹杂红、黄色，色彩强烈，装饰华丽，整体充分体现了俄罗斯民族独立、人民胜利的主题。东面是规模宏大的百货商场，北面是 19 世纪建起的具有俄罗斯风格的历史博物馆。广场的路面还保留着原有的石块路，整体的面貌保持着传统的俄罗斯的建筑艺术特色，简洁、端庄、古朴。1998 年 9 月，我应俄罗斯建筑师学会的邀请，参加他们组织的国际建筑学术研讨会，会后为研究《20 世纪世界建筑精品集》俄罗斯—苏联—独联体卷的具体内容时，我被安排到红场附近的莫斯科旅馆居住，因而有机会于黄昏前和夜晚拍下红场壮观的带有特殊情调的照片。拍摄如此大规模的广场，最好选用 PC、超广角镜头。

夕照下的莫斯科红场

莫斯科红场夜景

红场南端的华西里·伯拉仁内教堂夜景

红场华西里·伯拉仁内教堂基座部分夜景

红场北端的历史博物馆，左为重建的伊维尔斯基拱门

实例 12 华盛顿白宫（White House）

美国总统府，坐落在宾夕法尼亚大街，华盛顿纪念碑的北面，占地 18 英亩(约 73 000 m^2)。18 世纪 90 年代修建，1800 年美国第二届总统约翰·亚当斯住进使用。1814 年同国会大厦一起被英军烧毁，1815 年重新修复，后不断扩建。建筑为古典希腊式，北面入口采用爱奥尼式柱廊、三角形山花墙，因外墙为白色砂岩石，故称“白宫”。主楼底层大厅为总统进行外事活动之处，接见外国元首和使节；在大厅前方的南草坪为举行欢迎外宾来访仪式的地方；楼内还有图书室、地图室和金银瓷器陈列室。一层北面是正门，进门后有门厅、内厅，东厅是酒会、文艺演出、记者招待会举办之处，西侧为举行国宴的宴会厅。二层是总统家人居住之所。主楼两翼，西翼是办公区，其内侧为总统椭圆形办公室，东翼供游客参观，每星期二至星期六对外开放。在华盛顿纪念碑上拍摄，选用长焦距 200 mm 镜头，可拍到白宫全景；选用广角镜头，可看到白宫及其周围景观。

白宫及其周围景观

白宫北立面

实例 13 华盛顿国家艺术馆东馆

它位于国会大厦前西北向、紧靠国家艺术馆老馆的东面，1978 年建成，设计人是著名美籍华裔建筑师贝聿铭。总统卡特出席开幕式剪彩，他称赞这座建筑与城市协调，是一个公共生活同艺术结合

悬吊挂雕的大厅

展览大厅有序布置的桥廊与扶梯

西入口及新老馆间广场

新老馆连接的地下通道，左侧为地上广场的水斗

面向中心绿地的外景

的象征性建筑。设计者采用一条对角线将建筑分为两个三角形，大三角形是以多层大厅为中心的新艺术馆，小一些的三角形是艺术研究中心。新馆大厅中有序地布置高低桥廊与自动扶梯，顶部为开有天窗的三棱锥体钢网架空间，当空悬吊着可转动的挂雕展品，生动活泼，大厅周围是四层陈列室。艺术研究中心四周是办公室、研究室和图书馆、阅览室，共8层，21 m高。新旧馆的连接，是通过地面广场喷泉、水斗、天窗和地下通道水景（是地面广场的底层）组合在一起，这个采光水景使人感到轻快有趣。贝聿铭先生大胆创新精神和新老馆结合的手法很有参考价值。这个项目已被选入《20世纪世界建筑精品集锦》北美卷中。拍摄时注意突出其主题、环境和意境。

实例 14　芝加哥伊利诺伊州政府大楼（State of Illinois Building）

它位于芝加哥北部鲁道夫街与克拉克街交叉口的西北面，由建筑师 Helmut Jahn 设计，于 1985 年建成使用。设计者在高技派风格基础上，借鉴一些古典穹顶模样，以表达现代州政府大厦的含义。首先体现政府建筑的公众性，要平易近人，底层部分是商店和大厅，供大众使用，办公楼层在上面，均敞向中庭，为开放性办公室（Open Office）；外立面采用沿街斜向后引曲面，以及选用的底层柱面材料等，都考虑同周围建筑的协调，以取得整体和谐的大效果，这亦反映着平易近人的内涵；外墙采用反射玻璃和一段透明玻璃幕墙，使中庭得到自然采光，中庭大厅由蛛网般的结构包裹着，电梯箱、楼梯、结构构件与管道等，制作工艺精细，反映着新结构、新构件的现代美，突出其高技派的风格。

对此做法，大家看法各异，有褒有贬。我对此建筑的感觉是，它的开放性和尊重周围建筑的思想我们可以借鉴。拍摄此处照片，要突出它的主题、环境和人物特点。

入口外观

从上俯视中庭圆形地面

中庭入口

入口柱廊

实例 15 “蒙特利尔——67”住宅

1967 年在蒙特利尔国际博览会上，建于马盖·比埃河畔的“蒙特利尔——67”住宅，格外引人注意。设计人是加拿大著名建筑师沙夫迪。住宅特点是采用预制的钢筋混凝土盒子式结构，盒子单元长 13 m，宽 6 m，高 3.5 m，重 90t，然后在现场将盒子构件用钢缆连接，采取工业化施工，称其为“插挂式住宅”。这种住宅单位，相对独立，有自己的屋顶花园，阳光充足，住户间互不干扰。此住宅建筑群共有 158 套住宅，15 种户型，还配有商业服务设施与公共活动场地。后由于造价高，未得到推广。但它是住宅工业化的一种新做法。这个项目已被选入《20 世纪世界建筑精品集锦》北美卷中。拍摄时注意表达盒子式结构的特点。

街道外观全貌

底层出入空间

实例 16 东京都浅草寺

位于上野公园的东面，这里保留着浓厚的江户时代形成的文化风格和历史，它是“老东京”们回忆往事的地方。寺院庭园形成于公元 17 世纪，一年当中进行许多节日活动，届时热闹非凡，如 1 月

浅草寺入口前两动物石雕

寺旁商场

浅草寺主殿

浅草寺塔与主殿

1日“初拜”、2月3日“节分”、7月10日“卖酸果集市”、12月17日“羽毛毽木板（正月玩的玩具）集市”等。寺周围有花市、商场、游戏机室等设施，已形成为一个老东京商业繁华区，是访问东京的外国游客必去观光的地方。

拍摄时选用PC镜头，通过人物、环境反映此处的特点。

寺旁花市

（原载《建筑文化感悟与图说》（国外卷） 中国建筑工业出版社2008年12月出版）

3 传承、守望、交融、共进

——“张祖刚论建筑文化系列丛书”首发式学术座谈会内容选登

最近，中国建筑工业出版社召开了“张祖刚论建筑文化系列丛书”首发式学术座谈会。会议由中国建筑工业出版社总编辑沈元勤主持，中国工程院院士、北京市建筑设计研究院资深总建筑师马国馨，中国工程院院士、中国城市规划设计研究院学术顾问邹德慈，中国社会科学院研究员叶廷芳，全国勘察设计大师、清华大学教授胡绍学等业界专家学者齐聚畅谈，对张祖刚先生的《论建筑文化系列丛书》从专业维度、思想内涵以及意境品位诸方面给予了高度赞誉，一致认为这是一部值得细品深研的建筑文化知识著作。特摘录座谈会上部分专家发言内容，以飨读者。

中国建筑工业出版社总编辑　沈元勤

中国建筑工业出版社作为一家建筑专业科技出版社，55 年来一直肩负着整理、保护、弘扬中华民族的优秀建筑文化，促进中国建筑业的科技进步，宣传中国建设成就的社会责任和历史使命。本书作者张祖刚先生，1956 年毕业于清华大学建筑系，曾在城建部城市设计研究院从事城市规划设计工作近 10 年，1965 年调入中国建筑学会至今。他对建筑理论与建筑文化孜孜不倦的探究精神值得学习与崇尚，令人由衷钦佩。因此，出版“张祖刚论建筑文化系列丛书”，对于业界有着十分重要的价值和意义，是我们义不容辞的责任。此次，我社还连续推出了张先生《建筑文化感悟与图说·国内卷》《建筑文化感悟与图说·国外卷》《建筑文化摄影艺术》系列丛书。

中国建筑学会顾问　张祖刚

这套丛书讲的是建筑文化理念与知识，并兼谈建筑文化摄影表现。这本《建筑文化感悟与图说·国外卷》，是我从 1979 年 6 月出访瑞士后，从迄今到过的 20 多个国家几十座城市中挑选出的 170 个精品实例资料，介绍了带有个人感悟的分析，可使读者了解到西方建筑文化发展的梗概和对我国城市、建筑、园林事业发展有参考价值的内容。另一本《建筑文化感悟与图说·国内卷》，是我 1956 年 3 月在国家城市建设总局城市设计院从事城市规划设计工作以后，至今半个世纪到过国内除西藏外的百余座城市里选出的 210 个精品实例资料，同样写出简要介绍与个人感悟，使读者可以看到中国建筑文化近 1000 年来发展的一些情况和正反两方面的经验。

这套丛书所说的建筑是“大建筑”，包括城市、建筑和园林，这三者是一个不可分割的整体，是有着三位一体的本质联系的。钱学森先生将这三位一体命名为“建筑科学”，作为一门独立的大学科而存在。中外几千年来的城市建设都体现着城市、建筑、园林三位一体的内容，三者关系十分密切。这种建筑科学理念、整体性的哲学思想会逐步被人们所认识。

这套丛书所提的文化是“大文化”，从大文化概念来看，它包括科学技术和文化艺术。一个文化圈或一个地域的文化，可以说是地域的特殊生活方式或生活道理，它包括这里的一切人造制品、知识、信仰、价值和规范等，它综合反映了社会、经济、科学技术、观念、习俗以及自然生态的特点。由此可以看出，大建筑属于大文化的范畴，它既有文化艺术，又含有科学技术。什么是科学技术，就是以逻辑思维、逻辑语言对大自然、对事物的探索、研究和认识，这是科学家、工程技术专家的事情；什么是艺术，就是以形象思维、形象感受对大自然对事物的描绘、表现和传播，这是文学家、艺术家的事情；包括规划师、建筑师、园林师的建筑科学家是兼上述两家、融两家的专家，这是由大建筑事业的性质、本身属性所决定的。因而，我们从大建筑文化的观点来分析研究中外建筑文化的情况，以得到比较深刻和综合的认识，有利于建筑文化的发展。

通过改革开放后多年来的建设实践，中国城市与建筑、园林事业取得了很大的发展，积累了一些好的经验，结合我近30年来考察国外几十座城市后选出的有参考价值的实例，并吸取国外关于“现代主义”（Modernism）、“现代主义之后”（Post-Modernism）、“新城市主义”（New Urbanism）、“批判性的地方建筑”（Critical Regionalism）等理论中合理的观点，本人提出“发展”“环境”“历史”“文化”“自然”“艺术”“人行”“公正”的八大理念，期盼我国的建筑文化，全面贯彻落实“三个代表”的思想，使中国的城市、建筑、园林事业的发展确实走上科学发展、可持续发展的道路，为现阶段至2020年实现全面建设小康社会发挥自己应有的作用。这些理念，可集中为“中国文脉下、走向大自然、为大众服务、可持续发展”的建筑文化理念。

中国城市规划设计研究院学术顾问　邹德慈

祖刚先生阅历很广，一直在做一些学术的东西，去了很多地方，让我非常尊重和羡慕。近年看到祖刚先生的很多文章，在说建筑、建筑艺术和文化等方面都会涉及城市、城市规划与设计，这一点是很突出的。比如说今天的演讲，前面这八条都说的是城市，这也是很自然的，起码说明了建筑与城市是密切相关的。我非常赞成这样的观点，建筑不是孤立的，城市如果没有建筑也不能称其为城市，虽然城市是个很复杂的综合体，但是建筑是其中重要的组成部分，这个关系就是这样。

这套丛书，我先翻的就是建筑摄影艺术，这本书真让我爱不释手。其中的作品非常好，全部都是祖刚亲自拍的。这本书很好，虽然只是简装本，但是却很精美，定价也合适。这是作者几十年工作研究的结晶，也是对业界的一大贡献。

全国勘察设计大师、清华大学教授　胡绍学

张祖刚先生是我的老学长、老领导、老朋友。我很欣赏“感悟”这两个字。我也去过不少地方，虽然不如张先生多，也有感触，但没有感悟。我20世纪80年代出国时，感触很深，但是没有悟出什么道理。张先生这本书图文并茂，非常精美，而且文字精心思考，定的书名——《建筑文化感悟与图说》很好，而我就没有上升到理性的概念。

张祖刚先生倡导的八条理念，是用发展的眼光看城市，有包容性，而且关注环境问题，注重历史脉络，对建筑文化、地域文化、建筑艺术也都有关注，还有自然、社会公正等方方面面。这是他十多

年思索的结晶，说到底就是我们现在讲的科学发展观、和谐社会等。这本书不仅仅是图说，还有他自己很多的感悟，并且还上升到了理论的高度，确实不易。

中国工程院院士　马国馨

这几本书凝聚了祖刚多年的心血，这是系列书，要比单本厉害得多。

祖刚工作非常繁忙，既要关注城市，又要关注建筑，所以这个作品既有宏观的思考，又有对每一个建筑物的感受。而我们就比较注重微观的个体的东西，所以说这对我们搞建筑的人来说是一个很好的启发。

其实大家都有机会看到这些经典的东西，但是有人看了有感悟，有人就只是看看热闹，这给我们相对年轻一些的人很大的启发和教育。

这套书是对建筑文化、建筑艺术的普及。现在是一个读图时代，图文并茂的书非常好，它影响到全民的美学素养。民众对建筑的理解、审美、品味、眼光都需要不断地提高，所以我觉得这套书既有相当的学术含量，又是普及建筑文化的很好读本。特别是对于没去过这些地方，或对建筑特别感兴趣的人来讲，是非常有用的，其读者群也会比较庞大。

中国建筑设计院总建筑师　崔愷

这套书是集大成之作，对于中国建筑的观察与思考是非常有深度的，不仅仅是一部漂亮的摄影集，在建筑思考和评论方面也很到位，所以我觉得这是很有价值、也很难得的作品。我在想，如果这本书配上英文，在世界各地推广开来的话，就可以很好地宣传中国建筑文化。

这本书所提到的对建筑文化的感悟是我们专业人员应该细心体会和学习的，也是可以引起社会大众共鸣的。现在的媒体是立体的，张老是否可以尝试在电视媒体上做一些建筑文化方面的讲座，出版社能否在社会宣传和交流方面多做一些工作，以此来推进建筑文化的立体传播。张老还可以到学校去做讲座，张老讲的都是经典的东西，对年轻一代来说受益匪浅。

另外，如果张老还有精力的话，可以做点建筑批评，把要批评的东西，也收集整理出版，这个价值很大。因为人们对建筑的观察也是立体的，我期望着早日看到这样作品问世。

中房集团建筑设计事务所资深总建筑师　布正伟

我和张老沟通很多，他给我的印象很深，可以说他是和彭一刚院士一辈的，是我的老师。我对张老的学术思想有这样三个感触。

第一，开阔的视界。这套书主要是从大的文化、大的思路、大的眼界来进行考察研究的，我觉得这一点在学术界里面是比较少的，虽然我的建筑师生涯没有停，但是我觉得建筑师的高峰应该是做大综合体、大的环境、大的城市等。

第二，真挚的情感。这一点非常重要，对事物的判断离开了情感是没有基础的。我最不喜欢套话和表面功夫，几十年如一日的。我觉得张先生在这方面是很实事求是的，这种真挚的感情能够促使人进行学术的深入思考与探索。

第三，包容的情怀。在行业圈里面不可能什么都是你所喜欢的，这里面肯定有奇花异草，但是你要有一颗好奇心，去研究它、认识它。我觉得张先生就有这样的心态和情怀，真是非常难得。

中国艺术研究院研究员　王明贤

这套丛书对于建筑文化的普及有很大的贡献。目前中国建筑面临的问题非常多，中国大众的建筑审美也需要引导，很多文化人其实对这方面的东西很有研究，像叶廷芳先生、刘心武先生等。

中国建筑文化普及确实做得很不够，从城市管理者到房地产开发商，建筑知识匮乏，我认为这个工作应该由中国建筑学会以及建工出版社来做，要把中国的建筑文化问题抓起来。事实上，现在的媒体很重视这一点，但是不知道应该如何宣传，找不到合适的资源，比如一些讲坛，没有合适的片源，没有人做过这方面的东西。张先生书上的图很漂亮，赏心悦目，雅俗共赏，同时也做了深入的思考，有很多感悟。而且我发现，国外卷这一本以近现代建筑为主，而国内卷就多是古建筑了，这也反映出我们的现代建筑精品不多，而近代的又有很多都被毁坏了。中国现在的发展非常快，很引人瞩目，但是建筑质量很有必要提高。

另外，就是建筑风格、建筑文化方面存在混乱局面。比如北京的发展，一开始是保护古都风貌，很保守，但是后来突然变得很前卫，比上海还前卫。世界上最前卫的都在北京，但是回过头看，感觉又有点走过头了。因此，张老这套丛书的出版，可以说是非常重要的建筑文化事件，可以给业界很多借鉴和启示，正当其时。

中国建筑学会秘书长　周畅

我讲一讲自身的三点体会：

首先，自工作始就在张老师身边，相当于徒弟了。从审对稿子、排版开始，得到的体会就是不能把工作分为三六九等，要把工作扎扎实实干好。编辑很不好做，首先要有宏观思想，要组稿，又要能够细致到一个标点、一个错字，所以做好编辑很不容易。张老师这种精益求精、严谨的治学作风值得我们晚辈学习和继承。

第二个体会，张祖刚先生多年来一直追求和探索。这套丛书不光是传统的、历史的经典，对于目前以及未来将要进行评判的东西都有所涉及。

第三个体会，这套丛书是张先生多年收集保留的资料，又加以理性思索提高的成果。我们每个人可能都有一批东西，但是我们没有人去整理。这套系列丛书，一下推出三册是很不容易的，回去以后一定要认真学习。而且出版社的文风也很好，不是一味追求华丽、高标准，在内容上更加讲究了，这种朴实的工作作风我也很欣赏。

（原载《中国建设报》2011 年 1 月　作者　吴宇江　焦扬）

4 评介《20 世纪世界建筑精品集锦》

一、独特的建筑文化——介绍《20 世纪世界建筑精品集锦》第七卷：俄罗斯—苏联—独联体

《20 世纪世界建筑精品集锦》（以下简称《集锦》）第 7 卷是俄罗斯—苏联一独联体国家，编辑是现任俄罗斯建筑师协会主席尤·拜·格涅道夫斯基，另有 5 位建筑专家作为“评论员”参加项目提名和评介工作。

过去介绍这个地区建筑的书刊已出版不少，但比较系统地综合分析该地区 20 世纪建筑发展概况的图书，直至目前当属此卷。

1998 年 9 月，为了编辑、出版《集锦》中第 7 卷之事和参加俄罗斯建筑师协会主办的国际学术研讨会，我应邀赴莫斯科并参观了彼得堡的城市与建筑，此期间会见了尤·拜·格涅道夫斯基等许多俄罗斯著名建筑师，从实地观看建筑与交谈中，给我留下了两点比较深刻的感觉和印象。一是俄罗斯的城市与建筑有着深厚的俄罗斯建筑文化内涵，他们的建筑教育至今仍然非常重视这一方面的内容；另一点是建筑受政治领导人的影响比较明显，他们常向我介绍说，这是斯大林时代、那是赫鲁晓夫时代或是勃列日涅夫时期的建筑作品。

这本“俄罗斯—苏联—独联体”卷，深入地反映了我的两点感觉。此卷与全书体例相适应，选出了 100 年间的 100 个作品，以 20 年为一阶段，分为五部分，这种划分与其历史阶段的更迭并不完全一致，但基本上可以看出占地球 1/6 土地面积的 20 世纪建筑连续发展情况及其重要特征。

莫斯科里亚布辛斯基住宅（1906），建筑师：F. 舍克特

莫斯科“共青团”地铁车站入口（1952），建筑师：A. 舒塞夫等

第三国际纪念碑，建筑师：V. 塔特林等

1901—1920 年阶段，是俄罗斯国内民族企业快速发展的时期，建设了大量的住宅、公共建筑和工业建筑，此时期发展应用新工艺、金属结构、玻璃材料和现浇钢筋混凝土结构体系，出现了构成主义，表现在构图的自由和强调“构件”的现代处理。在社会政治方面，1914 年爆发了第一次世界大战，打断了俄国建设的浪潮，最终导致了十月社会主义革命的成功；十月革命后，虽然面临经济困难，但前卫艺术在建筑、文学、绘画等领域的地位得到加强，前卫艺术家们拒绝传统的“资本主义”和“封建主义”的艺术。艺术家塔特林完成的“第三国际纪念碑”，力图成为把艺术与政治相结合的象征，成为改造社会新理想的表现。同时，复兴古希腊、古罗马和文艺复兴的“永恒”思想观点亦存在，在各地留下了大量的俄罗斯古典主义的建筑作品。

提比利斯乔治亚文化基金会（1994），建筑师：V. 达维泰亚

1921—1940 年阶段的前 10 年，可以说是传统派和前卫派同时存在并互相竞争的时期，在实践中，前卫派的代表人物美尔尼科夫创作的莫斯科卢萨科夫俱乐部、巴黎博览会苏联馆等，充分展示了革命精神，并得到世界范围的承认。传统派的代表人物也完成了一些著名建筑作品，像舒舍夫设计的列宁墓和福明设计的莫斯科第一批地下铁车站等。1923 年莫斯科总体规划方案获得通过，重视总体合理的布局，计划建立理想的“社会主义城市”。此阶段的后 10 年，30 年代初为苏维埃宫（新政府办公大楼）举行了国际竞赛，除选出方案外，还对建筑创作提出了“民族形式和社会主义内容”的新要求。此后，学院派占据了主导地位，创立了苏联建筑科学院，各建筑创作团体被取缔，成立了统一的苏联建筑师联盟（1932—1937 年）。此时前苏联各地进行大规模建设，激发了广大建筑师的爱国热情，许多“前卫艺术家”转向学习与运用传统历史。30 年代末期，后来被称作是“斯大林式建筑”的过渡阶段。

莫斯科红山文化中心（1998），建筑师：Y. 格涅道夫斯基等

1941—1960 年阶段的开始，前苏联进入了战争，包括第二次世界大战，建筑活动停止了 5 年。二次世界大战后，各地城市进行着大规模的恢复和重建工作。这期间重建的街道、广场、公共建筑等，大量采用了凯旋门和柱廊形式，象征着胜利喜悦的主题，具有英雄式的特征。最具代表性的是，于 1950 年前后在莫斯科兴建的 8 幢高层建筑，高度为 20 层左右，包括有 26 层的莫斯科大学、斯摩棱斯克广场上行政大楼等，这 8 幢高层建筑分散布置在山丘上或河旁，构成了莫斯科有起伏的城市主体轮廓线。其建筑本身，屋顶是传统俄罗斯风格的钟楼或塔柱，楼身具有凹进凸出的垂直划分和装饰构件，这些建筑的整体外

貌，雄伟庄严，纪念性很强，成为斯大林时代建筑发展的高峰。50年代中期以后，前苏联新领导人赫鲁晓夫从实用、经济的角度出发，从根本上改变了对建筑的要求，各类建筑造型简单，适合装配式钢筋混凝土构件的工艺要求，住宅形制单一，空间缩小，从总体来看，此时的新建筑比较枯燥乏味。

1961—1980年阶段，1964年赫鲁晓夫退出历史舞台后，进入了勃列日涅夫时期，艺术创作逐步打破学院派的规矩，建筑创作逐步摆脱功利观念，公共建筑的创作出现自由化倾向，表现西方现代建筑和探索“民族风格”同时并存，大规模的住宅建设改变了定型化体制的约束，住房空间亦有所增大。就总体而言，展示着向“新古典主义”的回归。但在此阶段的1967年，在莫斯科建成了当时世界上最高的奥斯坦丁电视塔，这座电视塔是由许多工程师和建筑师合作完成的，是预应力结构、空间结构等最新技术成果的直接体现；此时正值前苏联在宇航领域取得重大突破之际，这一建筑成为建筑新技术、新施工工艺的象征。

1981年至今，该阶段与本世纪头20年俄罗斯状况相似，可分为革命前和革命后两个段落，但其特征正好相反。1985年随新领导人戈尔巴乔夫“公开性与改革”思想的提出后，导致了前苏联的解体和由前苏联各加盟共和国组成独联体的成立。在建筑方面，1991年以前建造的建筑功能与风格，都带有计划经济时代的特点，居住区功能单一，住宅楼还是按标准设计进行；单独设计的许多公共建筑，大都具有丰富的立面造型，各加盟共和国仍然坚持探索民族形式的特征。后一阶段的8年，属于新经济体制时期，建筑新材料、新工艺不断涌现，逐步走上自由选择技术与艺术手段的道路。新建办公、银行、旅游、商业建筑占据主导地位，此外重建或修复原有教堂建筑也占有一定的比例。重视恢复和保护城市与建筑的历史面貌，对新建筑的创作，强调在“历史文脉”中寻找出路，在保持地方文化特点的前提下与地方环境协调。如新建成的白俄罗斯建筑师协会主席尤·拜·格涅道夫斯基设计的莫斯科文化中心以及莫斯科马涅什广场地下商场等建筑。同时，亦出现少量的更为创新的与原有“历史文脉”联系较少的现代建筑，如莫斯科商城设计方案，持反对意见者为数很多，但最终还是以它可作为背景烘托莫斯科历史文化建筑而通过，现正在建设中，它具有新的突破。

二、南亚建筑文化的多元化特征——介绍《20世纪世界建筑精品集锦》第八卷：南亚建筑

《集锦》第8卷是南亚各国，编辑是印度孟买城市设计研究院执行院长拉胡尔·麦罗特拉，另有6位评论员按统一规定完成该卷的编辑工作。

南亚的国家包括印度、巴基斯坦、孟加拉、阿富汗、斯里兰卡、尼泊尔、不丹和马尔代夫，这些国家的特点是历史文化悠久，属于发展中国家，传统与现代、繁荣与贫穷、中世纪社会与现代高新技术并存，由此构成了南亚地区各个方面包括城市与建筑多元化的特征。

从建筑来看，1901—1920年阶段，这一时期英国人统治南亚，大部分地区为英国殖民地。1902年被任命为印度政府首任建筑顾问的建筑师詹姆斯·雷森说：“政府要求我们在加尔各答的建筑中采用古典式，在孟买的建筑中采用哥特式，在马德拉斯的建筑中采用撒拉逊式，在仰光的建筑中采用文艺复兴式，而英国式的别墅应遍布整个印度平原。”这种生硬的殖民地化的做法延续到20世纪30年代。但同时也出现另一对立面，即由杰珂波编著出版的六大卷《斋浦尔建筑细部图集》的影响下，创作出印度—撒拉逊建筑风格。它在外观上具有印度风格，受到官方的喜爱，这种建筑出现在南亚

的各大主要城市，到了20世纪20年代风格逐渐减弱，欧洲古典风格的建筑保持其在政治、金融、商业建筑方面的主导地位。

1921—1940年阶段。这一时期的建筑特点是，同时反映民族主义和现代主义的萌芽。在英国建筑师勒琴斯20世纪30年代初期完成的新德里总督府建筑中，吸取了传统建筑精华（屋顶凉亭、石挑檐等）加以抽象，并满足当地气候条件与政治上的象征意义，人们称他的这些作品是为印度—撒拉逊风格的建筑做出了一个圆满而合乎逻辑的结论。民族主义者中的印度复兴主义建筑师们，主张南亚（特别是印度次大陆）的现代建筑应该建立在传统风格基础上，希望建筑中反映佛教、笈多时代的建筑原型。另一方面，民族独立的领导人甘地所倡导的简朴，隐含着现代主义的思想，尼赫鲁更是接受了现代主义思想。一些国际建筑师们为南亚上层人物设计了一些形式、空间、结构全新的建筑，现代主义建筑出现在南亚的不同地方，它体现着民族主义事业的目标，它与旧时代脱离。

1941—1960年阶段。1947年8月印巴分治，1950年1月成立印度共和国，建筑表现从殖民主义中获得独立的民族国家的特点。此期间尼赫鲁的社会主义规划成了主导模式，他邀请法国建筑师柯布西耶设计印度旁遮普邦的首府昌迪加尔城，柯布西耶大师解决了复兴主义和现代主义者的争论，他的进步社会观念和建筑思想符合尼赫鲁对印度所抱有的雄心壮志，体现其设想的印度形象。这一城市规划，布局规整，主体行政中心突出，位于顶端山麓下，将议会大厦、法院和神堂等相互组合，以空间、水面取得变化和联系，建筑考虑遮阳降温、自然通风，这组建筑群气势雄伟，简洁粗犷；博物馆、图书馆、大学等文化建筑位于行政中心附近，绿化空间穿插各地，整体象征着

印度阿赫默达巴德桑伽什（1981），建筑师：多西

孟加拉达卡库松大厅（1904），建筑师：无名

印度甘地故居（1920—1936），建筑师：M.甘地等

斯里兰卡科伦坡自居（1969），建筑师：G.巴瓦

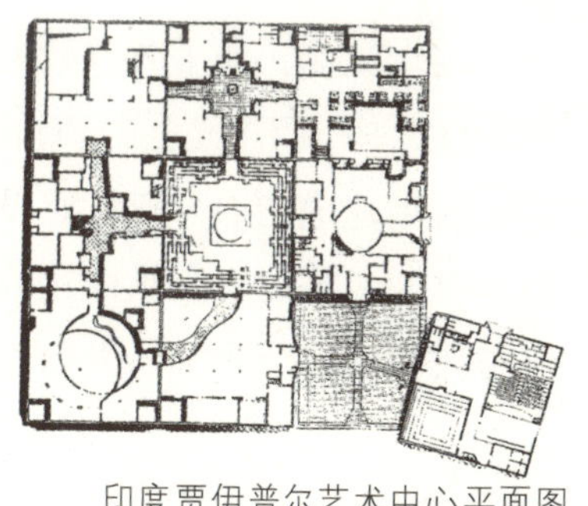
印度贾伊普尔艺术中心平面图（1992），建筑师：C.柯里亚

印度昌迪加尔议会大厦（1955—1960），建筑师：勒·柯布西耶

一个生物形体。在这一阶段，柯布西耶作品被认为是独立民主印度的榜样，影响着周围地区。1999 年 1 月印度举办了昌迪加尔建城 50 周年纪念活动，众多国际和印度知名建筑师参加，在学术研讨会上肯定其历史成就并指出许多不实用之处。

1961—1980 年阶段。这一时期及其以后，形成了现代主义建筑扎根在南亚的局面，他们称其为建筑“纷繁”时期。从 50 年代后期直至本阶段，印度艾哈迈达巴德市的规划与建筑又有进一步的发展，该地有着多层次的传统与文化背景。除柯布西耶外，萨拉海家族努力把美国建筑师路易斯·康等介绍到印度。这些大师重视吸取当地的历史文脉，不是模仿而是吸收再创造，为在南亚地区开拓出一条现代主义与特定的当地文脉相结合的建筑创作之路；同时造就出探索民族性地方性的新一代的建筑师，包括有印度的 A. 堪温德、B. 多西、C. 柯里亚、H. 莱曼、L. 贝克尔、R. 里瓦尔、斯里兰卡的 A·博依德、G. 巴瓦等人。他们都致力于寻求民族特性和明显的地方特点，努力摆脱国际风格。如在艾哈迈达巴德 C·柯里亚设计的甘地纪念馆，B. 多西设计的建筑学院，都是根据印度的湿热气候条件，吸取传统文化和现代技术，创造出符合印度情况的印度新建筑文化。

1981 年至今阶段。面对全球化的趋势，南亚建筑的多元化更加明显。现有四种实践模式：一是地方主义的建筑，继续在探索提高现代技术和地方特点的融合，所反对的只是僵化了的国际主义，而不是现代主义；二是不考虑当地情况的国际式建筑，这种实践模式，得到跨国组织、发展商和建筑商的支持，进入 20 世纪 90 年代后，又得到政府的支持；三是大量采用本地材料和地方建筑技术，并与地区的宗教和文化传统相结合，得到文化机构和一些中产阶级的支持；四是随着大量庙宇、清真寺以及学院建筑的兴建，采用再现古代建筑的模式。这四种模式的出现，正是由本节文章开头所述南亚各国政治、经济、技术、文化的社会背景所形成的。

笔者认为，南亚地区在 21 世纪，首先要重视提高业主、政府领导的文化素质；城市与建筑创作的发展，应以不断创新具有南亚地方特点为主流；重要的、具有标志性的建筑要体现出有新的突破，如近几年建成的 C·柯里亚设计的博帕尔邦议会大厦、B. 多西设计的艾哈迈达巴德侯赛因—多西画廊等；对于大量的为广大人民直接居住或生活需要的建筑，应是采用适宜技术的具有各地特点的适宜建筑与环境。这一看法，大概也能适应其他一些地区。

（原载《建筑学报》2000 年 05 期）

5 建筑文化摄影艺术

这里主要是讲大建筑文化的摄影，包括城市、建筑和园林。针对城市规划师、建筑师、园林师拍摄建筑文化照片的需要，和对当前出版的一些有关建筑文化书籍存在的建筑倾斜给人以不稳定感、画面主题不突出、环境场面小、缺少空间层次、色彩单调等问题，现提出“主题突出、情感抒发”“环境优美、构图完整”“宽阔舒展、建筑稳定”“深远立体、层次丰富”“光线柔透、清晰生动”“色彩饱满、色调统一”“人物点缀、向心动感”“意境成景、艺术感染”八个理念，以克服存在的问题，提高建筑文化的摄影水平。这八个理念是我几十年来对建筑文化摄影的感悟和心得，在此专题文章中结合几十年来本人于国内外拍摄的典型实例作进一步的分析论述，供从事建筑文化事业和对建筑文化感兴趣的摄影爱好者参考。

目前，摄影器材智能化程度提高很快，测算曝光相当准确，已不需要用曝光表多点测试后再调光圈、速度、距离的复杂过程，并在接片、焦距的空间调整、突出重点等方面，有新的智能技术可以应用，但我建议选择照相机时不要全智能化的相机，而要兼有手动部分的专业相机，能够自动调节光圈、速度和距离，以免摄影完全依赖相机，自己不能按需要控制它。同时，建议要拥有PC镜头，PC是Perspective Correct，即可校正透视的镜头，它可以变动视点的高低，德国、日本都生产这种镜头，还要备有超广角镜头和望远镜头。对于这些必备的摄影器材，希望能够逐步配齐。在选购摄影器材时，要注意实用、低价格，不要追求时尚、超薄、高价格，以取得花钱少、可拍成高质量照片的效果。下面就具体介绍关于提高建筑文化摄影艺术实践水平的八个理念。

一、主题突出、情感抒发

了解建筑文化主题，突出主题对象，这是拍摄建筑文化照片的基础。拍摄国内外的城市、建筑与园林，一定要了解拍摄对象的规划、设计和建成后的特点，了解它的体形和环境空间的特征，只有对这些拍摄对象有比较全面的认识后，才能很好地抓住主题，从大范围到局部拍摄到反映各个项目的一组照片，从中你会领悟到它的本质特征和社会历史背景，于正反两方面学习到很多知识。据我所知，有些人到了国外，对所拍摄的对象并不了解，到了现场抓拍几张或很多张照片，但没有抓到要点，主题不突出。若能事先查看一些有关资料，并进行分析，做到心中有数，拍出的照片就会不同。1987年我们中国建筑师代表团赴英参加国际建筑师协会大会，我们观览伦敦市容时，由我带路，大家都以为我多次到过伦敦，其实这是第一次，因为事先我研究了伦敦的城市街区、广场的规划布局和主要点的特征与方位，到了现场有似曾来过的感觉。在国内拍摄，同样需要事先了解和掌握所照对象的有关资料，以取得理想的效果。

在拍摄埃及金字塔前，分析它的特点，简洁巨大的方锥体金字塔造型，同曲线身躯的狮身人面雕像组成有力的并有变化的建筑群体轮廓线，立于沙漠边缘的30 m高地上，具有高大、沉稳、壮美的形象，与大漠孤烟的尼罗河三角洲环境协调在一起，表现出帝王皇权的神圣。根据这个主题，我拍摄了一张远景大漠金字塔轮廓线的夕阳西下时的景观和一张近距离的特写画面，体现金字塔是由数吨重的巨石所组成的。拍摄雅典卫城时，我们认识到帕提农神庙是卫城的主题建筑，是希腊本土最大的多立克式庙宇，是卫城最华丽的建筑，全部用白色大理石砌成，它立于台地的最高处，雄伟壮观。对它我们选用低视点拍摄，也就是绘画中所说的虫视法，拍下外观全景，以体现这一主题特点。这两组伟大的建筑群是世界文化遗产，它们与自然的结合、比例与尺度等是完美的。我以敬佩之情进行拍摄，注意表现出它们的主题思想。

对于意大利罗马中心广场图拉真纪功柱，我们了解到，它高35 m多，立于小院中，柱身刻有图拉真远征的功绩，柱身浮雕带下宽上窄，对比强烈，让人产生对帝王的崇拜之感，以后1000多年来欧洲流行的单根纪念柱就来源于此。为了表现该柱的这个创作意图的主题，我们选用PC镜头低视点拍摄，使柱身垂直地面，高耸挺拔，以取得端庄让人崇敬的效果。在拍摄罗马圣彼得大教堂时，我们知道它是罗马全城最高最宏大的建筑，穹顶上十字架尖高达138 m，建筑前梯形广场连接着由粗大柱廊围起的长圆形广场，广场设计人伯尼尼说，柱廊有象征欢迎和拥抱朝圣者之意，两个广场的明确中轴线贯穿着大教堂，庄严雄伟。为了突出这个主题，在大教堂屋顶平台上拍摄了俯览教堂前檐和广场与城市关系的全景照片以及高大的教堂室内主厅空间。来到罗马纳沃那广场，事前我们了解到它是在原竞技场遗址上建起的，故呈长条方圆形，广场的主体部分是在短轴线上，即长边中心位置的阿涅斯教堂和教堂前、广场中心的“四河喷泉”方尖碑，在广场中心的两侧各布置一个次要的较低的雕塑喷泉，烘托着主体部分。“四河喷泉”方尖碑是著名建筑师伯尼尼设计的，巴洛克式，动感极强，活泼富有生气。这个避开城市交通的封闭式广场是人们观赏艺术雕塑喷泉和休息的场所。按照这一主题，拍摄了体现广场主体建筑的照片。

到巴黎近郊沃克斯·勒·维康特（Vaux Le Vicomte）园时，我们从资料中已掌握该园是法国路易十三、路易十四时期财政大臣孚盖（Fouguet）的别墅园，始建于1656年，由著名造园家勒·诺特设计，由于孚盖当时专权，建此园要显示自己的权威，设计人满足了这一要求，采用了严格的中轴线规划方式，有意识地将这条中轴线做得突出，不分散视线，花园中的花坛、水池、装饰的喷泉十分简洁，并在后端布置横向运河相衬，使这条明显的中轴线控制着人心，让人感到主人的威严。孚盖的追求使他丧了命，后被路易十四下狱问罪，判无期徒刑。根据这一主题思想，于主体建筑前平台上拍摄了反映这条长长的中轴线的全景照片。在巴黎中心区的街头，经常看到咖啡馆或一些商店门前摆满了桌椅，顾客在室外吃东西、喝饮料并聊天，这是法国人也是欧洲一些国家市民的生活习惯，喜欢在街头坐饮、人看人，已成为一种景观现象。对这种开放、开朗的情景，我很欣赏，于是专门拍下了这一主题为大众化的轻松生活的景象。

1993年6月，我第二次来到美国芝加哥理查德·约瑟夫·戴利中心地区（Richard J.Daley center），该地区一些主要建筑是政府行政办公楼，其前面连接着几个广场，都是市民公共活动的地方。当时我看到的情景是，一对对中老年人在乐队的伴奏下，跳着交际舞，欢快愉悦，生动活泼，这同我国一些城市的情景差不多，值得提倡。我随即选用PC镜头，以1/100 s的速度拍下了这个人物活动的场景，主题思想就是表现城市大众化的文化生活，为什么要拍它，因为这一场景引起了我情感上的共鸣。

在国内拍摄天安门广场时，我们首先分析它的特点，它是纵向的长方形广场，主体建筑天安门坐落在纵向中轴线的北端，顺此轴线往南，为人民英雄纪念碑、毛主席纪念堂、正阳门城楼，广场西面为人民大会堂，广场东面为对称布置的中国革命和历史博物馆。根据这样的布局主题，画面要体现这个纵向中轴线，拍摄了从广场东北角向西南方向望广场的画面，可看到天安门下金水桥至人民英雄纪念碑，再至毛主席纪念堂，最后止于广场南端中心正阳门城楼的中轴线景观，在对角线的位置上，又拍摄了从广场西南角向东北方向望广场的照片，体现出广场纵向中轴线一直向北延伸的全景面貌，同时在人民大会堂屋顶上向东北看，拍摄到天安门城楼的夜景照片，在中国革命和历史博物馆前向西望，拍摄到正阳门城楼、毛主席纪念堂、人民英雄纪念碑和人民大会堂的景观。由于广场大、轴线长，只有选用超广角的相机，才能反映出这个广场的主题。

拍摄故宫时，我们抓住它纵向轴线东、西两边严整对称布局的主题，从中轴线北端的神武门一直到南端入口午门，排列着多座重要的主体建筑，为了突出这条纵向轴线，我们选在北面景山万春亭，以高视点拍摄故宫全景；故宫入口午门相当雄伟，同时拍摄了它的全景和主楼局部。故宫的主体建筑是太和殿，它是全故宫中最高大的建筑，坐落在这条纵向中轴线的中心位置上，我们仍选在此轴线偏东些，从院外透过高墙拍摄太和殿及其最大院落的全景画面，反映出它居核心地位的主题。

对于北京颐和园的拍摄，我们分析其北面万寿山的主体建筑佛香阁、排云殿等有一条明显的中轴线，它是主景，南面昆明湖中十七孔桥等是对景，西面的层层西山和玉泉山塔在园外是借景，这三面构成的整体画面是颐和园的主题。围绕这个主题，在东边的德和园大戏台顶上，用转机拍摄到前景带有东面、北面建筑院落的全景画面；另一个镜头是在十七孔桥东南边，选用高架车和德国林好夫超广角镜头拍摄的，它表现出颐和园南、北、西三面组合的主题景观。

在拍摄北京天坛时，我们知道它的主题是在一条南北向的轴线上，北端祈年殿是其主体建筑，依序往南是丹陛桥、皇穹宇和南端的圜丘。根据这个主题，我们在这条轴线偏东些，拍摄了祈年殿及其院落和圜丘全貌的照片，以反映它的主要特点。

在拍摄清东陵时，我们了解到其中心是顺治帝的孝陵，其他四个皇帝的陵寝位于孝陵的两侧，五个陵都位于昌端山主峰的南麓，该陵群的主题是孝陵前南北向 10 余里长神道轴线，在这条轴线上依序建造有石牌坊、大红门、神功圣德碑楼、石象生、龙凤门、神道石桥、神道碑亭、隆恩门、隆恩殿、三座门、二柱门、石五供、方城明楼和宝城地宫，很有气势，为了体现这一主题特点，我们上山面对轴线拍下了这条长长的神道。

湖南长沙岳麓书院，位于湘江西面的岳麓山下，是我国保存最完整的一处古代书院，建筑布局是中国传统的纵向轴线合院式，主轴线上安排大门、二门、讲堂，讲堂是主体建筑，内悬挂着清康熙、乾隆御书“学达性天”“道南正派”匾额，在此轴线左面，是由大城门和大成殿组成的辅轴院落，在主轴线右后面，是一自由布局的园林。按此主题，我们首先拍摄了从大门望到二门和讲堂的主轴线层层院落的空间照片，并照下了从讲堂望二门和大门的有层次的深远的主题环境。

对于我国江南水乡面貌的反映，如苏州、昆山周庄、绍兴等地，我们根据各地的特点，拍照时注意以河道为中心和不同地势桥梁的布置，以突出其主题水乡但又有不同的空间环境风貌。

其他各处，国外的如意大利佛罗伦萨中心西尼奥列广场的碉堡式旧宫塔楼，罗马西北面巴格内亚村兰特别墅的台地园，法国凡尔赛宫苑的大轴线，法国里尔美术馆的新老馆的镜面结合，西班牙格拉纳达阿尔罕布拉宫苑的狮子院，爱尔兰都柏林“三一学院”的钟楼和学友广场，比利时布鲁日的水乡风貌，美国芝加哥伊利诺伊州政府大楼的中庭，美国纽黑文耶鲁大学的哈克尼斯钟楼，美国西雅图滨海的公共市场中心，日本名古屋市中心区的绿化带大街等；国内的如扬州的五亭桥、白塔，陕西华清池的“九龙汤”，广州白天鹅宾馆的“故乡水”中庭，广州陈家祠“三雕三塑”，新疆交河故城、高昌故城，新疆喀什民居，四川峨眉山万年寺无梁殿内的一座骑着白象的普贤菩萨铜铸塑像，杭州西湖三潭印月三角亭旁的夏日荷景，云南傣族村寨的自然环境，云南路南石林，广西程阳桥的山水景观等，都是拍摄对象的主题，我们是从选景、构图、用光等方面突出这些主题特点。这些建筑文化景观，都是国内外重要的建筑历史文化遗产，我们应对其格外珍惜和保护，有此情感进行拍照，可反映出它们的艺术魅力。

任何一张建筑文化艺术摄影创作，都饱含着作者的思想感情，这是我们对艺术作品的认识，因而提出作者要重视情感的投入。

二、环境优美、构图完整

环境是选择画面的重要内容，建筑外部空间环境和建筑内部空间环境是体现建筑文化对象使用功能和给予人们精神感受的重要组成部分。在拍摄前，我们要观察环境的特点，注意建筑群体，同其前后左右的自然山水、绿化、建筑的关系，通过对环境的综合选择，可以更加突出主体建筑的文化特点，真实准确地反映出它的历史、自然、社会的地域文化特征，或是建筑文化创新的特点。在选择环境和拍摄视点时，要注意构图完整，使画面组成要素的轻重、明暗、深浅、色彩、方向等得到平衡，为了画面不呆板，避免主题内容、地平线等位于画面的正中，可选用S形、对角线形等对比强烈的构图方式，以获得视觉生动活泼的效果。

对于大自然园林环境同主体建筑完美结合的凡尔赛宫苑实例，我们抓住园林环境大轴线布局的特点，拍摄这条纵向中轴线的景观，前景是拉托那（Latona）水池雕像喷泉、长条形绿色花坛，中景是阿波罗（Appolo）水池雕像喷泉，远处是十字形大运河；运河纵向1560 m，宽120 m，横向长1013 m，这个放大尺度的运河，当时供路易十四在水上游赏使用，它的粗犷开阔与细致的两大水池雕像喷泉形成对比，它们结合在一起加强了这条纵向轴线园林环境的宏伟气势和严整深远的气派。同时拍摄大轴线上凡尔赛宫前后中心部分的空间环境面貌和大轴线上的两个水池雕像喷泉，以体现原规划设计炫耀君王权威的意图。我们曾多次在巴黎市中心区塞纳河边散步，此地环境优美，特别是在清晨，阳光金色灿烂，河水缓缓流淌，人流极少，格外清幽，让人心情愉悦，漫步其间，如在童话中，使我自然地抓住此瞬间，拍下了这一幽美的环境氛围。我们从巴黎来到著名的诺曼底，拍到了诺曼底海滨景观的照片，海水通过对角折线引入地区内，船只自由地停放在水面两侧，岸上建筑自然和谐，同大自然的海天融为一体，色彩由深变浅，层次由近及远，体现了海滨环境的特点，也反映出S形构图完美的特征。还有瑞士日内瓦湖滨小镇的照片，前景是滨湖的绿地与雕塑的景观，远处是浅色的湖面与建筑背景，表现出大自然湖面环境之美和富有层次的空间构图。

我们拍摄伦敦象征性的标志建筑国会大厦时，注意反映出它的优美环境，并由于环境的衬托体现出建筑群的富有韵律的立体轮廓。该建筑曾是国王的宫室，后逐步改为上、下议院使用，大厦立面长280 m，是世界上少有的宏大哥特式建筑群，大厦西南角有高104 m的塔楼，东北角立有高98 m的方塔钟楼，此钟楼即世界闻名的威斯敏斯特钟，由英国广播公司向全世界播送钟声。该建筑群矗立在泰晤士河畔，因而将拍摄点选在泰晤士河对岸，宽阔的河水是其前景环境，后面展示出横长大厦两端立有高耸塔楼的优美轮廓。另外拍摄一张有绿树烘托的方塔钟楼近景。我们从国会大厦来到市中心的一个街心花园，这里绿树成荫，树荫下散布着座椅，环境可说是“闹中取静”，市民或游人到市中心活动后，常在这个花园中歇息片刻，有的朋友愿在此约会闲谈，它是一个改善地区的自然环境、为大众服务的休闲场所。我拍下了此花园的环境特点，从画面来看，中心雕像偏于右边，但它最明亮，使构图自然完整。

到了加拿大多伦多伊顿中心，我们注意拍摄该建筑的室内环境空间。这个伊顿中心商场是以一条长 274 m 室内商业街为主要轴线，这条主轴线的顶部为拱形玻璃天窗，悬挂着栩栩如生的群鸟，下面各层布置有花木和喷泉，创造出自然花园式的环境；所拍照片集中反映了它的室内自然环境的特点和空间构图的深远层次。

美国芝加哥密歇根湖畔格兰特公园，我们感到这块绿地公园环境对芝加哥市中心区环境质量的提高起着关键性的作用，该公园位于密歇根湖与市中心区密歇根大街之间，中心布置有世界最大的照明喷泉，沿湖滨有浴场和游艇区，公园内花香鸟语，林木葱郁，还点缀着精美雕像，这条长长的绿化带公园多方面地改善了芝加哥市中心的环境质量。针对这块绿地环境的重要性，我们拍摄了从南向北望的公园全景，画面右边的视线焦点是通透的湖滨景色，既反映出它与城市环境的关系，又使构图完美。

这里再提一下往往被人忽视的具有清静环境的狭窄巷道活动空间，如比利时安特卫普从街巷望安特卫普士教堂，以及我国云南丽江巷道等空间环境，巷道围合的空间窄小，阳光照不进来，经常只能斜射到建筑顶部，因而使巷道空间显得格外清幽安静，别有一番氛围。据此特点，我们抓住拍摄瞬间，表现其幽静的空间环境。这些照片选用竖长条形构图画面，以突出它的空间环境特征。

下面介绍几组这一主题的中国实例照片。

我们拍摄天安门广场时，除注意突出其纵向主轴线上的建筑，包括人民英雄纪念碑、毛主席纪念堂、正阳门城楼等，同时还要反映出横向轴线长安街的环境，以体现这个中心广场是纵、横向轴线的交会点。按此要求选在广场的东北角，以高视点向西南方向拍摄，既反映了纵向轴线的空间，又将长安街上的人民大会堂北面、六部口、西单的街景纳入了画面，体现出更大范围的空间环境，从这个画面中还可以看出天安门广场所起的统领中心区空间环境的作用。北京北海公园、中南海过去是皇家的西苑，它们与景山绿地是附属于紫禁城的，实为一个整体，因而我们拍摄北海公园时，选择其北面五龙亭后为拍摄点，向南望去，将北海琼岛白塔、远处中南海、左边景山全部组织在画面中，表现出故宫西北面整体的自然环境。对于北京颐和园的拍摄，我们强调从东面向西取景，以便将西部大片的自然山景引入画面，体现该园位于优美自然环境之旁的特点。

四川都江堰离堆西北高、东南低，原为东面山的山脚，传说李冰治水，为了分流泯江水，将此山脚凿开，降伏了“孽龙”（江水），故称此分离出去的山脚为离堆，此处的景观格外峻峭险要。伏龙观是依离堆地形建成的台地庭院式道观。据此特点，我们拍摄除反映伏龙观本身各自庭院的景观外，还到泯江西岸向东取景，画面的中心是离堆与伏龙观最高台地的玉皇楼，左面是泯江支流的宝瓶口，右面是泯江主流，江水滚滚向东南流去，景观极其壮美，表现出伏龙观及其周围的自然山水环境，壮丽险峻。再看四川峨眉山伏虎寺，寺前面有过渡的引导空间，要过溪间、山间的廊桥，再右转登山，山麓林木茂密，石级高陡，气势巍峨，越过高大的牌楼，才能见到楠木参天、浓荫遮日的山门，进入层层台地的寺院，高大主殿的院落十分宽敞，给人以雄伟壮观、豁然开朗的感受。由此可以看出，深山藏古寺是该寺的环境特征，我们拍摄了楠木林遮目的山门前景观和规模宏大的主殿院落，以此景观反映伏虎寺的这个空间环境特点。我们拍摄四川乐山乌尤寺时，注意反映它位于乌尤山上的特点，画面是长且陡的石台阶通向山门的镜头，以此来体现其环境特征。

关于珠海滨海情侣南路绿地，我们认为它对珠海市滨海地区环境质量的提高起着关键的作用，创造出同自然和谐的建筑空间环境和城市轮廓面貌，并方便了广大市民的生活需求。根据这条路与绿地环境的特点，我们选择了从西向东望的侧面景观，并考虑高视点，清晨时拍摄，反映出它与海的环境关系和旭日东升朝霞灿烂的优美景象。

其他各地的建筑环境实例，国外的如意大利罗马圣彼得大教堂的室内穹顶下空间环境，威尼斯的水乡风貌环境，庞贝古城巨石路面的街道环境，法国巴黎罗丹博物馆室外雕塑环境，巴黎法国国家图书馆中心的森林绿地环境，巴黎卢浮宫的花园环境，芝加哥商务交易楼街景环境，波士顿查理河两岸环境，洛杉矶郊区迪斯尼游乐园环境，西雅图中部高层建筑群的环境，巴基斯坦拉合尔真珠大陆旅馆的室外花园环境，日本横滨的滨海绿地环境等，国内的如北京鲁迅故居、西四北六条幼儿园四合院院落环境，四川乐山大佛的临江环境，浙江杭州黄龙饭店内庭园环境，福建武夷山九曲溪景观，海南岛三亚天涯海角的山海环境，云南傣族村寨的自然环境，云南大理苍山洱海崇圣寺三塔、白族民居、村庄的环境，台湾东海大学学院院落的环境等，这些环境内容都是画面的重要组成部分，借以更加突出所拍建筑文化的主题特点。

三、宽阔舒展、建筑稳定

凡拍摄建筑文化的全景照片，一般都需要拍成宽广的画面，它可以体现出整体面貌和主从关系，并能有更多的环境内容，显得空间开阔舒展，画面的空间感强。中国长卷画构图就是表现广阔空间环境的艺术手法，我们的建筑文化摄影可以借鉴这一构图方法，但要取得宽广的画面效果，一定要选用广角镜头或超广角镜头，这是必备的工具。一般家庭使用的135型相机镜头为50 mm的焦距，视角只有30°多，选用35 mm焦距镜头的视角也达不到60°，起码要备有28 mm焦距的广角镜头，视角可超过60°，达到人们正常的视角范围。如有条件，建议选购一个焦距为17 mm或19 mm的超广角镜头，其视角范围可达到90°左右，有了这个超广角镜头，在室内拍摄才能取得宽阔舒展的效果，这是因为在室内摄影受到空间的限制，无法退到更远处。

为了反映宽阔舒展的建筑空间画面，还可以采用接片的方法。室内接片，难以接好，这是因为稍微变更拍摄角度，建筑水平方向的线条就有变化，不易连续重合。室外接片，可选择在绿树、建筑端部旁相接，能达到看不出痕迹的效果。若具备PC镜头，可左右平移拍摄，其接片效果较好，但扩展范围较小。近期，美国柯达公司生产的Z系列相机，如Kodak Z712、Z812IS型号，它有自动接片的功能，只要注意上述接片要点，它可即刻将片接起。有人为了拍成室内外宽阔的空间场面，采用鱼眼镜头，但景物形成圆弧状，变形太大，画面不稳定、不真实，不适合建筑文化摄影。画面中建筑稳定很重要，除个别表现高大建筑透视感之外，绝大多数的建筑文化照片要讲究建筑的垂直线，使建筑没有倾倒形象，保持建筑的稳定感。在一些出版的书刊中，有些照片中的建筑倾斜，这是因为拍摄者离建筑较近，为了拍到建筑的全貌，将相机仰起，于是建筑的垂直线便形成了向上透视的斜线，其效果是建筑往后倒，给人以不稳定的感觉。解决的办法一是将拍摄点退后，保持相机与地面垂直，这样使建筑的垂直线不变，但照片上的地面要多一些，应做部分剪裁；二是选用 PC 镜头，提升视点，画面的地面可减少，并增多建筑的上部，可拍到垂直线不变的建筑全貌。建筑稳定，不仅宽阔舒展的照片需要，其他方面的照片也需要。

关于宽阔舒展的实例，如西班牙巴塞罗那蒙特胡伊克（Montjuïc）博览会艺术品陈列馆全景照片，该馆是 1929 年为举办国际博览会而修建的，位于山丘北边的山坡上。我是从博览会中心大道旁用超广角镜头，将层层升起的大台阶和立面横向展开的博览会艺术品陈列馆全貌及其两旁搭配的建筑与绿化环境，全部收入画面中，表现出气势雄伟的博览会主体建筑的整体面貌。如果没有超广角镜头，采用接片的方法，其中间为建筑，难以接齐，这就显示出超广角镜头的作用。又如加拿大多伦多市中心区滨湖建筑群照片，是从安大略湖中奥林匹克岛上用超广角镜头拍摄的，前景是绿叶与碧青的湖水，其后是滨湖矗立着的优美建筑群，展示出一幅高耸电视塔极为突出的富有韵律节奏的建筑群立体轮廓的长卷画面，广阔而舒展。类似的实例，还有美国芝加哥滨湖建筑群照片，是从密歇根湖东面向城市西部采用超广角镜头拍摄的，画面上是一幅有节奏变化的建筑群立体轮廓画面，舒展宽阔。美国西雅图中心区是一组南北向长条状的滨海建筑群，若用标准镜头拍摄它的滨海全景照片，要到海中寻找较远的拍摄点，由于选用超广角镜头，在一较近的半岛上拍到了中心区滨湖建筑群的全貌，展现出西雅图中心区宽阔舒展的优美建筑群天际线。

巴基斯坦拉合尔贾汉吉陵墓，其规模宏大，内院宽广，主体建筑陵墓横向较长，具有较高的塔楼，这时超广角镜头又发挥了作用，拍摄到陵墓建筑的全貌，广阔而又均衡。日本京都平安神宫，是日本最宏伟的一座神宫，正殿宽阔高大，殿两边以走廊连通东面苍龙楼和西面白虎楼，为反映出这组宏大的建筑群，选用超广角镜头，把正殿和苍龙楼、白虎楼以及庭院组织到一个横长的全景画面里，宽广而有力度。

再举两个接片的实例。一是埃及开罗市中心区剪影照片，当时选用的是一般的 35 mm 广角镜，左右拍了两张，接片选在自然的绿化处，取得了视角约 100° 的宽阔舒展之画面。二是美国华盛顿市中心区主体建筑群全景照片，同样选用一般的 35 mm 广角镜，接片选在国会大厦建筑的端部旁，依然接成了视角宽阔的景观。这两张接片，同采用林好夫超广角镜头拍摄的效果相类似。

关于国内的宽阔舒展的实例，如北京天安门广场，其面积有 40 hm^2，开敞宽阔，西面建有人民大会堂，东面是中国革命和历史博物馆，中轴线上有天安门、人民英雄纪念碑、毛主席纪念堂、正阳门城楼，我是从广场东北角朝向西南方用超广角镜头将这些主要建筑全部收入画面中，表现出气势雄伟、宽阔舒展的天安门广场建筑群的整体面貌。由于没有超广角镜头，1959 年我们拍照时使用 120 标准镜头相机，采用接片的方法，三张接片的接缝难以对齐。又如故宫太和殿及其庭院的全景照片，是从庭院外高视点用超广角镜头拍摄的，前景是南院墙与入口门，两侧是配殿房，中心是壮观的太和殿，展示出故宫最雄伟的建筑群及其最大的院落空间，宽阔而舒展。一般的广角镜头，甚至 135 相机 28 mm 广角镜头，也只能拍摄到主体建筑太和殿的画面，表现不出院落的全貌。类似的实例，还有北京颐和园昆明湖、万寿山的全景照片，是从德和园大戏台顶上和十七孔桥东岸向西采用超广角镜头拍摄的，这两个画面都是一幅左为十七孔桥，中为西山景色，右是佛香阁建筑群的长画卷，富有节奏变化，舒展宽阔。颐和园西面的北京碧云寺位于香山东麓，寺坐西朝东，依山势从东部低地山门至西部高地寺顶金刚宝座塔，共有六层台地、四个中部院落，层层的殿堂沿着一条极长的中轴线依山升起，松柏苍翠，浓荫遮日，气势非凡。我们曾想从东、西、北三个面拍摄此寺的全貌，均未找到拍摄点，只有在南面坡地上可望到它的全景，但一般广角镜头的相机也只能取到局部景观，最后我们选用林好夫超广角相机拍下了这张宽阔舒展的景观，体现出该寺的特点。

无锡太湖畔的蠡园由原蠡园、渔庄两部分和中间的长廊连接而成，总称蠡园，是一个沿湖横长形园林，滨湖山水花木精巧、幽趣、和谐，景物变化清秀美丽，全园在远山近水的烘托下，景色十分开阔。为了反映这一宽阔舒展的景观，我们选用了林好夫超广角镜头拍摄，取得了预想的效果。我们多次访问苏州，苏州园林小巧玲珑，空间环境不大，在主体厅堂前的主景比较开阔，有较宽的视野，若采用一般广角的相机，也只能拍到局部的景观。我们选用林好夫超广角相机，于网师园主景区从南向北望，拍成包括月到风来亭、看松读画轩、集虚斋和竹外一枝轩在内的全景照片，这张横长的照片显示出园林主景的宽阔与舒展。1996 年 9 月我们来到祖国大西北的长城西端的甘肃嘉峪关，其规模宏大，两侧城墙横卧至山边，关城近似方形，每边长 180 m 左右，东西开设城门，西门外套建罗城，设有外西门，三门上皆建有城楼，为反映出这组雄伟宏大的建筑群，选用超广角镜头，把宽广的关城城墙和中轴线上的三座高大城楼组织到一个横长的全景画面里，宽阔而又有气势。

其他宽阔舒展的景观照片，国外的如西班牙巴塞罗那西班牙广场全景，英国布赖顿的海滩、长堤景色，瑞士日内瓦的湖滨景色，洛杉矶的夜景，日本名古屋中心绿化带大街景观等；国内的如澳门岛沿岸城市轮廓景观，南京玄武湖山水景色，北京西四北六条幼儿园四合院及其东面四合院落群全景，北京颐和园中谐趣园东部与南部荷叶的全景，北京天坛祈年殿及其院落的景观，北京八达岭长城的景色，杭州三潭印月夏日荷景，杭州西泠印社高台全景等，都是选用超广角镜头拍摄的宽广景色。在不具备超广角镜头的情况下，可采用接片的方法，以取得舒展宽阔的场景照片。

四、深远立体、层次丰富

欲穷千里目，更上一层楼，要使拍摄的画面景观深远立体，就必须选择高视点，在无法借用高架车时，要选择高山、高坡、高台地和高层建筑或高塔，站得高，看得远。因而，每到一处拍摄，首先要选择致高地点，高视点可拍到空间层次丰富、立体深远的景色，才能拍到城市、建筑、园林的序列空间，体现出中国画长卷、立卷表达空间深远层次的特点，使画面的整体感、立体感得到加强。在高视点处拍摄，超广角镜头和望远镜头都能发挥作用，选用超广角镜头，可拍摄到大场面、层次深远的全景照片，选用望远镜头，可拍到远处的俯视特写画面。

关于深远立体场面的拍摄实例，国外的如法国巴黎恩瓦立德教堂照片，是在铁塔上面平台拍摄的，向东南方向望，拍到了近处为恩瓦立德教堂，远处是先贤祠的空间深远的立体景观。又如西班牙巴塞罗那博览会场景观的照片，是从博览会艺术品陈列馆的高平台上向北拍摄的，近处是原博览会中心大道，中景是西班牙广场，远处是建有电视塔和老教堂的北山景观，层次丰富，空间深远，立体感强。美国华盛顿中心区的林肯纪念堂全景、杰弗逊纪念堂全景和白宫全景照片，都是从华盛顿纪念碑顶部拍摄的。向西看，拍到林肯纪念堂，其背后是波托马克河与河西城市的景观；向南看，拍到杰弗逊纪念堂，其背后是波托马克河与河南城市的景观；向北望，就拍到了白宫及其后面的城市景观，空间深远，层次较丰富。到了芝加哥，站在西尔斯塔楼上向北可拍摄到远处为汉考克大厦的建筑群景观，站到汉考克大厦顶部向南可拍摄到远处是西尔斯塔楼的建筑群景色，都获得了富有层次的立体效果。还有波士顿中心区绿地公园和查理河两岸景观的照片，是在 240 m 高的波士顿汉考克大厦观光厅拍摄的，向东看是大片的公园绿地及其后面城市的景色，向北望是宽阔的查理河，绿化带穿插其间，沿岸建筑造型简洁而有变化，这两处的景观照片空间深远，富有立体感。拍照加拿大自然风景区的尼亚加拉大瀑布（Niagara Falls）景观，是在大瀑布对面高塔的顶端旋转餐厅内拍摄的，可望到大瀑布全景和前面河流以及远处瀑水来源的宽大河水，画面立体深远，层次丰富。

关于国内拍摄的深远立体场面的实例，如故宫全景和景山寿皇殿建筑群照片，都是在景山顶万春亭前后平台上拍摄的。向南面眺望，前景是万春亭前矮栏墙，中景是故宫神武门，远景是故宫建筑群和天安门广场等有层次的立体景色；向北望去，前面是有空间层次的寿皇殿几进院落建筑群，后面是地安门南大街两侧的大屋顶建筑，远景是鼓楼，空间深远，层次丰富。北京天坛祈年殿全景，是从祈年殿庭院外高架车上拍摄的，前面是祈年殿及其宽阔的庭院，后面是前门外、崇文门外住宅区，最远处是天安门广场等中心区，空间深远。北京故宫太和殿全景，也是在庭院外高架车上拍摄的，前景是院墙与入口，中景是建于三层石阶汉白玉台基上的太和殿及其院落，远处可看到景山，空间层次较丰富。北京颐和园的全景照片，其中有一张是在德和园大戏台屋顶上取景的，前景是东面与北面的建筑群院落，中景是佛香阁建筑群，远景是十七孔桥和西山玉泉山塔以及层层的西山群，空间深远，富有立体感。

河北东陵主神道的照片是从北面昌瑞山上拍摄的，向南望去，前面是长长的主神道，后面是环绕的群山，这个画面获得了富有层次的立体效果。杭州三潭印月夏日荷景照片，此景前面无高视点，所以立一双向高梯，在梯上拍摄，前景是宽阔成片的荷叶与盛开的荷花，此荷景本身就有丰富的层次，荷景后面是九曲桥、三角亭、湖中石峰等，表现出层次丰富的立体景观。

桂林漓江东岸日出景观照片是在漓江西岸独秀峰上取景，向东远眺，前面是耸立在西岸边的伏波山，后面是东岸的市区及其绿地，远处天边是初升的太阳。这一景观照片，空间深远，立体感强。

拍摄深远立体感强的照片，除选择高视点外，有时在低视点也能拍成有空间层次的深远景观。当建筑群是层层的院落，并以透空的洞门连接时，如北京北海公园静心斋的第一个院落，在其主体建筑镜清斋东西两侧各有一洞门通道，我们拍照的视点正对西面的洞门，可透过此洞门望到里面的以沁泉廊为中心的山水园，使这张照片具有深远的层次之感。类似的情况，如台湾鹿港龙山寺，它有三进院落，在中轴线上的主体建筑两侧都有空廊和八角形洞门，我们在此空廊中对准洞门进行拍摄，同样取得了富有层次、深远立体的效果。

其他深远立体、层次丰富的景观照片，国外的如意大利的兰特别墅园，法国巴黎卢浮宫扩建工程外景，美国纽约的金融中心，芝加哥东瓦克尔大厦，西雅图北部的展览馆全景、中部的高层建筑区，日本名古屋的市中心大街全景等；国内的如江苏无锡太湖鼋园景观，广东珠海情侣南路日出景色，台湾高雄圆山饭店环境，云南丽江民居建筑群，浙江杭州西湖全景等，都是从高山、高楼上拍摄的，景观主体深远，空间富有层次。少量的低视点实例，还有湖南长沙岳麓书院主轴线院落景观，法国的诺曼底海滨景色，埃及卡纳克阿蒙太阳神庙入口门楼前、列柱大厅前景观等。

五、光线柔透、清晰生动

光线是摄影的生命，如果没有光线，那么世上的一切事物都将漆黑一片，无法看到。光线柔和、均匀，能清晰地表现出所拍摄的城市、建筑和园林景观；光线还要透亮，就是说能见度要高，拍出的对象就能更清楚，表现出质感和空间的层次。光线柔透同时间有一定的关系，在一天之中，清晨、黄昏前光线比较柔和，中午容易过于强烈；一年四季中，春、中晚秋、冬季柔和，夏季光线强烈。在拍摄建筑室内时，若光线不均匀，对黑暗之处要补光，以求光线匀亮。在了解光线柔透的基础上，要掌握拍摄方位同光线投射方位的关系，当两个方位一致重合时为顺光摄影，其效果不佳，因没有背光阴面，故建筑或物体缺少立体感；但当顺光的两个面亮度差别明显时，亦可拍到有立体感的效果。当拍摄方位正对着光线照射方位时为逆光摄影，其效果也不好，所拍之物皆为背光阴面，同样缺少立体感，画面沉闷，但个别时候可以借反光拍到附有亮边的剪影轮廓画面。当两个方位成锐角或钝角时为侧光摄影，效果最佳；所拍对象有受光背光两面，表现出立体形象，使画面清晰立体感强，且生动而有层次。在拍摄时，如遇到阴雨天，又无法变更拍摄时间，不要灰心，有时这种情况，也能拍到具有特殊情调的照片，因地面有反影，建筑与山水环境融于空濛之中。我所拍摄的四川乐山乌尤寺外景、乐山凌云寺大佛以及日本奈良东大寺外景照片，就反映出这种特殊的效果。

下面介绍国外的三个光线柔透的实例。第一，清晨和黄昏前选用侧光的照片，如早晨拍摄的法国巴黎凯旋门、西班牙巴塞罗那巴特娄宅邸外景、瑞士巴塞尔沿莱茵河景观，光线均匀柔和，建筑墙面与屋顶反光透亮，空间层次清晰；又如下午拍摄的意大利罗马大斗兽场外景、法国巴黎凡尔赛宫拉托那雕像水池喷泉、比利时安特卫普市政府前广场外景，光线柔美透明，建筑弧形外观宏伟有力，柱廊通透，富有韵律变化，雕塑感强，生动稳定。第二，钝角侧光的照片，如西班牙格拉纳达阿尔罕布拉宫苑的狮子院、爱尔兰都柏林圣·斯蒂芬公园的景观建筑，巴基斯坦拉合尔真珠大陆旅馆的大花园，这三张画面都是以建筑柱廊为前景，透过低照射的钝角侧光和地面反光，使建筑内细部清晰可辨，柱影横斜，生动活泼，穿过空廊是露出蓝天的庭院雕塑或自然园林景观，空间敞透，层次丰富。第三，室内照片，如美国华盛顿国家艺术馆东馆大厅、芝加哥伊利诺伊州政府大楼中庭、波士顿商场、洛杉矶加登格罗夫社区教堂内景，这四处的室内摄影，都注意了光线的柔透，避免光线的强烈对比，出现大片黑影，模糊不清，而取得了室内空间环境明快清晰、柔和通透的效果。

接着介绍三种光线柔透的国内实例。第一，清晨后和黄昏前选用侧光的照片，如早晨拍摄的朝东向天安门广场的人民大会堂正面的外景、故宫乾隆花园朝东的“竹香馆”小院景观、扬州瘦西湖朝东的五亭桥与白塔外景、苏州拙政园朝东的与谁同坐轩、绍兴青藤书屋外庭院，光线均匀柔和，画面清晰透明，这种朝东的建筑不适宜下午拍照，因背光在阴影中，早晨侧光拍摄的朝南向故宫午门、故宫御花园堆秀山御景亭，同样获得光线柔和均匀、建筑清晰透亮的效果；又如下午较晚时间运用侧光拍摄的北京故宫太和殿全景、北京北海公园从五龙亭望琼岛、上海豫园朝西面的水洞等，光线柔美透明，空间层次清晰，建筑外观亮丽，富有韵律变化。第二，钝角侧光的照片，如镇江金山寺从入口近观金山江天寺景观、北京故宫乾隆花园禊赏亭、苏州网师园俯视月到风来亭、广西龙胜金竹寨中心山路风水树景色、新疆交河故城西北区寺庙遗址，这几个画面都是透过钝角侧面光和地面反光，使建筑边部有条光亮，背光面仍清晰可辨，阴影横斜，空间敞透，层次丰富，画面生动。第三，室内照片，如拍摄云南昆明筇竹寺大雄宝殿内五百罗汉塑像、苏州留园林泉耆硕之馆室内陈设与落地花罩、汕头金海湾大酒店裙座中庭，在这几处都注意了光线的柔透，避免光线的强烈对比，防止黑影模糊，而取得了室内空间环境明晰柔透的效果。

对于采用顶光的建筑中庭拍摄，它同室外拍摄有所不同，室外的拍摄以阳光照射角较小为好，求得深长的投影，画面生动，但中庭的顶光，要选择太阳照射角较大之时，以使中庭明亮、光线较匀。如我们拍摄的广州白天鹅宾馆故乡水中庭等照片，就是按此光线要求取得了较好的效果。还有一种光影对比强烈的照片，它有较大的视觉冲击力，使人印象深刻，如西班牙巴塞罗那旧城东面 Ciutadella 公园凯旋门照片，阳光斜照到建筑上部，下部在阴影中；又如杭州西湖照片，前面是处在阴影中的深色绿化，只有一些亮点，后面是强光浅色的西湖，这些画面光的变化有强烈的对比，它属于另外一种用光方法，可取得特殊的效果。

在光线柔透、清晰生动方面，还有许多好的实例，国外的如意大利罗马圣彼得大教堂，罗马特雷维喷泉，佛罗伦萨中心西尼奥列广场的海神雕像，法国巴黎新歌剧院，巴黎法国国家图书馆，西班牙马巴塞罗那兰布拉斯步行街，格拉纳达阿尔罕布拉宫苑，西雅图太空针塔外景，洛杉矶亨廷顿图书馆，加拿大蒙特利尔德雅尔丹（Desjardins）建筑，巴基斯坦拉合尔夏利玛园，拉合尔真珠大陆旅馆主楼外景，日本京都金阁寺，京都平安神社正殿全景等等；国内的如西安慈恩寺大雁塔外景，临潼骊山华清池“九龙汤”景色，杭州西泠印社，杭州郭庄主庭园“一镜天开”景区，苏州拙政园小飞虹景区，苏州网师园主景区月到风来亭，无锡寄畅园知鱼槛，浙江绍兴鲁迅故居，四川成都杜甫草堂，香港中国银行大厦外景等，都是选择柔透的光线，以侧面光或钝角侧面光拍摄的，成为富有层次、清晰生动、立体感较好的照片。

六、色彩饱满、色调统一

色彩饱满，就是使画面的色彩饱和。多种多样的色彩都是由三原色红黄蓝组合而成的，简单地讲，色彩的饱和就是在画面中红黄蓝三种颜色都要有，但其比例可千差万别。红与绿是互补色，因绿色是由黄与蓝组合而成的，红加绿就是三原色的全色；蓝与橙、黄与紫也是互补色，都是三原色全色。色调统一，主要是使画面的颜色不要杂乱，要有统一的色彩组合，同时注意画面要有一个色调，如暖调和冷调，以红、黄、橙为主的画面，产生暖调效果，以蓝、绿、青紫为主的画面，便是冷调感觉；建筑的色彩除外，一年四季的自然配合景色春夏秋冬各有其调，春季多为嫩绿加鲜艳的花卉色，夏季多为较深的碧绿、蓝色，秋季多为橙黄色暖色调，冬季多为灰、白色冷色调。

色彩饱满、色调统一的实例，国外的如西班牙巴塞罗那米罗独块石雕作品，其本身色彩艳丽饱和，红、黄、蓝色在石雕中心位置，上下配有粉绿色，画面前后还有碧水蓝天，色彩十分饱满。互补色协调的实例，如埃及卡纳克阿蒙太阳神庙外景，主体石建筑为黄橙色，上部的大片天空为蓝色，蓝与黄橙色互补，画面色彩协调统一；又如瑞士北部乡村住宅外景，周围环境为起伏的大片绿色林木，只有画面中心的小住宅为红色，万绿丛中一点红，格外醒目突出，颜色和谐互补，色彩统一。

具有春季色调的实例，如意大利罗马西北面兰特别墅园、罗马东面蒂沃里爱斯特别墅园，树叶新绿，花坛嫩绿，花卉新鲜，池水清澈，体现出万物复苏的景象与色调。具有夏季色调的实例，如瑞士日内瓦滨湖建筑、美国芝加哥密歇根湖畔格兰特公园滨湖景色，林木葱郁，绿地树叶变为深绿色，湖中游艇与花园幽静的自然景象相结合，反映出夏季的色调。具有秋季色调的实例，如法国巴黎凡尔赛宫苑小特瑞安农景观、西班牙马德里皇家植物园台地景观、美国洛杉矶亨廷顿文化园，画面都为橙红黄色的暖色调，红叶落地，景色透亮，显出秋日风光的色调。具有冬季色调的实例，如美国华盛顿中心区白宫、林肯纪念堂、杰弗逊纪念堂、法国巴黎迪斯尼乐园动物冰雕夜景，画面中有冰雪，色彩以白、灰、灰蓝色为主，体现着冬季寒冷的冷色调。

色调统一、色彩饱满的国内实例，中国传统的皇家宫殿、宫苑、陵园和一些寺庙的建筑大都属于这一类，黄色琉璃瓦顶，红色柱廊与门窗，蓝、绿色的檐下斗拱、梁枋彩绘，加上蓝色的天空，红黄蓝色彩饱和且鲜艳夺目。如北京天安门城楼、午门、太和殿、神武门城楼、景山万春亭、颐和园佛香阁等，其建筑的外景景观，色彩十分饱满，在阳光照耀下，灿烂辉煌。互补色协调的实例，如广西三江马鞍寨侗族村落的建筑不加粉饰，外显木材质地，整体的颜色为栗色，它与大自然山水、天空的蓝绿色配合在一起，色彩互补，协调统一。类似的实例，还有广西民居金竹寨等，都是大自然的蓝绿色包围着原木栗色建筑群的景观画面，色彩协调，清雅自然。绿与红互补色的实例，如杭州三潭印月夏日荷景，接天莲叶无穷碧，配上别样红的映日荷花，格外醒目突出，颜色和谐互补，色彩统一。

具有春天色调的实例，如北京颐和园乐寿堂玉兰花开景色、颐和园谐趣园柳树嫩绿景色，这些画面树叶新绿，花朵新鲜，池水清透，空气清新，体现出万物复苏的氛围与色调。具有夏日色调的实例，如颐和园谐趣园的荷景、桂林漓江景观等，其画面树木葱郁，碧叶荷花，浓绿竹林，点点小船，反映出夏季的色调。具有秋季色调的实例，如北京八达岭长城景观、苏州天平山脚下范公祠堂前景观，画面都为橙红黄色的暖色调，红叶遍布，枫树橙黄，景色透亮，色彩温暖，体现出秋季的色调。具有冬天色调的实例，如北京故宫午门全景、安徽黄山“猴子观海”景观，画面中的落叶树和白雪，显示着冬日天寒的色调。

另外，还有不少色彩饱满、色调统一的较好实例，国外的如意大利罗马西班牙广场，意大利马乔列湖中的伊索拉·贝拉园，法国巴黎凡尔赛宫苑阿波罗雕像水池喷泉，法国里尔美术馆，俄罗斯莫斯科红场，瑞士日内瓦滨湖玫瑰园等；国内的如陕西临潼骊山“九龙汤”景观，广东番禺余荫山房西景区，广东珠海渔女全景，广西桂林芦笛岩洞内景，广西桂北三江程阳桥外景，江苏苏州水巷，浙江绍兴水乡风貌，云南昆明西山龙门景观，甘肃敦煌莫高窟主入口外景，台湾台北剑潭青年活动中心外景，台中东海大学学院院落等，其画面都有一个和谐的色调，色彩饱满，色调统一。

七、人物点缀、向心动感

有人主张，在建筑文化照片里不要人物，画面干净，突出对象本身。我们所拍摄的照片，与此观点相反，大多数都有人物，这是因为人物能起到点缀的作用。城市、建筑、园林都是为人们使用服务的，是居民活动的场所，有了活动着的人物，就能更清楚地反映出它的使用功能。人物点缀还能起到反映所拍对象尺度的作用，有了人物做比例，就能对比出城市、建筑、园林空间的尺度大小。人物在照片中，还有装饰提神的作用，人物向心、增加动感。几个人物的位置、动作方向、服饰色彩，都能使主题更加突出，色彩达到对比饱和，画面更加生动活泼，富有生气。

下面介绍一些人物点缀起到突出使用功能和尺度作用的画面。国外的如意大利罗马西班牙广场，众多的外地游客和市民衬托出此广场是观赏“三一教堂”、方尖碑、布满鲜花大台阶、老船喷泉水池和休息的地方，并能看出这一广场的规模。威尼斯圣马可广场，画面中的游人反映出它是人们观赏圣马可大教堂等建筑文化艺术和休闲的“大客厅”，通过人的大小尺度，更加烘托出主体建筑圣马可大教堂等的雄伟壮丽。法国巴黎市中心街头小景，画面中的人物说明了照片的主题，他们喜欢坐在咖啡馆外边饮边看人，这是城市大众的生活习惯。布赖顿伸入近海长堤的照片画面中的人物说明它方便了居民的生活。爱尔兰都柏林“三一学院”学友广场，画面中学院学生分散在广场草坪周围看书或交谈、休息，反映着高等学府的学术气氛和美好的学习环境。芝加哥市民广场、市政厅旁广场，画面气氛活跃，众多的市民正在跳交际舞，场面不小，反映出大众广场是深受广大市民欢迎和喜爱的地方。

再介绍几张人物点缀起到装饰、提神和尺度作用的照片。法国巴黎沃克斯·勒·维康特园细雨蒙蒙的景观画面，在这丛林背景大片花坛水池前有两位打伞的游人，人物起到了提神和尺度的作用，反映出这里的自然环境格外幽静。巴基斯坦拉合尔贾汉吉陵墓园的景观照片，是从陵墓主体建筑望入口处，画面是绿色的林木，在此绿地中点缀了三个身着靓丽黄、红色服饰的妇女，她们起到了装饰、色彩、提神和尺度的作用。日本奈良东大寺主殿正面外景，照片的前景有多位打伞朝主殿走去的人物，人物在画面中向心富有动感，这些人物点缀更加突出了东大寺主殿逢雨时的动人与朦胧景象。

国内的人物点缀的照片实例，如北京天安门广场，众多的中外游客和市民衬托出它是新中国的象征，庄严肃穆、雄伟壮丽，是中国人民和外国朋友向往观赏的地方，从人物的尺度，还能看出这个广场的宏大规模。北京颐和园湖山景色照片，画面中荡漾在昆明湖上的许多小船，显示着这里是人们休闲游玩的公园，它已被列为“世界文化遗产”，是中外游人到北京观赏园林建筑文化艺术的重要景点。浙江绍兴兰亭园“流觞曲水”景观，画面里后面人群中间坐者为张鎛先生，右后边站者有方鉴泉、赵冬日、汪定曾先生，左边弯腰拉小孩者是唐葆亨先生，有了这些建筑界老前辈的观赏，更加突出了当年书法家王羲之创造出的“流觞曲水”一景。新疆喀什艾提尕清真寺广场，画面中的清真寺前的大量市民和游人表现出这里的繁华景象。很早以前此处是墓地，自创建艾提尕清真寺后，逐渐发展成为喀什的中心活动区，通过人的大小尺度，可烘托出清真寺的宏伟，它是目前新疆最大的清真寺。浙江绍兴八字桥景观画面，在八字桥洞后的街上有一穿红色衣服的人物，水面中还有人物的倒影，整个画面是灰绿色调，这红色人物起到了提神、尺度和色彩互补的作用，反映出水乡的幽美环境。江苏镇江天下第一泉水池景观，其画面是林木与水池的深绿色调，在池前有一个着艳丽服饰的小孩，她起到了装饰、色彩和提神、尺度的作用。江苏苏州虎丘剑池与拱桥景观，此剑池旁陡壁如削，很高处建一横桥，置于绝岩纵壑之间，桥上有双井，名双吊桶，景色极为险奇，在画面上方的横桥双井间点缀两个人，他们起到了装饰、提神与尺度的作用，为此景的险奇增色。

其他人物点缀的较好实例，国外的有埃及开罗金字塔外景，卢克索卡纳克阿蒙太阳神庙列柱大厅前外景，法国巴黎蓬皮杜文化中心外景，里尔美术馆外景，爱尔兰都柏林圣·斯蒂芬公园，加拿大多伦多伊顿中心，日本东京都上野动物园，东京都银座节假日时步行街景观等；国内的还有北京颐和园乐寿堂玉兰花开时景观，四川乐山大佛的景观，浙江绍兴东湖山水、乌篷船景色，云南石林前广场，云南西双版纳傣族民居，云南大理白族民居，云南丽江纳西族民居等，其画面中的人物点缀、向心动感，都反映着人物所起的烘托主题和尺度的作用。

八、意境成景、艺术感染

意境是建筑文化深层次含义的境界，意境成景，就是我们拍摄的城市、建筑、园林画面，通过摄影艺术手法，使其富有诗情画意的形象与环境，表达出一种具有更深内涵的思想精神，它能激发人的情感，使观者受到艺术感染。这种达到艺术最高境界的意境成景画面，是我们每个摄影者都要追求的。这里所说的摄影艺术手法，包括此文提到的八个理念。我们拍到的“意境成景”画面，若能加上如中国匾额的点景题字，就更能提升此照片的意境品质，突出了城市、建筑、园林景观的文化特色。要想达到这一更高层次的目标，就必须不断提高自身的思想、文化与艺术素质。

关于意境成景的实例，国外的如埃及开罗金字塔剪影照片，三座金字塔矗立在尼罗河西岸广阔的沙漠边缘的一块高地上，外形高大、简洁、沉稳，极富表现力，其意图是体现至高无上的皇权。我们根据金字塔的这一特点和思想含义，多次到现场观察，终于在一次黄昏时，拍摄到具有“大漠落日、壮丽塔影”意境的成景画面，反映着它所在的大自然环境及其本身的特征。我的体验是：这类照片不是一次就能抓拍到的，往往需要较长时间或多次到所拍对象的现场才能够拍到。又如意大利最北端的马乔列湖中的伊索拉·贝拉园入口处景观，该园位于马乔列湖中，有层层台地，轮廓起伏，不仅本身花园风貌很优美，1995 年 4 月我们来到此岛，正逢细雨朦胧，这里的广场较大，广场地面之后是烟雨蒙蒙的台地，我称此景为“烟雨层台疑仙境”景观。这张意境成景的画面，当天晴时则又是另一番景象。为了适应地质的情况和搞好市中心区的环境，在美国芝加哥市中心密歇根湖畔修建了一个长条状的大公园绿地，高层建筑都退在其后有序地排列着，其韵律节奏可构成画面的成景意境。1989 年 12 月我来到此处正值雪后放晴时，拍到的是具有“阳光耀眼的雪初霁景”意境的画面，1993 年 6 月，在同一地点拍成的是具有“灯光晶莹的仲夏夜景”意境的画面。这两张意境成景的芝加哥滨湖建筑群画面，可以代表芝加哥城的城市特点。法国巴黎凡尔赛宫苑中的小特瑞安农景观，是 18 世纪法国宫苑里第一座由规则式变为自然式的园林实例，是路易十六王妃玛丽·安托瓦内特按照个人兴趣改为农村自然景色的。我于 1982 年、2001 年、2003 年三次到此园中观览，最后一次是在 12 月初的一个下午傍晚之前，秋末冬初阳光柔和，所拍照片体现出农村田园风光的意境，景色具有艺术感染力。

关于意境成景的国内实例，如广州白天鹅宾馆中庭“故乡水”照片。该中庭是宾馆公共活动部分的核心，所有流动空间、餐厅、休息厅、商场等都围绕着它布置，构成上下盘旋、高旷深邃的中庭空间，此中庭是具有岭南园林特色的环境空间，上通天为藻井式天窗，下为小桥水庭，背景面为高高的山石假山，顶部立一藏式亭，亭下石上刻有“故乡水”题字，流动的瀑布从亭底流下，四周廊道布有垂萝。此景观有声有色，雅致和谐，常能引起人们的思乡之情，让旅客流连忘返。我们根据白天鹅宾馆中庭的这一特点和思想含义，经多次观察后，拍下了这个“岭南园林中庭故乡水”意境的成景画面。又如杭州西湖三潭印月夏日荷景，除前面提到它具有景色深远立体、色彩互补的特点外，更重要的特点是，它反映着著名七绝诗句“毕竟西湖六月中，风光不与四时同，接天莲叶无穷碧，映日荷花别样红”的意境，其景富有诗情画意。还有桂林漓江东岸日出景观照片，除前面提及它有立体深远的特色外，更深一层的含义是它具有“伏波统领旭日升，建筑融合山水中”的思想意境，它反映出桂林市经过半个多世纪的努力奋斗，保护了桂林山水的自然面貌，控制住高层建筑的建设，使北部伏波山仍在统领着桂林市区的空间立体面貌，新建筑、新建设融合在桂林山水中，城市发展蒸蒸日上，犹如旭日东升。汕头金海湾大酒店裙座中庭照片，这里是白色柱廊及其基座商场环抱着的圆形中庭，中心的水面和泉声唤起人们对自然环境的回忆，金光闪闪转动着的天文仪意味着两千年前东汉张衡发明的天文仪仍在转动，时光如长河川流不息，透过天窗洒满中庭的阳光，使人们感受到了阳光给予生命的光亮和温暖，这些设计者创造出的空间景象，蕴含着让人“珍惜时光、阳光和自然环境”的思想意境，这就是此画面的深层含义，很有启示作用。

关于意境成景的其他照片，国外的如意大利威尼斯大运河夜景，威尼斯圣马可广场雨景，法国诺曼底海中栈桥，巴黎圣母院晨景，巴黎“古堡喷泉”，巴黎迪斯尼乐园高大古堡塔楼夜景，巴黎巴士底纪念柱，西班牙马德里交通部门大楼夜景，巴塞罗那神圣家族教堂，德国法兰克福美因河畔夜景，多伦多湖滨建筑群立体轮廓，美国华盛顿国会大厦正面景观，洛杉矶亨廷顿文化园景观，洛杉矶加登格罗夫社区教堂内景，日本东京都银座节日步行街景等等；国内的有上海大剧院夜景，扬州白塔、五亭桥夕阳剪影，无锡太湖蠡园景色，珠海情侣南路晨曦景观，北京八达岭长城秋景，云南大理苍山洱海及其村庄景观，四川乐山雨后的乌尤寺山门，四川峨眉山的伏虎寺景观等，这些摄影照片比较好地表达了建筑文化形象及其环境，体现出具有一定意境感受的景观。

上述的“主题突出、情感抒发”“环境优美、构图完整”“宽阔舒展、建筑稳定”“深远立体、层次丰富”“光线柔透、清晰生动”“色彩饱满、色调统一”“人物点缀、向心动感”“意境成景、艺术感染”的八个理念，是密切相连的，在进行建筑文化摄影创作时全部或部分地运用这些理念，以充分体现建筑文化的形象与内涵，创造出具有思想艺术感染力的摄影作品，这就是我写此文的初衷。

建筑文化摄影是一件辛苦的工作，事先要花时间掌握和了解所拍对象的基本情况，拍照时要多方选择好拍摄点。要想拍成一幅比较理想、艺术感染力强的作品，有时要去现场很多趟，以等待合适的时间，如日出、晨光、夕阳、日落时建筑与环境景色的表现，只是瞬间的拍摄，但你要起早贪黑耗费很长时间，所以摄影者要有耐心、信心，工夫不负有心人。还有，建筑文化摄影艺术的知识与技巧是十分广泛的，这里所阐述的内容仅是其中一部分，它同摄影者的文化艺术修养和素质有很大的关系。我个人的建筑文化摄影特点可概括为 15 个字，即“重了解，高视点，宽场景，校倾斜，黄金光”。重了解，就是对拍摄的建筑文化项目要有比较清楚的了解，做到心中有数；高视点，就是要在所拍对象周围的环境中寻找适宜的高视点或创造较高的拍摄点，以求获得有深远层次的景观效果；宽场景，就是要选用广角、超广角镜头或采用接片的方法，以拍到宽阔场景的照片；校倾斜，就是要选用 PC 镜头或退后将相机垂直地面，校正建筑的倾斜，使画面中的建筑垂直地面保持稳定，并可增强建筑的透视感；黄金光，就是要较多地选择在清晨和夕阳前时间段拍摄，使画面有黄色光线，并有长长阴影的动人感觉。其他摄影者，亦有自己的风格，都值得研究、参考，望我们共同交流，促进我国建筑文化摄影的艺术水平不断提高。

最后需要说明的一点就是，在实例照片下并不注明所用光圈、快门和距离，这是因为世界各地的情况有差异，目前相机的曝光值系统比较准确，摄影者只需掌握光圈、快门、距离哪一项优先即可。首先讲光圈，在室外拍摄，一般光圈不要低于 8，可获得清晰的效果，由此定快门；拍摄近景为主、远景要虚的景观，光圈要视距离的范围放大；在室内拍摄或拍夜景时，光圈最好不要太大，以 4 以上较小光圈为好，还要支架拍照，以求有较高的清晰度。关于快门，在室外拍摄，一般在 1/50 s 及其以上，有活动快的人物或树叶、水面波动时，快门应在 1/100 s 以上，此时快门优先，以此来定光圈；在高空拍照时，有时因空气层的反光，其亮度要比曝光表测出的数字亮半档至一档，因而要加拍一张快门快一档或光圈小半档或一档的照片，以便选择出曝光适度的影像。至于距离一项，室外摄影并不复杂，一般选用光圈 8 时，距离放在∞无限远处，就可使 5 m 到∞范围都清楚，若拍照有 3 m 近景时，就将距离放在 5 m 处，可拍到 3 m 至∞范围清晰的照片；在室内拍照时，如不是特大空间，不要将距离放在∞处，可视对象的空间范围选用 3 ～ 5 m 的距离，然后选用不大于 4 的光圈，之后按照前两项的要求来确定快门，这样可拍到清楚的室内景观。

（原载《建筑文化摄影艺术—古今中外名胜 180 例图说》 中国建筑工业出版社 2010 年 9 月出版）

6 《中国建筑画选》前言

第四届全国建筑画评选暨展览活动，经过一年的准备，于 1995 年 11 月 2 日至 10 日在海南省海口体育馆举行。这次活动，收到了全国 27 个省、自治区、直辖市及 21 个单列单位报送的 606 幅作品，经评委会评选出优秀作品 203 幅，公开展览，并将这些优秀作品全部刊登在这本《1995 中国建筑画选》中。

这次建筑画评选暨展览活动是中国建筑学会、中国建筑工业出版社和海南省土木建筑学会共同主办的。参加这次评选活动的评委共 24 人，他们都极为认真、负责、谨慎，使这次评选工作进展顺利，评选结果公正。评选后，评委们进行了座谈，指出了本届作品的进步之处，并提出一些希望，现结合个人看法概述于后。

这次各省市选送的建筑画作品，题材丰富，画种多样，表现技巧较前几届有所提高，主要表现在：

一、电脑绘画数量大为增加，且艺术性得到提高

这一届电脑绘画作品的数量比上一届增加很多，并利用电脑将艺术性与科学性结合起来，大大提高了画面的总体水平，这是本届画选最突出的特点，它反映了近几年高新技术迅速发展的历史背景。这说明利用电脑可产生多种多样的变化色彩，无论在亮面或阴影部分，在近景、中景、远景的色彩层次变化上，都可以画出极为丰富多彩的颜色，表现出层次、距离、质感、色调等设计意图，以达到更高层次的艺术效果。同时，这也说明电脑仅是一种技术手段，掌握电脑的是人，只有提高作者的绘画、设计的素质，熟练地运用电脑，才能提高绘画的质量。因而，我们仍然强调要培养建筑师的绘画基本功。

二、科学性亦有提高

在建筑外观或室内透视构图方面，其准确性不断地在提高。建筑与绘画的不同在于建筑的物质性，它需要建筑的物质技术与艺术的结合才能够实现，因此提出建筑绘画的科学性是必要的。1989 年我们在美国波士顿同美国建筑透视画家学会主席 P.S.Oles（奥莱斯）交谈时，以及 1992 年该学会主席来华在北京、杭州进行学术交流时，他都提出了建筑透视画应同建成后拍摄的照片一致的观点，强调了建筑绘画的科学性。我们认为，这一看法是正确的。本届的电脑绘画，或其他画种的作品，从总体上看，透视构图、比例尺度比较精确，在绘画的科学性方面又有提高。

三、整体环境有所加强

许多作品，十分注意环境的设计与渲染，整体环境比较协调，其中有些画面形神兼备，更具有一

种特殊的艺术环境效果。由于近一时期有较大规模的建设，所以又增多一些建筑群体设计工程的透视画，这些绘画重视群体环境的规划设计，画面上反映出整体环境的和谐。加强整体环境效果这一特点是值得肯定的。

四、方法多样，混合使用

第一届建筑画展的作品，采用的画法比较单一，有水彩、水墨、水粉、钢笔、铅笔、炭笔、油画和钢笔淡彩、铅笔淡彩等。随后第二、三届建筑画展的作品，增加了马克笔、针笔管、针管笔彩色铅笔、丙烯、丙烯水粉、水粉喷绘、水彩喷绘和电脑绘画等。本届画展的作品，又增多了画法，更多地采用混合使用的方法，如钢笔水粉喷绘、水墨水彩水粉、水彩喷贴、炭笔铅笔等。同时喷绘的内容在增加，不断增多喷绘与其他画法的混合使用，这是市场经济条件下寻求节省时间的需要。建筑画绘画方法的逐步增加，也反映了科技的进步。

我们希望，建筑师还要不断提高建筑文化艺术绘画的修养，在此基础上，进一步提高电脑绘画的艺术性，提高建筑形象透视的科学性与艺术性，加强画面整体环境的意识，以更多的画种反映出时代精神、各具特色、格调高雅的建筑文化内涵。

在这次活动的筹备过程中，首先由中国建筑工业出版社杨永生先生和于志公同志奔赴海南筹资、组织，后通过中国建筑学会得到各省、自治区、直辖市土木建筑学会及一些单列单位的大力支持，选送各地的优秀作品，最后各地的作品都集中在海南省土木建筑学会。在经费方面，除将全部报名费用作活动经费外，尚得到协办单位的大力支持和赞助，它们是：海南省建筑设计院、海口市城市建设开发总公司、中国电子工程设计院海南分院、北京工业设计研究院海南分院、天津市建筑设计院海南分院、海南白佐民建筑设计事务所、海口城市设计事务所等。这次活动还得到海南省建设厅、海口市规划局等单位的热情支持。在此，我们对上述各单位和有关同志表示由衷感谢。

这种感谢之所以由衷，是因为有了这些热心于这项事业的同志及其单位作出了奉献，出力出资，克服了各种困难，才能圆满地完成这次活动任务，促进了建筑画的发展。他们深知，建筑画的作用是广泛的，它反映了当时国家建设的面貌，迅速直接地反映着时代精神和科技水平，是重要的建筑历史资料，对建筑创作有参考价值，并能提高人们的建筑艺术修养，推动建筑文化的发展。这也就是他们及其单位无私奉献的目的。

1999 年将在北京召开国际建筑师协会第 20 届大会，此时正是我们举办第五届全国建筑画展的时候，我们渴望届时大家拿出更多的更加优美动人的建筑画作品，展现在世界各国建筑师的面前，为促进我国建筑画的不断发展作出新的贡献。

（原载《中国建筑画选》 中国建筑工业出版社 1995 年出版）

7 《首届全国电脑建筑画大赛获奖作品集》前言

中国建筑工业出版社《建筑画》编辑部和广州德克赛诺科技有限公司联合举办首届全国电脑建筑画大赛活动，意义深远，它对我国电脑建筑画的发展将起到很大的促进作用。总策划者、主办单位及其负责人的重要作用，是值得首先提出的。

电脑建筑画是一种新兴的高科技画种，它在1995年全国建筑画评选中占了一定的比重，迄今经过两年多的实践，随着电脑应用水平的不断提高，电脑建筑画绘画技艺有明显的提高，日趋成熟，出现了一批水平较高的作品。这次大赛的中心目的，就是评选出优秀的电脑建筑画作品，通过展览、出版图册与光盘展示，交流并总结经验，推动此画种进一步提高水平。

这次大赛评选，是从500多份参赛作品中评选出30幅获奖作品和143幅优秀作品。评选工作严肃、认真、民主、公正，获奖与优秀作品是通过多回合的筛选、评议、投票确定的。评选后，召开了评委座谈会，大家畅谈各自的看法与期望，现归纳有如下三个方面。

一、要了解建筑，突出设计创造性

当前的电脑建筑画者，有不少人不是建筑师，即使是建筑师也同样要深入了解建筑，懂得建筑设计创作的要点，重视突出所要表现的建筑设计的创造性。近一时期的优秀建筑作品，其设计创造性体现有：

1. 建筑与环境协调。注意建筑与自然环境的结合，建筑与周围已建建筑的结合，建筑与道路交通的结合，创造适合人们生活、居住和工作的整体空间环境。

2. 建筑文化品位高。具有深厚的文化内涵，减少商业气息，对于商业性建筑，也要找出商业文化，摒弃庸俗。重视保护优秀的传统建筑文化和创造具有地方特点的新的中国建筑文化。

3. 时代感强、新意浓。要反映新材料、新科技的发展。建筑创作要有新意，能综合反映新时期的新观念、新特点，新观念包括重视环境、重视人文、可持续发展、节能、充分利用自然采光通风、资源再生等。

此次评选出的优秀作品，其建筑设计基本符合上述内容。在落选作品中，有不少是因建筑设计不够完美而被淘汰。所以说，突出建筑设计的创造性是创作优秀电脑建筑画的基础，十分重要。

二、要有基本功，加强绘画艺术性

使用电脑进行建筑绘画，建筑绘画的基本功训练，不是可以减少或取消，而是还要加强。电脑是技术手段，它不能代替建筑绘画基本功的训练，只有掌握了建筑绘画的基本功，才能运用电脑创作出高水平的建筑画。根据这次参赛作品情况，对加强绘画艺术性问题提出下面三点：

1. 整体完美层次清。从色彩、空间以至细部注意整体的组合、协调、完美；画面要有层次，空气感强，层次通透、分明；还要注意阴影处色彩的深浅变化，细致处理，使建筑生动。

2. 色调和谐含义深。画面要有个色调，以表达建筑创作的意境。要避免多种耀眼原色堆砌，注意选用中间色，使画面具有较深含义的和谐色调，并非模仿照片越像越好，要创作有自己特点的建筑画面色调。

3. 画面聚拢重点明。整体画面要重点突出，应忌分散，互不呼应，可通过高光、亮点的手法，使向心、聚拢的画面更加突出中心的主题，获得聚焦精彩的效果。

三、要掌握电脑，发挥电脑科学性

随着电脑软、硬件的迅速发展，采用电脑制作建筑画的数量越来越多。这是因为运用电脑这一技术手段，可极大地提高建筑画的精确度，可使视点角度调整得更为理想，还可更为精致地表现建筑细部。我们要充分发挥电脑自身的优势，精心制作电脑建筑画。这里对发挥其科学性方面提出四点。

1. 三维模型构图完整。运用电脑，从建筑造型、空间、体块、主次关系、视点角度、层次变化等综合设计安排，建立三维模型，使整幅画面完整均衡。

2. 布光合理质感清晰。要运用光影跟踪、光能传递等软件，选定光线，搭配好主辅光，通过光影的阴暗、虚实、变化，充分表达建筑的空间和层次。同时、运用有关软件，充分表现建筑材料的纹理质感和整体色调。

3. 配景合宜烘托主题。配景，包括树、人、车、天空、小品等，要在形态、尺度、与主题的呼应、远近层次等各个方面做精心的设计、布置，以确保起到烘托主题的作用。虽是配角，但这次参赛作品中有些是因配景加工不当而失去整体完美的效果。

4. 表现方法多种多样。表现的方法要多样化，可出多样画种的效果，如水彩、粉画、水粉、装饰画等不同风格。还可进一步探讨草图、超写实、连续空间的电脑绘画效果。

这次大赛评选出的三个一等奖，基本上做到了以上所述的三个方面和十点，这也正是我们对电脑建筑画所要倡导的重要之点。进行电脑建筑画的创作，建筑师要侧重在第三个方面的提高，美术工作者要注意掌握第一、第三方面的知识，熟悉电脑技术的人员要提高第一、第二方面的修养。我们相信，将设计创造性、绘画艺术性、电脑科学性三个方面结合起来，相互补充，融为一体，一定能使电脑建筑画的创作水平更上一层楼，为我国的城市与建筑的发展作出自己的贡献。

（原载《首届全国电脑建筑画大赛获奖作品集》 中国建筑工业出版社 1998 年出版）

8　谈建筑摄影

——兼析《建筑学报》第二届建筑摄影大赛获奖作品

建筑摄影区别于人物摄影、风光摄影、体育摄影、动物摄影等，就在于其主题是建筑，这个建筑是广义的，可以是一幢建筑或其局部，也可以是建筑群体及其周围环境，还可大到一个城市或地区。对于建筑这一主题特征的理解，建筑师具有优越的条件，他们容易找到富有代表性的建筑对象；但摄影与建筑师绘制建筑透视图不一样，不能任意进行画面创作，在照相机里反映出的画面效果受到多方面因素的制约，这就需要掌握摄影技巧，对于摄影技巧表现对象方面，非建筑师的专业摄影人员经验丰富。所以说，要搞好建筑摄影，需要了解建筑和摄影技术两方面的知识与实践。通过这次建筑摄影大赛，可使参赛的建筑师、非建筑师的专业摄影人员及业余摄影爱好者，彼此之间取长补短，提高建筑摄影水平，这正是《建筑学报》举办此次大赛的中心目的。此外，优秀的建筑摄影作品，还能起到启迪建筑师提高建筑设计水平的作用，并能促进人们关注创造优美的建筑环境和保护优秀的传统建筑文化并创造新的中国建筑文化。

下面，结合对《建筑学报》第二届建筑摄影大赛获奖作品的分析，提出五个方面的建筑摄影要点，供参考。

一、选好建筑主题内容

要选好建筑主题内容，首先要了解近一时期建筑发展的趋势，找出创新的优秀建筑或建筑群。20 世纪 90 年代以来的优秀建筑表现在：(1) 建筑与环境的协调，重视创造适合人们工作与生活的建筑环境；(2) 建筑文化内涵深、品位高，包括保护优秀的传统建筑文化和继承、发展、创造新的建筑文化，具有地方的建筑特色；(3) 采用新材料、新结构、新技术，在大城市中心区高层建筑、超高层建筑不断涌现，具有光亮、反射的特点；(4) 建筑与城市整体性的加强和建筑与城市的公共活动空间的开辟。

此次获奖作品，其建筑主题符合以上几项或突出其中一项。在落选的作品中，有不少是因建筑主题未选好，没有找到创新的建筑或优秀的传统建筑而被淘汰。因而我们认为，选好建筑主题内容是基础，是个关键问题。

二、表现体积、造型、稳定

具有体积、体量感是建筑外观的一个基本特征。摄影要将正方体、长方体、角柱体、锥体、球体等建筑外观的这一基本特征充分表现出来，这就需要很好地掌握太阳照射的方位，多数建筑照片忌取顺光、逆光效果，宜选侧面光，即拍摄角度线与光照线在方位上呈垂直夹角，使建筑物的面有明有暗，突出建筑物的体积感、立体感，这是二维平面的照片表现三维空间建筑的基本要点。为了表现丰富的建筑轮廓，可取逆光效果；高视点的逆光拍摄亦能获得特殊的画面。在顺光建筑物两个面的光照度相差较大时，同样能表现建筑的立体感，但需要根据建筑物的不同方位、不同地区、不同季节、不同拍摄时间，才能取得这一效果，如这次大赛获三等奖的《火红的乐章》《深圳发展中心大厦》等就是顺光但分出不同面的作品。

优秀的建筑或建筑群，是由各种形体组成的，具有简洁优美的造型。我们要掌握建筑造型的特点，运用突出体积感的技巧，充分将建筑的整体造型特征表现出来。

建筑的稳定感十分重要。所谓稳定感，就是要做到拍摄的建筑物垂直于地面。由于拍摄场地不够宽阔，特别是在拍摄高层建筑物缺少一定空间距离时，摄影者往往把照相机仰起，获得建筑物全貌但建筑物不垂直地面似后倾的效果，给人以建筑不稳定的感觉。解决这一建筑变形的问题，方法有多种：（1）拍摄人尽量退后，将相机垂直摆放，拍出的地面多些，于印放时裁掉部分地面；（2）提高拍摄视点，到周围楼中或使用高架车拍摄，获一等奖的“广州天河市长大厦，大都会广场建筑群傍晚”“西藏大昭寺转经廊”都是采用了高视点；（3）选用可调整镜头视点的照相机，如最早的德国林好夫或日本的豪斯曼，比较轻便的是日本尼康 P.C 镜头（Perspective Correct，意思是透视校正），我个人的经验是，P.C 镜头为拍摄建筑的必备配件。

为了表现建筑的特殊高大，也可以取仰视构图，如拍摄巴黎铁塔等，同样能取得好的效果，但这属于少数情况。

三、表现空间、层次、环境

空间组合是建筑设计的重要内容。除建筑本身的空间组合有多种形式外，其前后、左右周围亦有不同的空间组合，包括院落、广场、街道、绿化等，在组织拍摄建筑画面时，要构思建筑空间的表现。如获一等奖的“西藏大昭寺转经廊”，表现了带有导向性的窄长空间院落；二等奖的“大地明星耀彩虹”，表现了建筑前清新宽敞的街道广场空间；三等奖的“美丽的家园”，表现了几组绿地的环境空间。

照片的层次很重要。有了丰富的层次，就能体现空间的变化与深度，加大景深，使平面的照片富有三维空间的立体感，表现出整体的空间环境。表现层次的方法，要注意安排前景，可以是建筑小品、花木、柱廊或空透的门窗等，中景是主题建筑，远景、背景可以是其他建筑群体或自然山水林木。如获二等奖的“中华民族园夜色”，其前景为曲线的台阶，中景为云南飞龙白塔，远景是藏式建筑；二等奖的“皖南新农村”，树为其前景，主题新民居及其两条阶梯小路是中景，山作为背景。

建筑环境是近一阶段人们更加关注的问题。拍摄建筑照片，要抓好体现优美的环境内容。如获二等奖的“昨天的梦”，这是一张建筑细部窗景，通过曲线弯弯的枝条红叶体现出适合居住的绿化环境，且其窗玻璃映出新住宅楼，除增加了画面层次外，亦能隐含地表现出对面新居的环境；获二等奖的“侨乡畅想曲”，其画面的前、中、后部都有绿化，且绿化形成 S 形联系，表现了侨乡民居建筑布置在绿化环境中。

四、找好时间、意境、瞬间

拍摄的时间相当重要。一般到一地旅游、参观，在短时间内很难捕捉到具有艺术性的建筑摄影，只能得到建筑实录性的照片，如能拍摄到理想的镜头，大部带有偶然性。要想创作满意的建筑摄影艺术作品，常常要多留些时间，多去几趟，选择好体现意境的时间。笼统地讲，早晨及其后、黄昏及其前，即太阳照射角较低时，或雨后、雪后晴朗时，是拍摄建筑的好时光。因为这些时间，更能突出地表现出建筑设计的意境和特殊的环境效果。

意境的表现，可提高照片的艺术性。从优美的一幢建筑细部到一组建筑的整体环境，在一年四季中，通过季节、早晚的时间变化，具有景观一般、美、最美的时刻，最美之时往往是瞬间。建筑摄影要客观反映建筑，它是一种创作手段，要捕捉瞬间状态存在的建筑美，把人们难以看到的瞬间美，表现在一幅生动的照片画面上。这个创作是在瞬间完成的，是摄影的优势，也是它的困难之处，要善于找好时间、意境和这一美妙的瞬间。如获一等奖的“广州天河市长大厦、大都会广场建筑群傍晚”，其拍摄时间就是远在太阳照射角较低的傍晚时，阳光反射在前后高层、超高层建筑上部的立面上，周围建筑处于阴影下，格外突出主体建筑、材料质感和灿烂的阳光，此景是在瞬间生成的，很快就会消失，摄影者抓住了这一美好的瞬间；二等奖的“大地明星耀彩虹”，作者抓住雨后彩虹这一短暂瞬间，前景为绿化街道和地面光亮的建筑倒影，背景为彩虹，烘托出明快的具有立体感的建筑，使画面清新生动；三等奖“火红的乐章”，选择下午较晚时间拍摄，取夕阳红的建筑意境效果；还有佳作奖“小桥流水人家”“基石”“苏州街”是分别选择早晨、黄昏前和雪后初霁时拍摄的。

五、找好光影、线条、焦点

无光就无摄影可言，光是摄影的生命。找好光影，表现建筑的体积感和造型，在前面已做分析，这里着重谈光影的组合。要注意找好光影的组合，利用光影的对比和光影深浅的对比度，表现建筑空间的层次，将前景、中景、远景的距离拉开。有的画面，前景、框景之框阴影深厚，中景光影明亮，远景光影灰朦；也有的画面，其光影组合是深影、光亮、次深影、次光亮、浅影、浅亮，使建筑景观的空间层次互相衬托，逐渐减弱。有时，还可考虑将光影及其构成的线条组成具有韵味的构图，建筑的空廊、开启的门窗、石台阶与栏杆等，最宜产生深长的图案式线条，我们应注意利用这些光影、线条的组合，构成透视的焦点，突出主题建筑；在画面的焦点处，如能配合有高光亮点，此建筑摄影会更为精彩。如获一等奖的“西藏大昭寺转经廊”，两条廊下深黑的阴影线和三条光亮的屋顶与院落线，一点透视聚焦在画面的主体建筑上，加上人物的点缀，生动地体现了地方的特色；二等奖“中华民族园夜色”，利用前景台阶深黑的光影曲线，指向明亮的主题建筑，突出了画面焦点云南飞龙白塔；三等奖“西客站”，前景为圆弧形立交桥廊，其光影深黑明亮，圆弧曲线指向次明暗对比的主体建筑，使西客站建筑形成为画面的中心焦点；佳作奖“五里飞虹”，这是一幅立交桥夜景，画面是由多条曲线组成，前、中景一条 S 形最亮的曲线直指画面焦点，焦点处为高光亮点，生动有层次。

这次摄影大赛的作品，室内摄影较少，上述所谈的五方面要点，主要是针对室外建筑摄影的，当然其中许多要点完全适合于室内摄影，室内摄影尚有两点需特别注意，即室内空间的组合特征和布光均匀，有的全是人工光，也有的适合自然光与人工照明相结合或全部自然光。如获佳作奖的“澳门厅”，做到了这两点，富有空间层次，光影清晰，表现了建筑空间与建筑细部的特点。

要搞好建筑摄影，除需要综合地掌握这些要点外，准确地曝光时间和选用不同组合的光圈与速度也非常重要。虽然现在新型照相机曝光表很准确，但在极少数情况下，如高视点俯视时，由于空气中光射原因，需要比曝光表读数减少一倍的曝光时间，否则拍出的底片曝光过度，偏薄。如选用黑白、彩色负片胶卷，影响小一些，因其宽容度大；若选用彩色反转片就会出问题，它的宽容度很低，只有半档，所以拍摄难得的镜头时，最好按半档差距多拍几张，以免遗憾。拍摄室内或层次丰富的室外照片时，应选用小光圈，超过 1/50 s 速度的要用三脚架，以保证清晰度。

关于建筑摄影的技巧、方法还有很多细致的内容，俟中国建筑学会绘画与摄影专业委员会正式成立后，大家可专题交流。

（原载《建筑学报》1998 年 03 期）

第五篇　中外园林发展与历史文化名城保护

1 世界园林发展概论

——走向自然的世界园林史图说

自20世纪以来，首先在欧洲，之后在北美洲、亚洲等地，出版了许多关于世界各地园林、花园史的书籍或大学教材，但这些专题书，属于地区性的内容较多，一些论述发展史的内容，缺少全面的、均衡的、明确分期的分析与观点概括。为此，余自20世纪60年代始，收集资料，思考框架，准备补上这内容。根据社会发展历史背景，选择典型实例，研究分期及各时期的园林特点，从局部到地区再到洲，分析横向的关系；然后将各个时期连贯起来，分析纵向的发展脉络，找出园林建设的发展趋势，以求在园林建设方面解决一些新世纪继续存在的环境与生态问题。这是编写此书的第一个目的。

写此书的另一用意是，拟作教学改革的试验教材。几十年来，在高等学校里，讲中国园林史课程的学时较多，也有的讲一些西方园林史，所占用的课时亦不少，我们认为中外园林史的知识一定要掌握，但要精炼，缩短学时，并要提高教学质量，让学生在短时间内，通过典型实例，了解世界园林发展史各个阶段的特点和未来发展趋向。所节省下来的学时，用以增多建筑技术和社会科学的课程。这就是我们拟作改革试验所要达到的增加有用知识信息量的效果。

园林建设、环境保护事业，是同广大民众密切相关，大家对于这门知识，既有需要又有兴趣，如果逐步做到人人关心、大家参与这项涉及人们生存环境的事业，就能迅速改善存在的环境生态问题。这本书的写法，以实例图说为主，阐明观点，力求主线清晰，深入浅出，同时适合其他专业和广大民众阅读，具有普及扩大知识面的作用，有利于大家共同搞好园林建设与环境保护事业。这是编著此书的第三个目的。

第四个目的是，促使有历史价值的园林实物得到保护，特别是每个历史阶段有代表性的园林实例，它是转折时期的典型作品，具有极高的历史文化价值，其中一部分尚未受到重视，我们拟将其推荐给联合国教科文组织，争取列入世界文化遗产，加以保护。

探讨世界园林发展史，是一个巨大的研究项目，需要掌握大量的资料，从中才能提炼出典型的有代表性的说明观点的实例材料。在这里首先提出程世抚先生，他1929—1933年就读于美国哈佛大学、康乃尔大学景观建筑和城市规划专业，学成回国后任浙江大学、金陵大学等校教授，中华人民共和国成立后任中央城建部门总工程师等职。程世抚先生对本人编著此书帮助极大，不仅送予宝贵资料，还提出高视点的研究观点和分析看法，随后我们慢慢感悟到，就是要有5个尺度的概念（即从园林——城市——地区——洲——全球的空间概念），以今天全球生态环境需要来研究园林建设问题；近20多年来，还得到广东莫伯治先生和香港霍丽娜女士的关心与支持，这两位学者不断地提供了国外出版的有关园林史的新书籍；在此期间，结合工作的便利，余有计划地赴埃及、两河流域、希腊、日本、意大利、法国、西班牙、俄国、加拿大等地，到现场实地考察、体验、补充资料，在考察过程中，亦得到许多专家学者的帮助，余将这些人士随笔写在有关章节中；在此一并向上述所有给予帮助的人士表示衷心的感谢。

对于这个巨大研究项目，余所做工作仅仅是个开端，提出了一个框架和基本看法，希望有志这方面工作的研究学者继续深入研究探讨，使其不断丰富和完善，这是本作者的初衷。

一、古代时期（公元前3000年—公元500年）

许多讲花园史、园林建筑史的书籍，认为园林的起源，是从神话传说中发展起来的，有的说是从基督教天堂乐园“伊甸园”（Eden）的想象翻版而来。我们根据掌握的材料，认为公元前3000年以来就有了造园，花园或园林是受了宗教的影响，至于受基督教、伊斯兰教的影响，那是后期的事，公元前3000年以后在埃及、美索不达米亚地区的造园是受当地崇拜各自神灵的影响，但最根本的还是从适应生产生活需要产生的，逐步在发展变化。园林的使用功能是，提供果、药、菜、狩猎、祭神、运动、公共活动，后逐步增多闲游娱乐和文化的内容。

这个时期的时间最长，约3500年，我们按国家及其园林发展的兴旺时期排列次序，埃及和两河流域美索不达米亚地区发展最早，波斯于公元前538年灭新巴比伦、公元前525年征服埃及后，波斯园林发展起来，公元前5世纪波希战争，希腊取胜后希腊园林迅速发展，后来罗马在地中海沿岸各地占据主导地位，它吸取埃及、波斯特别是希腊的造园做法，发展了罗马帝国的园林。中国的园林亦有悠久的历史，据诗经记载，公元前3000多年已有灵囿，选在动物多栖、植物茂盛之处，挖沼筑台，称为灵沼灵台，并有蔬菜、果园，具有同埃及、美索不达米亚地区园林一样的作用。这一时期，发展的园林种类有宫苑、神苑、猎苑、宅园、别墅园等。

由于园林不宜保存，现以从墓中发掘出的画，从遗址中挖掘出的壁画以及遗址作为例证，选择实例，说明各种园林的特点。

鸟瞰

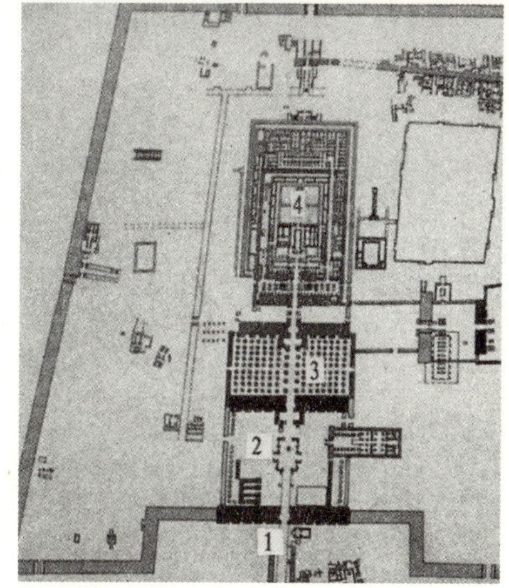

总平面

1.入口；2.前院；3.列柱大厅；4.后院

实例1　卡纳克（Karnak）阿蒙（Amon）太阳神庙

阿蒙本是中埃及赫蒙的地方神，于公元前1991年传至底比斯成为法老的佑护神，又与太阳神瑞融为一体，称阿蒙—瑞为国神。该神庙建于公元前14世纪底比斯首都，是埃及最为壮观的神庙，具有如下特点。

（1）规模大，布局对称，庄严，有空间层次，以建筑为主，配植整齐的棕榈、葵、椰树等，从鸟瞰图可推测出所创造的神圣气氛。

（2）在入口高大的门楼前，在门前两列人面兽身石雕后植树，同外围树木连接呼应。

（3）从入口进入前院，在周围柱廊前与高大雕像后，种植葵、椰树，起烘托作用。

（4）从前院进入列柱大厅（Hypostyle Hall），这是此神庙

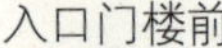
入口门楼前

前院一角

列柱入厅前

列柱细部

列柱大厅后院落群

的核心建筑，建筑宏伟，由16列共134根高大密集的石柱组成，中间两列12根圆柱，高20.4 m，直径3.57 m，上面的大梁长9.21 m，重达65 t。笔者于1985年1月参观到这里，当时惊叹的心情，至今记忆犹新，它是继金字塔后建成的又一雄伟建筑，当时是如何建造的谜，仍待后人去解。

（5）在此大厅后面有很多院落，在方尖碑后种植树木，现仅存很少的一部分。

这种类型的神苑圣林，后来在西亚、希腊等地建造许多，与其相似，只是具体做法有所不同，其植树造园都是为了烘托主题。

实例2　建章宫苑

该宫苑建于公元前2世纪，位于陕西西安城。选择这个实例，主要是说明它是“一池三山”园林形式的起源。书中记载，建章宫“其北治大池，渐台高二十余丈，名曰太液地，中有蓬莱、方丈、瀛洲，壶梁象海中神山、龟鱼之属。”这种形式一直为中国后世所仿效，并影响到日本。如中国的杭州西

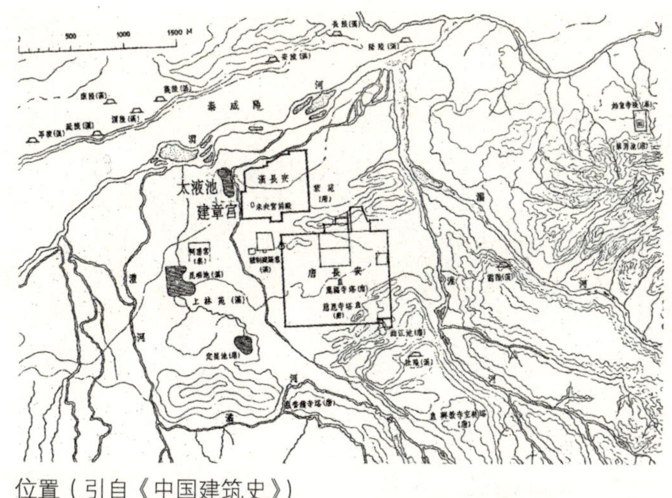

位置（引自《中国建筑史》）

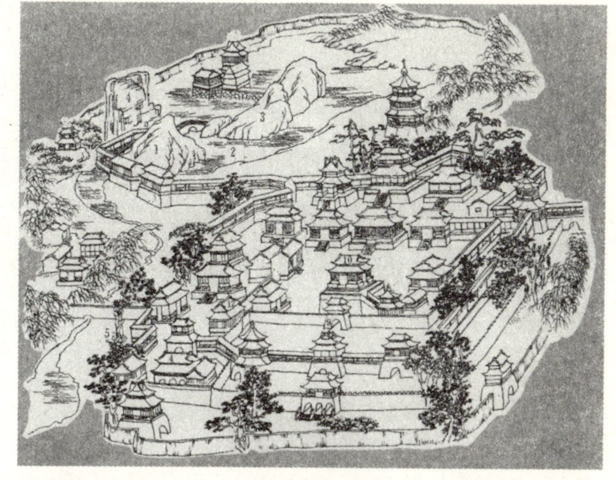

建章宫鸟瞰（原载《关中胜迹图志》）
1.蓬莱山；2.太液池；3.瀛洲山；4.方壶山；5.承露盘

湖、北京的颐和园等都采用了这一模式。从景观来看，这种模式确实可丰富景色，从岸上观水面，增加了景色层次，从水中三山上可看到依水而建的主题景色。所以说，“一池三山”形式是一种造园的手法，但要视具体情况灵活采用。

二、中古时期（公元500—1400年）

罗马帝国在公元395年分为东、西两部。公元479年西罗马帝国被一些比较落后的民族灭亡，经过较长一段战乱时期，欧洲形成了封建制度。我们以西罗马灭亡至公元1400年左右资本主义制度萌芽之前划为一个阶段，即公元500—1400年，称其为中古时期。我们不能以形成封建制度为界，因东西方进入的时间相差甚远。在中古时期，欧洲是以基督教为主，基督教分为两大宗，西欧为天主教，东欧为东正教。

公元395年后，东罗马是以巴尔干半岛为中心，属地包括小亚细亚、叙利亚、巴勒斯坦、埃及以及美索不达米亚和南高加索的一部分，首都君士坦丁堡，是古希腊的移民城市拜占庭旧址，后来称拜占庭帝国。公元7世纪，穆罕默德创建了伊斯兰教，此教在阿拉伯统一国家形成过程中起了很大的作用。至公元8世纪中叶，阿拉伯帝国形成，其疆域东到印度河流域，西临大西洋，是一个横跨亚非欧三洲的大帝国，中心在叙利亚。当时，世界上只有中国唐朝能同它相比。公元9世纪后期，阿拉伯帝国日趋分裂。阿拉伯所征服的埃及、美索不达米亚、波斯、印度等地，都是世界文化发达较早地区，他们吸取各地优秀传统文化，形成新的阿拉伯文化，这一文化影响着西亚、南亚和地中海南岸的非洲和西班牙等国。此时期的东方是以儒家、佛教文化为主。因而可以说，中古时期基督教、伊斯兰教、佛教三大教文化影响着各地域的造园。

西部欧洲受基督教文化影响，发展了修道院园和堡垒园。中部受伊斯兰教文化影响，发展了波斯伊斯兰园、印度伊斯兰园和西班牙伊斯兰园，它们的造园基调基本一致，但有各自的地方特点；因波斯伊斯兰园、印度伊斯兰园现存实例的建园时间偏后，故将其放在第三阶段介绍。东部中国佛教禅宗无色世界观思想影响着造园，并波及日本，在中国有些地方的造园，亦受老子道教崇尚自然的影响；此时期中国发展的自然山水园的类型较多。

实例3 达·艾路·卡利夫（Dar-El-Khalif）皇宫园

这一实例代表着拜占庭皇宫园林，同时也具有周围地区宫园的特点。它在现伊拉克巴格达，建于917年，早已毁坏，这张附图是根据表面开挖做出的推测图。其特点是：

（1）整体布局严整，有明显的中轴线，建筑与绿地的整体均为规则式。

（2）庭院结合建筑，采用院落群的布置方式，在院落中布置规整的花坛，有的中心设有水池和喷泉，并配置树木。

（3）环境好，有条运河沿边通过。

（4）建筑内容丰富，有伊斯兰清真寺和竞技场等，可进行球类比赛游戏。

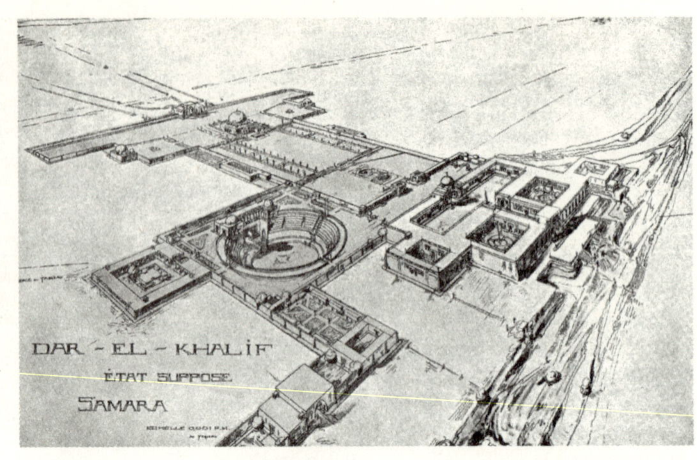

复原鸟瞰（Marie Luise Gothein）

实例4 杭州西湖

杭州西湖平面图

该自然风景大园林位于杭州市的西面，因湖在城西面，后称“西湖”。在古代，西湖是和钱塘江相连的一个海湾，后钱塘江沉淀积厚，塞住湾口，乃变成一个礁湖；直到公元600年前后，湖泊的形态固定下来；公元822年，唐诗人白居易任杭州刺史，他组织“筑堤捍湖，用以灌溉”；公元1089年，宋诗人苏东坡任杭州通判，继续疏浚西湖，挖泥堆堤；17世纪下半叶，清康熙皇帝多次巡游西湖，又浚治西湖，开辟孤山。唐宋时期奠定了西湖风景园林的基础轮廓，后经历代整修添建，特别是1949年新中国成立后，挖湖造林、修整古迹，使西湖风景园林更加丰富完整，成为中外闻名的风景游览胜地。其具体特点有：

（1）城市大型园林。西湖紧贴城市，“三面云山一面城”，这就是西湖园林的地势位置的特点，它同样起着城市“肺”的作用，比起巴黎两个森林公园的作用更为直接。这一特点在中外城市中是存在的，但是极为稀少。

（2）湖山主景突出。现西湖南北长3.3 km，东西宽2.8 km，周长15 km，面积5.6 km^2，湖中南北向苏堤、东西向白堤把西湖分割为外湖、里湖、小南湖、岳湖和里西湖五个湖面，通过桥孔五湖沟通。西湖的南、西、北三面为挺秀环抱的群山，这一宏观的湖山秀丽景色是西湖的主要景观，其整体面貌十分突出动人。

（3）“一池三山”模式。在外湖中鼎立着三潭印月、湖心亭和阮公墩三个小岛，这是沿袭汉建章宫太液池中立三山的做法，后北京颐和园是仿西湖的布局，也是“一池三山”模式。

小瀛洲莲叶荷花

小瀛洲初冬水景

里西湖新绿春景

汾阳别墅主景

登楼可望西湖开阔之景（汾阳别墅）

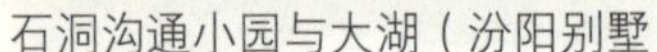
石洞沟通小园与大湖（汾阳别墅）

西泠印社高台主景

西泠印社后山林木景色

（4）园中之园景观。这是中国造园的一大特点，园中有许多园景，游览路线将其连接起来形成有序的园林空间序列。西湖的周边、山中、湖中都组织有不同特色的园景，在下面几点中将分类介绍。

（5）林木特色景观。许多景点，绿树成林，各有特色，如灵隐配植了七叶树林，云栖竹林格外出名，满觉陇营造了桂花林、板栗林，南山、北山、西山配植了成片的枫香、银杏、麻栎、白栎等。西湖环湖广种水杉、间有棕榈等，考虑常青与落叶、观赏与经济相结合，很好地构成了西湖主题景色的背景，并突出了各个景点的特色。

（6）四季朝暮景观。考虑春夏秋冬、晴雨朝暮不同意境景观的创造，这又是一个中国造园的特点。西湖的春天，“苏堤春晓”“柳浪闻莺”“花港观鱼”；夏日，“曲院风荷”，接天莲叶无穷碧，映日荷花别样红；秋季，“平湖秋月”，桂花飘香；冬天，“断桥残雪”，孤山梅花盛开。薄暮“雷峰夕照”，黄昏“南屏晚钟”，夜晚“三潭印月”，雨后浮云“双峰插云”。这著名的“西湖十景”，以及其他许多园中园景观展现了四季朝暮的自然景色。

（7）历史文化景观。如五代至宋元的摩崖石刻，东晋时灵隐古刹，北宋时六和塔、保俶塔、雷峰塔，南宋岳王庙，清珍藏《四库全书》的文澜阁，清末研究金石篆刻的西泠印社等历史文化景观。还有历代著名诗人画家留下的许多吟咏西湖的诗篇和画卷，以及清康熙、乾隆皇帝为十景的题字立碑等。这些景观，为武昌东湖所不及，因而东湖很难胜过西湖。

（8）小园大湖沟通。西湖周围的小园景观不断地增多丰富，这些小园景色与西湖大的景观相结合，构成了其独特的景观。如西面的汾阳别墅，又称郭庄，为清代末端甫所建，后归郭氏，内

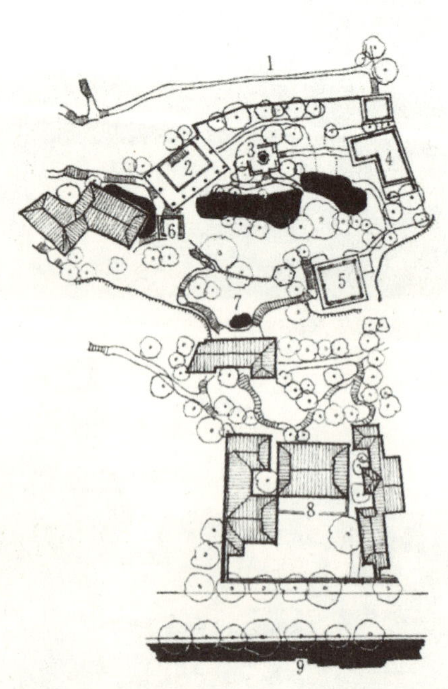
西泠印社平面

1.后山；2.吴昌硕纪念馆；3.华严经塔；4.题襟阁；5.四照阁；6.石室；7.印泉；8.柏堂；9.外西湖

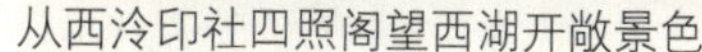
从西泠印社四照阁望西湖开敞景色

西泠印社中部印泉与登山道

部园林以水面为主，但此水通过亭下拱石桥与西湖连通，游人立于亭中，向内可观赏小园景色，向外可纵览开阔的西湖全貌，令人心旷神怡。又如北面孤山的西泠印社，建于1910年前后，系一台地园林场所，若从孤山后面登上，站在台地上或阁中，可俯览西湖外湖全景，游人的感受由封闭的花木山景一下过渡到开敞的湖光景色，对比强烈，西湖美景显得格外开阔，这是将台地园景与大西湖景色沟通，紧密地联系在一起的一个做法。

西湖园林，是利用自然创造出的自然风景园林，极富中国园林特色，它是中国乃至全世界的最优秀的园林之一。

三、欧洲文艺复兴时期（约公元1400年—1650年）

欧洲文艺复兴发源于意大利，公元14、15世纪是早期，16世纪极盛，16世纪末走向衰落。当时意大利威尼斯、热那亚、佛罗伦萨有商船，和君士坦丁堡、北非、小亚细亚、黑海沿岸进行贸易。政权为大银行家、大商人、工场主等把持。城市新兴的资产阶级为了维护和发展其政治、经济利益，要求在意识形态领域里反对教会精神、封建文化，开始提倡古典文化，研究古希腊、罗马的哲学、文学、艺术等，利用其反映人肯定人生的倾向，来反对中世纪的封建神学，发展资本主义思想意识。意大利城市一时学术繁荣，再现了古典文化，并借以发挥，所以将此文化运动称为文艺复兴。这正是资本主义文化的兴起，而不是奴隶制文化的复活。文艺复兴的这种思想是人文主义。人文主义是与以神为中心的封建思想相对立，它肯定人是生活的创造者和享受者，要求发挥人的才智，对现实生活取积极态度。这一指导思想反映在文学、科学、音乐、艺术、建筑、园林等各个方面。

实例5　兰特别墅园（Villa Lante）

该园位于罗马西北面的巴格内亚（Bagnaia）村，在卡普拉罗拉园（Caprarola）北。此园初建于公元14世纪，只是修建一个狩猎用的小屋，15世纪添了一个方形建筑。1560—1580年红衣主教(Cardinal)干巴拉（Gambara）修建了花园，1587年他的继承人卡萨里（Casale）将园送给蒙特路托（Montalto），他建造了美丽的中心喷泉。这个台地园的特点是：

（1）风格统一。据说是著名建筑师维格诺拉（Vignola）和朱利奥·罗马诺（Giulio·Romano）设计的。全园建筑、水系、绿化整体统一协调，这种总体控制的思想超过了其他的意大利园林。

一层平台（Hélio Paul et Vigier）

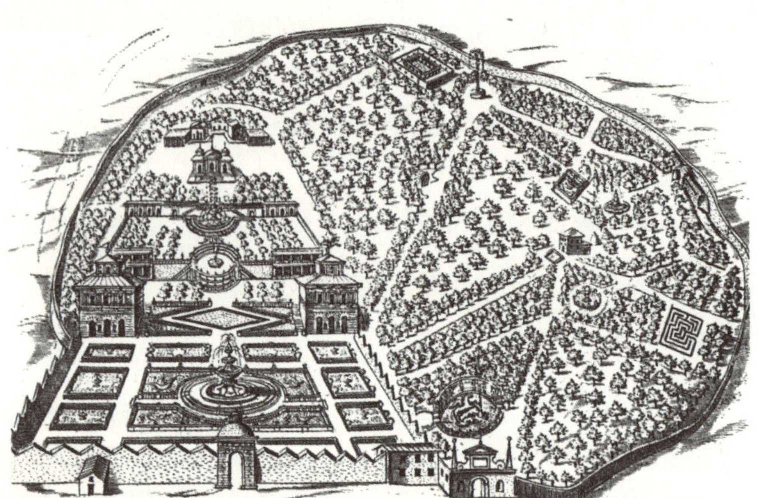

鸟瞰图（Marie Luise Gothein）

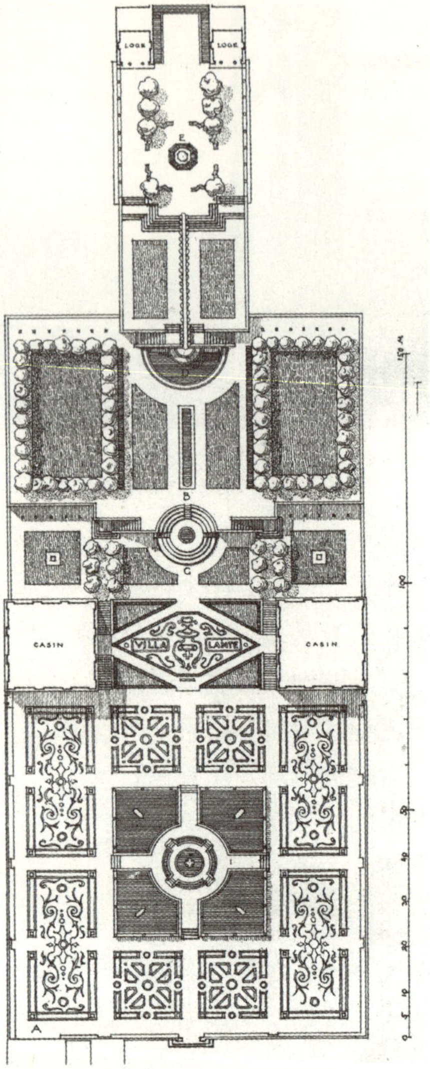

平面（Hélio Paul et Vigier）

从三层平台俯视一、二层平台

一层平台中心喷泉雕塑（Sandro Vannini）

一层平台侧面绿篱花坛

二层平台

一、二层平台连接的台阶

二、三层平台间圆形水池喷泉

从三层平台俯视一、二层平台

三层平台长方形水池

（2）台地完整。花园位于自然的山坡，创造了四层台地。最低一层呈方形，由花坛和水池雕塑喷泉组成，十分壮观；通过坡形草地和两侧对称房屋登上第二层平台，台面呈扁长方形，这里左右各有一块草地，种有梧桐树群；然后，通过奇妙的圆形喷泉池两边的台阶上到第三层平台，这里的空间大了一些，中间为长方形水池，两侧对称地布置种有树木的草坪；第四层台地是最上面的一层，宽度缩窄，为下面的1/3，在其纵向方面分为两部分，在低部分的相当大的斜面上，做成连锁瀑布，贯穿中轴

三、四层平台连接处喷泉河神雕塑

三、四层平台间斜面连锁瀑水

四层平台对称建筑

四层平台建筑内装饰

线，高的部分是平台，中心放一海豚喷泉，其后以半圆形洞穴结束。

这四层台地，在空间大小、形状、种植、喷泉、水池等方面都是有节奏地变化着，并以中轴线和台地间的巧妙处理，将四层台地连成为一个和谐的整体。其效果超过了任何一个遗留的老的意大利花园。

（3）水系新巧。各层平台的喷泉流水，达到了极好的装饰效果。它是托马思（Tomasi）指导设计的，他曾在蒂沃里（Tivoli）建造过水的装置，但在此园超过了以前做过的，取得了新巧而价廉的效果。在一层占据1/4花坛面积，做成一个正方形的大水池，四周围以栏杆，四方正中各设一桥通向中心圆形岛，岛中立一美丽的雕塑喷泉，有四人群像伸直手臂托着一组纹章官的（Heraldic）雕饰。喷水从他们的脚下涌出，群像下的狮子口中有喷水流下，从栏杆柱上的面罩雕刻物口中也有流水落入池中。二、三层平台之间的圆形喷泉，同样精美。三、四层平台之间的半圆形水池，水从四层坡道成叠水流入此池中，是通过蟹爪雕饰滚出的（蟹是干巴拉（Gambara）家族的标志），水池两侧躺着河神，构成了一组壮丽的水景。这些水景和完整的台地以及树暗花明的对比，可称为此园的“三绝”。

（4）高架渠送水。全园用水是由别墅后山上引来的流水供应，是采用一条小型的22.5 cm宽的高架渠输送。

（5）围有大片树林。在此园左

四层平台尽端水池

侧入口台阶旁水池喷泉雕饰

周围大片树林

侧成片坡地上栽植树木，同前例卡斯特洛园东面一样，形成大片树林，称之为 Park，这是公园 Park 的来源。在这里冬青木和悬铃木交叉沿着小径种植。现在的树木范围缩小了。这一树林的作用是多方面的，改善气候，土水保持，还可衬托出花园主体。

实例 6　苏州拙政园

该园位于江苏苏州市北面，建于明正德年间（1506—1521 年），是苏州四大名园之一。明代吴门四画家之一的文征明参与了造园，他作“拙政园图卅一景”，并为该园作记、题字、植藤。由于文人、画家的参与，将大自然的山水景观提炼到诗画的高度，并转化为园林空间艺术，使此园更富有诗情画意的特点，成为中国古典园林、苏州园林的一个优秀的典型实例。这里着重分析此园的园林空间艺术的特点：

1. 对应线构图，主题突出，宾主分明。全园布局为自然式，但仍采用构图的对应线手法，主要厅堂亭阁、风景眺望点、自然山水位于主要对应线上，次要建筑位于次要对应线上，详见分析图。此构图手法，可使园林主题突出，宾主分明，苏州许多名园根据各自的地形条件与使用要求，运用这一手法，做到了主题突出。对应线上的建筑方位可略偏一些，如拙政园主景中心雪香云蔚亭就顺对应线偏西，从远香堂望去，是立体效果。采用对应线手法，不是机械地画几何图形，而是按照各地的自然条件、功能与艺术要求，灵活地运用这一原则。

2. 因地制宜，顺应自然。这是中国造园的又一特点。拙政园是利用原有水洼地建造的，按地貌取宽阔的水面，临水修建主要建筑，并注意水面与山石花木相互掩映，构成富有江南水乡风貌的自然山水景色。从文征明所作拙政园图中可看到以平远山水为中心具有明代风格的当时面貌。至清代，增加了建筑，减弱了原有的自然风貌。这种因地制宜做法，不仅体现出大自然的美，还可大大减少造园费

鸟瞰画（杨鸿勋先生绘）

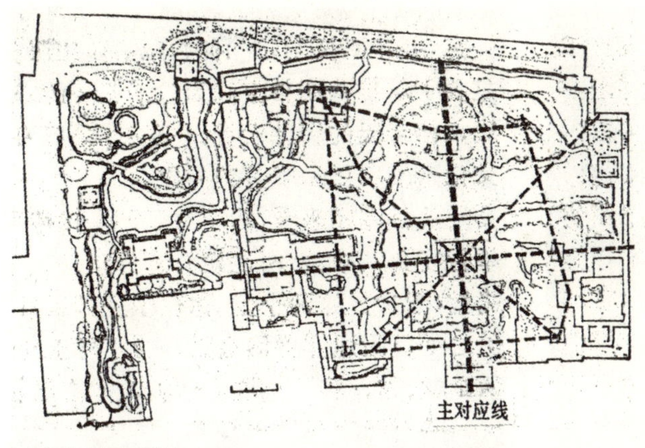

对应线构图分析

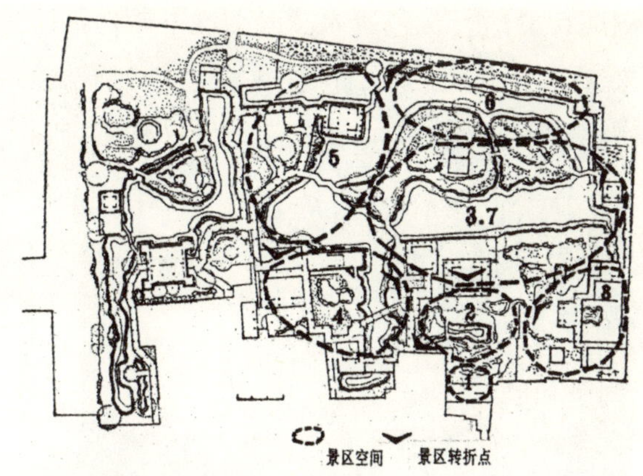

空间序列结构和景区转折点分析

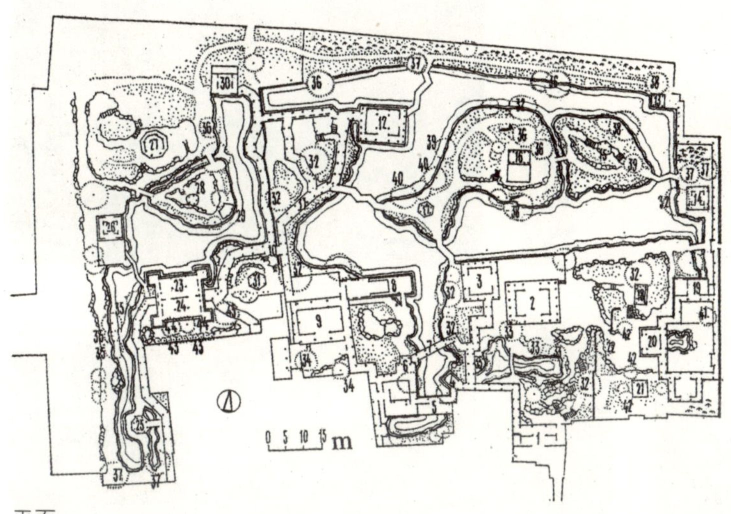

1.腰门　2.远香堂　3.南轩　4.松风亭　5.小沧浪　6.得真亭　7.小飞虹　8.香洲　9.玉兰堂　10.别有洞天　11.柳荫路曲　12.见山楼　13.绿绮亭　14.梧竹幽居　15.北山亭　16.雪香云蔚亭　17.荷风四面亭　18.绣绮亭　19.海棠春坞　20.玲珑馆　21.春秋佳日亭　22.枇杷园　23.三十六鸳鸯馆　24.十八曼陀萝花馆　25.塔影亭　26.留听阁　27.浮翠阁　28.笠亭　29.与谁同坐轩　30.倒影楼　31.宜两亭　32.枫杨　33.广玉兰　34.白玉兰　35.黑松　36.榉树　37.梧桐　38.皂荚　39.乌桕　40.垂柳　41.海棠　42.枇杷　43.山茶　44.白皮松　45.胡桃

平面

用，提高造园效果。建筑的形状、屋顶的形式都是根据地形和设景需要选择的，不拘定式；建筑的色彩取冷色，素净淡雅，顺应自然；还重视保留古树，如白皮松、枫杨等，都是“活的文物”。

3. 空间序列组合，犹如诗文结构。园林空间序列组合，要做到敞闭起伏，变化有序，层次清晰。其划分组合安排类似诗文结构的组织，有引言，有描述，有高潮，有转折变化，有结尾；同时，也有类似诗词平仄音的韵律。拙政园中园的空间序列结构就是这样安排的，详见分析图中划分的 8 个空间序列结构。其空间序列可简化为：封闭、山石景、小空间——半开敞、山水景、小空间——开敞、山水主景、大空间——半开敞、水景、小空间——开敞、山水景、大空间——封闭、水乡风貌、小空间——开敞、建筑与山水主景、大空间——封闭花木景、小空间。空间大小序列是：小、小、大、小、大、小、大、小；空间敞闭是：闭、半敞、敞、半敞、敞、闭、敞、闭。这些序列结构同诗词的平仄音的序列平、仄、平、平、仄、仄、平或仄、平、平、仄、平、平、仄等，是相仿的。这种空间序列安排，通过对比，以取得主题明显突出、整体和谐统一的效果，构成了富有诗词韵律的连续流动空间，达到了更高的水平。这是中国自然风景园林成熟的又一特点。

4. 景区转折处，景色动人，层次丰富。景区转折处是景区变换的地点，是欣赏景观的停留点，也常常成为游人留影的拍摄点。如图所示，从拙政园 1 区进入 2 区处为该园第一个景区转折点，所

从别有洞天东望南轩

入口前导小空间

远香堂、梧竹幽居

清晨从雪香云蔚亭望远香堂

小飞虹景区

从玉兰堂前望见山楼景区

从别有洞天西望与谁同坐轩

从留听阁南望塔影亭

枇杷园

从倒影楼南望波形廊

看到的景观是，以曲桥、山石水池为前景，远香堂坐落在中心，透过远香堂四围玻璃窗扇及其东西两边的豁口，可半隐半现地看到开敞的山池林木远景，景色十分深远，它吸引着游人过桥步入远香堂。远香堂里是第二个景区转折点，景观是以远香堂门框为前景画框，平台、石栏为近景，中心是以池、山、雪香云蔚亭为透视焦点的自然山水景色。接下来在各景区转折处都可观赏到层次丰富的前、中、远景，使这一处的景观有极大吸引力，引人走近观赏。这一做法是中国园林的特色，拙政园的处理尤为精美。

5. 空间联系，连贯完整，相互呼应。园林空间的序列是靠游览路线连贯起各个空间的。拙政园的游览路线是由园路、廊、桥等组成。此外，还通过视线进行空间联系，如远香堂南面与小飞虹水院空间、松风亭空间与香洲南面空间的联系，都是通过视线的呼应联系起来；又如远香堂南面、北面空间与枇杷园空间，通过绣绮亭这个眺望点呼应联系，还有见山楼、宜两亭等眺望点都可通过视线将四周空间景色加以联系。

四、欧洲勒·诺特时期（约公元 1650—1750 年）

法国路易十四时期在巴黎近郊修建了举世闻名的凡尔赛（Versailles）宫及其园林，这组建筑与园林满足了体现至高无上绝对君权思想的需要，因而此园的做法影响到整个欧洲，各国君主纷纷效仿，远至俄国、瑞典，近有德国、奥地利、英国、西班牙、意大利等地都建造了这种类型的宫殿园林，它在欧洲整整流行了一个世纪左右。

凡尔赛宫园林设计人是法国的造园家勒·诺特（Le Nôtre），生卒年为 1613—1700 年，他生于造园世家，创造了大轴线、大运河具有雄伟壮丽、富丽堂皇气势的造园样式，后人称其为“勒·诺特式”园林。这一造园样式并非起源于凡尔赛宫园林，而是他设计建造的巴黎近郊的沃克斯·勒·维康特（Vaux Le Vicomte）园。后来，他又改造了卢浮宫前吐勒里（Tuileries）园，对于19世纪形成巴黎城市中心轴线起了重要的作用。“勒·诺特式”园林虽然仅风行了一个世纪左右，但后来的影响还是存在的。我认为在今后亦然有参考价值，主要要看所造园林是否为大众使用。

实例7　凡尔赛（Versailles）宫

在孚盖被关起来之后，1662—1663年路易十四让勒·诺特规划设计凡尔赛园林，他提出：要搞出世界上未曾见过的花园，要超过西班牙埃斯库里阿尔宫。该园位于巴黎西南18 km，共建设了20多年，于1689年完成，1682年路易十四把政府迁到这里。为了达到路易十四提出的要求，体现君主绝对的权威，勒·诺特在凡尔赛宫园林设计中采取了如下手法。

1. 大规模。大胆地将护城河、堡垒合并，并向远处延伸，占地1.1 km^2，建筑面积11万m^2，园林面积1 km^2，建成了如此宏大的园林。

2. 突出纵向中轴线。三条放射路，焦点集中在凡尔赛宫前广场的中心，接着穿过宫殿的中心，轴线向东南伸延，在这条纵向中轴线上布置有拉托那（La-tona）喷泉、长条形绿色地毯、阿波罗（Appolo）神水池喷泉和“十”字形大运河。站在凡尔赛宫前平台上，沿着这条中轴线望去，景观深远，严整气派，雄伟壮观，体现出炫耀君王权威的意图。

3. 采用超尺度的“十”字形大运河。勒·诺特对此设计从未感到怀疑，认为巨大的运河像伸出双臂的巨人，可以给人以无比深刻的印象。笔者1982年散步在这宏伟的运河畔，至今留下深刻的印象。运河纵向1 560 m，宽120 m，横向长1 013 m，这个放大尺度的运河，当时供路易十四在水上游赏使用，现已成为法国运河公园的一个最好实例。从实践情况来分析，这一构思与做法，可以说是在沃克斯·勒·维康特别墅园内采用横向运河的基础上发展的。粗犷的大运河景观十分开阔，它与细致的中轴线上的两大喷泉池形成对比，它们结合在一起，加强了轴线的宏伟气势。

4. 均衡对称的布局。在纵向中轴线两侧均衡对称地布置图案式花坛和丛林，既有变化，又是统一向心的。中轴线左、右两个外侧，布置有一对放射路通向“十”字形运河两臂的末端，左端是动物园，右端是大特瑞安农（Trianon）园。这样处理，既可突出中轴线，又增加了园景的内容与变化。这也是沃克斯·勒·维康特园的发展。

位置（Edmund N.Bacon）

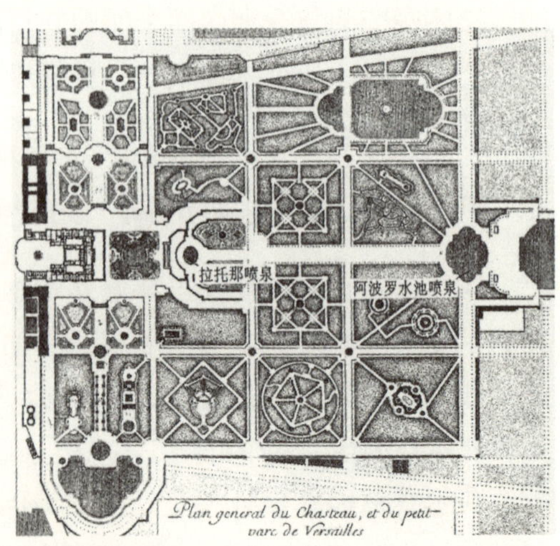

中心部分平面（Marie Luise Gothein 1680年）

总平面（Marie Luise Gothein）

从阿波罗（Appolo）神水池喷泉沿中轴线望主体建筑（当地提供）

鸟瞰（当地提供）

主体建筑前望园景纵轴线

拉托那（Latona）喷泉（当地提供）

阿波罗神雕像

主体建筑北翼前花园（当地提供）

大运河中心

运河侧面尽端一角

三喷泉广场画（Marie Luise Gothein）

Marais 丛林画（Marie Luise Gothein）

镜廊

塑像

塑像

塑像

5. 创造广场空间。在道路交叉处布置不同形式的广场，纵横向道路围起的绿地中也安排有各种空间，用作宴会、舞会、演出观剧、游戏或放烟火使用，以满足国王奢侈享乐生活的需要。

6. 丛林（Bosquet）背景。中轴线的突出，以及为宴会、演剧、舞会、娱乐使用的各种各样的活动空间，都是以丛林作为背景而形成的。如"十"字形大运河的外围丛林；左臂运河动物园丛林，并有美丽的橘树林；特瑞安农丛林；拉托那、阿波罗水池喷泉之间两侧的丛林；宫殿北翼雕塑水池周围丛林，后改为三个喷泉的背景丛林；以及水剧场半圆形舞台的背景丛林；还有具有动物装饰的喷泉背景丛林等。丛林是凡尔赛宫园林的基础。

7. 以水贯通全园。在纵向中轴线上布置连续不断的壮观水景，是凡尔赛宫的一大特点，也是它出名的一个主要原因。当地水源并不丰富，是从较远之处引水到宫中；由于耗水量极大，以致不能经常开放动人的喷泉。众多水景在前面已经提及，它们之间是互有联系与呼应的。这里仅介绍一下中心拉托那和阿波罗两大喷水池。拉托那喷水池，中心是一有四层圆台的雕塑喷泉，四层逐级向内收进，环绕圆台是许多张口的青蛙，一层台上还有人身蛙口的塑像，最上一层是女神像，当喷泉一齐开放时，口中喷水，形成水山。这一壮观景色构成了花园景色的第一个高潮。阿波罗喷水池，中心是一年青的太阳神和他的四匹战马，其半个身子露出水面；在其边上还有半人半鱼神吹喇叭，以示宣布一日的新光。此中心雕像群的巨大喷泉以及浩大的水池，构成了花园景色的又一个高潮，它也是运河水景的前奏，并起着连接运河的作用。

8. 采用洞穴。它作为建筑的一个部分被安排在园的北面。洞穴内部雕塑装饰有三组，中心是太阳神，有许多仙女围绕，左右两边是太阳神神马，还有半人半鱼神。洞穴是欣赏音乐演出的场所。

9. 遍布塑像。在中心的两大喷水池中，是以拉托那和阿波罗神塑像为核心，雕塑生动细致，神态自如，起到了点睛的作用。在两大喷水池中间的林荫路两侧各布置一排塑像，栩栩如生，起到陪衬作用。在宫前两侧的横轴线和水池周围，也都布置有精美的雕像，同样起着点景和衬景作用。所以我们认为遍布雕像，也可以说是凡尔赛宫园林的一个特征。

10. 建筑与花园相结合。这一方面是法国园林设计的进步，改变了建筑与花园缺少联系的不足之处。当时的建筑趋势是，同花园设计一样，要表现绝对的君权，走向古典主义，建筑要简洁，有一定的比例，没有过多的装饰，庄严雄伟。建筑与花园的空间造型是十分协调的，建筑与花园相结合，还表现在互相的联系上，除将建筑的长边及其凹凸的外形同花园紧密联系外，有的还将花园景色引入室内。如著名的镜廊，全长 72 m，一面是 17 扇朝向花园巨大拱形窗门，另一面镶嵌与拱形窗门对称的由 400 多块镜片组成的 17 面镜子，在镜面中反映了花园景色。其他，如洞穴顶上布置花坛，活动空间中建筑与绿化、喷泉装饰、塑像布置在一起，所以人们说“宫殿转变为花园，花园转变为宫殿”，这说明凡尔赛宫的建筑与花园已结合成为一体了。

还有一个专门问题，值得单独说明。1670 年路易十四从法国传教士关于中国情况的报告中，对中国陶瓷制品非常感兴趣，于是在特瑞安农（Trianon）花园的一个茶室中采用中国装饰，并以此来取悦蒙特斯潘（Montespan）夫人。在这里将蓝色大瓷瓶放在台阶和引向运河处，室内到处布置彩釉陶饰板，并以蓝色釉陶瓷砖铺地，还把大理石半身像放在釉陶底座上，这是一个欧洲国家受中国文化影响的较早实例。

勒·诺特所设计的凡尔赛宫园林，是吸取了意大利文艺复兴时期台地园设计的优点，结合法国的情况，创造出法国“勒·诺特式”园林，使新的规则式园林设计达到了新的高峰，他的名字作为造园专家在欧洲红极一个世纪。

实例 8　北京颐和园（原名清漪园）

该园位于北京西北郊，始建于 1750 年（清乾隆 15 年），1765 年建成，名为清漪园，1860 年被英法侵略军焚毁，1886 年（清光绪 12 年）重建，改名颐和园，1900 年又遭八国联军破坏，1901 年修复。此园占地约 2.9 km^2，其特点如下：

1. 依山开池，模仿西湖。这里原称瓮山西湖，明

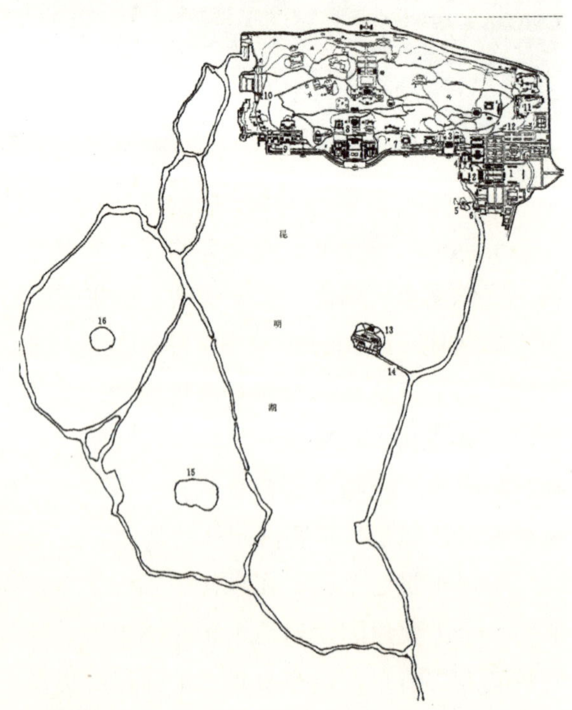

平面
1. 东宫门　2. 仁寿殿　3. 乐寿堂　4. 夕佳楼　5. 知春亭　6. 文昌阁　7. 长廊　8. 佛香阁　9. 听鹂馆（内有小戏楼）　10. 宿云檐　11. 谐趣园　12. 赤城霞起　13. 南湖岛　14. 十七孔桥　15. 藻鉴堂　16. 治镜阁

从文昌阁上西望万寿山昆明湖（近处为知春亭）

从夕佳楼上观看湖山夕阳西下景色

乐寿堂庭院（春天玉兰花开时）

乐寿堂东面芍药圃

夕佳楼

长廊

长廊彩画

雪后长廊前

万寿山昆明湖碑

听鹂馆内小戏楼

从清遥亭看听鹂馆入口

宿云檐

谐趣园水景

时建有好山园。在 1749 年（清乾隆 14 年），为疏通北京水系，引玉泉山水注入瓮山前的西湖，再辟长河引水入北京城。为此，一举两得，乾隆为其母后祝寿，翌年决定在此建造清漪园，拓宽西湖水和瓮山后面水流，在前山的中部建大报恩延寿寺，将瓮山改名为万寿山，将西湖改称为昆明湖。这就是依山开池的因由。总体布局，完全是模仿杭州西湖风景格局，自然的万寿山高 40 多米，湖面比圆明园的福海大，是清代皇家园林中最大的水面。湖中建有西堤、支堤，将水面划分为一大二小，在这三个水域中各建一岛，象征东海三神山——蓬莱、方丈、瀛洲，亦延用汉建章宫太液池中三岛的做法，并同杭州西湖相仿；此西堤及堤上六桥是仿杭州西湖苏堤和“苏堤六桥”。大片昆明湖水为北面万寿山、西面玉泉山及其后面西山环抱，真好似杭州西湖的缩影。

2. 借景西山，建筑呼应。西边近景为玉泉山，山顶建一宝塔，远景为西山峰峦，景色十分深远，这开阔的园外美景皆借入园中，扩大了此园的空间，这是该园造园的一大特色。为了观赏这美景，在湖东岸建有夕佳楼，每逢夕阳西下之际，站此楼上可看到极富诗情的全园和玉泉山玉峰塔倒影的长卷画面。全园的中心建筑是毁后改建的佛香阁，其下面沿中轴线为排云殿等建筑群，为举行盛典之处，此阁高 36.5 m，阁顶高出湖面 80 m，成为全园的视线焦点，它控制着前山区，能俯览湖中三岛景区、东岸与西部的景区、山脚与山腰各景点的建筑，建筑之间彼此呼应。这些呼应的建筑起着双重作用，一是观景，二是被观赏的景点，丰富了园林景色。

3. 东面宫殿，东北居住。此离宫别苑，按清代规定，宫苑分开设置，采取的仍是前宫后苑的布局。宫廷区又分成朝寝两部分，位于东部布置以勤政殿（光绪时改名为仁寿殿）为中心的建筑群，是上朝处理政务之地；为了慈禧长时间在此居住，在东北两面扩建了后廷部分的玉澜堂、宜芸馆和乐寿堂，作为居寝之地。特别是慈禧居住之处乐寿堂，其布置格外精美，庭院中种有玉兰花，中心放有巨大的石景，透过对面廊道墙面上的什锦窗，可望到湖光美景。

4. 长廊连接，丰富景观。在前山脚下布置一长廊，将北部自东向西的建筑群连接起来，共有273间，长728 m，是园林中最长的长廊。它的作用是，丰富了园林景观，无论从山上望湖或从湖上观山，都增加了景色的层次；它还是一条很好的游览路线，可观赏到许多变化的景观，阴雨时可避雨淋，烈日时可防日晒；它本身也是观赏的对象，在每间中都可欣赏到彩绘的各地山水画卷。

5. 园中有园，仿园寄畅。全园造景100余处，园中有园，沿湖东岸向北行有17孔桥、知春亭、夕佳楼、水木自亲等园景，沿西堤北行是6桥景色和一片田园风光；在万寿山前山山腰东部有景福阁园景，可俯视开阔的全园山水景色，并可观赏东面的圆明园，前山山腰西部有画中游等园景，同样可横览全园的湖光山色，有如画中游赏；在两个关隘中间，顺后湖自西向东行，布置有7个园景，在东边关隘处，安排一园景，清漪园时称惠山园，颐和园时改名为谐趣园，是仿无锡寄畅园而建，乾隆数次下江南，十分喜爱寄畅园的以水景为中心的自然山水园，因而取其意移景此地。

6. 石舫西洋，对立统一。在前山西端的湖中建一石舫，其样式为西洋古典式，对此曾引起非议，认为在中国传统园林中，这种形式不伦不类，很不协调。笔者认为，此石舫的体量不大，又位于侧面次要位置上，有一不同风格的建筑也无妨，对立统一，亦可并存。

五、自然风景式时期（约公元1750—1850年）

18世纪中叶，英国首先出现了自然风景式的花园，完全改变了规则式花园的布局，这一改变在西方园林发展史中占有重要地位，它代表着这一时期园林发展的新趋势。这种大的转变，是从文学界开始作思想引导的，英国散文作家艾迪生（1672—1719年）、英国田园诗人蒲柏（1688—1744年）于1712、1713年先后发表有关造园的文章，赞美自然式造园，否定传统的规划式。同时影响到从事造园的布里奇曼、肯特（Kent 1685—1748年）等人，引起共鸣，在造园实践中体现了这一思想。至18世纪中叶以后，法国孟德斯鸠、伏尔泰、卢梭等在英国基础上发起启蒙运动，卢梭于1761年还写出构思日内瓦湖畔的自然式庭园，这种追求自由、崇尚自然的思想，很快反映在法国的造园中。

实例9　赖伯润特（Laberint）园

该园位于巴塞罗纳城北部边缘，始建于1791年，19世纪上半叶还在不断添建，所有者是马奎斯（Mar-quis），设计人是意大利建筑师，法国人负责园艺种植。其整体布局和建筑形式都受到当时浪漫主义和古典复兴思想的影响。1995年12月笔者参观此园后，发现它是代表这一时期的较好实例，其特点是：

平面（当地提供）
1.中式门　2.广场　3.盆栽花园　4.家庭花园　5.迷宫　6.雕像亭　7.自然河渠　8.主体建筑　9.大水池　10.浪漫式喷泉　11.瀑布　12.浪漫式花园

1. 总体布局为自然加规则风景式。仅中心部分为规则式，景观丰富，有层次变化。在外围的东面，布置有观赏和休闲的小花园，西面安排有多个自然田园的景观，总体联系完整。

2. 主体建筑环境优美。主体建筑小巧简洁，为古典复兴式，

迷园喷泉水池

从主体建筑前远眺迷园

广场、中式门（左角）

河渠自然景色

主体建筑后水池、洞屋雕像

主体建筑

位于坡地较高处，前面是坡地花坛、迷园，后面为方形水池、洞屋雕像和大片丛林，环境清幽。主人是高知研究科学人员，常在这里举办活动。

3. 迷园精美。由较高柏树篱组成，设有拱形门，中立雕像，前有水池喷泉，是我所见迷园中最美的一个。迷园是从希腊迷宫而来，在文艺复兴时期意大利园中多建有迷园，这一传统形式一直保留延续至今。

4. 小花园精致。进园往东有一中式门，在此门东南有一盆栽花木的小花园，称其为 Boxtree Garden，现盆栽极少，为绿篱花坛，配以雕像，十分精致。在此园东面尽端的树丛中，布置桌椅，又是一处清静休闲之地。

5. 田园自然景观丰富，在园的西部，从中心主体建筑漫步至此，可陆续见到浪漫式的喷泉、瀑布、浪漫式小花园和农舍等丰富的自然田园景观。

实例 10　扬州瘦西湖

该湖位于扬州府城外西北部，1765 年前盐商们为取悦皇帝在原保障河两岸造景形成景区，为清乾隆第四次南巡的游览区。其特点是：

1. 自然水景，如带串联。此处原为保障河，因清乾隆时诗人王沆的一首诗“垂杨不断接残芜，雁齿红桥俨画图，也是销金一锅子，故应唤叫瘦西湖”，由此而改称瘦西湖。在清以前这里已建有园林建筑和园林景点，1765 年前修复一些建筑景点并大量添建园亭，建成 24 景，如西园曲水、长堤春柳、四桥烟雨、梅岭春深、白塔晴云、蜀岗晚照、万松叠翠等，这些园景沿弯曲带状的瘦西湖两岸布置，以此带状自然水景将 24 景和谐地串联在一起，如一幅自然山水风景长卷。在 19 世纪，此处已逐渐衰落，20 世纪 50 年代后开始修复。

2. 性质多样，公共使用。过去，这里除私人宅园为个人使用外，其余寺庙园林如莲性寺、大明寺，酒楼茶肆园林如竹楼小市景点，祠堂园林与书院园林，还有其他许多风景游览点，其性质是多样的，但都是开放的，为公共所使用。

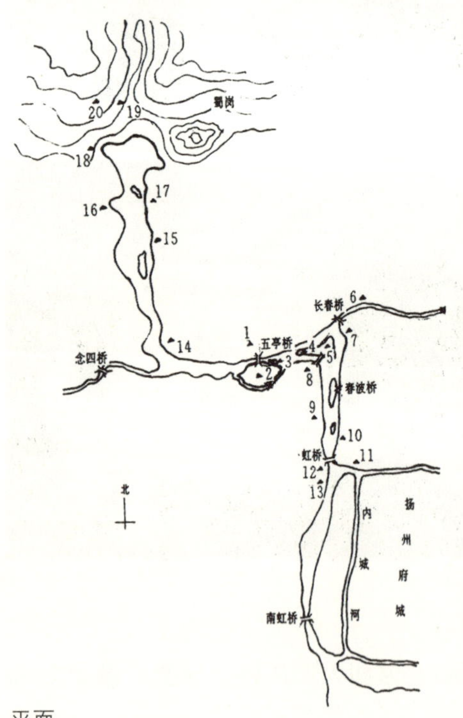

平面

1. 白塔晴云　2. 白塔　3. 凫庄　4. 吹台　5. 梅岭春深　6. 杏花村舍　7. 四桥烟雨　8. 徐园　9. 长堤春柳 10. 荷蒲薰风　11. 西园 12. 曲水　13. 虹桥修禊　14. 柳湖春泛　15. 望春楼　16. 曲碧山房　17. 春流花舫　18. 水竹居　19. 万松叠翠 20. 大明寺　21. 平山堂

从吹台方亭看白塔、五亭桥晨景

白塔、五亭桥夕阳剪影

3. 互相对景，相互借景。这一湖区景色，以纵向景观为多，景点位置的安排很巧妙，每一景点都能观赏到均衡的其他景点，相互对景和借景。最精彩的对景，如中心部的吹台，乾隆在此钓过鱼，故又名“钓鱼台”，台上建一方亭有两个圆洞门，恰好面对五亭桥和白塔两个重要景点建筑，构成了一幅精美的有代表性的瘦西湖景观画面。若在五亭桥上眺望，近景是如浮在水面野鸭状的凫庄，中景是钓鱼台方亭，远景是四桥烟雨一带，景色丰富。

从五亭桥上东望吹台(右为凫庄)

东南部景色

4. 桥亭塔园，造型别致。中心景区五亭桥，建于1757年（清乾隆22年），桥上建有五个亭子，形似莲花，所以又称“莲花桥”，桥基由石砌成大小不同共有15孔的桥墩组成，此桥造型独特，既稳重又剔透。白塔全部为砖结构，分三层，下为须弥座，中部为龛室，呈圆形，上部为刹，上有13层瘦长的圆圈，称“十三天”，顶上盖圆盖，再上是铜质葫芦塔顶，其整体造型均较北京白塔为瘦，显得清秀。吹台之方亭，还有其他景点之亭，都很得体，造型别致。

5. 叠石见胜，嶙峋峰峦。扬州叠石自成一派，受扬州画派的一定影响，湖石、黄石均采用，讲究叠石成整体的气势，使其似陡峭峰峦、嶙峋山石。

六、现代公园时期（约1850—2000年）

现代公园，最早出现的是城市现代公园，为城市市民大众所使用的公共园林。18世纪时英国伦敦的皇家猎苑，允许市民进入游玩；19世纪伦敦一些属皇家贵族的园林，逐步向城市大众开放，如摄政、肯辛顿、圣·詹姆斯、海德公园等。法国在19世纪下半叶，于巴黎东郊、西郊重点扩建了两个森林公园，在塞纳河旁及其左右两边又建了公园，为市民使用。德国于19世纪中叶在柏林修建了城市公园。最有影响的城市公园，是19世纪中叶在美国纽约市中心修建的中央公园，它是为了解决大城市环境日益恶化、改善城市环境，由造园家设计建造的。日本在19世纪下半叶于大阪建造了公园。中国在20世纪前后，于北京、上海、天津、南京、无锡等地修建了城市公园。自20世纪以来，在发展城市公园的基础上，提出要搞城市绿地系统的观点，这一概念至今还应提倡和实施。现代公园，还包括国家公园，自1872年美国建立黄石国家公园后，世界各国都逐步发展了自然风景区、自然保护区等国家公园，其规模范围很大，一般都远离城市。进入21世纪，在各国皆在呼吁保护人类生活环境的背景下，我们更应重视现代公园的保护和发展，走向自然。

实例 11　纽约中央公园

1857 年在纽约市中心修建美国第一个城市大公园——中央公园。设计人是奥姆斯特德（Olmsted 1822—1903 年），他受过英国教育，继承与发扬道宁的园林建设观点，推崇英国自然风景式园林。道宁（Downing）于 1850 年前往英国等欧洲国家，从布朗、赖普顿等造园名家处得到启迪。该园特点是：

1. 与城市关系密切。位于纽约曼哈顿岛中心部位，改善了城市中心的环境，又便于市民来往。
2. 保护自然。总体布局为自然风景式，利用原有地形地貌和当地树种，开池植树。
3. 视野开阔。中间布置有几片大草坪，游人可观赏到不断变化的开敞景观。
4. 隔离城市。在边界处种植乔、灌木，不受城市干扰，进入公园就到了另外一个空间环境。
5. 曲路连贯。全园道路随景观变化做成曲线形，且曲路连通可游览整个公园。

（图照由杨士萱先生提供）

大草坪

可供休闲活动的草地

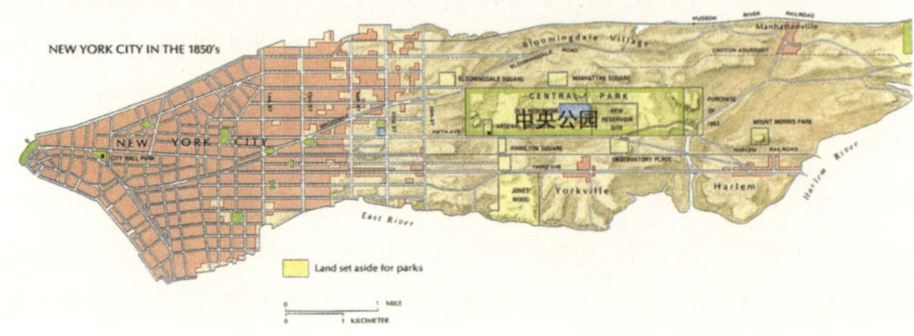

1850 年位置（现为城市中心）

平面
1. 温室花园　2. 北部沟谷　3. 观景城堡
4. 弓形桥　5. 水池喷泉台地

可行走马车的道路

林间步行小路

温室花园画

观景城堡画

北部沟谷画

弓形桥画

小池喷泉台地画

实例 12　安徽黄山风景区

黄山位于安徽省南部，面积为 154 km^2。黄山古名黟山，因山多黑石之故。唐天宝年间改名黄山，是取自黄帝在此炼丹升天的神话。黄山以“奇松、怪石、云海、温泉”四绝著称，含有泰山之雄伟，衡岳之烟云，华山之峻峭，匡庐之飞瀑，峨眉之清凉，故明地理学家徐霞客称赞“五岳归来不看山，黄山归来不看岳”。笔者观五岳及四大佛山后，同黄山相比，确实感到黄山为“天下第一山”，因而选此实例。其本身和建设特点有：

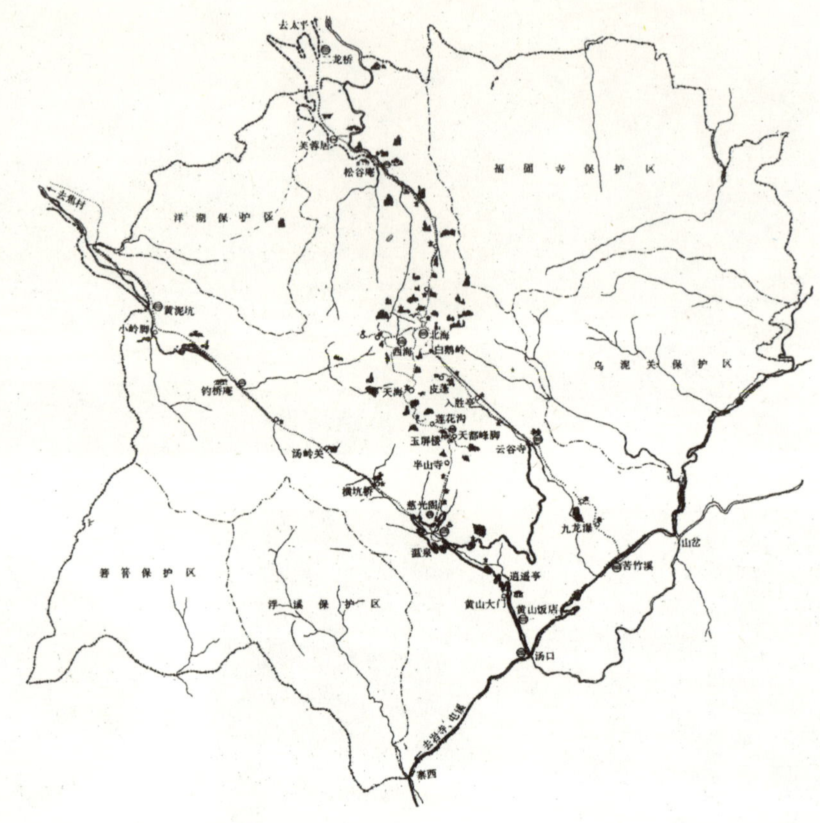

总平面（朱畅中先生提供）

1. 主景突出重点观赏。黄山的奇松、怪石、云海三绝，多集中在玉屏楼至北海游览路线的两侧。温泉飞瀑景多在南部，山的下方。在玉屏楼至北海这一中心游览区内有黄山的三大高峰，莲花峰最高海拔为 1867 m；光明顶第二，海拔为 1840 m；天都峰第三，海拔为 1810 m，但最为险峻，其名取意为天上之都会。除此三大景观外，还有其他动人的峰景，如始信峰“琴台”，笔峰“梦笔生花”，狮子山“猴子观海”等。这些景观是黄山风景区的精华，为重点的风景观赏区。

迎客松

莲花峰

2. 保护林木峰峦泉瀑。山水林木是风景区的基础，如遭毁坏，风景区就不复存在。1955 年黄山森林覆盖率为 75%，后经砍伐林木，盖房与烧柴使用，曾降低了 20%，现正在恢复；在所谓建设的名义下，曾开山取石，截瀑引水，乱排污水，破坏了风景环境，现都加以制止。目前，保护风景得到了一定的重视，如在黄山南部玉屏楼东文殊洞顶的迎客松，它是黄山十大名松之冠，如好客的主人伸手迎接来客，已有损伤，现设法抢救保存下来。

猴子观海

天都峰

清凉台东景观

石柱奇松

3. 开辟交通通畅游览。交通便利与否，直接影响着风景区游客的数量。交通包括内外两个方面，首先要解决好外部的交通，使各地游客能迅速到达风景区，黄山地处皖南山区中，远离城镇，现铁路、民航都能直达黄山脚下的屯溪，屯溪距黄山 75 km，其对外交通条件已大有改善。同时开辟黄山内部的交通，公路已通至后山海拔 900 m 的云谷寺和前山的慈光阁，缆车道可从云谷寺到达中心游览区后部。从前山山脚至后山的各个景观的游览环形线路共约 30 km 长，公路与缆车道占 40%，其余为步行游览，已比较方便。

4. 山脚山腰建设设施。黄山山顶中心游览区没有可供建设的缓坡地段，只在北海地区有少量的建设地段，所以将提供食宿的建设重点布置在后山云谷寺和山脚处。80 年代在云谷寺修建宾馆，游客可晨乘缆车上山，观赏主要景观，午后或暮前返回，解决食宿问题。

5. 发展黄山旅游事业。有“天下第一山”的景观，就应充分发挥此优势，大力发展黄山旅游事业。为了突出并保护好黄山主景区，要重视黄山周围地区自然生态环境的保护；还需要发掘开发新的景点，增加游览路线和活动内容；进一步改善交通和服务设施条件以及提高服务质量。

6. 促进地区经济发展。发展黄山旅游事业同地区经济发展不是对立矛盾的，可相互结合起来，互相促进。这一地区可大力发展副食基地，发展种植业、养殖业、食品加工业和富有地方特色的手工艺品制造业，还可发展一些旅馆文化娱乐建筑，这些都是为促进黄山旅游事业的发展服务，同时亦促进本地区经济的进一步发展。

上述这几点是发展风景区所应重视的几个共性问题。世界各地有名的风景名胜区，大都是在这些方面做得比较出色。

（原载《世界园林发展概论：走向自然的世界园林史图说》中国建筑工业出版社 2003 年 2 月出版）

2 凝固的诗、立体的画

——苏州拙政园略览

苏州古典园林是我国江南私家园林的代表，在中国园林艺术史中占有极其重要的地位。它之所以能够取得如此造诣高深的艺术成就，除了苏州具有水多、山石多、花木多等优越的自然地理条件和自古以来商业、手工业发达的经济条件外，还有一个很重要的原因，就是这里的文人、画家、造园家多。造园家或园主大都是画家、文人，能诗能文又能画，在他们的设计或参与下，将大自然的山水景观提炼到诗画的高度，并转化为园林空间艺术。由此可以看出，苏州私家园林设计的主导思想是要搞出中国大自然山水的诗情画意，不是简单模仿大自然，而是大自然写意的艺术创作，不是追求大自然的形似，而是抓住大自然本质特征的形象，体现出神似，构成理想的自然山水景观，它源于自然，但高于自然。这一升华大自然，使之富有诗情画意的特点，在中国古典园林中是共有的。但由于苏州具有上述各个方面的优越条件，所以这个特点在苏州古典园林中格外突出。从这一特点出发，我们对拙政园园林空间的总体布局和各个景区的布局，具体分析如下。

拙政园是苏州四大名园之一，始建于明正德年间。明代吴门四画家之一的文征明曾参与过拙政园的造园活动，作有《拙政园三十一景图》，并为该园作记、题字、植藤等。400 多年来，拙政园历经沧桑，从总体来说，保留至今的已是清代改建过的面貌，但其山水布置基本上还保持了原来的结构。

完整的园林空间艺术

园林艺术是一个完整的空间艺术。所谓完整的园林空间艺术，首先要功能与艺术高度地结合，满足游人的生活需要。这是古今中外造园的共同要求，苏州古典园林在这一方面尤其突出。

从拙政园来看，为了便于园主接待宾友、举行宴会，中、西两园设有远香堂、三十六鸳鸯馆。这两个堂、馆位于全园风景最优美之处，最适宜对酒赏景。为了便于到达这两个堂、馆，遂将其位置靠近拙政园南部的住宅，并有游廊与住宅联系，以利于晴雨时入园。为了使游园者于冬夏均能在堂馆内活动，西园主厅成鸳鸯厅形式，向北为三十六鸳鸯馆，临荷池，供夏日观赏荷花、鸳鸯之用；向南为十八曼陀萝花馆，供冬末初春欣赏山茶花之用，于馆前建有高墙蔽风，馆下设有地龙，以供冬日取暖。

这种功能与空间艺术紧密结合所创造出来的完整的具有诗情画意境界的空间艺术，是通过哪些设计原则与艺术手法体现出来的呢？

（一）对应线构图，主题突出，宾主分明

拙政园布局为不规则式，或称之为自然式，但仍然采用了构图的对应线手法，主要的厅堂亭阁、风景眺望点、自然山水位于主要对应线上，次要建筑位于次要对应线上。具体说来，由腰门、假山屏

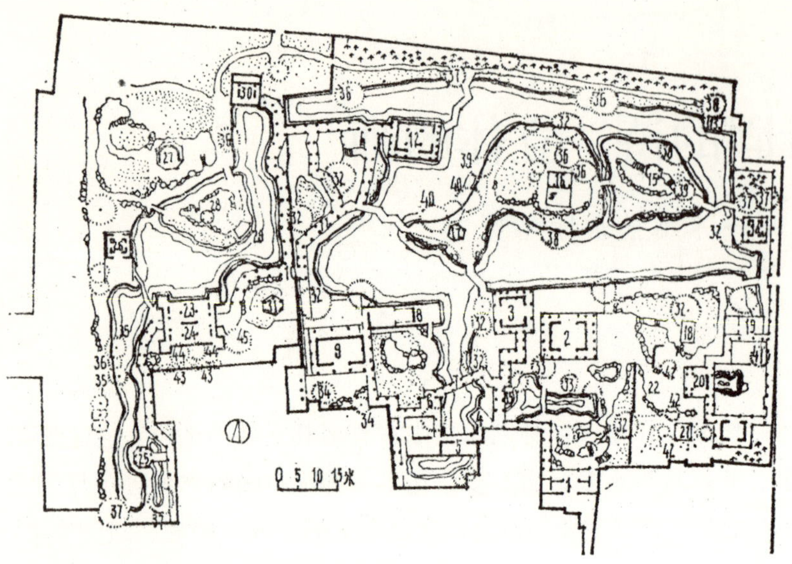

1.腰门　2.远香堂　3.南轩　4.松风亭
5.小沧浪　6.得真亭　7.小飞虹　8.香洲
9.玉兰堂　10.别有洞天　11.柳荫路曲
12.见山楼　13.绿绮亭　14.梧竹幽居
15.此山亭　16.雪香云蔚亭　17.荷风四面亭
18.绮绣亭　19.海堂春坞　20.玲珑馆
21.春秋佳日亭　22.枇杷园　23.三十六鸳鸯馆
24.十八曼陀萝花馆　25.塔影亭　26.留听阁
27.浮翠阁　28.笠亭　29.与谁同坐轩
30.倒影楼　31.宜两亭　32.枫杨　33.广玉兰
34.白玉兰　35.黑松　36.榉树　37.梧桐
38.皂荚　39.乌桕　40.垂柳　41.海棠
42.枇杷　43.山茶　44.白虎松　45.胡桃

拙政园中、西部示意

障通过远香堂到北山上的雪香云蔚亭，形成为中园的南北向主对应线；从远香堂向东到绣绮亭、向西到玉兰堂，为中园的东西向对应线。平行南北向主对应线的次对应线，西面为香洲到见山楼，东西为绣绮亭到北山亭；平行东西向对应线的次对应线，从南向北有香洲到南轩，西半亭到东半亭，荷风四面亭到梧竹幽居，雪香云蔚亭到北山亭。这些构图对应线的组合，使主对应线更加明显，使中心建筑远香堂非常突出。远香堂的突出，还在于其东南面枇杷园景区和西北面见山楼景区连接起的对角线，同其西南面小沧浪景区和东北面绿绮亭景区连接起的对角线，正好交会在远香堂处，而且这四角景区的布置都是向心的，这就使远香堂形成为中园的中心。

在园林设计中应用对应线构图手法，使园林的主题突出，宾主分明，尤为重要。做到了这一点，即使在其他方面设计得不够完美，也可称得上好的作品。计成《园冶》中讲“凡园圃立基，定厅堂为主，先取乎景……”，其意也是说明主题突出的问题。然而，新中国成立后新建的许多公园中，在不同程度上存在着主题不突出、宾主不分明的缺点。就拿有名的杭州花港观鱼来说吧，扩充的面积不小，但游人进去之后，转来转去找不到主题景色，对于牡丹亭的印象很淡薄，这就是设计上的失误。

苏州许多名园，根据各自的地形条件与使用要求，运用对应线构图手法，做到了主题突出，如留园的涵碧山房与可亭、怡园的藕香榭与小沧浪对应线所形成的主题景观，给游人留下了深刻的印象。

对于对应线构图，还有两点需要说明。一是构图对应线上的建筑方位不是端正无偏的，为了彼此观赏到透视的角度，而不是呆板的正立面，将建筑方位线与对应线取个偏角，如雪香云蔚亭顺对应线偏西，从远香堂望去，是立体效果。另一点说明是，采用对应线手法，不是机械地画几何图形，而是要按照各地的自然条件、功能与艺术的要求，灵活地运用这一原则，创造具有各地特点的主题突出的自然式新园林，只有这样，才能吸引游人。

（二）因地制宜，顺应自然

文征明《王氏拙政园记》中说“娄、齐门之间，居多隙地，有积水亘其中，稍加浚治，环以林木……”这说明拙政园是利用原有水洼地建造起来的。它是按照原有地貌，取宽阔的水面，临水修建主要建筑，并注意水面与山石花木相互掩映，以构成富有江南水乡风貌的自然山水景色。从明嘉靖十二年文征明所做《拙政园三十一景图》和清道光十六年戴熙将此三十一景图合绘成一图之中，可看到以平远山水为中心，具有明代风格的当时面貌。这种利用自然、顺应自然、与地形密切结合的做法，是值得推荐的。这样做，不仅体现出大自然的美，而且由于因地制宜，大大降低了造园的费用，提高了造园效果。在这一点上，较之清代后期的一些苏州园林堆砌山石矫揉造作、建筑繁多、造型庞拙，要高明得多。

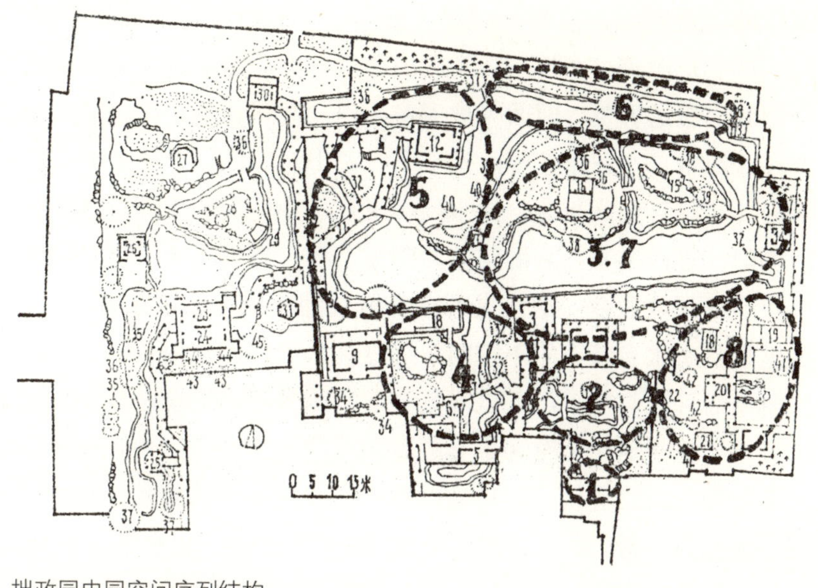

拙政园中园空间序列结构

运用因地制宜、顺应自然的原则，园林的平面、空间布置必然是自然式、不规则形的。建筑形式、构造也是自由式的。

拙政园建筑的类型有堂（远香、玉兰）、馆（三十六鸳鸯、十八曼陀萝花）、楼（见山、澂观、倒影）、阁（留听、浮翠）、轩（南、与谁同坐）、舟（香洲）、亭（雪香云蔚、北山、松风、宜两、笠、绣绮等）、廊（柳荫路曲、水廊）等。建筑形状有正方形（梧竹幽居、留听阁）、长方形（远香堂、玉兰堂）、六角形（北山亭、宜两亭）、八角形（浮翠阁）、圆形（笠亭）、扇形（与谁同坐轩）等。屋顶的形式有歇山、硬山、攒尖等。这些园林建筑的样式是根据地形和设景需要选择的。其结构也不拘定式，如海棠春坞就是取不对称的建筑平面，面阔两间，一大一小，突破了建筑格式的一般框框。这种园林建筑的自由式做法，是很值得园林建筑设计者学习的。

建筑的色彩，同样注意因地制宜、顺应自然，为了适应大自然的特色和南方夏季炎热的特点，拙政园建筑取冷色，屋顶灰黑色，梁柱棕色，墙面白色，这种色调的建筑与花木石池配合，使游人感到素净淡雅、协调统一，并足以减轻逼人的暑气。

因地制宜、顺应自然，还包括重视保留古树。拙政园的中、西园里都有数百年的古树，其枝叶茂盛，挺拔苍劲，是造诗情画意景色的难得珍物，又是“活的文物”。十八曼陀萝花馆前的天井中，与山茶花相配的两株白皮松，就很珍贵；雪香云蔚亭南面、见山楼西南面、绣绮亭北面的百年以上的枫杨树，都为景色增添了幽静的气氛。但是，在海棠春坞院内的一株连起生长的二人合抱的老榆树，在玉兰堂前的两株盘根错节、夏日浓荫的枫杨树，近些年枯死或倒卧，使这两处的景观大为减色。

（三）空间序列结构，犹如诗文结构

园林空间序列结构的设计，就是园林空间的划分和组合。划分，不能过于零碎烦琐；组合，要做到敞闭起伏，变化有序，层次清晰。其结构安排类似诗文结构的组织，有引言，有描述，有高潮，有转折变化，有结尾；同时，也有类似诗词平仄音的韵律。例如，拙政园中园的空间序列结构就是这样安排的。进园门，前面正对着一座假山，石笋参差，花卉争妍，是一个以石山屏障为主的前导小空间；再从走廊跨过小桥，绕到假山之后，有一池清水与远香堂前后呼应，是一个有山水景的半开敞的小空间；进远香堂，四面为玻璃窗、门，开敞通透，可观览四周的景色，堂北面有平台、荷池，池水宽广，池中二山树木苍郁，是一个有湖山意味的、自然景色最为突出的开敞大空间，远香堂西面通向南轩，从南轩曲廊折西，便来到小飞虹、小沧浪、香洲，这是一个有曲折变化的水院小空间；出旱船后舱门，过西半亭，从柳荫路曲到见山楼，登楼而望，园外灵岩、天平诸山，园内山水、曲桥、池南岸建筑群尽收眼底，这里是一个开敞空间。出见山楼东侧面，过一座三曲桥，就到了北部后山花径，这里是具有水乡特点的小空间。绕过溪水向南，从梧竹幽居亭渡桥西行，折入池中的北山，登上雪香云蔚亭后，居高临下，可以周览全部中园景色，这里是一个以远香堂为中心的开敞大空间；同时还隐约可以看见在这个大空间中套叠着的一些小空间。下山过荷风四面亭，渡石桥经过远香堂，入圆洞门游枇杷园、海棠春坞，这里是以枇杷、海棠为主题的几个小院空间。按照这样的大致划分，其空间序列可简化为：封闭、山石景、小空间——半开敞、山水景、小空间——开敞、山水主景、大空间——半开敞、水景、小空间——开敞、山水景、大空间——封闭、水乡风貌、小空间——开敞、建筑与山水主景、大空间——封闭、花木景、小空间。空间大小的序列是：小、小、大、小、大、小、大、小；空间敞闭的序列是：闭、半敞、敞、半敞、敞、闭、敞、闭。这些序列结构同诗词的平仄音的序列平、仄、平、平、仄、仄、平或平、平、仄、平、平、仄、平等，是相仿的。这种空间序列的安排，使相邻空间的主题、敞闭、大小以及形状各不相同，通过对比，以取得主题明显突出、整体和谐统一的效果，构成了富有诗词韵律的连续流动空间，达到了较高的水平。这种空间序列安排的手法，完全可以运用到今日的园林设计中，它可以改变有些新建公园存在的单调乏味、缺少空间变化、散漫零乱等弊病。

（四）景区转折处，景色动人，层次丰富

景区转折处是景区变换的地点，是欣赏景观的停留点，也常常成为游人留影的拍摄点。为此，要精心安排，组织层次丰富的前、中、远景，使这一处的景观有极大的吸引力，引人走近观览。在这景区转折处的设计，苏州园林是有特色的，拙政园的处理尤为精美。例如，从腰门沿廊绕假山北行，进入远香堂南面景区，在这第一个景区转折点所看到的景观是：以曲桥、山石水池为前景，远香堂坐落在中心，透过远香堂四围玻璃窗扇及其东西两边的豁口，可半隐半现地看到开敞的山池林木远景，景色十分深远，它吸引着游人过桥步入远香堂。远香堂里是第二个景区转折点，景观是以远香堂门框构成为前景画框，平台、石栏为近景，中心是以池、山、雪香云蔚亭为透视焦点的自然山水景色。走出远香堂从南轩走廊转入曲廊水院的景观，玉兰堂北转入见山楼区的景观，出见山楼入后山区的景观，从梧竹幽居亭转入北山区的景观等，都是层次丰富、景色幽美的完整画面。这些转折处是由墙洞门、石洞门、门窗、桥、廊、花木、山石、栏杆组成前景的，增加了空间的深度和层次。

（五）空间联系，连贯完整，相互呼应

园林空间的序列是靠游览路线连贯起各个空间的。拙政园的游览路线是由园路、廊、桥等组成，除有连接各个景区的主干路线外，在各个景区中的套叠空间内，如山洞内、曲折的北山上、枇杷园院落里、曲廊水院内，都还有迂回的游览路线。

空间的联系，除了游览路线外，也可考虑通过视线进行联系，如拙政园远香堂南面空间与小飞虹水院空间、松风亭空间与香洲南面空间的联系，都可以通过视线的呼应联系起来。还可考虑通过眺望点进行联系，这是因为眺望点高，可以看到不同的空间，如远香堂南面、北面空间与枇杷园空间，就可以通过绣绮亭这个眺望点加以联系；柳荫路曲空间与见山楼前后空间，可以由见山楼这一眺望点构成联系。

各种景区诗情画意的体现

拙政园的各个景区同其他苏州园林一样，是由山池石树，花鸟虫鱼、建筑（包括装修）、书法、绘画、诗文、木刻、石碑等物质因素组成的。造园家运用简练的造园材料，创造出与大自然形神相似的景观，这些景观体现着不同的主题，富有诗情画意。

（一）山水景观

拙政园中园主体建筑远香堂前景区，在平台前是一片宽广的荷花池，夏季荷香浮动，越远越清，香气远飘堂中。宋代周敦颐《爱莲说》一文中有“香远益清”句意，因此题名“远香堂”。堂北池中堆有二山，西面较大，上筑雪香云蔚亭，东西较小，上筑北山亭。山上林木葱翠，桃榉梅竹掩映，以取得原有对联“蝉噪林愈静，鸟鸣山更幽”点出的意境，它构成为中园的主景区。这一主景区具有开敞的湖山真意的特色，山中具有山林之趣。在山背后，水溪依山脚流过，花径临溪，春季桃红柳绿，冬末芦苇摇曳，具有幽静的江南水乡风味。

从这一成功的实例中，可以找出几点值得吸取的创造山水景观的手法。

1. 空间大小适宜，观赏主景清晰：这个主景区是横向展开的开敞景色，其视距、视角是合宜的。一般情况是在 200 m 以内可看清观赏对象，但观赏清晰的范围是在 60 m 以内，从远香堂至雪香云蔚亭的距离为 35 m，至荷风四面亭 30 m，至梧竹幽居 50 m，至绣绮亭 25 m，都在 60 m 以内，可清晰地看到观赏对象。垂直视角的清楚范围是 27° ～ 18° 左右，水平视角的最大范围是 90°，而不是 140°，中间视野最清楚的范围是 30° ～ 40°，而不是 60°，要看清开敞景观，就必须转变视线方位；从水面至雪香云蔚亭屋顶高度为 8.5 m，亭后榉树高度为 16 m，从远香堂前平台望此亭、树，其视距等于高度的 2 ～ 3.5 倍，垂直视角为 15° ～ 27°，正符合观赏全景的范围，从远香堂前平台向北看，池中二山正好是在水平视角 90° 范围之内，向东看在水平视角 90° 范围内，可观赏到梧竹幽居至绣绮亭山脚处，这就是说站在平台上可以连续看到水平方向的 180° 范围的景色，视野开阔、清晰。

2. 叠山：可取之处是，山虽不高，却注意了山形，有起有伏，有主有从，远观有气势。山上配树，树头有变化，“山藉树为衣，树藉山为骨”，树不繁，能看到山的秀丽，山不乱，能显出树的精神。

另一可取之处为用石少。拙政园中园的池中二山和绣绮亭山脚的做法，是在下部叠石，山上积土。其优点正如李笠翁《闲情偶寄》中所说，“用以土代石之法，得减人工，又省物力，且有天然委曲之妙，混假山于真山之中，使人不能辨者，其法莫妙于此……以土间之，则可泯然无迹，且便于种树，树根盘固，与石比坚……”这种做法是值得推广的。拙政园中园所布的山形与坡脚，是用石起挡土的作用。叠石很注意章法，取山石画的皴法，不是一直一横，没有零乱琐碎之感。再有一点可取处为，山以水来配合，得水而活。

由于掌握了这几个要点，拙政园的叠石就多以形神体现出自然山水的真趣，极富画意。

3. 理水：拙政园中园水面的处理，如郭熙《画训》中所说“水以山为面，亭台为眉目……故水得山而媚，得亭榭而明快……”这种山水相依、理水与叠山同时考虑的特点，是要着重学习的。为了充分利用水面，拙政园中园景区，以聚水为主，给人以开阔之感。以分水为辅，如池中二山之间的小溪、倚虹桥和小飞虹处水面，都是分水，曲折引人入胜，起到陪衬聚分水面的作用。这种聚、分水面完整统一的特点，也是值得学习的。而水有静水、动水两种，拙政园水面均为静水，缺少动水，这是个不足之处。

4. 植物配置：在拙政园中，植物的配置是有其独特风格的，苏州其他园林大体如此。这种风格的形成，主要有下列几个特点。

采用的植物绝大部分是中国固有的品种，如松、榆、槐、枫、柳、桃、海棠、荷花、梅、竹、文贞等，外来植物品种逐渐加以采用，如广玉兰。

为着饱含大自然的诗情画意，追求植物的自然风采，便多采用姿态苍老、质朴古雅的植物材料，极少选用树冠规则的树种，整形也采取自然整形。

如作山水画，配置的植物贵精不贵多，植物材料的使用注意经济，以少而简洁来取得更大的艺术效果。比如拙政园北山亭宜观红叶，却仅植乌桕一株；松风亭可听松声，也仅植松树二三株；玉兰堂观赏玉兰，也只有大小玉兰各一株。

郭熙《画训》中比喻，山为面，水为血脉，亭台为眉目，则草木为毛发，得草木而华。拙政园的植物配置做到了草木同山、水、建筑搭配得体，相互呼应，构图完美。

5. 建筑：形式活泼开敞，与景色渗透融和。建筑既是观景点，又能起到丰富景色的作用，如远香堂是采用四面厅形式，厅内无柱，四面为透明的玻璃窗扇，厅四周的自然景色尽皆引进厅内，从厅内可观赏到东西南北四面的不同景色。该厅坐南朝北，山水主景坐北向南，在背阴的厅内看到的是光线明朗的北面山池、荷花景色。该厅与南轩的平面布置，一横一竖，一前一后，轮廓线参差变化，丰富了池南岸的景色。

6. 鸟虫鱼：拙政园中园的池中二山有鸟、蝉，增加了山林的气氛；池塘中放养观赏的金鱼，增加了自然的生气；西园三十六鸳鸯馆前的景色，如真率笔记中所述“霍光园中凿大池，植五色睡莲，养鸳鸯三十六对，望之烂若披锦”。因池中有鸳鸯，而馆取此名，使景色更富有生趣。这种将鸟虫鱼组织在园中的做法是可取的，很值得重视。

7. 天空：园林空间除四周的立体面之外，还包括有天空与地面。天空大，自然形成开敞的景色。树木茂密，树冠遮天，露天极少，这就形成山林、密林的景象。特殊气氛的景色形成，是与天空密切联系的，如拙政园夏季早晨五至六时、黄昏前六至七时的晨景、晚霞，以及烟雨时中、远景朦胧在云气中的景观，都颇具诗情画意。绣绮亭内匾额“晓丹晚翠”，其中晓丹就是指向东面海棠春坞方向看的朝霞景色，晚翠是指向西面别有洞天方向望的远山暮色。

（二）名卉嘉木景观

以花木创造四季景观是中国园林的一个特长。从拙政园来看，春景有十八曼陀罗花馆观山茶花，海棠春坞看海棠，夏景有远香堂前赏荷花，秋景有北山亭观红叶，松风亭赏秋月，冬景有雪香云蔚亭赏梅花、雪景。

海棠春坞的景色是，在南墙前靠东种有海棠树一株，靠西是以湖石垒砌的花台，台上点缀花木，南墙面上镶嵌着“海棠春坞”四个字，犹如一幅写意的文人画。实际上，这样的景观来源于大自然的景色，或是取自山石花木画，将它转变为园林空间的。西园“十八曼陀罗花馆”南面的天井中，靠南墙成排种有十八株山茶花（现仅剩十三株），花有粉红、深红、白色等，花期正在元旦和春节期间，是冬季缺花季节时的较好花木（山茶花又称“曼陀罗花”，馆以此取名）。在这里还配置两株白皮松，天井东角有假山一座，构成一横幅实物的立体画面，是冬末初春时节的一个花木景观。

在苏州的其他园林中，有许多类似的名卉嘉木景色，主题有牡丹、芍药、桂花、玉兰等。这种景观的布局手法是，观赏建筑多坐北朝南，花卉嘉木在其南面，于冬、春、秋赏花，可清楚地看到由阴面白色粉墙衬托出来的花形姿态优美、光彩艳丽夺目的名花，格外生动。花台是用湖石围起的自然状的矮台，其台上也有做成高低几层的，下层栽名花，上层植较大的花木，并在其间置数块配景石。花台的宽度常常同对面的建筑画宽相仿，深度为 1.5 ～ 5 m，是取静观近赏的空间尺度。

（三）文化古迹的保留

园子的诗情画意，还反映在把文化古迹组织在园林建筑之内。如在远香堂西南长廊墙上镶嵌着清沈德潜《复园记》碑刻，在旱船内舱横梁上悬有明文征明书写的“香洲”匾额，在西园拜文揖沈之斋的东西内墙上嵌有文征明写的《王氏拙政园记》《补园记》碑刻和文征明、沈石田二人（都是画家）半身画像与传记，在此斋北面六扇屏门上刻有清郑板桥画竹及题跋，使游人可以了解数百年的园史，可以欣赏这些历史上有名画家、文人的真迹。

（四）以诗情画意来命名园林建筑

拙政园名是取晋代文学家潘岳《闲居赋》“……灌园鬻蔬，以供朝夕之膳，此亦拙者之为政也”句意，其原意是：浇花卖菜，维持早晚两顿饭，是笨拙人的事业。原来是园主明王献臣，因作御史受贿而被排挤，失意之后，回乡建园，便以此标榜自己清高而取名。

雪香云蔚亭，雪香指梅花，《水经注》有“交柯云蔚”，指山间林木茂密。绣绮亭，取自杜甫诗“绮绣相展转，琳琅愈青荧”，这是借喻景物的美丽。小飞虹桥廊本是来自“飞虹眺秦河，泛雾弄轻弦”诗句。虹是指天空的彩虹，古人也把它作为桥的象征，该桥“卍”字形朱漆栏杆，倒影水中，好似彩虹，水波荡漾，桥影飞动，因而取名“飞虹”。宜两亭，“宜两”取自唐白居易诗“明月好同三径夜，绿杨宜作两家春”，此诗是白居易赠与邻居的，两家隔一墙，墙边有柳，春日报青，两家共见。该亭位于西园东南角，紧靠中园，因亭高，能望到中园和西园两处景色，所以借此为名。浮翠阁，“浮翠”取自宋苏轼诗“三峰已过天浮翠”，原意是指远处天边的青山，此阁建在西园假山高处，周围林木苍翠，阁如浮在翠色树竹之上，故借以为名。

这些命名，说明造园是与文学艺术密切结合的。每一景都寓有诗情画意，并以点出风景主题的诗句来加以命名，以突出其意境。

（原载《中国园林艺术概观》 江苏人民出版社 1987 年 3 月出版）

3　感触联想

去年，我们访问瑞士回来后，有的同志问我，这次访瑞有何感触？提起感触，确实不少，但在建筑与规划方面主要有三点。因为这三点引起了较多的联想，联想到我国的情况和问题，这些问题是我长期以来思索并想得到解决的问题和付诸实现的设想。

一、历史名城要划出成片的保护区问题

所谓城市的成片保护区，就不是几幢或几组建筑群的保护范围，而是成区成片的旧城保护范围。

我们在瑞士看到的中世纪发展起来的著名城市，如首都伯尔尼、最大的城市苏黎世、第二大城市巴塞尔以及国际会议中心日内瓦等，其旧城都作为市中心区被完整地保存了下来。由于这么多的历史城市全是这样，因而给我们留下了深刻的印象。

然而，我国的许多历史名城，特别是首都北京并没有这样做。最近，北京市的一位领导人登上景山俯览北京城，颇有感触地说：“看来，梁思成对北京市城市规划的意见，还有重新研究的必要。”这句话说明北京旧城被改建得比较零乱，不够完整。20世纪50年代时，梁思成教授曾强调要完整地保留北京旧城区，这个原则精神是可取的，至于如何成片地保留，倒是需要进行多方案的探讨。为什么说这个原则精神是可取的呢？这是因为北京整个旧城区具有历史文物的价值。它的历史悠久，自商周就设为城邑，元开始在此建都，成为全国的政治中心，元大都的规划与建设十分完整，反映了封建礼制思想，注意结合当地的自然地理条件，城市骨架未做大的变动，经过明、清一直延续至今，所以它是研究城市发展史的一个极为珍贵的典型实例。北京旧城的构成，不仅是位于城市中心的皇城，还包括分区的布局（有衙署区、居住区、商业区、手工业区等）、完整的防御体系（有城墙、护城河、城楼、瓮城、箭楼等）、传统的方格网道路系统、具有一定方位的坛庙寺观、典型店面的商业街道、独特格局的“四合院”住宅以及皇家园林、王府花园、民间宅园等。这个复杂的综合体，在色彩、建筑层数上也是有严格的规定，因而构成了优美

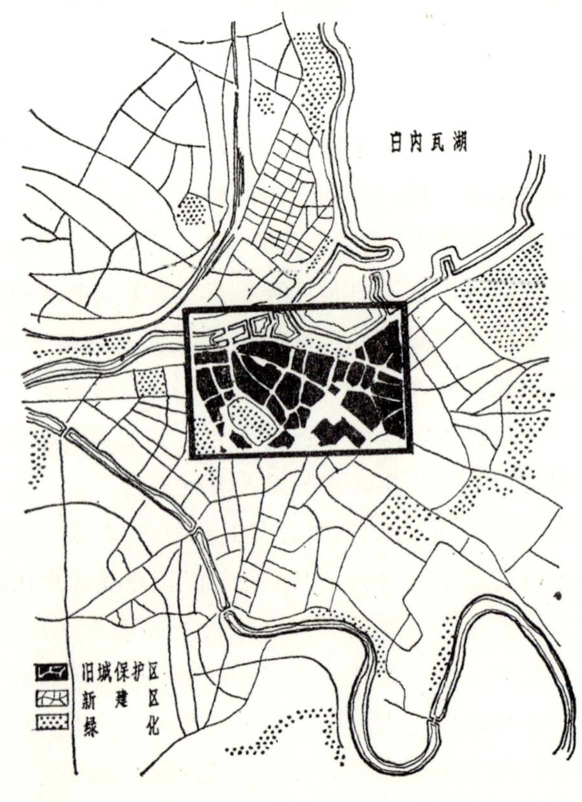

瑞士日内瓦市旧城保护区

的富有起伏变化的城市立体轮廓。所以说，从历史文物价值、反映都城的原有风貌和特点以及历史的生活面貌、研究城市发展史、发展旅游事业来看，都需要完整地保留旧城区。但是，北京市的城市规划与建设并没有成片地保护旧城区，20 世纪 60、70 年代拆除了城墙、城楼，填掉了护城河，在前门箭楼左右建起了一道高四五十米的“新城墙”（“前三门”工程），在故宫的周围“见缝插针”地盖起了“鹤立鸡群”式的高楼，为数众多的街道工厂占用了有保存价值的四合院、王府花园等，在故宫西华门南面硬加建了破坏原紫禁城轮廓的高大书库，在天坛的中心地带堆起了一座欲与天公比高的土山。按照这样的“规划”继续建设下去，最后剩下的历史建筑，就只有已经改变原状、原环境的故宫、天坛等几个孤立的建筑群了。它们又怎么能体现出古都北京的完整面貌呢？

在解决保护古城市这个问题上，瑞士是有经验的。他们很重视保护和宣传自己国家的古代城市与古建筑，这是具有一定文化水平的反映，也是生产力发展到一定水平时的必然要求。在瑞士全国各地，凡是具有重要历史价值的古代城市与村庄，都被划在保护范围之内，成区成片地被保护起来。如瑞士东北部的特劳金（Trogen）村落，在中世纪时全村遍布家庭织染作坊，作坊和居住连在一起，为四五层木构架、双坡顶的房屋，富有地方的传统特点，现在居民已转业，但整个村落被保留，作为旅游村。特别值得借鉴的是首都伯尔尼，它于 1150 年始建在阿勒（Aare）河湾的高地上，1218 年城区建有三条街，至 1650 年三条街进一步发展，建筑更加丰富，形成了中心地带以哥特式教堂钟塔为制高点的城市轮廓。这个旧城早已被定为保护区，全部保留到现在。旧城区中的重要建筑，如中心大街西部的 1250—1350 年作为城市大门的钟楼和塔楼、北面大街的 1406 年建造的哥特式市政厅、南面大街的 1421 年始建的高 100 m 的明斯克大教堂等，属于一级保护。三条大街沿街的四层左右、底层为拱形通廊的建筑，属于三级保护。保护分为三级，是根据建筑的历史价值划分的。一级保护是原状保护、原状陈列。二级保护是原状保留，但结合现代生活要求加以使用，如沿阿勒河岸的一座古老宅邸，现上层作为市长官邸，下面开辟为伯尔尼城市历史陈列厅。三级保护是仅保留建筑的外貌，其内部则按照改为商店、旅馆的使用需要，全部更新装修与设备。这种“全部保存、分级利用历史城市与建筑”的做法是成功的。

由此联想到北京旧城，对它究竟应该如何保护呢？拙见是以原紫禁城为中心的前后左右划为成片的一级保护区，其范围东到东皇城根，西到西皇城根，南至天安门，北至钟鼓楼。在这一级保护区范围内应按照城市原有面貌加以保护。原内域的白塔寺、雍和宫、文庙、国子监区和外城的天坛、先农坛、大栅栏、琉璃厂区等也应划为一级保护区，原貌保留，在其周围不准修建高大建筑物。原内城城墙内的范围，除一级保护区外，都划为二级保护区。所谓二级保护区，就是在这个区内不准修建高层建筑。这个方案，也只是在现状条件下的一个补救方案。因为现在已经存在了不可挽回的缺陷，如城墙、城楼的拆除和护城河的填堵等。目前，西安、南京城还保存着许多段城墙，据说是敬爱的周总理亲自指示要保留的，但愿它们能被划在保护区之内，继续得到保护，免遭毁灭。

同时，也联想到闻名中外的苏州。她是一个具有 2500 多年历史和江南水乡特色的文化古城，这个特点，绝不是几个苏州园林所能代表的。除古典园林外，还必须保留水巷、桥梁、水陆城门、文化古迹与历史名人遗迹等，也就是说，只有成区成片地保护苏州旧城的面貌，才能反映出苏州的历史特点。因而我认为，旧城北部地区和南部地区的双塔、文庙、网师园、沧浪亭、盘门三景附近等应列为一级保护区，要按原来面貌加以保护，其中水巷民居，仅需保留外貌，有些内部可根据现代生活的使用需要进行更新改善。在苏州原有城墙以内的范围，除了上述的一级保护区外，全部划为二级保护区，在这些二级保护区内不能修建较高的建筑，建筑层数要在四层以下，建筑形式要具有当地民居的传统风格。在原旧城里的有污染的工厂，如电镀厂等一律要迁出；城内的河道，不仅不应再填掉，而且要争取逐步恢复到清代后期“三横四直”河网系统的水平。

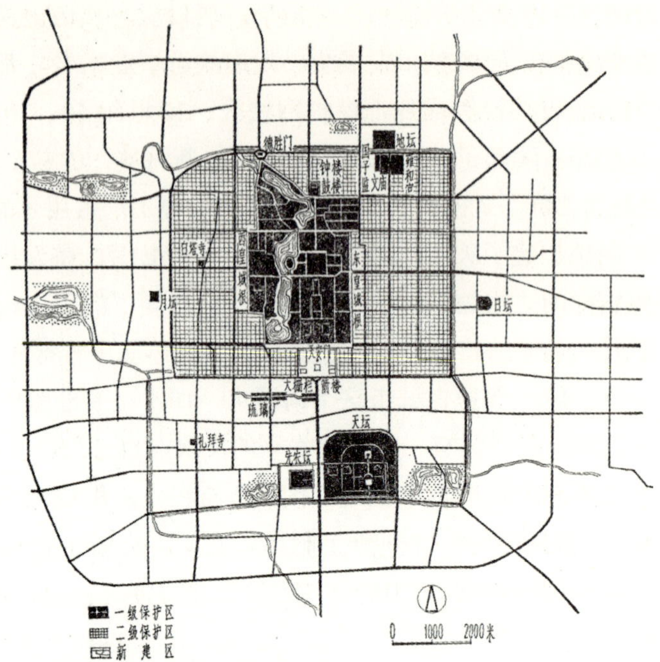

北京市旧城保护区规划设想

古建筑的高大雄伟，城市立体轮廓的起伏韵律，不是孤立产生的，而是在相对的周围环境中才能感受到的，这也是成片保护旧城区的一个重要原因。如瑞士伯尔尼旧城，成片建筑是 15 ～ 20 m 高的四层楼，几个 50 ～ 100 m 高的钟楼、教堂等突出在其中，这就构成了欧洲中世纪古城堡的立体轮廓，显示了教堂的高大雄伟。一般建筑与高大建筑的高度比为 1∶5，有的是 1∶3 或 1∶4。如果没有高出两三倍的向上伸展的建筑，也就形不成起伏的轮廓线。现在，有些同志想把苏州成片的低层水巷民居拆除，改建成为高楼林立的所谓现代化城市，要在人民路两旁修建友谊商店大楼、高层办公楼等，这些新大楼的高度同盘门、双塔、北寺塔等古建筑的高度相近，它的出现必然就破坏原有城市的立体轮廓，破坏江南水乡城市的特色，还会破坏古建筑的环境与形象，使新旧建筑极不协调。北京旧城也是这种情况，一般四合院住宅建筑的高度为 6 ～ 10 m，宫殿为二三十米，城楼为三四十米，北海白塔、景山万春亭、白塔寺等几个高点为五六十米，一般建筑与高点建筑的高度比为 1∶5 ～ 1∶8，所以北京旧城形成了富有韵律的立体轮廓线。要保存这个轮廓线，就必须在旧城内划出成片保护区和控制建筑高度。北京、苏州的规划都曾这样设想过，在几个保留的古建筑和园林的周围限制新建筑的高度。这样做要比不限制新建筑的高度好一些，但达不到反映历史城市的完整面貌及其立体轮廓的效果。上面联想到的两个实例，都说明划出历史名城的成片保护区是极其重要的。

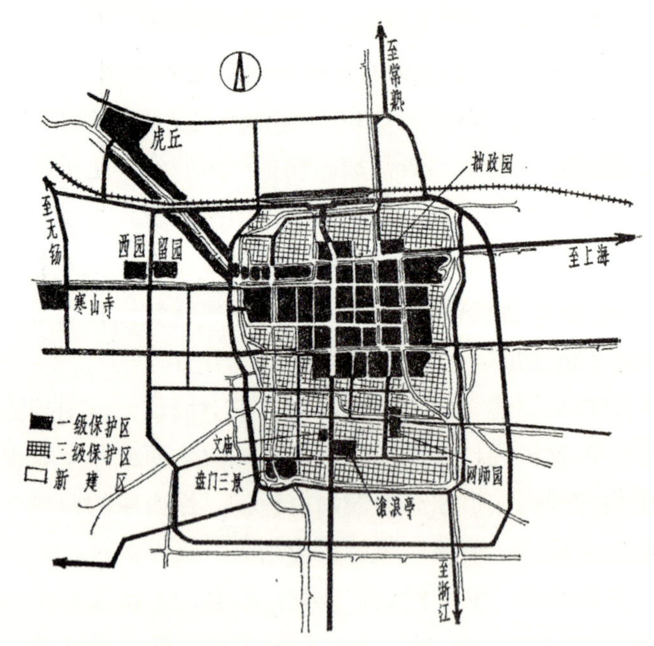

苏州市旧城保护区规划设想

划出旧城的成片保护区，这仅仅是解决了问题的一大半，尚需要解决新旧城如何协调的问题。在解决这一问题方面，瑞士也提供了经验。如伯尔尼，它是利用 30 ～ 40 m 宽的阿勒河天然界限，将新、旧城分开而又紧密连接在一起的。阿勒河谷的标高低 30 m，在河的两岸遍植林木，形成绿化带，以这条绿化带作为旧城与新区取得协调的过渡地带。新区的建筑层数是向外逐步增高的。联想到北京，它的旧城范围与城外较高的新建筑区的衔接，可以利用原来城墙位置搞成环状绿化带，以此绿化带作为过渡，使旧城与新区协调起来。苏州市则更有条件，在护城河旁开辟环行交通线，同时搞成滨河环行绿化带，作为新、旧城的连接和协调的纽带。

倘若这种成片保护旧城的做法是对的，我想除北京、苏州外，杭州、西安、南京等历史古都的城市规划，也都应该划出一个旧城保护区，使具有历史价值的旧城切实得到保存。这也是我们这一代对前人、后代应负的历史责任。

二、建筑设计要以工业化为基础的问题

瑞士的现代建筑同它的古建筑一样，丰富多彩，多种多样，但绝大多数都是工业化的建筑。各国现代化建筑的发展都是建立在建筑工业化的基础之上的。我国建筑工业化正处在开始发展的阶段，以工业化为基础的建筑设计还很少，一般仅限于一些工业建筑和住宅设计，而且存在着样式千篇一律的弊病。

为了实现“四化”，建筑必须逐步摆脱手工业的生产方式，走建筑工业化的道路，这就要求建筑设计要标准化、多样化。我们并不否认，标准化的建筑容易产生单调这个问题，所以建筑设计人员要努力解决工业化、标准化与多样化的矛盾。解决得好，完全可以做到建筑构件、模具等标准化，建筑体型、空间多样化。我们在瑞士看到了许多这一方面的优秀实例，可资借鉴。如馏克（Leuk）卫星地面接收站车间设计，其平面是按照比较复杂的使用功能要求，做成多边形的连接体，体型简洁而又富有变化，若解剖分析，可以看出：尽管其平面变化多样，但是由标准的三角形所组成。该车间的柱、门窗是标准件，屋架是德国一家厂商生产的球结点网架结构的一种成套标准件，分隔内部空间的轻质隔断及其在地面上的金属嵌条也是标准件，这些隔断可随工艺改变的需要，随时更改车间内部的空间组合。这个工业化的车间建筑并无单调之感。又如一幢农业学校研究楼，它是由五部分组成的，中

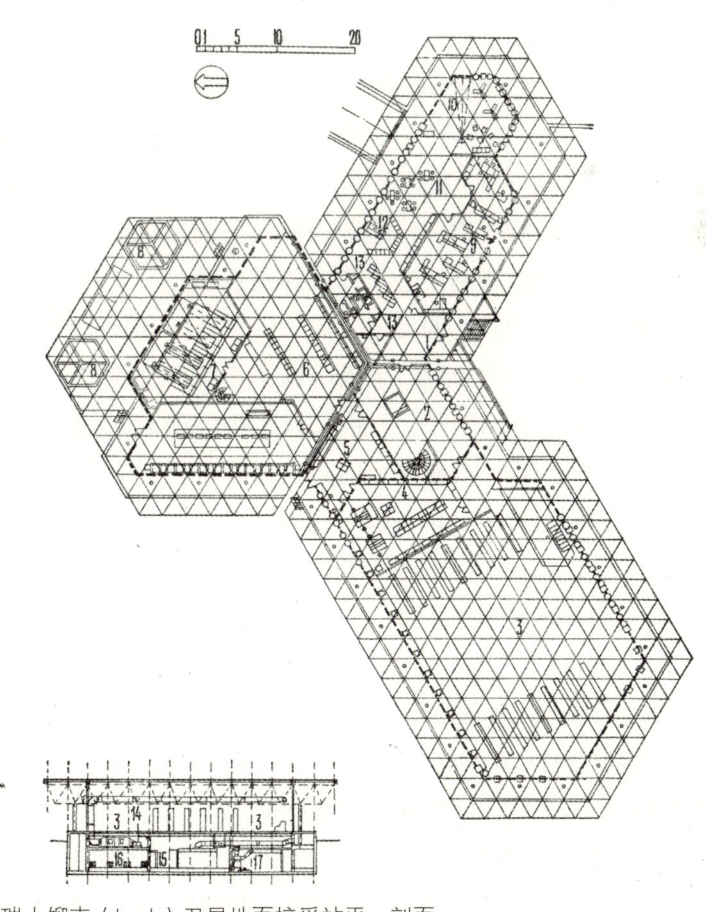
瑞士馏克（Leuk）卫星地面接受站平、剖面

1.入口 2.门厅 3.控制室 4.电子工场 5.机械工场 6.开关室 7.柴油机室 8.冷却塔 9.办公室 10.图书室 11.休息室 12.厨房 13.盥洗间、衣帽间 14.空调机室 15.供电间 16.电池组 17.通风

间是教室与实验室、大讲堂和图书馆三部分，东南面是餐厅，西北面是宿舍，这五部分的空间大小和形状各不相同，但仔细分析，它的平面是用大方格网组成的，其内部空间又是根据各部分的使用要求进行了灵活的分隔。它的整体是以较少的标准化构件组合、装配的，但其内部空间与外部造型又是丰富多样的，可以说它又是一幢较好地解决了标准化与多样化矛盾的工业化建筑。还有我们到过的巴塞尔西巴加基（Ciba Geigy）办公楼和供4000职工使用的大餐厅、伯尔尼的超级市场、洛桑的中学校和服务学校等新建筑，其建筑空间变化丰富，然而它们的平面都是采用标准化的方格网，结构骨架简单明了，构件全是标准化的。

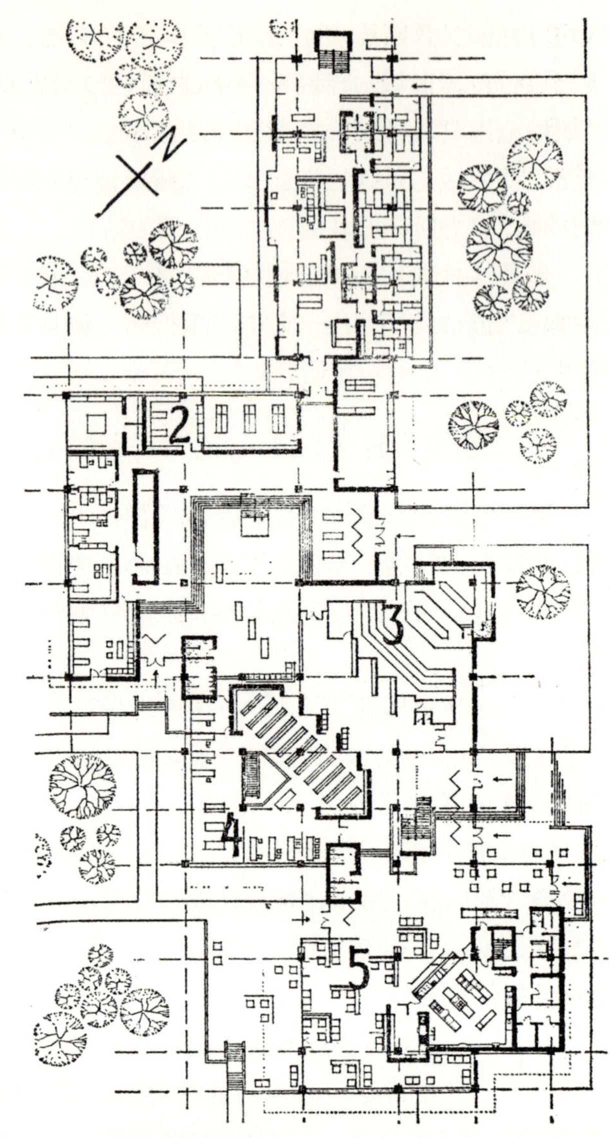

瑞士农业学校研究楼平面
1.宿舍 2.教室 3.大讲堂（礼堂） 4.图书馆 5.餐厅

这种工业化建筑是建筑技术发展的必然产物，具有明显的优点。它能够提高建造速度，构件由工厂成批生产，缩短现场施工时间；并且可以使用标准构件组合出各种形式和不同使用功能要求的建筑；还可以大大节约设计力量。这次我们为我国驻瑞士大使馆提出一个宴会厅设计方案，由于采用瑞士通用的各种标准构件，这个设计只需根据地段的条件、宴会厅的规模，选择合宜的两层楼柱网、门窗扇和带有管线设施的楼层，同时解决新旧房屋的联系和形式的统一问题。因而，这个设计的速度是快的，建造就更迅速了。目前，我们做各类建筑的设计，基本上是手工业的方式，在客观上可提供的工业化的标准构件与设备少，在设计上也极少考虑适应工业化生产的要求，平面参数、构件规格多，结构与构造复杂，过于追求立面装饰和不必要的室内装修，这样的设计必然要占用很多的设计力量。

其实，建筑的标准化、多样化是我国古代建筑的优秀传统。现存的唐代五台山佛光寺大殿、辽代重建的蓟县独乐寺观音阁、金代重建的正定隆兴寺摩尼殿、明清代的北京太和殿等大型建筑，以及各地的多数民居，都是由标准的方格形柱网组合而成。一楹四柱为其基本单位，一般建筑是横向连续排列这个基本单位，组成正殿、正房或配殿、厢房。大型建筑是纵横两个方向连续排列这种基本单位，组成方格形柱网。这些方格形柱网建筑的构件、构架尺寸是有一定的规定，完全达到了模数化、标准化的水平。北宋《营造法式》一书做了系统的规定，清《工部工程做法则例》中的官式木结构，已简化成只有20多种尺寸的房屋和11个等级的“斗口”模数。按照这些“斗口”模数和房屋尺寸却能组合成北京皇宫三大殿和其他坛庙寺观等造型雄伟壮丽、空间层次丰富的建筑和建筑群体。我国古建筑的标准化、模数化已达到十分完整的程度，这个传统应该继承下来。过去是以手工业方式来生产这些标准化的建筑构件，今天我们的生产力发展了，要以工业化的生产方式来制造各种类型的建筑构件。由于建筑新材料、新结构的不断发展，过去繁复的构件可以大大减少，木材可以由预应力钢筋混凝土或钢、铝、塑料等来代替，建筑的体量、规模可以突破原来材料及其构造方式的限制，大幅度地加大。虽然建筑发生了这么大的变化，可是它的基本单位方格形或其他形的柱网以及建筑的模数化、标准化的原理至今没有改变。

最近，举办了全国城市住宅设计竞赛，在 7 个获优秀奖的方案中，天津市建筑设计院设计的框架轻板住宅方案，得到了多数人的称赞，原因是该方案仅仅采用了一个 4.2 m×4.2 m 柱网的基本单位，以此唯一的基本单位组成风车形、T 形、Y 形和“一”字型的住宅单元平面，实现了构件工业化、体型多样化、街坊庭园化，较好地解决了工业化住宅建筑标准化与多样化的矛盾，做到了既标准化又多样化。

从上述情况来看，为了实现建筑的现代化，我们必须要继承我国古代建筑模数化、标准化、多样化的传统，要吸取国外现代建筑设计建立在建筑工业化基础之上的经验，在各种类型的建筑设计中，都应以建筑工业化为其基础，努力创造出形式多样的工业化的新建筑。

三、风景区的规划与建设首先要解决交通、服务设施和保护风景资源的问题

瑞士素有世界公园之称，欧洲最高的山脉阿尔卑斯山位于它的境内，高山白雪皑皑，山下湖水晶莹，这是瑞士的独特风光；浩瀚的日内瓦湖位于瑞士西南部，碧波潋滟，景色秀美。他们充分利用了这样美好的自然风景资源，大力发展了旅游业。凡是到过欧美各国的旅游者，无不称赞瑞士旅游服务业搞得最好。瑞士为什么能够取得这样好的效果呢？我认为，主要是由于他们着重解决了以下四个方面的问题，这些问题也正是我国旅游业的薄弱方面，我们在进行风景区规划与建设时，也应首先集中解决这些问题。

1. 要组织方便安全的旅游交通

一个旅游风景区能够吸引多少游客，在很大程度上取决于交通是否方便。瑞士全国面积仅相当于我国河北省的五分之一，但全部电气化的铁路网长达 5 500 km，同时设有 600 多条爬山电气火车、架空缆车和吊椅线路，可快速舒适地进入山的高处。夏季，在大湖、河内有 100 多艘大船可供 60 000 旅客乘坐。航空交通方面，与 58 个外国公司合作，联系着 140 多个城市，另外有 40 多个较小的飞机场，供好天气时飞越高山使用。公路已组成密网，长 61 500 多千米。这些数字说明，旅游风景城市、风景区的开辟和发展，首先要解决交通问题。在瑞士那样的交通条件下，游客如果上午想到某个著名风景区去游览，下午就能够到达，实现愿望。而我们现在的情况是，如果想到泰山、武夷山、黄山去观日出、苍松、云海等景色，能够在三五天内实现就算不错了。若论风景的优美奇特与多种多样，中国是首屈一指的，我国有山岳、大湖、海滨、桂林山水、长江三峡、石林、天池、鸟岛、历史古都与风景名胜等风光。但是大部分的风景游览区都还存在着交通不便的问题，因此可以说许多景区仍处在有待开发的阶段。以黄山为例，它是我国著名的风景区，具有奇松、怪石、云海“三奇”景色，明代著名旅行家徐霞客曾有“五岳归来不看山，黄山归来不看岳”的赞语，黄山的景色确实是天下奇观。但它的内外交通都不方便，在夏天旅游旺季时每日也仅接待两三千游客，这就大大限制了游人的数量。到了黄山后，从温泉登上海拔 1600 多米高的玉屏楼景区要走 7.5 km，再去北海景区又是 7.5 km，这

15 km 路都是人行的爬山陡道，老弱者要上去极为困难，若要登上 1800 多米高的天都、蓬花峰顶，就更陡险了。由于没有汽车运输道路，山上的供应物品，都是依靠这些人行陡道由人担上去，十分艰难。因此，要重视解决黄山的内外交通问题。铁路客站要靠近黄山，民航线路要直接通到屯溪，公路要从四面八方直达黄山。在整个黄山风景区内也要有个方便的登山道路网，可以从前、后、东、西海四个方向开辟上山道路，这四条路可交汇在山上有腹地的天海与北海区；为了不影响主景区，后山两条道路通汽车，年老体弱者以及货运走此线路；为了保护前山主景区的完整，前山两条道路不能行驶汽车，但要考虑设置登山的架空缆车。这种搞法，可以从外地快速地到达黄山的顶峰。

关于上山交通困难的问题，是我国几大名山普遍存在的问题。对于这个问题的解决，现在各地仍有两种看法。一种观点是，山上不能开辟汽车交通线，以免破坏风景，游山就是要自己爬山；另一种观点是，一定要搞现代化的登山线路，但要综合解决好汽车或缆车线路与风景的关系问题。从瑞士的经验来看，我赞同后一种看法，这是因为只有建起现代化的交通线路，才能让更多的人欣赏到险峰的无限风光，让大多数人节省游览时间，才能使山上的服务设施齐全，方便游人，促进旅游业的发展。

2. 要保护自然风景资源

自然风景是游览的对象，如果对象遭到破坏，这个著名的自然风景就失去了游览的价值。所以，瑞士非常注意保护自然风景区，禁止在风景区内修建工厂。瑞士政府还禁止任意砍树，每伐一棵树都要经过批准，而且要补种。同时，大力栽花、种草、植树，使得旅游风景区、旅游城，甚至于乡村，都变成了丛林苍郁、绿草如茵的西方式大公园。

他们还重视保护动物资源。在旅游山区可以见到不伤人的飞禽小兽，在湖畔的各个旅游点都有白天鹅和其他水禽在岸边游戏，在城市绿地里大都有灰鸽小鸟环绕着游人飞翔，使游客生活在大自然的环境之中。

相比之下，我们对自然风景资源的保护就十分不够了。这使我联想到武夷山的成片古树被砍伐，改为茶场，或盖起高大的宾馆；在 2000 多年前就已闻名的洞庭湖君山，拆庙砍树，发展茶场；在古迹柳毅传书水井旁修建酒厂；在家家泉水的济南，由于发展工业乱抽地下水，使名泉接近枯竭的边缘，著名的桂林漓江、杭州的西湖还在受着多家工厂“三废”的污染。

我们认为，在重点风景区内，一律要严格保护自然风景资源，应以为国内外广大游人服务为第一。在这些区域里的工厂、茶场等应让位给风景，迁出景区。新建工业应布置在其他地区，不得挤进风景区。这样做，保护了自然风景资源，有利于发展无烟工业——旅游业，其收入要大大超过办几个小工厂的盈利。

3. 类型多种多样的旅馆要以低层、分散布局、具有地方特点为主

瑞士共有 8000 多个旅馆和 100 多个汽车旅馆。根据不同的服务对象，旅馆的类型是多种多样的。除一般正规的旅馆外，在风景区内还有大量的夫妻店，由一家人经营十几个到几十个床位。还有假日公寓旅馆，在一段时间内整个公寓出租给旅游者，房租便宜。各地还有专为青年使用的青年旅馆，客房简单，收费更低。还有体育旅馆，大多是设在滑雪旅游区内。尽管旅馆的类型很多，但它们有着一个共同的特点，即大多数是低层的，分散地布置在各个风景游览区，一般是三至五层，除了使用方便，便于私人经营管理外，还有很重要的一点，就是能够更好地与大自然风景协调起来。无论是在山林风景区，还是在湖滨、海滨风景区，从景观来看，高层旅馆极易破坏自然的山水景色，低层配合绿化，

不仅不会破坏自然风景，反而容易调和在大自然的环境中，为风景增色。

海、湖滨风景区建高、低层旅馆的比较

当前，在杭州、苏州、桂林，或在其他山水风景区，往往提出要盖集中式的大旅馆，以体现现代化。其实不然，论设备、材料的现代化，我们赶不上西方的大旅馆；但是如果我们改造各地的传统民居作为旅游旅馆，或新建低层中国庭园式的、具有地方特点的小型旅馆，装有齐全的卫生设备，就能够达到国际上一流的水平，受到各国旅游者的欢迎。

中小型旅馆分散布置在各个风景点的附近，好处是旅客游览到哪里就住到哪里，可节省路途往返的时间，减少交通运输和集中服务的压力。我们提倡搞中小型低层的旅馆，并不是否定规模大的高层旅馆。大的高的在北京、上海、广州等大城市可以修建一些，但在中小城市，特别是在自然风景区应多搞中小型的、低层的、分散布局的、具有地方传统特点的旅游旅馆。

4. *要扩展旅游内容*

瑞士的旅游内容，不仅是观赏风景和名胜古迹，大量的中青年要活动，所以在很多的风景点还进一步扩展了体育运动和治疗休养的内容，这是瑞士也是欧美各国发展旅游业的又一个特点。全瑞士有500个湖、河浴场和露天游泳池，有260多个旅馆设有自己的游泳池；沿湖都设有划船、划水设施；在山区有48 000多千米长的小路，可供远足旅行；为了开展滑雪运动，设有爬山铁路和滑雪吊椅以及180个滑雪学校和3000教员；在230个运动中心可以骑马。以瓦莱丝（Valais）风景区为例，在全区100多个主要游览点内，有接近半数的点建造了游泳池和滑冰场，有半数以上的点备有滑雪设施，1/3的点设有网球场。全瑞士还有250个医疗温泉，按照气候、地理位置和医疗效果划分类型，其中一部分组织在旅游区内，结合旅游供治疗、休养使用。

我们现在搞的旅游内容比较单一，只是游览风景名胜、古建筑和市容，应该逐步增加体育、文娱活动，特别是在海滨、湖旁，要增加水上运动等设施，以丰富旅游内容，增加外汇收入。

瑞士的旅游业，着重发展了交通和旅馆等服务设施，保护了自然风景资源，不断丰富了旅游内容，所以每年接待外国游客的人数超过了本国总人口数的一倍以上。其他各国如西班牙、日本等也都是由于把交通和服务设施搞上去了，所以他们国家的旅游业迅速地得到发展。这方面的经验，我们应该重视。各地在搞风景区规划时，应在这几个问题上多下功夫。

（原载《建筑师》1980年05期）

4 北京旧城保护规划几个原则问题的探讨

——从巴黎旧城规划谈起

北京城的历史早于巴黎城，旧城规划布局的严整统一程度也超过巴黎旧城；但目前北京旧城保护和现代化的水平，与巴黎相比尚有一段距离。为此，从巴黎旧城规划原则与做法谈起，介绍一些可资借鉴的经验，以期进一步深入研究北京旧城保护的几个原则问题，把首都真正建设成为一流的社会主义现代化的历史名城。下面谈六个问题。

一、成片保护、分级处理

巴黎旧市区，是指1845年修筑的城墙以内的范围，包括东、西两个森林公园，面积为105 km^2。

1977年巴黎议会原则通过的巴黎旧市区改建规划，是采取“成片保护、分级处理”的原则，将旧市区分为成片的两圈，椭圆状的内圈是保持传统的核心部分（以下简称内圈），围绕椭圆形的环形范围为外圈部分（以下简称外圈）。内圈是属于一级保护区，整治有三条具体原则：保护老的住宅区，并加强居住功能，提高其舒适程度；保存各种各样的功能，改进公共活动空间，包括文化、娱乐、商业等设施的改进；保持19世纪建筑面貌的统一。

为什么把内圈作为保持传统的核心部分呢？这是因为巴黎城的产生、发展在这个区，著名的中轴线贯穿这个区，城市传统的文化、商业区或街道以及闻名的古建筑和传统居住街坊等也都在这个区。

为了突出这个精华的内圈，所以外圈属于二级保护区，在这外圈中又分为成片的三类，各类处理的具体原则是：一类，为确定的有保存价值的街坊，保持原建成区的特点；二类，维持原有居住的功能，并适当改建建成区；三类，发展居住的功能，对已有建筑重新控制，可以改变原有的特点。

巴黎旧城规划的这一“成片保护、分级处理”的原则，在北京旧城保护规划中是可以采用的。只有成片保护，才能保持住北京旧城的特点：对称严整的布局，综合统一的城市结构，宏伟壮观的中轴线，严密的城防，与自然结合的建筑环境，富有韵律节奏的城市立体轮廓等。

北京旧内、外城的面积为62 km^2，比巴黎旧城小一些，鉴于北京旧城原有建筑多为一层，且破旧，所以成片保护的范围，特别是核心部分，应适当地缩小。具体意见是：

1. 成片保护旧内城和旧外城中轴线的两侧。这样选择的理由是：（1）辽南京、金中都城已毁，只有部分土城墙遗址，无须成片保护；（2）元大都城的精华在现旧内城的范围内；（3）明永乐年间改建的北京城，也就是现存的旧内城；（4）清北京城，仍沿用了这个内城和明16世纪时扩建的外城，从《乾隆京城全图》和1949年北京城现状来看，外城南半部多系空地，全城的重点还是在内城。既然元、明、清北京城的精华都交叠在现存的旧内城上，所以成片的保护区自然要落到旧内城的范围内。

2. 在旧内城范围内，再分为内、外两圈。内圈核心部分为一级保护区，其范围是旧皇城加上钟鼓楼、什刹海地区。在这一区内要基本保持传统面貌，保持 20 世纪初（清末民初）建筑的统一；除紫禁城外，还保存传统的商业街道、胡同与四合院以及王府、园林等；同时，要进行各种现代化工程设施的建设，加强其功能作用。这样划分，还考虑了旧城历史的分区界限，可为研究城市发展历史留下实地鉴证。外圈为二级保护区，在此区内可分为两类处理。一类是有保留价值的传统胡同与四合院，基本保持其原貌；二类是维持原居住功能、成片改建的地区，改建的布局形式要带有胡同、院落的特点，作为新、旧住宅区的过渡地带。

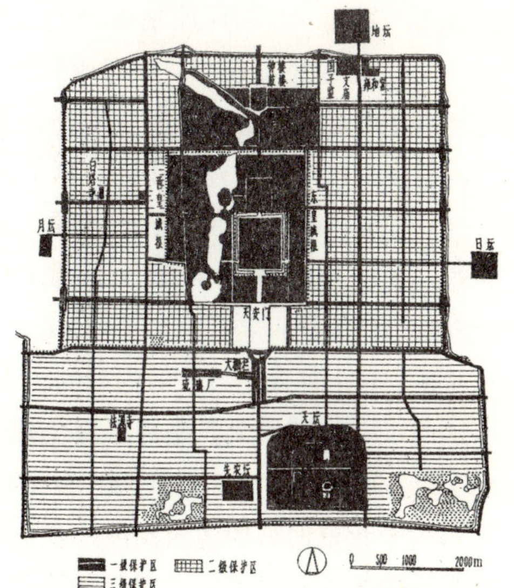

北京旧城保护区规划示意

3. 重点文物保护单位，无论在旧内城，或旧外城，还是在城外，都要有包括环境在内的保护，均属于一级保护区。

4. 旧外城属于三级保护区，绝大部分可重新改建。

为了落实"成片保护、分级处理"的规划原则，还需要深入研究旧城的建筑密度和建筑高度问题。

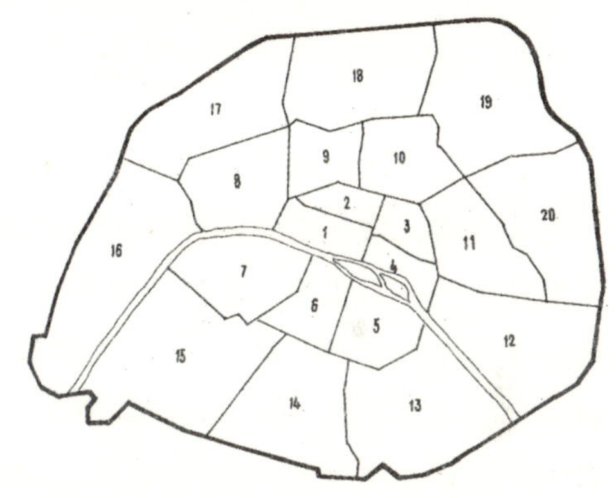

巴黎行政区划分

二、建筑密度、高度控制

在巴黎土地使用规划图中表示的土地使用率，相当于我们使用的建筑密度，其比率的算法是，分子为一定范围内的建筑面积，分母为这一范围的用地面积。如在 10 000 m^2 用地范围内，建了 20 000 m^2 的建筑，其土地使用率为 2。从这一张图中可以看出如下特点：核心部分的住宅土地使用率由 4 ～ 5 降低到 2.7 以下；经营多种活动的 10、11 区的土地使用率降为 2；在旧商业区内，不准提高土地使用率，有些要降低到 2 以下，以保留 19 世纪形成的 8、14 和 17 区的城市结构。在外圈范围内，为了有利于发展住宅，提高了 15 区南部、14、13、18、20 区的土地使用率，增加了建筑面积。鼓励工业和手工业的发展，它的土地使用率可提高到 3 ～ 3.5。

他们认为，这种内圈降低、外圈提高土地使用率的规定，比起过去在土地使用率上一成不变的做法，是个进步。

在做土地使用规划的同时、还制定了建筑高度规划。他们认为，只有从这两方面来控制，才能保持住 19 世纪的城市面貌。关于巴黎旧城建筑物的高度，曾一度成为舆论和报刊界议论的一个中心问题。法国建筑师对巴黎旧城"屋顶"高度变化做了分析，在 1789 年资产阶级革命之前，高度为 20 m 左右，1853 年以后的奥斯曼时期，高度到达 25 m，后来又升到 27 m、31 m，到了 20 世纪 60 年代，又达到 37 m，在不到两个世纪的时间里，高度几乎翻了一番。新的建筑高度规划，是 200 年来第一次有意识地降低，试图恢复传统的高度。这次新规定，旧市区最高建筑高度控制在 37 m 以下；核心部分的"屋顶"高度控制在 25 m，比原来降低了 6 m，相当于两层的高度；外圈内需要保留的街坊、广场和某些风景地区，同样控制在 25 m；外圈内的其他地区，有的要从 60 年代的 37 m 降低为 31 m。

在建筑高度问题上、他们还有一个教训，于 70 年代在巴黎旧城南部地区曾建起一幢蒙帕纳斯大厦，高 200 m，它是巴黎也是欧洲最高的建筑，当时遭到了各方面人士的反对，从此以后，巴黎旧市区再也没有出现高层建筑了。

从巴黎在这一方面的经验来看，值得我们对北京旧城的土地使用、土地使用率、建筑高度的控制问题，做进一步研究。原北京旧城胡同四合院区，土地使用率大都为 0.5 ～ 0.6，在旧内城需要保留的四合院地区，仍应控制在 0.5 ～ 0.6 之间；在旧内城外圈内可以更新改建的地区，土地使用率以不超过 1 为宜。现在有人提出，旧内城的住宅区改造，要拆 1 建 4，并证明这种做法好处很多，我们则认为它不适用于旧内城，主要是为了避免破坏旧城的整体面貌，避免人口往旧市区集中。这种土地使用率达到 2 以上的做法，应用在旧城以外的地区或部分地用在旧外城区。

关于北京旧城的建筑高度，我们建议：内圈一级保护区、二级保护区的第一类以及重点文物保护区的周围为 9 m 以下；二级保护区的第二类为 15 ～ 18 m 以下；旧外城三级保护区控制在 31 ～ 37 m 以下；旧内外城以外的地区，可根据需要与可能建一些高层建筑，高度不限。这个建筑高度方案，目的是为了在保持旧内城“屋顶”为低水平面的基础上，突出原有宫殿、城门楼、钟鼓楼和几个制高点，在大的方面保持旧城原有的基本面貌。

还有一些人，极力主张在北京多搞高层建筑，以节省用地。我们并不反对搞一些高层，问题是在什么地方搞，在什么时间搞。在旧内城不要建高层，在旧外城也要少建，将来可在旧城以外的东、南、北面建一些。根据目前的技术经济条件，高层住宅的房租尚不敷支出电梯的管理、维修费用，所以也只能在将来搞一些。但无论现在或将来，在旧城以外的西北面从什刹海至西山脚下的空间范围，不宜建高层，应多搞些绿化。理由有二，一是把西山风景区的大片绿化与西北郊成片的绿化连接起来，引入城内，以增加北京的自然环境；二是保持在“城中水际看山第一绝胜处”的什刹海银锭桥，仍能观赏到西山景色，使城市与西山自然景色融为一体。

如果我们制定出合理的建筑密度、高度控制规划，同时解决投资来源问题，就能对旧城区的建筑，逐渐地进行翻建整新和改建。这样做，比一个一个单独地解决建筑密度、高度问题，更具有科学性和完整性。

在土地使用控制问题中，办公用地的规划值得专门提一下。

三、办公用地限制、疏散

在巴黎旧市区土地使用规划中，严格限制办公建筑的增加，一方面把办公用地的土地使用率由 4.25 降低到 2 以下，另一方面在办公建筑密集区，强调现代化建设，强调控制和疏散。另外一个特点是，政府各部办公机构集中设置，三分之二集中在塞纳河南岸的 7 区，便于指挥、联系和提高工作效率。

在北京旧城，特别是在旧内城范围里，办公用房、用地越来越多，各部门还要继续发展。我们认为，对旧城的办公用地同样应采取限制、疏散的原则，保留一些必要的办公用地，迁出一般的办公机构。现在的北京旧城规划图，将大量的办公用地都划为生活居住用地，这样做，既不太可能实现，也无此必要，有留、有迁可能更加现实、合理。

在北京城，党政办公机构分布的现状是，国家领导机构占用中南海，其他一些党的中央部门、国务院各部委分散在旧城内外。这种分散的布局方式，不如巴黎和清天安门前“五府六部”，集中设置政权机构方便。所以我们认为，国家职能部门应逐步朝着适当集中的方向发展，可考虑集中在三里河、钓鱼台、百万庄区，或集中在中南海至西皇城根地区和人民大会堂以西地区，也可考虑在其他地区。无论采用哪种方案，在将来最好都要让出中南海。这样安排，还有一个很大的优点，就是保护中南海皇家园林文物古迹和革命文物，将旧皇城的精华故宫、景山、北海、中南海四部分又重新连接成为一个整体，使原有的建筑与自然环境结合的完整空间，供广大的国内外人民享用。

下面具体谈谈如何保持旧城原有建筑与环境的面貌问题。

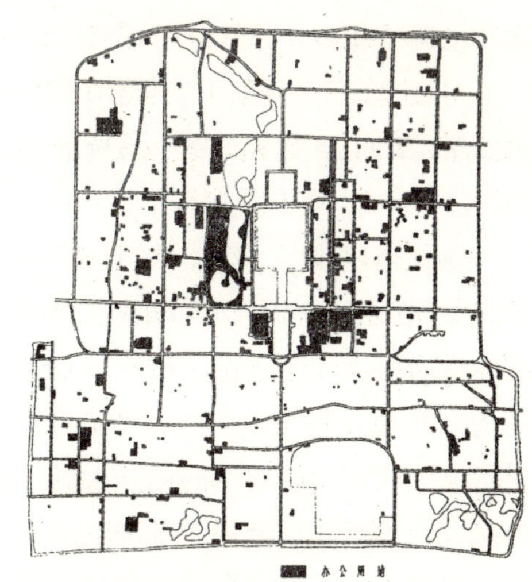

北京旧城办公用地现状

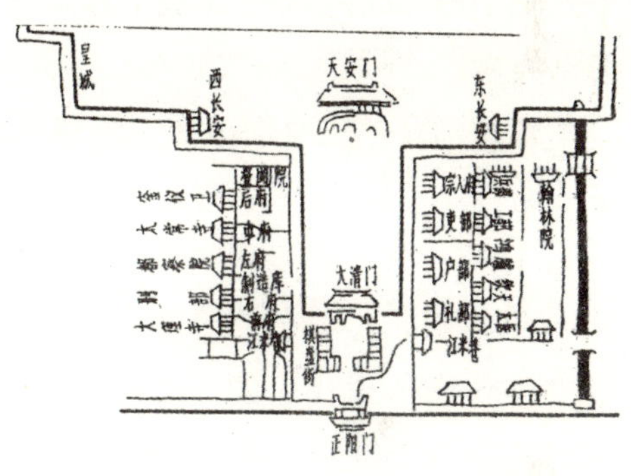

清“五府六部”机构布置

四、建筑、环境全面改善

在巴黎旧城中心地区，将传统建筑分为两大类。一类是有历史价值的古建筑，如中轴线上卢浮宫、凯旋门和巴黎圣母院等，都按原样修复保留，这种做法，无须多介绍。第二类是一般的传统建筑，如街坊、商店、传统街道与广场等，仅保留原来的基本外貌，其内部与环境都做了进一步的改善。下面举点、线、面三个实例。

1. 位于1区的中央广场。它属于面的范围。最后实施的规划方案，以前曾征求了大量的改建方案，现在尽管一些建筑师对此实施方案仍有意见，但它还是具有许多明显的优点：没有搞高层建筑，使整体和谐；突出了17世纪初建成的圣·厄斯达哥特式教堂和19世纪初建成的围廊式交易所；满足了原有功能要求，建有50 000 m^2 弗隆姆地下商场、3700车位地下停车库、高速地下铁车站等；增加了大片绿地，改善了环境；形成中心步行区，很受市民欢迎。

2. 位于10、11区的圣·马丁运河区。它属于线的典型。从改建规划方案的平面、透视图中，可以看出有三个特点：基本保持了原有外貌的特点；全面改善了原有建筑；整修了河道、道路，增加了绿地，美化了环境。

3. 位于1区的卢浮高级商店。它属于点的实例。改建的特点是：外貌保持原样；内部全部更新，采用了玻璃顶棚的天井空间，棕色玻璃、铝压条门窗等新材料，电子控制、节

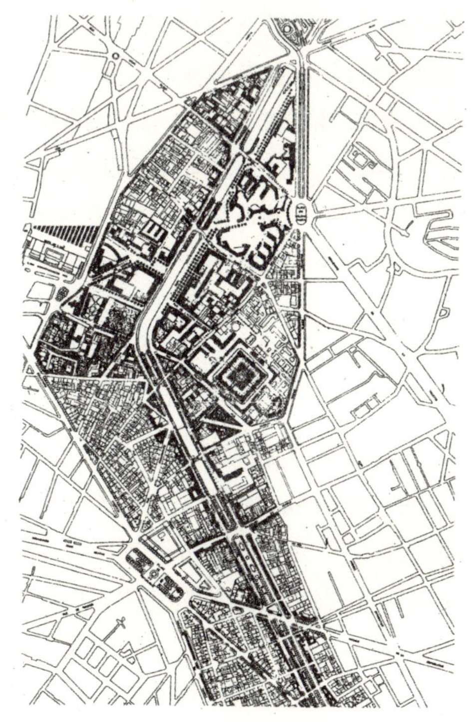
圣·马丁运河区北段改建规划平面

能、空调等新设备，达到了现代化的商店水平；改为综合性建筑，一层、地下一层、二层是商店，三至六层是办公用房，地下二层是职工食堂和车库；这样处理，节省用地，方便顾客与职工。

现在看看北京旧城，对于第一类需要原样保护的古建筑群，有些做了局部变动，如故宫西华门旁新盖了库房高楼，天坛神道南面堆起了高山，这些改动是不恰当的，破坏了原来的整体面貌和环境气氛，应适时改正。对于第二类的传统建筑，如具有400多年历史的前门外大街，或具有700多年历史的鼓楼南大街等，其改建规划都采取了大改样的做法，需要重新研究。我们认为，结合上述巴黎传统建筑的改建规划实例，应考虑三点：基本保持原有面貌；建筑内外更新改善；增加绿地，美化环境。

建筑与环境的全面改善，还包括一项很重要的内容，就是基础结构。

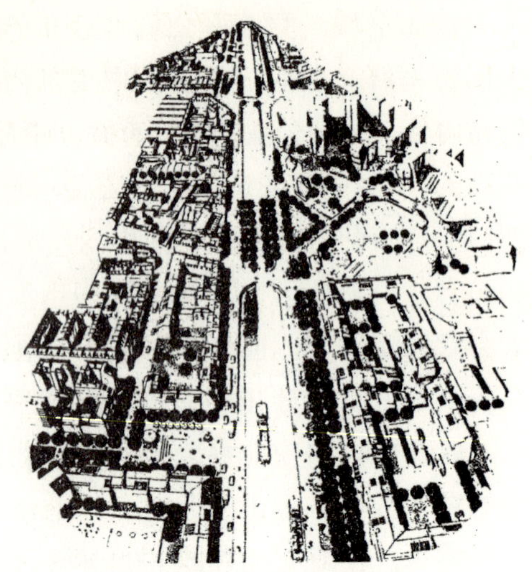

圣·马丁运河区北段改建规划透视

五、基础结构充实、更新

巴黎城市现代化的一个重要标志是基础结构现代化。基础结构的内容包括：道路交通运输、给水（冷、热水）、排水、电力、煤气、电讯以及电子设备等。近百年来，巴黎城市不断地充实和更新基础结构。1840—1850年建起5个火车站；1853—1870年改建形成以横轴、纵轴、内环、外环为主要干道的道路交通网；1914—1925年拆去（1845年建造的）旧城边界城墙，改建为环城林荫路，又于1955—1972年改为先进的高速环路；19世纪末20世纪初修建地下管沟，集中铺设上下水管、电讯等线路，并建有压缩空气管道；20世纪初建起集中供暖设施；19世纪末始建地下铁路，现已成网，有16条线，约200 km长，近400个站，担负着60%～70%的客运交通量。

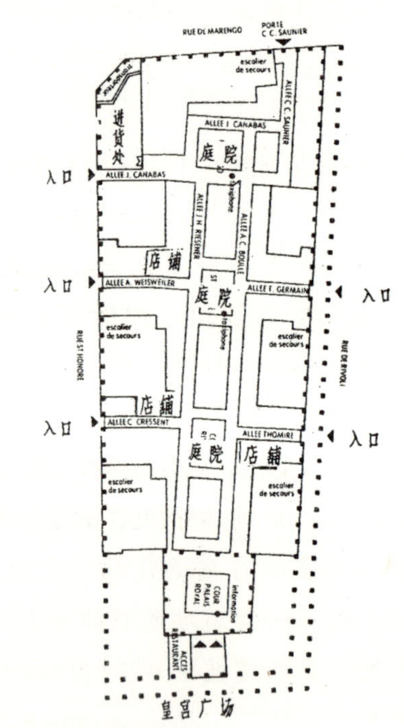

卢浮高级商店平面

在50年代以前，一般的城市基础结构投资占城市总投资的15%～20%。随着城市现代化的发展，其投资数所占的比重越来越大。所以不断充实和更新基础结构是势在必行之事，它可以：提高工业生产效率；提高工作、学习效率；提高生活舒适程度。

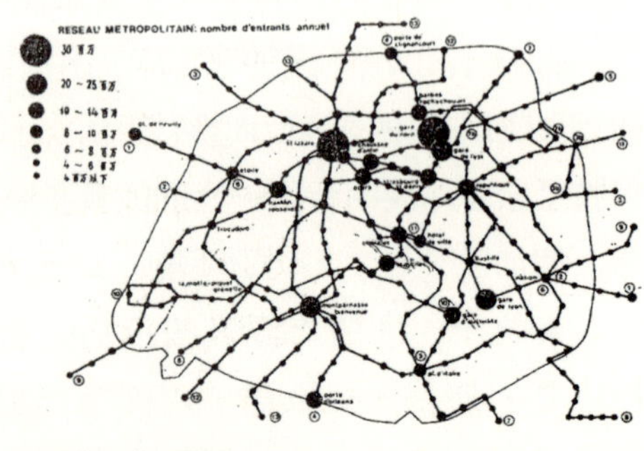

巴黎地下铁路网

在北京旧城规划中，基础结构的建设是个薄弱环节，应该加强。要加速改善交通运输、电讯、给排水、电力等设施；要在道路网规划中解决好快慢车分开、保持传统面貌问题，如鼓楼至西直门一段，规划为穿海而过的笔直干道，破坏了历史悠史的后三海的完整面貌，需改为从地下通过。

我们认为，达到城市现代化的标准是要有一定的物质基础的，所以在思想上要特别重视基础结构的建设，要根据财力增长的程度，不断充实和更新北京旧城的基础结构。

改善生产、工作和生活环境的另一项重要内容，就是绿地建设。

六、绿化面积、质量提高

巴黎旧市区的绿地规划，有如下四个特点：东西边缘各有一个 10 km^2 的大森林公园，得天独厚，而市中心区绿地较少，但严格保留，不许任何单位侵占，有的还尽量扩大一些绿地面积；在缺少绿地的一些地区内，于全面改善时开辟新的小块绿地，以改变市区绿地少、分布不均匀的现状；结合保护古建筑，增加绿地，既有利于保护古建筑及其环境，又便于游览、休息；多搞大片的树木，再现天然森林的美，既实用又经济，并有利于保持水土。

我们实地参观巴黎大中小公园后，更加感到以上几点对北京旧城绿地的规划建设是有参考作用的。还有一点很重要，就是落实绿地规划，而不是停留在图面上。如紫禁城护城河旁绿地、西二环绿地，要尽早实现而不是同时搞住宅建设方案；又如白塔寺，结合古建筑保护，要逐步按照规划增加绿地而不是新建楼房；还有，在缺少绿地的地区，改建时要确实增加绿地。

增加绿地和改善居住区等，都涉及用地问题。现在，全国城市生活居住用地平均每人 30 m^2，比 1958 年前下降了 1/6。我们认为，这同“左”倾错误是有内在联系的。在这种情况下，如果只强调用地紧张，不增加用地，城市规划与建设是无法搞好的，综合效果是影响社会主义现代化建设。所以说，用地要节约，改善人民生活、工作条件的城市用地也必须增加。

上面所谈的北京旧城保护规划的几个原则问题，希望有关部门做进一步的研究。我们相信，如能搞好北京旧城保护规划，并如此实施，一定会达到世界第一流的社会主义现代化的首都标准。同时我们认为，这不是一件轻而易举的事，需要比较长的时间才能完成。

（原载《建筑学报》1982 年 12 期）

5　从北京城的历史来研究北京旧城的保护规划

中外闻名的我国首都北京城，建筑古迹众多而且十分完整。新中国成立后，对于旧城的保护虽然做了大量的工作，但由于认识上的不同，在城市建设过程中，拆除了不少有保护价值的古建筑，修建了许多不协调的新建筑，破坏了原有旧城的独特面貌。

对于这个问题，笔者曾在《建筑师》第5辑上简要地讲了看法，主张成片保护旧内城区，在此区之外集中建设新区，以绿化带分隔并联系新、旧两区。本篇的主题是，通过对北京旧城历史的分析，进一步阐明这个看法，并提出一个北京旧城保护规划的纲要，供有关部门参考。

一、旧都城的悠久历史和优越的山川形势在世界上是少有的

从有文字记载算起，在这里建城邑已有3000多年的历史了。唐尧即有幽州。周时，《礼记·乐记》："武王克殷反商，未及下车而封黄帝之后于蓟。"这个蓟县，在战国时为七雄之一燕国的上都；《史记·秦始皇本纪》："二十一年，王贲攻蓟……取燕蓟城。"汉时，仍为蓟县，昭帝时为广阳郡；《汉书·地理志》："蓟南通齐赵，勃碣之间一都会也。"晋、魏时，为幽州、蓟县。隋时，为涿郡；《郭绚传》："炀帝将有事于辽东，以涿郡为冲要"，这就是说隋炀帝几次向辽东进军，是以此作为军事基地的。唐时，改为幽州范阳郡；《唐书·地理志》："幽州范阳郡大都督府，本涿郡，天宝元年更名。"唐太宗攻打辽东，也是以幽州作为军事重镇的。辽时，为南京，《辽史·地理志》："南京析津府；晋高祖（即五代后晋石敬瑭）以辽有援力之劳，割幽州等十六州以献。太宗升为南京，又曰燕京。"辽（契丹）太宗为了南进方便，把此地作为陪都，于会同元年（公元936年）改称为南京。其城址就是蓟城、幽州城的基址。据顺天府志记载和新中国成立后的实地发掘，该城的北边为白云观一线，南面城墙在贾沟村一线，东面城墙在烂缦胡同一带，西面城墙在白云观以西、广安门外一带。金时，称中都；《金史·地理志》："海陵贞元元年定都，以燕乃列国之名，不当为京师号，遂改为中都。"金都城原在上京会宁府（今黑龙江阿城县南白城），为了统治中原地区，海陵帝（完颜亮）于公元1152年迁都燕京。大金国志中讲，从公元1150年征集各路民夫工匠修筑宫殿和园林，把辽南京城扩大，使之成为北方的政治中心。这次扩大城池，是以原辽南京城北面城墙为基线向东、西、南三面扩展的。从城墙遗迹看，西面城墙在马连道、凤凰嘴村和羊坊店一线，南面城墙在凤凰嘴村向东延伸过祖家庄一线，东面城墙在梁家园和永定门火车站一线。

元时，定为大都。金中都是在1215年被成吉思汗蒙古军队攻破烧毁了。到了1260年，忽必烈在开平（今内蒙多伦北的石别苏木）自称"大汗"，为元世祖，于至元元年（公元1264年）定都城，以开平为上都，燕京为中都；为了消灭南宋，统一中国，于至元四年（公元1267年）决定迁都，在原金中都城的东北面，以金的离宫琼华岛大宁宫为中心修建新都城（公元1260年忽必烈到原金中都时就

住在这个大宁宫里）；于至元九年（公元 1272 年）改称中都为大都。这个过程的具体时间如《元世祖纪》所述：“至元元年八月乙卯，诏改燕京为中都。四年正月，城大都。九年二月壬辰，改中都为大都。二十年六月丙申，发军修完大都城。”大都城城方六十里，设十一门，北城墙在今天的皇亭子、马甸居民区一线的土城遗迹处，东城墙即今日的东二环路，西城墙即现在的西二环路，南城墙在今天的东、西长安街一线。当时，大都城不仅是全国的行政中心，也是全国经济、文化和对外经济与文化交流的中心。它在促进全国政治、经济、文化的发展方面起了一定的作用。

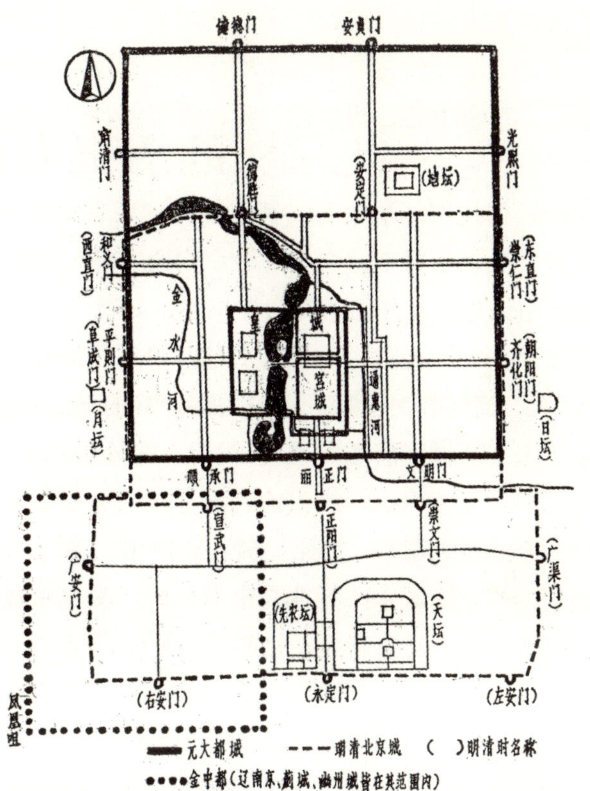

金、元、明、清北京城址位置

明王朝，于洪武元年（公元 1368 年）建立，建都南京，在这一年徐达大将军攻克了大都城，改称为北平府，并由华云龙整理元大都城。因为城的北边没有什么市街、居住区，为了军事防守方便，将北面城墙向南迁移了五里地。明成祖夺取皇位后，于永乐四年（公元 1406 年）在元大都的基础上开始建造宫殿，新宫殿向南扩展了，于永乐十七年（公元 1419 年）将南面城墙向南移动了两里，即移至今日的前三门一带，东西两面城墙仍沿用元城墙遗址，北面城墙为明初已南移五里的今日的北二环路一线。北京城的改建完成于永乐十八年（公元 1420 年）。随后，把首都从南京迁至北京。还都北京，主要是为了便于控制全国，特别是控制漠北和东北地区。这时的北京城，东西宽 6 650 m，南北长 5 350 m，设城门九个。到了明嘉靖三十二年（公元 1553 年），为了军事防卫和由于城市规模的扩大，开始在城外南面加筑外城，东西宽 7 950 m，南北长 3 100 m。

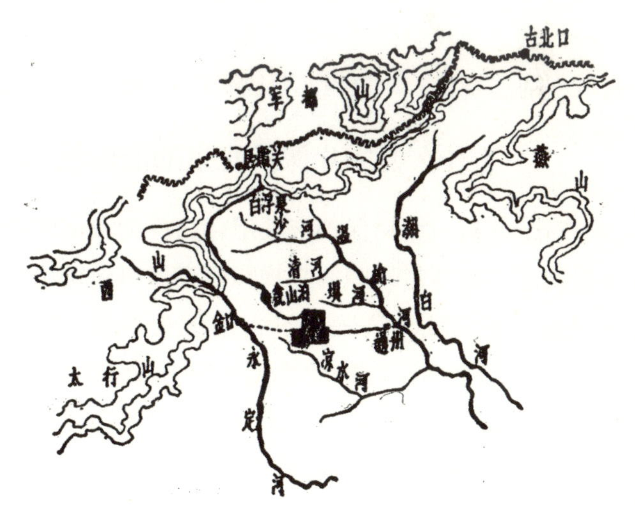

北京城周围的自然形势示意图

公元 1644 年清军入关后，清王朝仍定都北京，称京师顺天府。其城址就是明北京城的内、外城。后来修整了原来的城墙和城门楼，疏浚了护城河。北京的城墙和城楼一直保留到新中国成立后，唯宣武门、朝阳门的箭楼毁坏在民国初年。

从北京城的发展历史可以看出，它具有历史悠久、位置重要、地势优越三个特点。从它变为陪都算起，也有 1000 多年的历史；单从开始修建元大都来推算，迄今为 713 年。像这样的文化古都，其城址一直在北京旧城内外的范围之内延续下来，保留到今天，在世界上是罕见的。它的严谨布局，反映了古代东方的城市规划技术与艺术水平，其文物价值是无比高的。其位置重性要也是十分明显的，这里是南来北往的重要中心，汉、隋、唐攻打辽东时以此为军事基地，辽、金时进攻中原也是以此作为政治、军事中心。到了元、明、清统一各民族后，这里是控制、管理全国的理想的政治、军事、文化和经济、贸易中心。新中国成立后，我国伟大首都选在这里，也是考虑了这些有利的因素。从北京历代城址的周围环境来看，其自然地理条件极为优越。西、北面背负西山、军都山、燕山；四周有水，辽金及其以前时期，西面靠近卢沟河（前为桑干河，后称永定河），东面有潞水（今白河），南面有凉水河；元以后在北面新开白浮泉水，如《元河渠志》所述："上自昌平县白浮村引神山泉西折南转，过双塔、榆河、一亩、玉泉诸水至西门，入都城，南汇为积水潭，东南出文明门，东至通州高丽庄，入白河。"清《宸垣识略》中对周围地势的描述是："左环沧海，右拥太行，北枕居庸，南襟河济，形胜甲于天下，诚天府之国也。"对于水的分析是："北京青龙水为白河，出密云，南流至通州城。白虎水为玉河，出玉泉山，经大内，出都城，注通惠河，与白河合。朱雀水为卢沟河，出大同桑干，入宛平界。玄武水为湿余、高粱、黄花、镇川、榆河，俱统京师之北，而东与白河合。"这里所说的青龙、白虎、朱雀、玄武水，无非是指东、西、南、北四方之水。这四面之水，不仅可以解决都城的漕运和城市用水问题，还可起到美化都城环境的作用。

了解了北京旧城的这三个互相联系的特点，可以帮助我们明确今后北京城的性质。首先要突出它是政治、文化和对外交往的中心，其次再适当考虑经济、贸易的问题。了解了这些特点和明确了北京城的发展性质，可使我们进一步领会中央书记处去年对北京工作方针提出四条建议中关于"利用有山有水有文物古迹的条件……"的意义，可使我们更加珍惜、重视历史上留下的众多的建筑和其他文物古迹，从而使我们进一步明确要发扬这些长处，搞好北京旧城的保护规划。这就是笔者阐述其历史演变过程的主要目的。根据北京现存旧城的特点，其保护规划似应以成片保护旧内城为主。

二、为什么要成片保护北京的旧内城

对于北京旧城的保护应采用什么样的办法呢？有些同志，特别是一些搞文物和研究城市建筑历史的同志，他们认为这些建筑古迹是难得的、可贵的，最好都不要动，连同其周围环境全部保护起来。而另外一些同志，特别是一些搞规划与建筑设计的同志，不同意这个观点，认为保留原有旧城的道路骨架就行了，旧城内部都是些破烂平房、陈旧庙宇，应加速拆光，新建高楼。如果这也不能动，那也不许拆，古建筑周围的建设也要受到限制，这样搞下去影响实现城市现代化。这两种看法，不仅北京存在，在西安、苏州等地同样存在，带有普遍性。至今，双方谁也说服不了谁。这两方面的看法都有道理，如果在北京旧城的内外、城郊古建筑群及其周围地区都要成片保护，新建设区就缩小了，

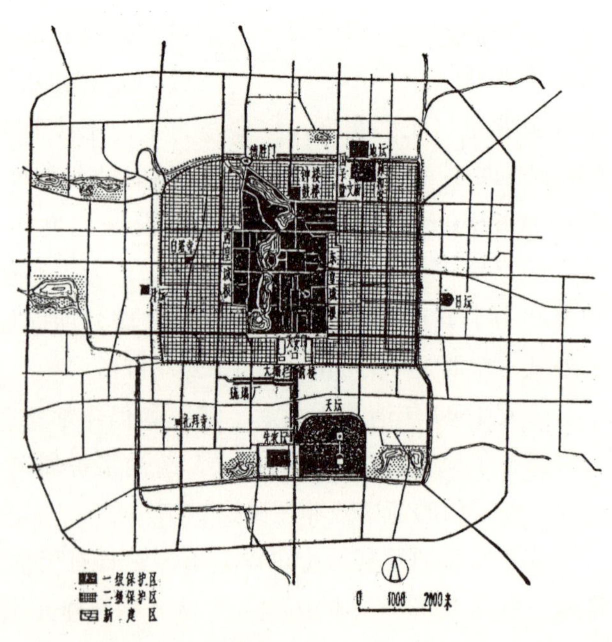

北京旧城保护规划设想图

而且分散，势必影响北京城的迅速发展。但是，如果对旧城建筑进行比较彻底地拆除，文化古城将毁于我们手中。因而，笔者提出成片保护旧内城（包括正阳门外的中轴线南端）和分散保护内城以外的重要的文物古迹点的规划方案。这个方案的特点是：旧内城的改建以保持原有面貌为主，旧内城以外的旧外城就和城外四郊均以新建为主，适当保留有价值的古建筑，把它们组织到所在的新建区中。

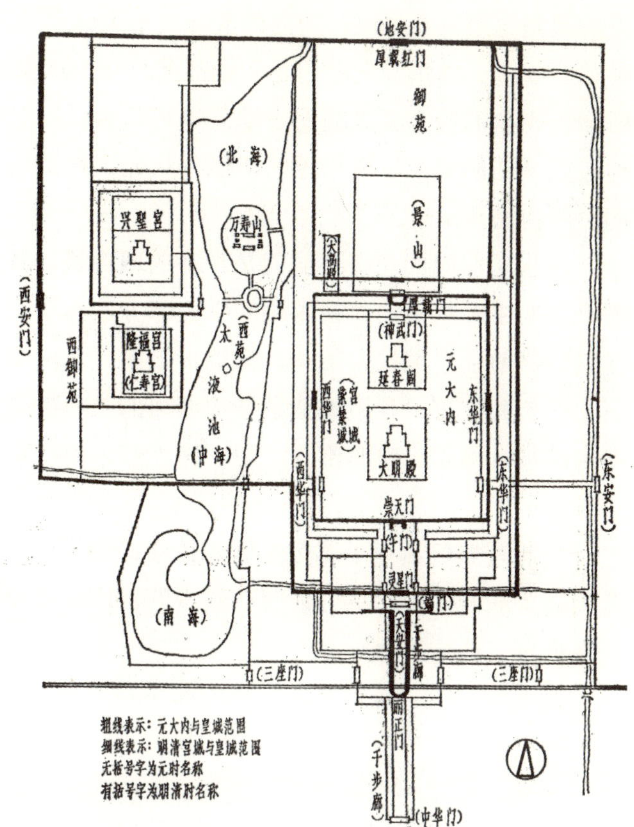

元、明、清皇城、宫城平面图

从我国六大古都保留历代实物的完整程度来看，北京名列第一。西安、洛阳、南京建为都城的年代虽早于北京，但所存当时的实物及现存的城池规模都远不如北京。北宋汴梁城（今日的开封），业已埋入地下。南宋临安城（今日的杭州），其遗物亦已无存，只能看出遗址痕迹。相比之下，北京旧城就更具有成片保护的价值了。所谓成片保护，就不是几幢或几组建筑群的保护范围，而是成区成片的旧城保护范围。只有这样处理，才能保持住旧城的基本面貌。北京旧城的构成，不仅是位于城市中心的紫禁城，还有清楚的分区布局，包括皇城区、衙署区、居住区、商业区、手工业区等；有完整的防御体系，包括三道城墙（紫禁城墙、皇城墙、城墙）、护城河、城楼、瓮城、箭楼等；还有传统的方格网道路系统、具有一定方位的坛庙寺观、典型店面的商业街道、独特格局的“四合院”住宅以及皇家园林、王府花园、民间宅园等。这个复杂的综合体，在规格、高度、色彩上都有严格的规定，因而形成了优美的富有空间变化的城市总体面貌。所以说，从历史文物价值、反映都城原有面貌的特点、研究城市发展史、比较六大古都的实物条件以及发展旅游事业来分析，都需要完整地保留北京旧城区。

那么为什么要选择以北京旧内城为成片保护区呢？这是因为：辽南京、金中都城已毁，只有部分的土城墙遗迹，无须成片保护。

元大都城的精华在现旧内城的范围内。元时东、西两面城墙的南半段就是现旧内城东、西两边的城墙，元时东面的崇仁门、齐化门即今天的东直门、朝阳门，西面的和义门、平则门即今天的西直门、阜成门。元时城中心的宫城、皇城位置基本上是现存明清的宫城和皇城界限。元皇城东墙为今日的南、北池子一线，西墙在今日的西皇城根一线，南墙在中海南面至故宫午门、端门之间一线，北墙为今日的北海后门至地安门一线，大都城的中轴线即明清紫禁城的中轴线。元皇城由太液池、万寿山即今天的中海、北海和白塔山；这个地方的历史比元大都还早，在辽时因其自然环境优美建为“瑶屿行宫”，金大定十九年（公元 1179 年）在此基础上挖湖堆山建成“大宁宫”，现北海团城上的松柏树、白塔山上的叠石都是金时的遗物。从金相传下来的燕京八景的“琼岛春阴”和“太液秋风（后改为太液晴波）”

指的就是这里。在阜成门内的妙应寺白塔为元至元八年（公元 1271 年）时建造。当时城的北部，即在健德、安贞、肃清、光熙门之间的范围。从遗址来看，不是居住街坊。有的同志曾提出，这里是北宫、御园，也有的同志说是驻军之地。笔者认为，当时建城是按照估计的城市发展规模修建的，这个北部地段是预留的城市发展用地。所以，从元大都的总体布局来看，其精粹还是集中在南半部，也就是在明时的内城范围里。

明永乐年间的北京都城就是现存的旧内城，共设城门九个，东、西、北各两门，南面为三门。外城是在明中叶扩建的。在内城的中心部分，为了突出中轴线和使用方便，将“左祖右社”拉近，布置在紫禁城前；皇城扩大了些，东墙扩至南、北河沿，南面扩至长安街一线，其他两面未动。还在宫城正北的玄武位置，利用挖紫禁城护城河的土和拆除元大内清理出的废物堆起景山，同时将中海的水面向南扩展，即扩出南海部分，中、南、北三海统称为西苑。西苑与紫禁城是内城的精华，内城是明北京城的主体。

清北京城仍沿用了这个内城和扩建的外城。从《乾隆京城全图》上看，外城南半部多系空地，没有街坊、胡同，由此更可证明在建城的范围内是要留有发展余地的，同时亦可看出清时全城的重点还是在内城。

既然元、明、清北京城的精华都交叠在现在的旧内城上，那么成片的保护范围自然要落到旧内城的框框里了。

现在，有了保护规划的大轮廓，尚需要提出保护旧内城的具体规划纲要，以使保护旧内城落到实处。

三、保护旧内城的具体规划纲要

1. 保持旧内城的基本面貌，控制建筑高度

建议以紫禁城为中心的前后左右划为一级保护区。其范围，东到东皇城根，西到西皇城根，南至天安门，北至钟鼓楼与德胜门一线。在这一级保护区的范围内，应基本上按照原有面貌加以保护。内城里的妙应寺、广济寺、历代帝王庙、护国寺、柏林寺、雍和宫、文庙、国子监以及东四清真寺和亲王府等，也划为一级保护区，原貌保留，在其周围不准修建高于 8 m 的建筑物。原内城城墙内的范围，除一级保护区外，都划为二级保护区。所谓二级保护区，就是在这个区内的建筑物高度平均在 15 m 以下，有较好的四合院原状保留，在离一级保护区较远的地段，建筑物也可略高于 15 m。原北京旧城的建筑高度，一般四合院住房为 6 ～ 8 m，宫殿 20 ～ 30 m，城楼 30 ～ 40 m，几个高点如北海白塔、景山万春亭、妙应寺白塔等高 50 ～ 60 m，一般建筑与高点建筑的高度比为 1 : 5 到 1 : 8，所以北京旧城形成了高低起伏的立体轮廓线。如果没有高出二三倍向上伸展的建筑，也就无法形成这个轮廓线。我们提出的在建筑层数上的控制方案，就是为了突出原有的宫殿、城门楼、钟鼓楼和几个制高点，在大的方面获得保持旧城基本面貌的效果。

在旧内城以外的四周范围里，除需原貌保留的古建筑一级保护区以及西北郊地区之外，建筑高度都可达到 45 m 左右，其中也可插建一些 100 m 左右的超高层建筑。在原外城内，属于一级保护区的建筑有天坛、法源寺、牛街清真寺、前外大街、大栅栏、廊房头条、琉璃厂、湖广会馆等。一级保护区的古建筑可分为两类，一类是文物价值高的，需原样保留；另一类是仅需保留其外貌的，内部可更

新结构与材料，如前门外大街、大栅栏建筑等。

有了这个建筑层数分区和古建筑分类保护的规划，就能保留住旧内城的原有风貌，就能对旧内城里的建筑逐渐地加以整新和成片地进行翻建或改建，也可以在旧内城以外的地区成片地进行新区建设了。这样做，比一个一个单独解决建筑物的高度更具有科学性和完整性。

2. 保护区的界限要分明，要与历史上的建筑群界限相一致

内城的城墙、城楼，除崇文门以东的部分城墙和东南角楼、正阳门楼、德胜门楼之外，都已拆除。尽管如此，内城城墙的平面轮廓还是要按照原址保护起来，作为旧、新区的分隔界限。西面城墙位置，即今天的西二环一线，在环路的东侧不要按已做的如前三门工程的方案去建设，要下决心搞一条绿化带。南面城墙位置，即现在的前三门大街，街南已建成新城墙式的住宅，街北尚未改建，其建筑布局不应是街南的重复，似以加出一条绿化带为宜。东面城墙和北面城墙位置，现都保留了护城河，沿河可搞成较宽的绿化带，以使内城城墙位置形成环状的绿化带。皇城和紫禁城的界限，也都可成环形的绿化带，以使界限分明，并改善周围的环境。这三圈绿化带的处理，可采用种植 3、6、9 行树的办法，使三圈绿化带自内向外一个比一个宽。当人们登上景山向下俯瞰时，可清晰地看到这三圈富有节奏感的绿化带。这样做，就可保留了原有城市和皇城、紫禁城的轮廓线，并可为研究城市发展历史留下遗址的鉴证。

3. 中轴线北段要保持传统面貌

中轴线北段，即今天的地安门大街，南至景山，北到鼓楼。其中，地安门至鼓楼这一段，是按照“前朝后市”的规划布局于至元九年（公元 1272 年）修建的，已有 700 多年的历史，一直是商业集中的街道，可算是北京现存的最古老的一条商业街道了。因而，应以保持原有特点为宜。在这一里多长的街道上有几组建筑需要原状保存。

①鼓楼、钟楼。现鼓楼位于元万宁寺的中心阁南，为明永乐十八年（公元 1420 年）建，清嘉庆五年（公元 1800 年）重修。现钟楼在鼓楼北，与鼓楼同时建造。元大都时期的钟、鼓楼位置在现在的旧鼓楼大街一带。《宸垣识略》记载 :“鼓楼在地安门北金台坊，旧名齐政楼，元建……楼之东南转角街市，俱是针铺。西斜街临海子，率多歌台酒馆，有望湖亭，昔日皆贵官游赏之地。楼之左右俱有果米饼面柴炭器用之属……钟楼在金台坊东，即万宁寺之中心阁，元至元中建。今之钟楼在鼓楼北，明永乐中建，后毁于火。乾隆十年重建，有御制碑。中心阁在大都府西，元建，以其适都城中，故名。”对

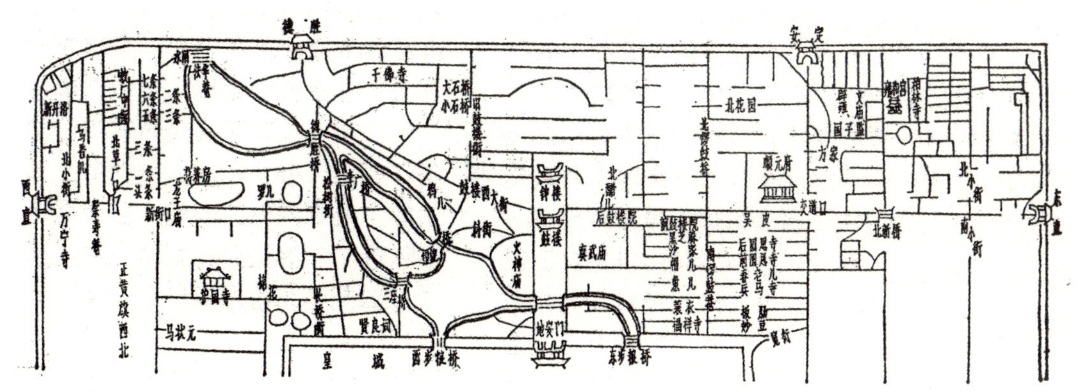

乾隆时期鼓楼、地安门地区平面示意图

于这一组建筑的保留，大家都是同意的，但周围建筑如何与之协调，意见并非一致。如果从突出钟、鼓楼来考虑，在街道两旁修建较高建筑的规划方案是不可取的。

②商业建筑。从上面摘录的记载中，可了解到几百年前的商业集中情况，至今它仍然是商业集中的热闹市街。从今天的生活需要来看，没有理由更改这条街的性质。街旁具有清末民初装修的店面建筑应予保留。另外，现在烟袋斜街尚保留了一些清时店面的装修，具有古老商业街道的特征，它还可作为鼓楼与什刹海银锭桥联系的纽带，因而以保留其商业街的原貌为妥。

③后门桥。现在桥下河道已填掉，临时性建筑拥塞于桥的两侧。这个桥位的历史相当长，在元大都时就有了它，称之为万宁桥。《宸垣识略》记载："万宁桥在鼓楼南，名澄清闸，即今后门桥。金水河自此向东南入东步粮桥，穿皇城东南而出。"现此桥幸存，极需引起重视，组织到街道规划中。

④火神庙。此建筑的始建年代，早于元大都，在街西临什刹海。《日下尊闻录》记载："唐火神庙，臣按庙系贞观时建，元至正六年重修，万历三十三年始增碧瓦。春明梦余录云，后有水亭，可望北湖。"这组建筑及其周围的环境绿化，同样可起到联系鼓楼南大街与什刹海的作用。庙会与商业合一的传统做法，在这里亦可保留下来。

除保留上述的几组建筑之外，街西可适当增加些小块绿地，借以把什刹海景区联系起来。沿街改建房屋的层数、样式、色彩等都不要突出，要服从于传统建筑的基调，以保持传统的面貌。

由于这条干道是南北向中轴线的一段，交通量大，为了解决人、车流交叉的矛盾，今后要搞成双层道路，人行与车道分开，快、慢车道在下面，人行在上面；或建成连接街道东、西两面的人行平板桥。人们在这个具有传统面貌的商业区和具有自然景色的文化游乐区里活动，会受到吸引，感到轻松、安全，而不是紧张、混乱。从发展来看，这一街区应逐步提高为一级的商业、文化游乐中心。

4. 中轴线南段也要保持传统面貌

中轴线的南段，即前门外大街。它虽不如鼓楼南大街的历史久远，但也有400多年的历史了。目前，它与王府井大街、西单北大街是北京的三大商业街区。若论历史上有名的商店或剧场，其他两处都不及它多。其中大栅栏街是个典型，名店有瑞蚨祥绸缎店、内联升鞋店、张一元茶店、同仁堂药店等，还有三庆、庆乐以及粮食店的中和戏院等，这些建筑大都有特色。另外，廊房头条、二条以及劝业场，也还基本上保持着原貌，建筑很有特点。

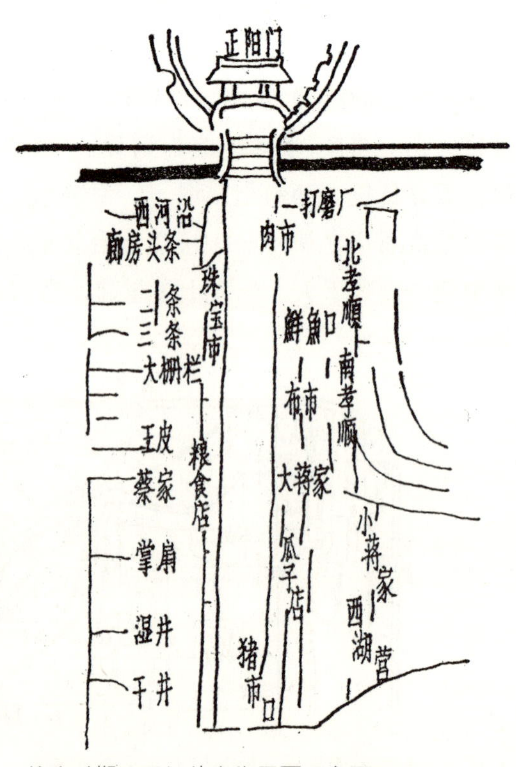

乾隆时期正阳门外大街平面示意图

再就是前门外大街东、西两面的建筑，也还保存有清后期店面装修的商店，其中名店也有不少，如月盛斋羊肉店、谦祥益布店、都一处烧麦店、全聚德烤鸭店等。在街东面肉市里的广和剧场是北京现存的最古老的剧场，是明代查楼的旧址。《宸垣识略》记载："查楼在肉市，明巨室查氏所建戏楼，本朝为广和戏园。弄口有小木坊，旧书查楼二字。乾隆庚子毁于火，今重建，书广和查楼。"这个剧场曾是富连成戏班的演出基地，梅兰芳、马连良等著名演员都是在这里出科演出的。《宸垣识略》中对乾隆时期前门外大街的商业盛况也做了叙述："大街石道之旁，搭盖棚房为肆，其来久矣，今仍之……大街东边市房后有里街曰肉市，曰布市，曰瓜子店。迤南至猪市口，其横胡同曰打磨厂。内稍北为东河沿，曰鲜鱼口，内有南北孝顺胡同，长巷上下头条、二条、三条、四条胡同，曰大蒋家胡同……此皆商贾匠作货钱之地也。"

对于这样一条传统商业街道的改建，极需仔细研究。目前所看到的规划设计方案，大都是大变样方案。有的将现有建筑全部拆光，在街的两旁新建高楼大厦；有的虽把快车道改在地下，但地上建筑还是林立在街道两边的高楼。还有的方案，将此街改为宽条绿化带，拟形成花园式的帘心绿化带。这个想法，使环境得到改善，但旧有传统面貌也随之改变了；在这条绿化带的两侧如建起较高的楼房，也难以同大栅栏的低层建筑协调起来。为了保存原有的使用功能和传统面貌，在前门至珠市口一线以及大栅栏、廊房头条与二条、鲜鱼口等处，最好是保持原有的气氛，作为步行的商业服务与文化游乐区，车行道改入地下。这里的传统建筑，并不需要全部原状保留，仅需保留其外貌，内部可以按照现在的使用要求进行更新改造。还可以在店铺之间增加些小块绿地。珠市口以南，要以低层建筑同天坛联系起来。在这一街段以及天坛的周围地区之外，可修建层数较高的建筑。

这条商业文化街区，应与天安门广场组织在一起，构成首都北京的中心区。今后，它同鼓楼南大街、王府井大街、西单北大街三个一级中心，形成菱形构图网；各具特点，为全市服务。

中轴线的南、北两段，基本上要保持传统的面貌，但又不要拘泥于现状。这样做，比仅仅保留中轴线的道路骨架，而将街的面貌换成较高的新建筑要好得多。这是因为，只保留原道路位置，而面貌改成新街，这同各地新建城市或旧城新开辟的某某大街或几经几纬路又有什么区别呢！所以说，保留传统特点的街道面貌，是在北京的特定条件下应该考虑的。所谓不拘泥于现状，就是说，要适应今天生活的需要加以改善。如人行、车行道分开，增加新的商业服务和文化游乐的设施内容，旧有房屋内部更新并增加新的设备，增加一些小块绿地……这些新内容是街道发展所需要的，它并不影响基本上保持街道的原有面貌，即保留原有建筑的立面、高低变化和空间序列变化的特征。有了这些特征，人们从南至北漫步在中轴线上，或游览其中一段，仍然能够感受到这个文化古都的传统特色。

5. 要保持什刹海区原有的自然风貌

这一区水面的历史早于元大都。元大都时该区为全市的中心。据历史记载，元至元中期，大都城的每年粮食需用量不断增加，至元二十七年（公元 1290 年）为 160 万石，这么多的粮食从江南长江、钱塘江三角洲一带送来，迫切需要解决河运问题。至元三十年（公元 1293 年）郭守敬提出的规划付诸实施，开凿通惠河接通北运河，运漕粮的船只可以直接驶进大都城，直抵积水潭。那时候的水面比今日为大，故称之为海子。《郭守敬传》中记载："三十年，帝还自上都，过积水潭，见舳舻蔽水，大悦，名曰通惠河。"

这一区水面的位置，至今变化不大，在基本格局上只是西北角处划到了城外，在城内部一分为三，如《宸垣识略》中所述"元世祖肇造都邑，而海水镜净，正在皇城之北，万寿山之阴……自明改筑京城，与运河截而为二，潭之宽广，已非旧观。今指近德胜者为积水潭，稍东南为什刹海，又东南为莲花泡子，其实一水也。"

在这一区水面的周围，有保留价值的传统建筑很多，现从东向西观看：

①银锭桥。此桥在什刹前海与后海的连接处，因其形似银锭，故名银锭桥。《燕都游览志》中记

载："银锭桥在三座桥北，城中水际看西山第一绝胜处。桥东西皆水，荷芰菰蒲，不掩沦漪之色。南望宫阙，北望琳宫碧落，西望城外千万峰，远体毕露，不似净业湖之迫且障也。"《宋荦西陂类稿·过银锭桥旧居诗》："鼓楼西接后湖湾，银锭桥横夕照间；不尽沧波连太液，依然晴翠送遥山。"这些描述说清了它的位置和周围的优美景色。现在这座桥还在，周围的景观也还存在，极需引起重视，保持原有的自然面貌。

②广化寺、龙华寺。从银锭桥东沿后海岸边向西北方向行走，即到广化寺和龙华寺。广化寺建于元代，现存的为清代建筑，规模大，佛像美，有保存价值。龙华寺建于明成化三年，其环境如《帝京景物略》中《秋日龙华寺小坐》诗句所述："苑西桥北古祇林，满院松槐昼郁森，山色平连三殿影，湖光曲抱半城阴。"此处的景观如江南水乡，亦有保留价值。

③恭王府。自银锭桥西沿前海北岸向西南方向走，即可到人们称之为"红楼梦大观园"的恭王府。在清《乾隆京城图》中，此处为一般民宅。《啸亭续录》中记载了恭王府的来历，即："庆王府今为恭王府。王为宣宗六子，同治初任仪政，后复任军机大臣。"梁章钜《归田锁记》，"和珅籍没后，分其第半为和孝公主府，半为庆亲王府。"这些都说明了建此王府，特别是改建所谓的"大观园"——萃锦园时是在曹雪芹撰写"红楼梦"之后，它并不是"红楼梦的大观园"。只是由于恭亲王对红楼梦大观园很感兴趣，所以造园时选用了大观园的意境题材，这可能就是后人传说它是大观园的根本原因吧！现王府居住部分和北部的花园基本保存完好，为现存王府中最完整的一个，它反映了我国北方造园的一个方面，很有保留的价值。

④积水潭莲花池。此处可恢复莲花池旧貌。《日市尊闻录》中记载："莲花池旧名积水潭。池多植莲，因名莲花池。池上有净业寺，又名净业河，游必从小径入，抵虾菜亭，乃尽幽深之致；夏时风香露净，心目清凉。"《帝京岁时纪胜》中记载："莲花胜处，内则太液池金海，外则西北隅之积水潭，植莲极多，名莲花池……岸边柳槐垂荫，芳草如茵，都人结侣携觞，酌酒赏花。"这一带荷香幽静的景色是很有特点的。

⑤什刹前海的摊、戏等。《燕京岁时记》记载："前海，即所谓莲花泡子者是也。凡花开时，北岸一带风景最佳：绿柳垂丝，红衣腻粉，花光人面，掩映迷离……每年六月，士女云集，然皆在前海之北岸。"这个传统一直延续到解放初期。每年夏秋，前海还设有风味小吃摊或戏摊，游人接踵而来，十分热闹。这些传统特点亦应恢复。

从历史特点来分析，这三块水面以及水面周围的历史建筑需要完整地保留，在规划时要注意把这些需要重点保留的建筑联系起来，还要避免修建高楼，防止市级交通道路穿行，以保持原来的自然风貌。建筑的内容，包括有商业服务、文化娱乐以及体育游乐与旧王府及其花园等，形成文化游乐与体育活动的中心。

6. 观景线的空间问题

北京内城的 9 个城楼，都是楼前大街的对景，如今这些对景建筑已被拆除了 7 个，也就谈不上什么观景线的空间处理问题了。另外一种情况是，现存内城几个制高点的观景空间受到了障碍物的破坏。例如，从西四东望和从沙滩大街向西望，都可看到景山万春亭，目前两边全有高大的烟囱树立在其间，破坏了这个对景的完整形象。再有，大家常常议论的妙应寺白塔被五层的药店和二层的副食商店所遮挡的问题，也是属于这第二种情况。

在这个问题上，想着重提一下什刹海到西山之间的空间处理问题。有的规划方案，不仅在海淀区西直门外，甚至在什刹海区都要修建多、高层建筑；清华大学建筑系城市规划教研室提出的方案（刊登在《建筑学报》1980 年 05 期 15 页上），什刹海区为低层区，建筑高度在 9 m 以下，积水潭南北一片为多层区，建筑高度在 15 m 以下，新街口电影院至西直门地区为高层区，建筑高度在 45 m 以下。清华的这个层数分区方案较前者方案要好些，但是从什刹海观赏西山景色，同样要被 45 m 高的建筑群所阻挡。因而，笔者认为在这个观景线的空间里，建筑层数要比其他地区低，什刹海、积水潭区应为低层区，西直门内外和海淀区，建筑的平均高度应在 15 m 左右，这就是说，在其中间也可适当穿插一些较高的建筑，但大多数的建筑应在 15 m 以下。这样处理，什刹海区本身原有的自然景色可以得到保持，而且从被称为“城中水际看山第一绝胜处”的银锭桥，仍能观赏到西山的景色，保持住如《吴岩沿银锭桥河堤作》所描写的景观：“短垣高柳接城隅，遮掩楼台入画图。大好西山衔落日，碧峰如幛水亭孤。”在这里，春、夏、秋季可看到近水远山的秀媚景色，冬季可观赏到燕京八景之一的“西山晴雪”景色。

这个方案，会受到一些人的反对，认为是从建筑艺术考虑的。其实，这个控制高层、多搞绿化的方案，不仅是为了观赏西山的景色，而更重要的是，在这个特有的自然条件下，把西山建成为大片绿化的风景区，把西郊建成为建筑层数不高、绿化较多的建筑区，将自然风景区与大片绿化区直接通向城内，以改善北京的环境。这个功能作用是不容忽视的。

为了防患未然，这个问题应及早研究。

7. 国家机关区要适当集中

现国家党政领导机构占用着中南海，其他一些中共中央部门、国务院各部委分散在城内外的东长安街、朝阳门内、沙滩、平安里、西四、西单北、六铺炕、和平里、百万庄、三里河等地区。20 世纪 60 年代北京有关单位曾提出改建东、西长安街的规划方案，将大部分国家机关集中在这条大街上。这种考虑比国家机关分布的现状集中多了，但在使用功能上存在着受干道噪声的干扰问题，同时建筑层数高，不利于保持旧内城的原有特点。

究竟应该如何布局呢？我们不妨打开清代天安门前两旁的布局图看一下，在千步廊的东边有兵部、工部、鸿胪、钦天、太医、宗人府、吏部、户部、礼部等，在千步廊的西边有大理寺、刑部、都察院、大常寺、銮仪卫、前府、右府、制造库、中府、后府、澄闻院，清王朝的“五府六部”国家政权机构都集中在这里。从管理、指挥、联系等方面来分析，这种集中成区的布局方式是可借鉴的。我们的国家各职能部门应该逐步朝着适当集中的方向发展。

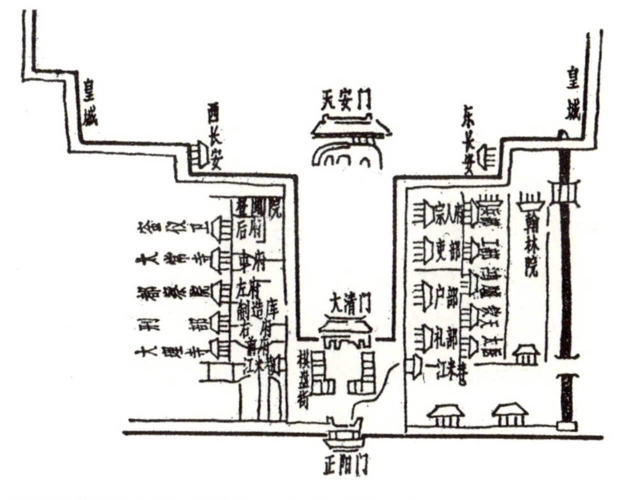

乾隆时期天安门、正阳门之间的平面示意图

过去，有的规划方案曾提出，在北郊的南北向中轴线上布置一个集中的国家机关区。如果考虑利用现有的基础，也可把国家机关区规划在三里河、钓鱼台，百万庄区；若在旧城区内，可安排在中南海以西至西皇城根的地区和人民大会堂以西地区。对于这些方案，要做进一步的分析比较，才能得出哪个更好一些的结论。但是，无论选用哪种布局方案，都需要做到：①中南海最好是让出来，恢复原有的布局联系。太液池、西苑原来是一个整体，过去是帝王的宫苑，为少数统治者服务，今天已归还人民，似应成为广大群众游乐的地方。不仅中南海与北海构成的西苑是个整体，而且它与紫禁城、景山也是个整体。元、明、清皇城的布局就是这样考虑的。乾隆在御制《白塔山总记》中也述说了这种关系，即："……虽城郭宫市，建置沿革，时或不同，而答阳都会，居天下之上游。俯寰中之北拱，诚万载不易之金汤也。宫殿屏扆，则曰景山，西苑作镇，则曰白塔山……"所以，从西苑和西苑同紫禁城（故宫）、景山的联系来看，都需要把中南海组织进来。②要相对集中，不要按线布置，应按区来规划，组成综合体，使工作与生活都在区内解决，以适应逐步实现城市现代化的要求，并可提高工作效率。

8. 琉璃厂区要基本保持原貌

这条街在现在的和平门外，元和明时期为烧制五色琉璃瓦之地，因而名为琉璃厂。从它形成为繁华的文化商业街算起，也有300多年的历史了。关于该街历史情况的文献材料不少，现仅取乾隆时期潘荣陛《帝京岁时纪胜》中的一段："厂制东三门，西一门，街长里许，中有玉桥。桥西北为公廨。东北楼门上为瞻云阁，即窑厂之正门也。厂内官署、作房、神祠之外，地基宏敞，树林茂密，浓阴万态，烟水一泓。度石梁而西，有土阜高数十仞，可以登临眺远。门外隙地，博戏聚焉。每于新正元旦至十六日，百货云集，灯屏琉琉，万盏棚悬，玉轴牙签，千门联络，图画充栋，宝玩填街。更有秦楼楚馆遍笙歌，宝马香车游士女。"很明显，这里的自然环境不错，是个文化娱乐、商业街区。近40多年的变化情况，笔者是亲眼目睹的，因余自幼居住在此。这条街，西起琉璃厂西门，有中华书局等，东至琉璃厂东门，有火神庙、邮局等，街两旁相间排列着古书、文房四宝、古玩字画等店铺以及商务印书馆等。每逢春节，即举办"厂甸"，清时称为"光厂"，是以海王村公园为中心，向北延伸到西河沿，南面到沙土园，在这个范围里摆满了玩具、大糖葫芦、轻气球、风车、风筝、时果等摊架和古玩玉器摊、古书摊、画棚，以及杂技与各种游戏等，热闹非凡。这个"厂甸"传统，一直延续到解放初期，60年代还搞过一次。1957年以后，琉璃厂的书店、商店明显减少，合并、取消或迁移。近几年，开始按规划恢复。恢复琉璃厂的传统文化、商业街的性质很有必要。同时，还需注意把它同拟保留的大栅栏街联系起来。从琉璃厂东门起，至大栅栏西口，仅有杨梅竹斜街一段路，过去该街有著名的东升平澡堂等，今后可以恢复原有澡堂，并添建其他商业服务设施，把两条名街连接起来，形成贯通的步行街，使琉璃厂、大栅栏街区更加繁华。琉璃厂传统街的保留，对于丰富人民的文化生活、方便人们的日常生活、开展中外的文化交流、增加国家收入都是有利的。新规划的建筑，保留传统店面风格是必须的，增添新设施、新设备也是必要的，所以说，仅需保持其原有的基本面貌，不需要过分强调一切都要按老样子恢复。

9. 祭坛应原状保留

我国郊祀的历史很久远，后一直延续到清末民初，袁世凯称帝之时还举行过一次天坛祭礼。周代就是于冬至日祭天于南郊，夏至日祭地于北郊。汉代继承了这种祭礼和建坛方位的规划制度，以后代代相传。金中都时，据《金礼志》记载："南郊圜丘坛，在丰宜门外，当阙之巳地。北郊方丘坛，在通玄门外，当阙之亥地。朝日大明坛，在施仁门外之东南，当阙之卯地。夕月夜明坛，在彰义门外之西北，当阙之西地。大定七年七月，建社稷坛于中都。”元大都时，成宗即位，始为坛于都城南七里；建社稷坛于和义门内，建先农、先蚕坛于东南郊，建风雨雷师坛于西南郊。现存的北京天坛、地坛、日坛、月坛和社稷坛、先农坛是明代始建的，一直保留到新中国成立前，其坛址是与旧都城规划紧密结合的，它们是研究我国古代祭礼的一组典型实例，所以应该原状保留这六个坛。目前，这六个坛，五个称之为公园，先农坛为体育场，现天坛、社稷坛的主体建筑尚保留着原状，其他的都在逐步改变。为此，有必要再回顾一下它们的历史，用以说明原貌保留的重要性。

天坛始建于明永乐十八年（公元 1420 年），是北京现存祭坛中最早修建的，它是按照传统的礼治规定布置的。从北京旧内城来看，它位于都城的南郊，只是因为到了明嘉靖时加筑了外城，其位置才被圈在外城之内了。我们提出重点保护旧内城的方案，可使天坛的位置仍似在南郊。初建的天坛，是天地合祀的大祀殿，其建筑形式也并非是现在的三重檐圆形殿。此时没有祭天的圜丘台。到了嘉靖九年（公元 1530 年）才在大祀殿南面开辟圜丘台，同时在北郊修建方泽坛。又过了四年，在嘉靖十三年二月正式下旨把圜丘称为天坛，方泽坛称为地坛。在嘉靖期间还添建了先农坛和日、月二坛。这些坛的位置是按照天南、地北、日东、月西的说法确定的。社稷坛建于明永乐十九年（公元 1421 年），是根据“左祖右社”的礼制规定安排在紫禁城午门、端门之间的右侧。这六个坛的位置还同北京旧内城中轴线与城门位置相联系着，考虑了出祭时的便捷交通路线，天坛、先农坛位于旧城南北中轴线的两侧。天坛在正阳门外的东侧，先农坛在正阳门外的西侧，正阳门是旧内城南面的正中城门，《明宫史》本集中记载“凡冬至圣驾躬诣圜丘郊天，并耕籍田，咸由正阳门出也。”所谓躬诣，即亲自前往的意思。地坛位于北面安定门外的东侧，“凡遇夏至圣驾躬诣方泽坛祭地，即由安定门也。”日、月二坛基本上位于旧皇城为中心的东西向次要轴线上。日坛在东面朝阳门外的南边，“圣驾春分躬诣朝日坛及藩王之国，则由朝阳门出。”月坛在西面阜成门外的南边，“圣驾秋分躬诣夕月坛，则由阜成门出。”社稷坛在紫禁城西侧，皇帝出太和门西行，再出阙右门至坛外。

这六个坛，坛本身是个高台，台上没有建筑，以体现与天、地、日、月、社、稷、先农神的交往；台有方形的，也有圆形的，周围以石砌起，在台面的外围，有的绕以栏杆，有的什么也没有，台面上有的铺石，有的铺土，也有的铺砖，东南西北四方有台阶通至上层台面。坛的外围有矮墙，四面墙的中间开有棂星门。有的设有内外两道坛墙。坛与坛墙统称为“壝”。壝的外围种植翠柏苍松。这就是坛的主体建筑。现在的地、日、月坛的主体部分已改作他用，或受到破坏，保留的仅是配合祭祀需要而设的附属建筑。这样保留的“坛”，是名存而实亡，还有什么文物价值呢！

天坛的主体建筑虽然保存完整，但在“神道”的西面堆起了高大的土山，破坏了主体建筑群的周围环境，失去了原设计与天交往的气势。为了保持原貌，应及时将此山挖掉。

上面简略地讲了坛的历史，主要是说明，既不要改变坛的主体建筑，也不要在主体建筑的旁边添建新的东西，以原状保留为妥。

10. 保留四郊的文物古迹点，以绿化大道与旧城相连

北京四郊的文物古迹点很多，主要的宜恢复、保留。例如：在南苑遗址可恢复其原有的自然环境，开辟为公园，作为北京城南北中轴线的南端终点。这样处理，还可使中轴线不是无限的伸长，使中轴线的内容、空间组织更加完整。这个永定门外的南苑，历史较长，《宸垣识略》中记载“南苑在都城南二十里永定门外，元为飞放泊。明永乐时，增广其地，周垣百二十里。我朝因之，设海户

一千六百人，各给地二十四亩，春蒐冬狩，以时讲武……明永乐间，缭以周垣百六十里，育养禽兽。又设二十四园，以供花果。内有三水，故以海名……为九门：正南曰南红门，东南曰回城门，西南曰黄村门，正北曰大红门，稍东曰小红门，正东曰东红门，东北曰双桥门，正西曰西红门，西北曰镇国寺门。”现在的大红门等地就是原南苑设门的位置。

在丰台可建立花木基地。提起丰台，人们只知道它是北京铁路车站的大编组站，京广线、京沪线的分叉点。其实，这里是历史上有名的盛产花木的地区。《帝京岁时纪胜》中记载：“京都花木之盛，惟丰台芍药甲于天下……秋日家家盛栽黄菊，采自丰台，品类极多。”这是清乾隆时期的情况，在此以前，于明、元、金时期，由于丰台地区的土壤、水等自然条件适宜，就盛产各种有名的花卉，并建有园亭。今后，丰台地区应大力发展这一特有产品，搞成花木基地，既可供应北京花木，又可接待人们参观、游览。从这个地区可开辟道路与外城环路相通。

卢沟桥景区应扩大。该桥位于北京西南郊，此处的“卢沟晓月”景色为金时期以来的“燕京八景”之一。据《金章宗纪》：“大定二十九年六月，作卢沟石桥。明昌三年三月癸未，卢沟桥成。”这就是说，它于1189年开始修建，于1192年建成，为北京现存的最早的一座石联拱桥。《帝京景物略》中记载：“卢沟桥跨卢沟水，金明昌初建，我正统九年修之。桥二百步，石栏列柱头，狮母乳，顾抱负赘，态色相得，数之辄不尽。俗曰：鲁公输班神勒也。”这一描述说明了此桥甚精美。卢沟桥之所以重要，还因为它是日本军国主义搞“七七”事变、发动侵华战争的地点。抗击日本侵略军的二十九军就驻扎在此桥东面的宛平城；该城建于明崇祯时期，它与卢沟桥为守卫北京城的外围的重要据点。由此看来，宛平城与卢沟桥的意义多重，应恢复并绿化起来，合成为一个景区纪念地，以北京、长辛店公路与广安门相通。

在北京西面的潭柘寺，谚曰“先有潭柘，后有幽州”，说明此寺甚古，应保持原有的环境面貌，以京沟路与西长安街连接。在西北郊的著名的“三山五园”，包括了“燕京八景”的“西山晴雪”和“玉泉垂虹（乾隆时改名‘玉泉趵突’）”，更应保持其自然风貌，以林荫大路直通至西直门。在北京西北方向的重要关口——八达岭、居庸关，山峦层叠，林木葱郁，构成了“燕京八景”之一的“居庸叠翠”景色，应以拓宽的林荫公路把这片古迹风景区与清河、“燕京八景”的“蓟门烟树”、德胜门联系起来。在东北方向，出东直门应以公路与密云水库、重要关口——古北口景区相通。在西南方向，可从龙潭湖开辟新路同京津公路联接。

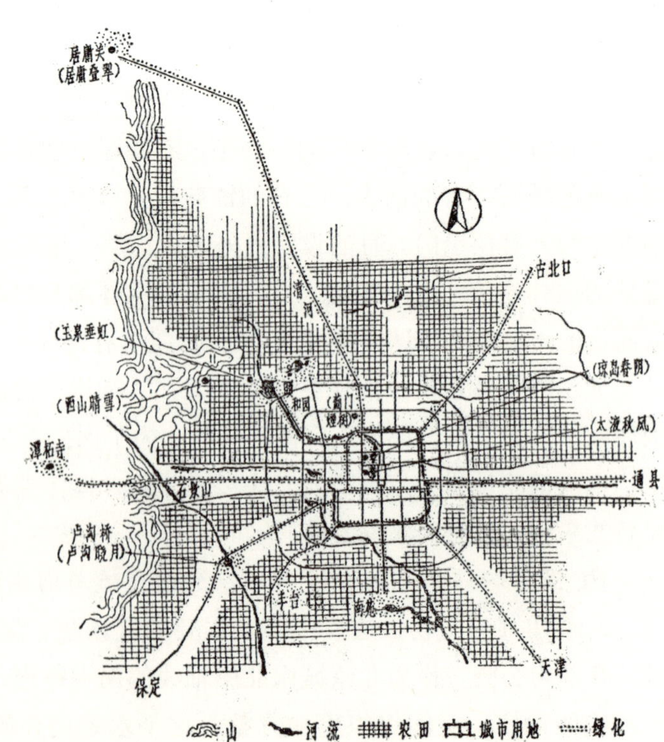

北京近郊文物古迹风景点与城市联系的发展规划示意图

这些通往四面八方的道路应如何修建呢？《金史·地理志》中关于：“大定四年十月，命都门外夹道重行植柳各百里”的做法，可资借鉴。我们也可以把这些外围道路搞成具有不同特色的林荫大道，将四郊的名胜古迹绿化区通过林荫路与旧城联系起来，这些林荫路既能起到把绿化引进城市的作用，还可美化市容。

上述十条保护旧城的做法，并不受未来城市的发展采用哪一种形式的影响。

目前，有人反对北京发展卫星城。这种卫星城虽然存在一些问题，有些是属于工业项目的内容问题，也有些是政策问题，但周围的县城或镇是客观存在的，将来随着生产、生活水平的提高，一些工业必然要迁出市区，有可能要迁到这些周围的城镇。

目前，也有人反对北京发展带形城市。他们认为搞带形城要有高速公路和相应的工程设施，而且所建工业是要无污染的，这个分析有一定的道理，但这个理由也不能否定将来发展带形城市。如果生产力发展了，具备了条件，沿着前面叙述的通往四面八方的公路，也可能搞几条带形发展区。从北京的历史与自然、经济等条件来看，这些带形区似可在东、西、东南、西南方向发展。

由于城市发展形式是个专门问题，本文的主题不是这个专题，所以仅仅提一下看法，认为要有卫星城，也可以有几条带形区。写这一段文字的目的，主要是说明：从保护历史特色来考虑，笔者提出的“重点保护旧内城和四郊重要的文物古迹点，并以林荫公路将两者相连”的方案，是能适应几种不同的城市发展形式的。

（原载《建筑历史与理论》第三、四辑　江苏出版社出版）

6 关于保护历史文化名城几个问题的探讨

“保护一批历史文化名城，对于继承悠久的文化遗产，发扬光荣的革命传统，进行爱国主义教育，建设社会主义精神文明，扩大我国的国际影响，都有着积极的意义。”这是去年2月国务院批转国家建委等部门关于保护我国历史文化名城请示的通知中，指出的保护意义。

我们认为，这是文物保护方面的一个新发展，比原先划定国家文物保护单位又进了一步，由局部点的保护扩大到整体的历史文化名城的保护。

迄今一年多来，24个历史文化名城贯彻国务院这一文件精神，保护工作取得了一些进展，但由于这是个复杂的问题，涉及社会、经济、文化、技术以及有关领导的认识水平等一系列问题，所以同文件要求相比，尚有较大的距离。为了进一步做好这些城市的保护和建设、管理工作，根据现在的实际情况，提出如下几个问题，望深入研究。

一、市区工业调整问题

这些旧城中，大都存在着工业混杂，人口稠密，住房紧张，交通拥塞，环境污染等问题。其中，工业混杂是个主要问题，它是造成其他问题的一个重要原因。自1958年以来，在北京、南京、苏州、杭州等城市中，分别兴办了几百个或更多的小型工业企业，占用了旧有房屋，使原来已经不足的住房更加紧张，人口密度更加提高，周围环境更为恶劣，危害着居民的身体健康。这个问题，在一般旧城发展中常常发生，但造成如此严重的程度，应该说是受极左思想的影响，不能认为它是城市正常发展的必然过程。

为了保护历史文化名城，及早解决旧城建设中的各种问题，首先要切实解决这个工业混乱的问题。解决的办法：

1. 正确认识工业生产在历史文化名城中所占的地位。24个历史文化名城的城市性质不尽相同，但历史文化、旅游的共同特性是第一位的，有的还是首都、省会、革命纪念地等。在工业方面，或有瓷器生产，或有机械加工，或有丝绸纺织，就城市性质来说，这些工业是属于第二位的。因此，不能片面强调发展工业，片面追求完成工业产值计划，不顾名城历史文化遗产的保护和城市环境的改善；也不能片面强调历史文化名城，排斥还可以发展的工业。在杭州、苏州等地，有些小型机械厂等，仍然占据并破坏着木雕砖雕精美的旧民宅，电镀厂的废水继续污染着河道，这些小厂应及早搬迁或关停；一些重工业也要逐步调出市区。在绍兴市，拟建一些工业，应科学地研究发展什么性质的工业和它的位置安排。

2. 工业调整要在更大范围内进行安排。过去，一个城市的范围很小，工业的布局，无法做到区域性的合理安排。近来，改革了国家行政区划体制，地市合并，由市领导县，这就为在大范围的区域内进行工业调整创造了有利条件。现杭州市领导余杭、萧山、富阳、桐庐、建德、淳安、临安7个县，苏州市领导吴县、吴江、昆山、太仓、沙洲、常熟5县1市，原旧城区内的不合理的工业，就可以调整到周围几千平方千米的几个县内。绍兴市现管上虞、诸暨、嵊州、新昌、绍兴5个县，前面提到的新建工业和旧城里有污染的工业，就可以考虑安排在这些县内。当然，工业的外迁是需要一定的资金和时间的，这就要求各市领导要有战略的眼光，早下决心，安排好工业调整规划，并分期逐步付诸实现。

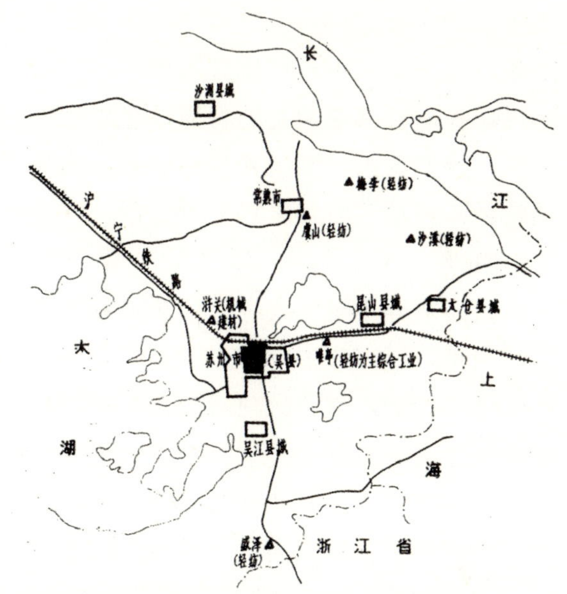

苏州区域性工业调整示意

再举里昂一例，它是法国第二大城市，历史悠久，素有“丝绸之都”之称，现有工业分为4类，①化学，②冶金、机械、电力，③纺织，④其他。其中①、②、④类工业企业逐步分散在周围地区1～2万人口的城镇点上，旧城区内留有纺织和一些服务性工业。在考虑区域性的工业布置时，还综合地安排了作物、大面积作物、葡萄园、森林、市郊休息区、旅游区、大学以及铁路、公路等的发展规划，使历史文化旧城得到保护，环境得到改善，旧城与周围村、镇同步发展。

工业的调整，还必须制定出相应的政策。所以说，要保护历史文化名城，落实城市的历史文化性质，就要着重解决工业调整这样一个既有科学技术、又有包括经济、地理和政治等内容的社会科学问题。

二、主要“线”的面貌问题

根据历史价值确定的历史文化名城的保护“点”，大家没有什么争议，对于“线、面”的保护，往往有不同的看法。我们认为，历史文化名城的主要“线”，大多是反映城市历史面貌的重要部分，改建时应保留原有特点。

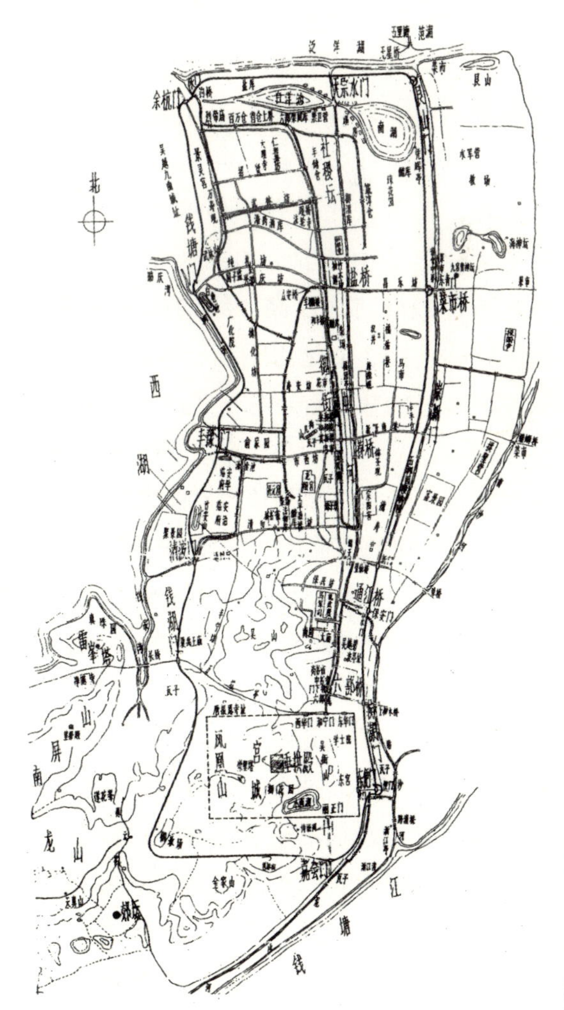

杭州南宋临安城复原

例如，今年杭州市正在进行的中东河的改建规划。中东河位于城市中心地区，在南宋时靠近御街，位置十分重要。市规划部门提出的方案，是按开辟新的南北向交通干道设计的。为了保持原有历史面貌的特点，一些设计人员自己主动又设计了一个突出中东河、加宽绿化带、突出历代的水门桥梁、增加具有传统特点的小品建筑、快车道移至东面的方案。国务院关于杭州市总体规划的批示中，对中东河规划提出要考虑历史的特点，多做方案进行比较。我们认为，要认真贯彻国务院的这一批示精神，对这些方案进行分析比较，注意保留历史的特点。

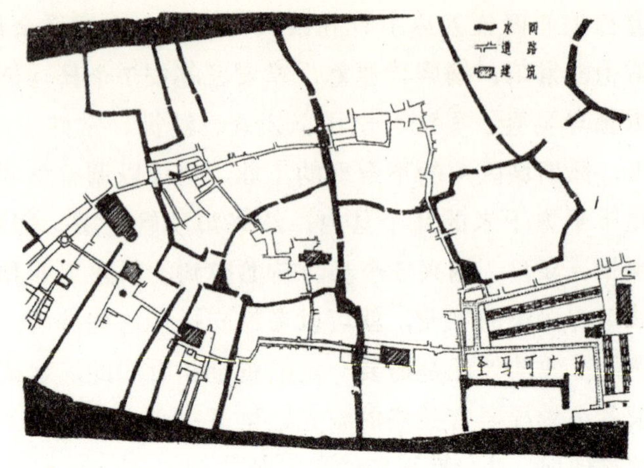

意大利威尼斯及其河网

如果摒弃主要“线”的历史面貌特点，求“新”心切，就会造成难以挽回的损失。如绍兴市的中心街道，现已改建成为由平屋顶砖混结构楼房组成的大街，填掉了河道，拓宽了马路，使原来的江南水乡风貌无影无踪，同北方中小城市新建的一条街没有什么两样。现急于对历史文化名城的中心街道进行所谓的“现代化”改建，是弊多利少的。其弊病，一是大多失去历史的特点，二是标准较低。从拓宽的马路、改为多层的砖混或框架结构的房屋来看，比原来的路、房有所提高，但仅仅是高了一级；若以基础结构、建筑装修与设备、环境等的质量来衡量，离现代化还有相当的差距。所以，对历史文化名城中心干道的大改建，不要急于马上进行，最好将这仅高一级的房和路建在周围地区，俟生产、文化水平进一步提高后再改建，以取得较好的效果。

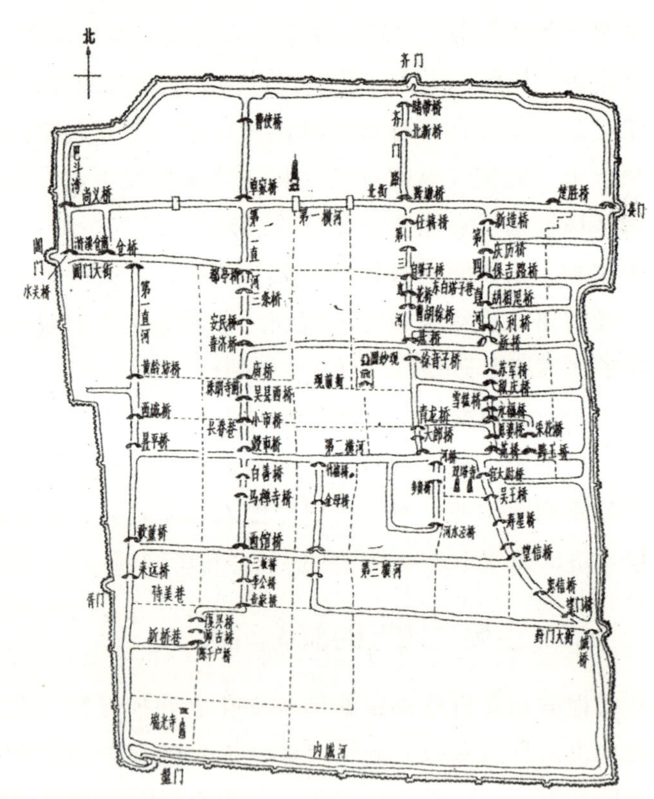

苏州清嘉庆（1797 年）三横四直河图

对一些历史更为悠久的主要“线”，应更多的保留历史特点。如北京鼓楼南大街，它是具有 700 多年历史的商业街；鼓楼西大街，一直是平行什刹海水体的斜向道路，历史相当久远，什刹海水体早于元大都而存在。现北京市的规划，没有考虑保持历史的特点，新开一条穿海而过的正东西向交通干道，实为不妥，应维持原状，将来另辟地下交通道。又如，两个具有 2500 年历史的水乡城市苏州和绍兴，过去河道成网，这一水网不仅具有水乡风貌，而主要具有城市内外交通运输、促进工农商发展的功能，还能起到排除雨水、防洪排涝的作用，现应大力恢复，保持水乡的历史特点。著名的意大利威尼斯，历史比苏州、绍兴短，它周围是海，城区是平地，自然条件也不如苏州、绍兴，但一直保护水网的历史特点，城内河道成系统，这一点值得效仿。再如，杭州风景的中心对应线，它南起玉皇山，中间穿过夕照山、雷峰塔，一直到北面的保俶塔，在南宋时它起着联系城市与西湖的作用，将城、湖组成一个统一的整体；现应恢复这条历史上形成的具有空间构图作用的中心对应线，适时重建雷峰塔，让出领导占用的夕照山下风景点，对公众开放，使南线风景点紧密联系，增加南线的吸引力，减轻游人集中在北线的压力。

历史文化名城主要“线”的改善或改建，要与组织交通统一考虑。为了解决交通拥挤、人车互相干扰问题，主要“线”可变为步行街，或单行交通线，或以立交联系主要“线”“点”，在远期还可增辟地下交通线。

三、成片旧房改造问题

这是个涉及“面”的保护问题。24个历史文化名城的旧区房屋，大都已破旧。对于这些成片的旧房，很多人的看法是等待时机，一齐拆除，新建高楼。我们认为，这种看法是不全面的，应按历史文化价值、利用价值、坚固程度，将其分为保留、远期（10～20年）拆除、近期拆除三类。对第一、二类房屋要定期进行翻建和维修。过去，一律划为待拆建筑，从不定期维修，致使一些有历史价值、尚能够使用的房屋缩短了寿命。而且，这种全盘拆光的设想，脱离实际，难以实现。

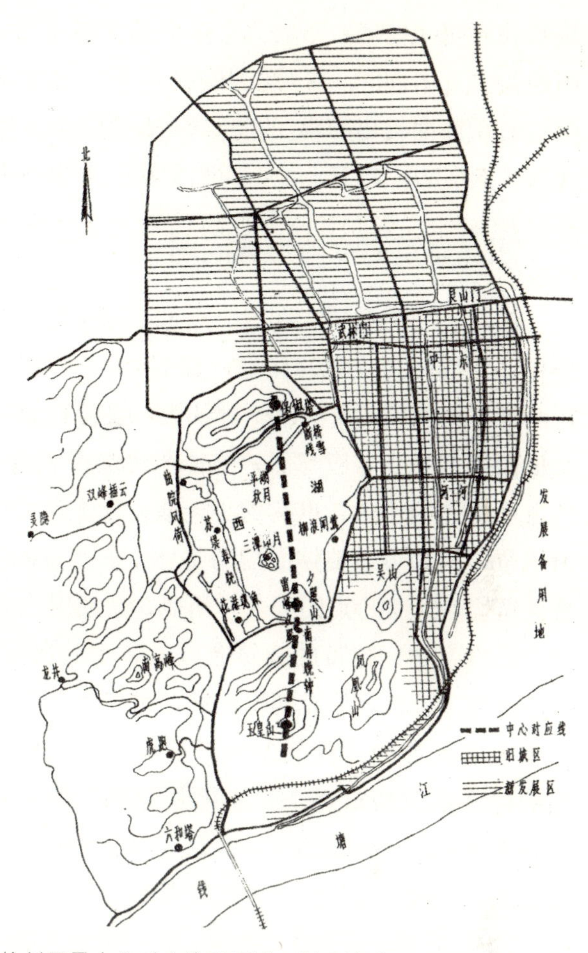

杭州风景中心对应线及旧城、新区关系

国外对于旧城房屋是十分慎重的。例如，英国1969年法律规定，给予陈旧住宅翻修补助金；意大利在历史地区内，对标准以下的住宅改善，发给补助金。60年代以来，各国因为依照保护个别古典建筑的方法，不可能保护完整的环境面貌，所以以保护群体为现行的通则，也就是发展成为与城市整体相联系的保护。目前，关于这一方面的欧洲情况，在日本建筑学会主办的《建筑杂志》中有所叙述。在荷兰，50年以上的建筑物，挪威100年以上的建筑物，芬兰对所有的老建筑物均登记在册；奥地利，除非说明为例外的建筑物外，旧有建筑自动成为法律上的保护对象；法国的《马洛法》为最显著的例子，在城市历史地区内，再开发资金作为现存建筑的修复和开发费用。这些目录登记已作为法制。现欧洲各国，包括英国、法国、瑞典、丹麦、挪威、荷兰、芬兰、德国、奥地利、比利时、瑞士、意大利、西班牙等国，由于政府及早制定了保护古建筑群与环境的法律，使传统建筑文化得以存在，使城市的历史特色得以保存。这方面的经验，正是我们应该吸取的。

前面提出的作为保留的第一类房屋，多为成片住宅，对它是拆是保，看法不一。主张拆除的，包括一些现任的市领导，认为北京四合院已变为大杂院，房屋为一层木结构，不结实，占地多，住人少；认为苏州等水乡的临水庭院式住宅，也变为杂院，房屋是一、二层的木结构，质量差，都没有保留价值。我们是主张保留的，认为北京四合院住宅及其与胡同、小街组成的完整布局，是北方传统住宅、住宅区的典型，鼓楼东南面住宅区，它有700年的历史，其布局仍然是元代昭回坊的模样；苏州等水巷庭院式住宅，布局灵活，形式多样，与自然结合，是江南传统水乡住宅的典型，它们都具有很高的历史文化价值，需要保留。

对于前面提出的第二、三类房屋的处理，大家没有什么分歧的意见，最后都是拆除，但拆后修建什么样的房屋，却有十分不同的看法，下面阐述这个问题。

四、建筑高度与形式问题

第二、三类房屋，即近、远期拆除的建筑，也就是名城中保护的“点、线、面”以外中间地带的房屋，它们多为成片的住宅，都面临有拆除后新建房屋采用多少高度与什么形式的问题。对此问题，有两种截然不同的看法。一种认为，要体现 80 年代的水平，应改为高楼大厦；另一种看法是，要服从历史面貌的特点，应与保护的传统建筑相协调。我们认为，后一种看法有道理，这是因为：中间地带所占面积有的很大，也有的小一些，但无论大或小，如果建起高楼大厦，又高又洋的新建筑将处于突出地位，成为城市整体面貌的主体，如南京的金陵饭店，使原有历史面貌受到破坏，或被埋没，不符合保留原有历史特点的要求。所以，要研究它们的高度与形式问题。

那么，中间地带的建筑应该多高才适宜呢？我们提出，一般为 10 ～ 20 m，即 3 ～ 6 层的住宅高度。历史文化名城原有建筑高度，可概括分为三级，一级为塔、城楼，40 ～ 60 m（个别的为 70 多米）；二级为宫殿庙宇，20 ～ 25 m，三级为一般民房，10 m 以下。为了突出原有城市一、二级建筑，改建的新建筑应在 20 m 以下。从我国具体条件和居民生活方便来看，住宅为 3 ～ 6 层也是适宜的。至于何处为 3 ～ 4 层，何处为 5 ～ 6 层，这要根据各个历史文化名城的具体情况来确定；一般来说，城市中心地区、宫殿庙宇周围、湖滨地带等应低一些。

这里专门提一下塔式建筑。它在旧城改建中受到一些部门的欢迎，因为可以见缝插建，建筑面积多，能解决这些部门极度缺房的问题。但从保护历史文化名城原有面貌来分析，它是个严重的破坏点，其体量比真塔大，高度为 40 m 左右，同真塔相仿。我们同法国巴黎建筑师谈过这个问题，他们的经验是，塔式建筑对城市历史面貌的破坏性最大，在历史名城旧城内应严格禁建。

关于建筑形式问题。我们认为，在上述的 10 ～ 20 m 控制下，在体量、色彩、线条划分等方面要与保留的传统建筑统一起来，服从原有的历史特点，不标新立异。在住宅改建中，要注意两点，即庭院式和坡屋顶。庭院式，不仅与南北方的传统住宅取得联系，而且有安静、安全、便于户外活动等优点。坡屋顶，不仅与传统住宅协调一致，而且有隔热、空间利用、形式多样等优点。现国内外一些人提出的建筑第四立面，指的就是坡屋顶。《建筑学报》1982 年第 2 期 15 页上的“类四合院”设想方案，1982 年第 5 期 55 页上的低层高密度住宅方案，都是探讨旧城住宅的改建方案，基本上符合保持历史文化名城传统面貌的要求，可供参考。

五、新区建设问题

为解决历史文化名城人口增多，规模扩大，以及原有旧城超容量的矛盾，开辟新区，如苏州在旧城西面，北京在四郊，特别是西郊与东郊，杭州在旧城北面建设起新区，取得了较好的效果。这种开辟新区的做法，值得肯定。在旧城外的那个方向发展新区，这要视各个历史文化名城的具体条件而定。现在的问题是，还要在领导层中进一步解决三个问题。

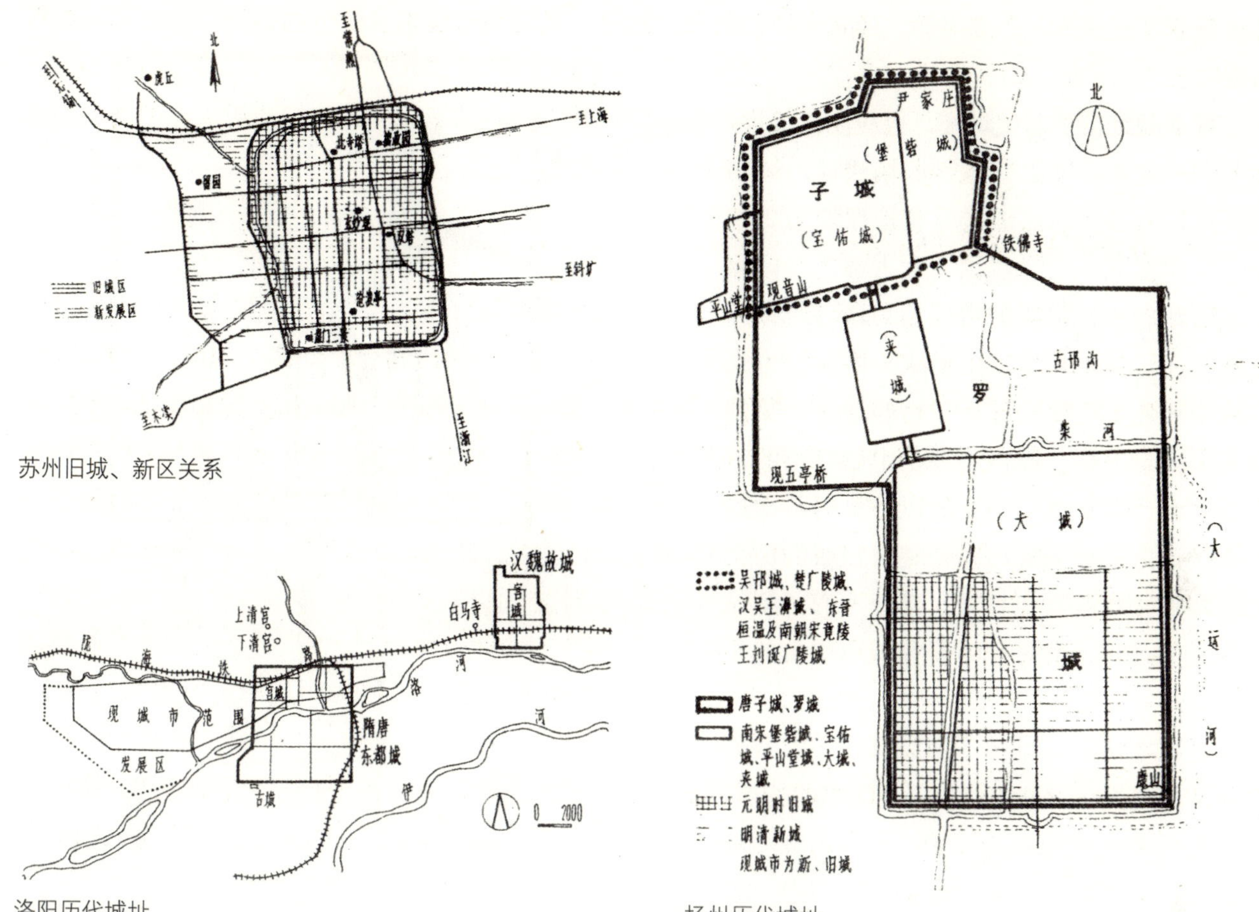

苏州旧城、新区关系

洛阳历代城址

扬州历代城址

1. 加深认识搞好历史文化名城新区建设的重要性。根据各个城市的发展规模，都要突破原有旧城的范围，这就要求开辟新区。新区、旧城的关系十分紧密，只有搞好新区建设，才能切实保护好历史文化名城，解决现在旧城存在的多种矛盾；建设和保护好旧城，又能促进新区的发展。

2. 加强新区建设。主要是要配套建设住宅、文化教育、商业服务以及交通、市政工程等项目，标准不能低于旧市区，使新区有吸引力，以落实旧城人口疏散的计划。北京旧城 62 km^2，人口 180 万，拟压缩 1/3 人口到新区；苏州旧城 14.2 km^2，人口 36 万，我们估算，压缩 1/4 人口到新区是完全必要的。

3. 提出相应的政策规定。要限制一些工业企业、地方机关或事业单位在旧城内发展；规定部分工业企业、机关单位迁往新区；规定一些优惠条件，鼓励这些企事业单位在新区发展，鼓励居民在新区定居。

六、历史城址保护问题

保护历史城址，是保护历史文化名城的一项重要内容，也是同其他旧城的重要区别之一。

追溯最初的城址，现都是遗址，大都在现存城址或其周围。在现城址周围的，如扬州春秋吴王夫差所筑“邗城”，洛阳的汉魏故城、隋唐故城遗址，西安的汉、唐长安城遗址等。对于这些具有历史文化价值的城址，都应切实保护起来，可在其周围搞起绿化，划为遗址保护区，还可考虑修建陈列馆，展出城市历史资料、发掘实物、复原图纸或模型等。

在现城址上的历代城址，也应注意保护。如苏州、南京、北京等地，旧城遗址、遗物较齐全，有条件有必要较完整地保护历史城址。又如杭州，它是我国六大古都之一，原旧城遗物较少，但原城墙位置、城门名称等依然存在，城南凤凰山上南宋大内遗址也未破坏，今年6月我们寻访了这些遗迹，见到南宋大内的石雕、摩崖石刻、中东河上的六部桥、元代凤山水门等；所以，我们再次提出保护南宋临安城址，以体现杭州城的历史文化特点。这些历史城址，可使人们了解城市变迁的过程，并可作为研究城市历史的实物鉴证。

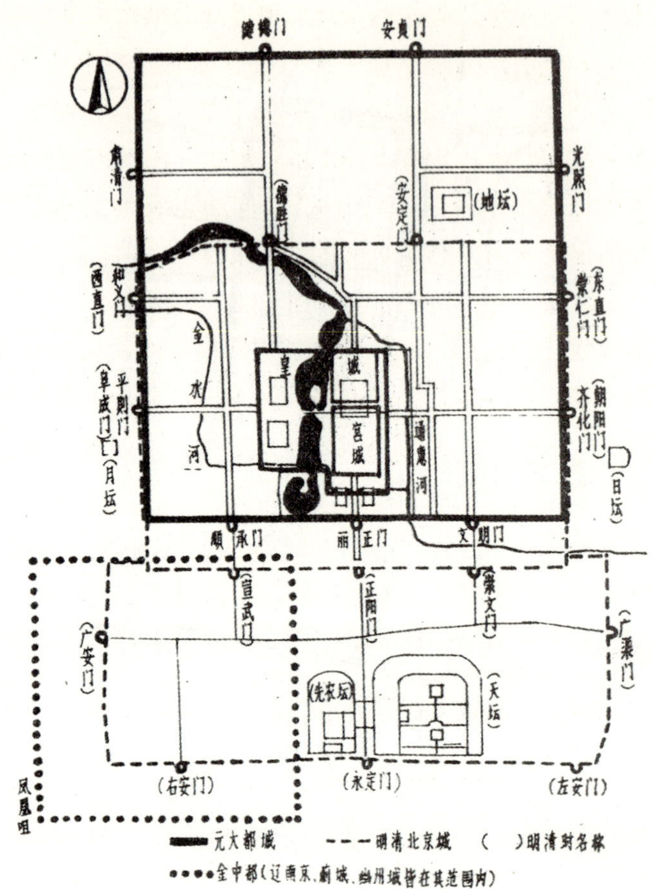

北京历代城址

建议在历史城址搞个环城绿化带。我们认为，历史文化旧城应保持历史面貌的特点，其周围的新区应是新的面貌，可利用原城墙墙址、护城河建成一条环城绿化带，把旧城、新区衔接起来。国内外的实践证明，搞条环城绿化带是个好方法，它能起到既分隔又联系旧城、新区的作用，使两者协调在一起，还能起到游览地的作用。国外的这种实例很多，如瑞士的伯尔尼、奥地利的维也纳、法国的巴黎等，在旧城址处都已形成了环城绿化带。1980年日本著名建筑师丹下健三来北京时，他对旧城、新区衔接问题提出了看法，也认为采用环城绿化带是个好手法。现北京、苏州、成都等城市，都搞了部分环城绿化，需要进一步发展，形成为环城绿化带。

七、基础结构更新问题

国际上，现将基础结构分为两类，一类是社会性的，内容包括住宅、学校、托儿所幼儿园、娱乐设施等；另一类是技术性的，内容包括给水、排水、道路桥梁、交通、热力、电力、电讯、抗灾、防洪、防震等。我们这里只谈有关基础结构的三个问题。

1. 要提高基础结构的投资比例数。24个历史文化名城同其他城市一样，基础结构比较薄弱。目前，全国城市基础结构投资所占城市基本建设费的比例过低，仅为2.3%（投资数不包括电力、电讯项目），尚不如50年代时的5%。为了提高城市生产和工作效率，改善城市人民生活环境，必须加强基础结构建设，提高其投资比例数。历史文化名城的基础结构问题更为复杂，加上过去的欠账，其投资比例数不仅要恢复到5%，而且要更高。这一问题应引起有关领导人的重视，要充分认识到它是基础，而不是可多可少的设施。现在，北京每年有几十万平方米的竣工建筑，因基础结构设施跟不上，而不能投入使用，年年如此，这是一个很可观的浪费数字，它说明了基础结构是基础。

2. 要有个先后次序。在当前投资不多的情况下，基础结构的十大项，不可能齐头并进，需要排个先后次序，分出轻重缓急。从一般情况来说，给水、排水、道路、交通、电力可排在前。如苏州，在市区双塔附近还未装上自来水，居民生活不方便，很有意见，这就需要首先改善这一地区的给水条件。关于这个次序问题，今年 7 月我们同法国专门从事旧城改造的专家吕克西尼夫人交换过意见，他们的经验也是先安排给排水和道路交通等。

3. 要与国际标准挂钩。基础结构现代化是有一定标准的，不能把低标准的基础结构设施当成是中国现代化的特点，低标准的基础结构是现代化的初级阶段，还必须发展到现代化的高级阶段。这是因为，基础结构现代化是有国际标准的，一般情况每城市居民给水量要多少、排水多少、道路长度、车辆多少、客货运交通速度、电讯传播信息能力等等，都有一定标准和要求的。举个公共交通例子，我国发展公共交通，不大量发展小汽车，这是中国的特点，但不能因此而不考虑交通速度，现在大中城市公共交通和自行车的速度是低标准的，必须大力开辟地上地下畅通的交通线路，增加车辆，才能逐步达到国际标准，以适应现代化的要求。

关于基础结构的含义和内容也应统一起来，以便促进我国这项科学技术的发展。

八、生活用地指标问题

历史文化名城的生活用地指标偏低，本文开始提到的多方面矛盾，具体地也反映了生活用地指标过低的问题。现平均每人生活用地为 30 m^2 以下，同国外城市相比，有较大的差距。各国的条件虽有不同，但其指标的下限是有一定标准水平的。我们强调节约用地，同时也要重视国际的下限指标，不断地提高生活用地指标水平。

从住宅区用地来看，房屋间距，北京降到房高的 1.6 倍或 1.5 倍，南方地区，有的降为 1.2 倍或 1 倍，近来有的只留 0.8 倍或更小，人们讲，住宅快要“握手”了。这是极不正常的现象，住宅用地指标需要增加。如按主管住宅部门设想的，至 2000 年城镇平均每人居住面积为 8 m^2，则要成倍地增加居住用地。从道路广场用地来看，随着车辆的增加，交通的改善，用地指标要提高；其他管线的改造，也要增加用地。从公共建筑用地来看，文化教育、商业服务设施的用地要大量增多。从绿化用地来看，虽不能增加大片的绿地，但改善生活环境的小块绿地也要普遍增多；若按城乡部领导提出的，至 2000 年城市平均每人绿地为 7 ～ 12 m^2，则要成两倍地增加绿地。这里暂不谈所提指标的现实性如何，但综合起来，平均每人生活用地数量要不断增加。现北京、苏州、杭州等地，提出压缩旧城区人口的 1/3 或 1/5，这是必须的。实现了这个计划，旧城区内每人生活用地指标也只是从 25 ～ 30 m^2 提高到 40 m^2 左右。我们认为，这是第一步，几十年以后还要提高水平，逐步达到国际的下限指标。

现在有人推荐香港的高层高密度，认为北京等地可效仿它。我们反对这一看法，香港的城市建设是特定条件下的产物，是畸形的现象，绝不是历史文化名城规划与建设的楷模。我们认为，要保护好 24 个历史文化名城，在用地问题方面，要从城乡总体来考虑，农业生产翻两番，要从采用新的科学技术、提高单位产量水平找出路，不能一味死死地限制城市用地，城市用地一定要增加，生活用地指标一定要提高，这是客观规律。

今年 8 月，中央批准了北京市总体规划，把首都的性质、发展规模和权威的管理机构确定下来，这对于首都的健康发展，是个极大的推动。中央批复说：北京的规划和建设，要反映出中华民族的历史文化的独特风貌。所以我们认为，以上八个方面的问题，还要深入研究和切实解决。其他历史文化名城，特别是西安、南京、苏州、杭州、绍兴等历史更为悠久、历史文物较多的城市，对于上述的八个问题，需要进一步研究探讨。

（原载《建筑学报》 1983 年 12 期）

7 开罗城的历史与现代化建设

1985年国际建筑师协会第15届大会选在文明古国埃及的首都开罗举行，有它的特殊意义。我们借参加这次大会之机，实地参观了这座大城市。总的看法是，开罗尽管存在着道路交通拥挤、环境卫生欠佳、住宅不足等问题，但在新区与老城、新建筑与传统建筑的结合方面做得比较好，将具有4000多年历史的金字塔、1100年历史的吐伦清真寺以及近现代建筑组织在一起，表现出了有着悠久历史的建筑文化特点，这一方面值得参考或借鉴。为此，下面分五点谈谈开罗的城市历史与现代化建设，着重阐述新旧结合这一问题。

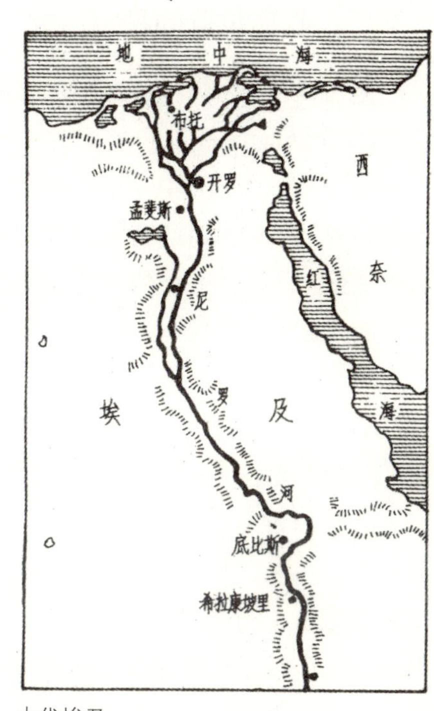

古代埃及

一、首都位置的选择

尼罗河从南到北贯穿埃及，流入地中海，其他地区为沙漠。从整体来看，尼罗河是天然的交通要道，是埃及的经济命脉。因此，首都位置的选择必然要在尼罗河沿岸。尼罗河的南段形成为河谷，北端形成三角洲，后在河谷与三角洲交汇处，建设了开罗首都，这体现了首都的位置要具有政治、军事、经济，文化和对外的作用。

从公元前四千纪晚期起，埃及南面形成以希拉康玻里州为中心的上埃及，北部三角洲地区形成以布托州为中心的上埃及，约在公元前3100年，上埃及国王纳尔美尔（美尼斯）征服了下埃及，为古代埃及统一奠定了基础，建立了埃及第一王朝。为控制北方，在上下埃及的交界处，即尼罗河谷与三角洲的交汇处，建立了一座城市——白城，它就是后来古希腊人所称的孟斐斯。孟斐斯在开罗城南20 km，较长时期成为古埃及首都。中王国时期（公元前2133—前1786年），首都迁往上埃及底比斯。新王国时期（公元前1567—前1085年），首都曾迁往上埃及的阿玛纳。

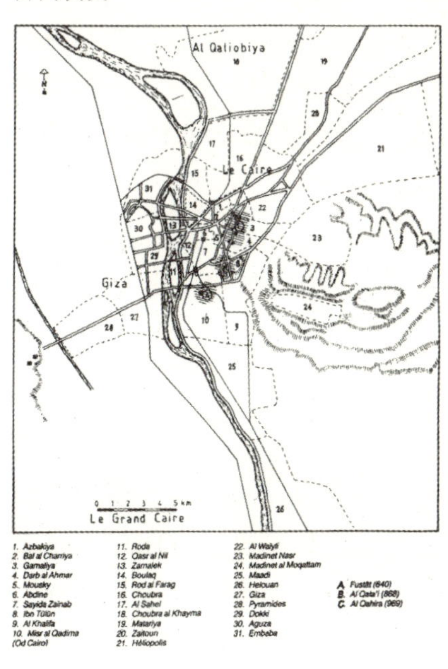

开罗发展及分区

到了公元7世纪，阿拉伯人进入埃及后，在孟斐斯北20 km的尼罗河东岸，建Fustat城，在这个城的北面，不断地发展扩大，迄今一直为埃及的首都，这个城市就是现在的开罗。将首都选择在这个上下埃及的交汇点位置，正是政治、军事的需要，从发展经济和对外关系来看，这个位置也是适宜的。

上面讲的是，从大范围确定首都的合宜地点。下面再谈谈具体城址位置的选择。

二、具体位置的稳定

公元640年，阿拉伯人发现三角洲尖南面的Muqattam山和尼罗河中间是个理想之地，公元641—642年建造第一个阿城，采取军事的营地形式，因此名为Fustat。它有三个门，位于北、东和南面，成为行政管理的首都。虽是第一座阿城，但在这里古埃及、罗马皇帝Trajan（公元98—117年）建有防御工事和巴比仑要塞。

之后，城址向北面移动几次，但基本上是在现在发展了的开罗城内，它之所以长期稳定在这里，是因为城市背山面水，周围地势优越，地处交通要道，具有建设首都的条件。

到了公元750年，在Fustat北面Al-AsKar处建起一个新区，形成两个中心，政权机构在AsKar，社会活动在Fustat。

公元868年，在Al-Qatai处（包括了Al-AsKar）发展，虽未筑城，但它的清真寺、高墙和环形路像个堡垒，具有军事的风格。

公元969年，Fatimid军队从突尼斯打到埃及，法蒂玛王朝的统治中心转到埃及，选在Al-Qatai北面靠近尼罗河通向红海的运河发展新城，名为Al-Qatai。该城布局完美，运河流经城市，平行运河开辟有一条宽的道路，城

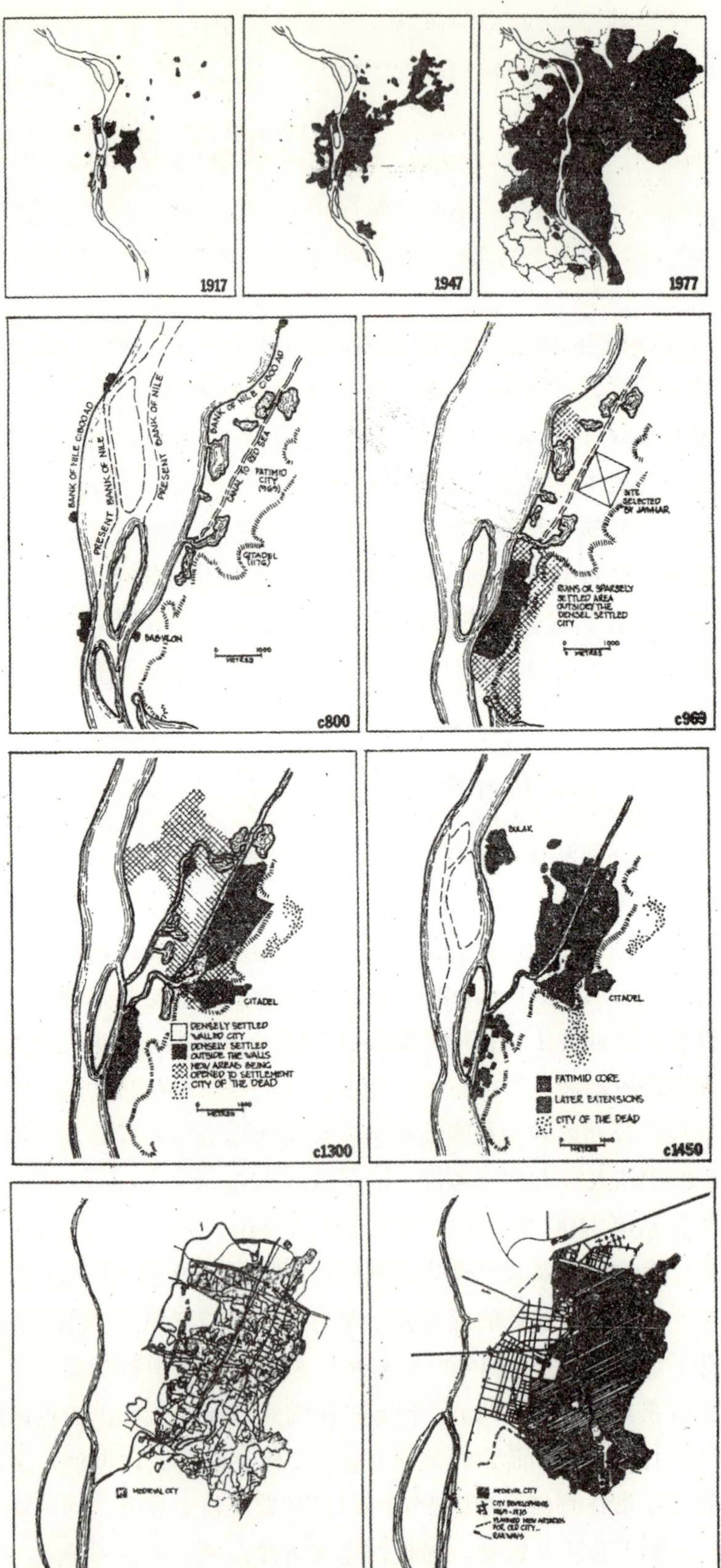

开罗各历史时期的变化

市有一条南北向主要轴线，这条轴线将城市分为东、西两个部分。建有两个清真寺，北面的叫 Al Hakim，南面的叫 Al Azhar。城墙有几个门，北面有 Bab al-Futuh 和 Bab al-Nasr 门，南面有 Bab Zuwayla 门，这三个门现仍保存着，西面有 Batal Mahrong 门，此门已毁。Fustat 没有被忽视，继续发展。一位波斯旅行家 Nasin-L-Khrosrow 在 10 世纪描写这里市场繁荣，它靠近 Amr 清真寺，像是世界最富有的地方；他还看到高的建筑，花园建在 7 层楼的屋顶上，在窄的街道上有构造美丽的房屋。

新区、旧城结合

公元 1176 年，Salah al-Din 打开开罗历史新的一页，发展城堡，将权力机构和军营放在城堡。他设想，用一城墙将全城围起来。东墙在 Muqattam 山，并延伸东墙至尼罗河，并沿河到 Qasr 和 Shami 要塞，第三个墙是联系 Fustat 东边至城堡。在 Salah 统治期没有完成，仅北部伸到尼罗河。

公元 1250—1517 年，这三个世纪是开罗建设的重要时期，人口发展到 30 万。发展已建的三个区，Al-Qahirah、城堡和 Fustat。在 Bab Zuwayla 门和城堡间，围绕 Darb-al-A hmar 街发展，直至城堡和 Fustat 中间。北面从 Bab al-Futuh 门起，沿轴线发展。同时，沿沼泽和运河地带发展。政权机构在城堡，社会生活活动围绕着老大学和 Al-Azhar。

公元前 1517—1798 年为土耳其统治时期，开罗没有多少改变，人口降至 26 万。土耳其利用它作为通过港口，与欧洲进行商业贸易。南区沿着两条轴线略有扩展。第一个在东，从 Bab Zuwayla 开始一直到城堡，第二个继续主轴线从 Zuwayla 到老城 Tu1un 和末尾 Fustat。

在 19 世纪 Mohammad-Al 到达开罗前，开罗一直保留着中世纪的面貌。有 8 条主要道路，3 条纵的，5 条横向的，横向的 3 条是从尼罗河通向城堡的。

从上述开罗城市几个时期的发展来看，可以找出几点可资借鉴的原则。

1. 城址靠山临水，地势显要，环境优美，交通方便，这是城市发展的优厚的自然条件。

2. 城市布局，顺应山河，因地制宜，自然和谐。

3. 利用高地，重点建设，轮廓起伏，便于防卫。

4. 中心突出，轴线延续，新老结合，整体统一。

在这个时期，城市位置得到稳定，需要考虑其连续性，存在着新旧协调发展问题。

三、新区现代化建设与旧城的结合发展

新区旧城的协调发展问题，在开罗近代100多年的建设中得到了体现。

19世纪之后，开始了新区的现代化建设，人口从下降转到回升，许多外国人在开罗取得特权，他们控制了城市的经济活动，在邻近旧城处平行发展新的现代化区；至1880年，可称之为创立新区时期。1880—1950年为发展新区、开始改建旧城时期。1960—1984年为新旧结合发展大开罗时期。

1863年在旧城西面的原沼泽地带创立了新区，1865年政府机构从城堡移到Abdine宫，1867—1868年用地从863 hm^2 增加到1218 hm^2，1870年城西新区创建小花园、大公园和绿化带185 hm^2。这个紧连旧城的新区，形成四个中心集汇点，从北至南为：铁路车站Bab al Hadid广场、歌剧院Azbakiyah广场，政府官Abdine广场和清真寺Sayida Zainab广场。新区的名称为Mounira、Qasr al Nil和Chamra。

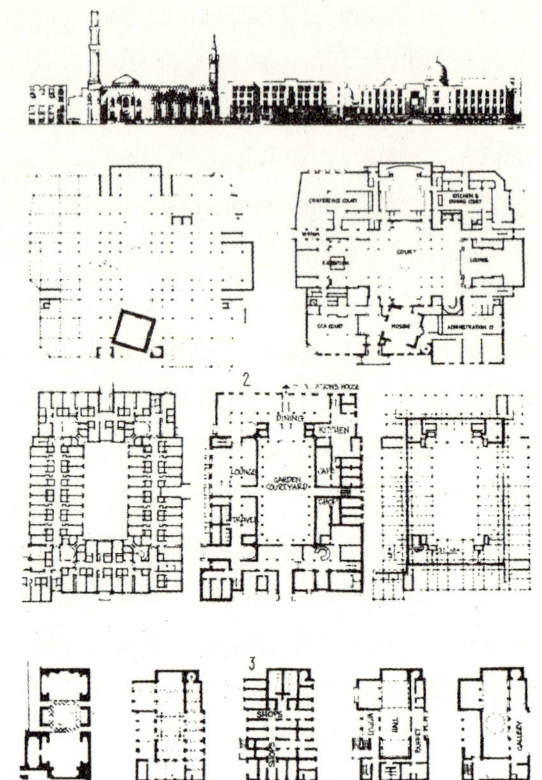
旧城中心Al-Husayn区改建

1882年提出第一个城市管理规则，1889年制定出新的法律、法规，规定了路宽，控制设计立面和社会服务等。外国人利用特权，搞公共交通和公用事业，水和煤气从1865年开始发展，电和有轨电车于1893年发展，路灯是在1898年发展的。工业集中在Bu1aq区，Sabita变成开罗第一个工业贫民窟。用地由1897年的1630 hm^2 发展到1911年的3177 hm^2。人口由1897年的36.5万增加到1917年的79万，1927年超过100万。1925—1950年时期，主要发展尼罗河中的两个岛、尼罗河西部地区和东北部的Heliopolis区等。Heliopolis区是按花园式城市的手法规划的，中心突出，围绕Cathedral布置学校、体育、旅馆等设施，绿地空间穿插在各处，基础设施比较完善。同时，成立了房屋检查办公室，搞出个房屋表，确定哪些是需要修理和拆毁的；政策上重视保护城市原有的面貌，使旧城重建、繁荣。这个发展时期，城市平面布局方法，采取的是方格加放射线，这是当时欧洲城市布局流行的手法，还特别注意新区新开辟的干道同旧城中打通的放射干道联系起来，形成统一的干道网。

城堡

1960年开始城市化、发展大开罗。在1952年革命后，60年代经济复苏，带来城市人口上升，由1950年的250万增加到1960年的390万，1972年增加到600万，随着人口的增长，城市也在扩展。

这个扩展主要在尼罗河西岸到吉萨，也在北面的铁路线以外到 18 区 Shubraa l-Kheya。城市是向北、西、南面扩展，并在东北面延着放射轴线发展。

这个时期，还提出低造价房屋规划设计，增加人口密度，6 ～ 7 层建筑沿主要干道修建起来。还发展高速路网，连接 Suburbs；修建地下铁路，拟联系 Helouan、Heli-oplis 和吉萨到中心；在城区内的道路上修建高架桥，有 10 月 6 日桥路、吉萨 Faisal 桥路、Al-Azhar 桥路和 Chamra 桥路等，以提高交通能力。

从城市规划来看，有过三次规划。第一次 1956—1957 年，预见交通线的建设和在沙漠中修建卫星城。第二次 1965—1970 年，第三次在 1980 年，带来的是长方向主题的城市发展方案，并提出两条改革大开罗的路。一是修建环路，限制城区的扩展，并保留农业用地；二是建立三个不同类型的新城，新城距开罗 50 ～ 100 km，在尼罗河谷、三角洲边缘，靠近工业和商业中心，在这三处提供低费用的住宅和比较完善的基础结构与公共设施。最近又修改了大开罗规划。

从 19 世纪后开罗进行现代化建设的过程中，可以找出几点新区旧城结合的做法，供我们参考。

1. 在旧城之外发展新区。即在旧城西边与现在的尼罗河东岸之间的沼泽地和尼罗河西岸发展新区，使新区与旧城分开建设，并紧密地连在一起。这种做法，对发展新区与保护旧城都是有利的，效果较好。意大利的首都罗马也是采用这一条规划手法，同样取得了很好的效果。法国的首都巴黎，旧城在市中心，基本按 19 世纪的面貌保护下来，新区在周围发展，也获得了成功。而我国的首都北京，旧城位于城市的中心，可大部分仅仅保留干道的位置，干道的面貌逐步完全改新，其后果可以预见。所以，我们认为，有保留价值的旧城，若在其中改造发展，以新为主，必然保留不了旧城的完整面貌。看来，这个规律是可以肯定了。

2. 发展新的中心。旧城中心仍然保留，新区的发展，使市中心逐步转移到新建部分，新旧中心分开，各具特色。

3. 重视基础结构的建设。特别注意发展道路交通运输，修建高速公路，市区内正在修建地下铁路，在一些主要干道上及其交叉口和尼罗河上已建了大量的高架桥，虽然有些地方使道路的观瞻欠佳，但也解决了部分的交通运输问题，方便了生产与生活，增加了城市的活力。

4. 建筑风格有特点。旧城建筑基本保存原来的面貌，在旧城中新建的房屋形式服从于旧有的风格。新区建筑采取新的形式。建筑层数，在旧城区内控制高度，不破坏原有旧城的主体轮廓。在新区，特别是在尼罗河的两岸和河中的两个岛上，不是成线或成片地修建高层建筑，形成一堵墙，还是考虑了视线焦点和高低结合的变化，使整体建筑群富有节奏感。

（原载《建筑学报》 1985 年 12 期）

8 中国历史文化名城的保护与发展

通过改革开放后20多年来的建设实践，一些城市提高了对历史文化名城保护的认识，要变拆除历史街区为保留改善历史街区；要变分散的点的保护为整体的面的保护；要变消极保护为积极保护；将保护、利用同发展结合起来，走新型产业化道路，以发展促进保护。这是好的趋势，是中国历史文化名城建设发展的主流，我们应大力宣传其理念与做法。为此，在这里我们提出“发展”“公正”“转移”“参与”“改善”“尺度”“院落”“肌理”八点看法，以期我国历史文化名城得到科学的保护与发展，取得生态平衡、环境友好、节省资源、经济实用、适宜人民、富有文化的综合效果。

一、发展——发展产业经济，以发展促保护

历史文化名城的保护是需要投入资金的，资金从哪里来，一是靠国家和所在省区政府拨款，二是靠自己发展城市的产业经济，自力更生。根据当前我国的经济实力来看，主要靠拨款是不现实的，应该树立起自力更生的精神，努力发展地方经济，以经济发展促进保护，保护、利用同发展相结合。如西安市，它从公元前11世纪在沣水两岸建立沣京、镐京算起，已有3000多年的历史，先后有10多个王朝在此建都，是全国著名六大古都中建都王朝最多、时间最长的历史文化名城，其地上地下文物古迹数量居全国之冠。从上个世纪50年代初期国民经济发展“一五规划”起，西安是我国重点规划建设的八大城市之一，现已建成为我国新兴工业基地之一。该城市第二产业以机械、纺织为主，兼有冶金、电力、化工、建材、电子、食品、轻工等门类，自改革开放以来，西安市又调整了第二产业，扩展了电子、高新技术、航天科技产业等，同时按照自身的特点，拟大力发展文化等第三产业，制定了老城“唐皇城”的文化复兴规划和西安市文化特点的区域规划，包括临潼国际旅游、蓝田美玉文化、长家生态居住、户县农民画、周至老子文化、高陵现代农业等内容。西安市的观点和做法是正确的，既重视历史文化的保护，又重视城市产业经济的发展，认识到保护与发展二者的互

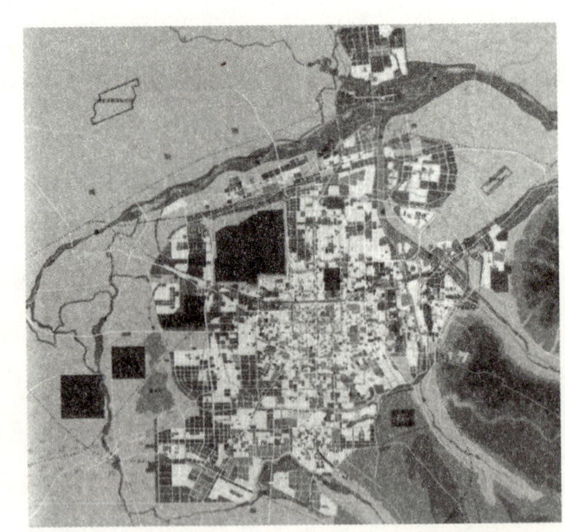
西安市总体规划

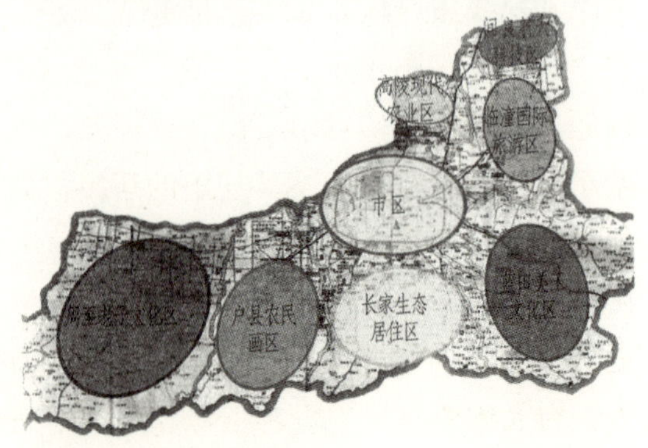

西安市文化特点区域规划

动关系，协调发展第二产业经济、文化、服务第三产业，符合西安属于初等发达水平的城市特点，以这样的发展促进城市历史文化的保护。又如南京市，它是全国著名的六大古都之一，重要的历史文化名城，名胜古迹众多，现已发展了多种工业，化学工业在全国占有重要地位，还有电子工业、高新技术产业等，通过城市工业经济的发展，带动了城市历史文化的保护。特别是前几年制定出《南京老城保护和更新规划》，突出保护和发展老城文化，以“十里秦淮”、夫子庙、城南小街巷，将秦淮片区显现出传统文化；以原有空间尺度、优美环境，将明故宫片区显现出明代文化、民国文化；以大单位绿地空间、石城山水情趣，将山西路片区现出民国文化、学院文化；以南京山川形胜、城市建设有机相融，将盐仓桥片区显现出山水文化、民国文化；以现代化中心城市的时代感，将新街口中心区显现出现代文化；这样建设，将明城墙内的面积为 40 km^2 的老城显现出 2400 多年城建历史文化，既保护与更新了南京老城，又同时发展了南京城特有的历史文化产业，一举两得。这个《南京老城保护和更新规划》荣获了 2003 年度住建部优秀规划设计一等奖。

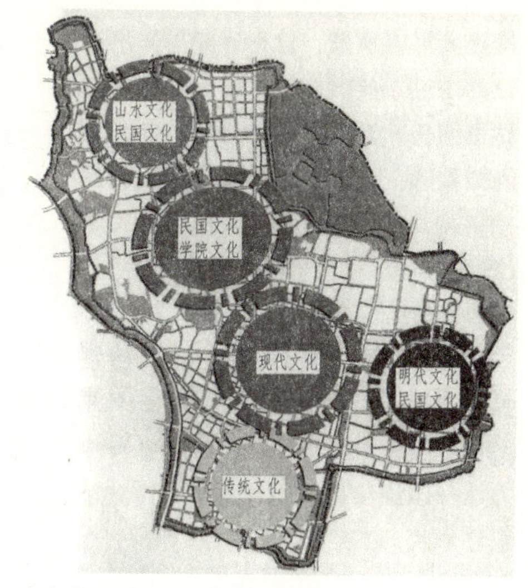

南京市旧城文化特征分区规划

还有一个好实例，就是福建的泉州、厦门、漳州三市，通过改革开放 20 多年的发展，三市地区经济发展迅速，GDP 占全省的一半以上，人均 GDP 已达 2000 多美元以上，其经济发展促进了三市的历史文化保护。2001 年泉州市老城中心区中山路保护与整治项目获联合国教科文组织亚太地区文化遗产优秀奖，2002、2003 年，泉州、厦门分别获“中国人居环境奖”和“国际花园城市”称号。目前，有人提出推进泉厦漳三市联盟的对策建议，加强区域经济的协调发展，共建区域的生态环保产业和基础设施以及文化、旅游产业等，这一建议如被采纳、实施，将会促进三市的城市历史文化的保护。

二、公正——重视社会公正，保留旧城居民

社会公正，反映在城市与建筑中，就是要关怀城市广大居民及其弱势群体，公正地缩小贫富人在城市生活与工作环境里的差距。

在城市发展中，旧城区要有老居民，促进城市社会和谐。最近网上有文《一道正在加深的裂痕：要“把穷人赶出市中心”》，确实有些城市已经这样做了，有些仍在维持现状，这是一个比较难解决的问题，我们认为旧城区要改善或改造，应保留老居民，部分有条件愿意迁出的，要疏散出去，政府应给予倾斜政策帮助留下、迁出的居民提高生活居住环境水平。如北京二环内的旧城区要有经济适用房居住区，不能将经济适用房都建在四、五环区，目前二环内的房价已涨到一二万元一个平方米，老居民弱势群体无法承受，若按市场经济来操作，老居民被迁往郊区，旧城区就变成了富人住区，北京历史文化名城的生活特点将消失，北京就变了“味”，特别是从社会公正、社会稳定来看，旧城区内富人、穷人都要有，现世界上修建了许多居住混合区，不强调单独修建富人区，有模糊界限、互补心理平衡和调节自然空间环境之意，但从根本上看，还是要建设大众需要的质好价廉的住房。前面提到的

福建泉州旧城区中山路保护与整治项目，其做法就不是“把老居民穷人赶出市中心”，值得宣传推广。相反，现在正在进行的北京前门外大街及其东部地区的整治项目，就是将老居民、老字号一律迁出，按规划建商业建筑和几百幢高档四合院住宅，以后谁出高价谁回来，原住户委托房屋开发公司帮助搬迁，这种不公正的简单赢利的违背社会道德的做法，实应及时纠正。

社会公正，还体现在城市公共设施安排上，不能只从赚钱出发，要方便大众的生活。对于城市大众衣食和日常生活需要的公共设施，要作妥善安排，这才是真正为城市广大居民服务。给我印象深刻的是，美国西雅图市中心靠海边依然保留着为一般市民服务的海鲜市场，建筑为一、二层的原有房屋，但整洁有序；我们在美国东海岸现代化城市波士顿，看到其市中心市政厅后仍保留着为广大市民服务的大众化老商场，对比之下，而我们的北京西单、东单等菜市场都被取消，改为商厦高楼，这不是为赚钱又为什么？我们认为这是没有为大众生活服务观念的结果，应予纠正。2005 年上海市规划局编制《上海市菜市场和公共厕所规划布局纲要》，提出到 2020 年全市中心城区将新增 200 多个菜市场、800 多座公共厕所，菜市场是以 500 m 为服务半径，公厕是以 300 m 为服务半径考虑的。这种为大众生活方便的服务思想，值得北京和一些其他城市学习、效仿。

三、转移——转移其他中心，确保历史文化

除大城市外，其他历史文化名城的旧城区面积大都在 10 多平方千米左右，当这些城市发展到中等规模后，都应该考虑多中心的布局，将行政、经济、商贸、科教等中心转移到新城区，使旧城突出其历史文化中心的特征，这是历史文化名城共有的一个特点。在确保旧城成为历史文化中心的前提下，有些中心亦可放在旧城，但大多数的历史文化名城应将其他中心迁出，如著名的江南水乡城市绍兴，在老城内修建了玻璃幕墙的行政中心办公楼，拆除了大片的水乡民居，破坏了绍兴城的历史文化面貌。西安市的城市总体规划作了分散、多中心的安排，正在将市行政中心迁至旧城外北部地区，带动新城区的发展，这种转移的做法还可提高城市的自然生态环境质量，其最大的好处是确保了西安市旧城的历史文化不再受到破坏。经过改革开放后一段时期的城市大发展，青岛市较早地理解了分散多中心城市规划布局的优点，很快地将城市核心从旧城中心迁至东部，全市行政中心机构在东部建起，仅市政协统战机构留在旧城，这一转移带动了东部新城区的发展，与此同时北部新城区、西部新城区，连同旧城形成分散的四个重点城区，沿胶州湾再发展一些新城区，以环形路相接组成多中心的网络化城市群，这种分散多中心式的城市发展，使青岛市的自然生态环境得到优化，并缓解了旧城的矛盾和压力，确保了青岛旧城历史文化街区得到更多的保留。

四、参与——群众参与改建，提高居住水平

为了落实旧城街区保持原有特点的改建，并符合我国当前建设小康社会的经济实力情况，当地群众参与改建是个好办法。有一个实例给了我很大的启示，那就是 1987 年 7 月我们出席在英国布莱顿召开的国际建筑师协会大会期间，主持会议的国际建筑师协会主席哈克尼向我们介绍他为伦敦旧城一个住宅区所做的改建工程项目，他采用的是一种新的方法，充分利用原有材料，适当增加一些结构骨架钢木材料，在住宅布局方面作了改善、调整，提高了居住水平，组织住户群众参加施工改建，全改建区建设费不多，地皮费没有，但取得了很好的效果，颇受伦敦老居民和查尔斯王子的称赞。正因为

哈克尼先生为城市大众办了好事，他被英国皇家建筑师协会选为主席，后又被选上国际建筑师协会的主席。这个群众参与改建的方法，我们宣传了 10 多年；我们中国建筑学会和有关院校，曾多次邀请哈克尼先生来华讲学，在重庆、北京、南京、深圳、广州等地，他都介绍过他的这项改建工程实例经验，受到欢迎。目前，各地城市建设都在贯彻政府提出的“资源节约，环境友好”的原则，不妨在我们历史文化名城旧城区改建中，多试试这种做法，多留下一些老居民，多改建多保留一些适合小康社会标准的旧城建筑。群众参与，不仅是参加改建工程的劳动，还对改建规划设计提出符合生活方式和新的需求，这一方面的参与内容，是建筑、规划师进行建筑创作、规划设计的思想源泉，设计创作源于生活，所以老居民的参与是必要的。再者，将当地群众的积极性调动起来，这些老居民中的一部分还可集资，解决部分的改建工程资金问题。群众的利益，群众的事情，群众参与办理，这种自力更生民主化的精神是中国共产党的优良传统，各地城市历史文化名城的建设主管部门要很好地继承这一优良传统，重视群众参与改建，提高老居民的居住水平，保存城市历史文化的特点。

五、改善——采用微循环法，改善基础设施

历史文化名城的老城区，环境要比新城区差，旧城基础设施都比较落后、老化，道路、上下水管网、电力、电讯、冬季取暖以及公厕、垃圾站和生活服务商业等设施都不能适应城市居民提高生活质量的需求，如何解决呢？一种做法是大拆大改，全部拆除，盖起新的高楼大厦，基础设施相应全新配套，老居民迁出，个别有钱的花高价回来住高楼，如北京西城区金融街区的做法，这种毁坏历史文化街区的思想与做法极不可取，应受到社会的谴责。2005 年北京提出的故宫缓冲区保护规划中，对缓冲区内的旧街区采用“微循环”和“有机更新”的方式是个解决问题的好方法，对区内的胡同、四合院严格保护，原则上不成片拆除，主要街巷原则不再继续加宽，对上述的基础设施积极改善，而不是全部废除，重新建新的。这种“微循环法”，既可确保旧城历史文化长存，又可改善、提高旧城居民的生活环境，符合我们目前的经济水平，值得各地效仿。对中国历史文化名城旧城区的发展，着眼点是改善其基础设施，改善其生活居住环境，逐步减少对区内的水体、空气的污染，改善其建筑空间容量，逐渐增加些绿地面积，这些内容是重点，是首先要解决的问题，总的原则是逐步改善，而不是进行大的改造。

六、尺度——积极实施减法，保持尺度和谐

历史文化名城的旧城中心区应是核心保护区，一定要控制好尺度，不能修建高大体量的新建筑。如泉州市旧城市中心区中山路等成片维持原有建筑、街道的尺度，在保护与整治建设过程中没有插进层数高、体量大的新建筑，亦未拓宽成大马路，保护了原有空间环境风貌。又如广东省中山市，其旧城规模不大，进行了全面的整修；街道没有展宽，改为步行街；建筑尺度未变，依然是原有的韵律节奏，保存了原有的形象。北京旧城中心区的核心区，即北京故宫周围地区，2005 年第 29 届世界遗产大会通过了这个地区的缓冲区保护规划方案，为保护故宫加上了“保护罩”，为此北京开始行动，对缓冲区内不符合控制要求的建筑进行整治，现已将鼓楼前右侧的地安门百货商场楼减去了两层，保留高 10 m 多的三层，它与高 8 m 左右的沿街建筑同 30 多米高的鼓楼建筑相比，低了 3 ～ 4 倍，突出了鼓楼；同时将位于南池子东侧的市房管局办公楼拆掉了顶上三层，保留下的三层建筑同南池子沿

街一、二层房屋尚可协调，不凸显，以保持整体建筑群的尺度和谐。北京的这一举措，是在国际和2008年北京举办奥运会的影响下实施的，但它是中国历史文化名城保护与发展的重要转折点，扭转过去在历史文化名城旧城中心区插建高大体量新建筑、破坏尺度和谐的错误观念与做法，值得各地反思，并做出实施减法的调整规划。

在这里，我们特别关注几个极有影响力的历史文化名城。首先是西安，其明代旧城中心点钟楼广场，20世纪90年代所做的钟楼、鼓楼呼应的广场西北角地区规划与建设，建筑尺度、体量掌握得非常好，整体和谐，但该广场的西南角、东北角矗立着两个大体量的建筑，尺度过大，破坏了钟楼、鼓楼应有形象，为了保护好这一核心区建筑群的整体尺度和谐的面貌，对这两幢建筑要进行减法整治。其次是苏州，其旧城中心区观前街，新建高大的商业建筑群尺度过大，亦破坏了苏州水乡精美自然的风貌。1959年规划界前辈程世抚先生在进行苏州市旧城规划时，对人民路两旁的建筑挨户调查，尽量保持原有尺度加以改善提高环境质量，这种思路与做法值得今日的规划人员效仿。还有著名的江南水乡城市绍兴，其旧城区中心区街道以及旧城内新建的行政办公楼与其他建筑，都应考虑实施减法，以保持旧城整体的尺度和谐。

七、院落——保留院落天井，建筑自然共生

中国城市肌理的最小细胞是合院或天井这一组织结构，它是建筑与自然融和的极好形式，合院可自然通风、采光、冷暖聚气，天井可夏日遮阳、冬日进光，在院中栽植花木，使人接近自然，它还能起到交通枢纽的作用，综合起来，其优点很多，非常适合人们的生活与活动。

这一院落建筑布局是中国历史文化名城中建筑的一大特色，无论北方、南方、西部地区，无论住宅、公共建筑，大都采用这种布局形式，从挖掘实物来看，已有3000多年延续的历史。所以在历史文化名城旧城中要保护好这一特色，在新建区中要继承并根据新的需求发展它。

西安市唐皇城复兴规划

苏州市天井式住宅

提起院落，有人误解这是中国特有的，其实在世界各地都存在着，只是不像中国这样普遍和有一定的规模和格式。国外有近2000年的实物存在，即挖掘出的公元79年8月被埋的意大利庞贝城住宅及其庭院，后人称其为列柱围廊式庭院，在此院周围是柱廊，中间做成绿地花园，有的是水庭内院，中心为方形水池，设有喷泉，周围种以花木，这种中庭式宅院源于希腊，所以说这种院落式布局起码在2000年前就在欧洲出现。埃及的卡纳克阿蒙太阳神庙实物，说明院落式布局早在3000多年前就在非洲存在。6世纪初在意大利罗马附近创建的修道院，后影响到法、英等地，其布局亦为院落式。在公元8世纪中期，阿拉伯帝国形成，是一个横跨亚非欧三洲的大帝国，东到印度，西到西班牙，院落式建筑到处可见，一直延续下来。这些实例在我所著《世界园林发展概论》一书中都有论述。

中国院落式布局的特点是，强调中轴线，沿中轴线布置

许多院落，再大的规模，平行中轴线在两侧轴线上再建一连串合院，中间有通道连接。其中四合院的布局，院的四角并无拐角房间，四角以廊围合，以利通风采光。典型的最大的类型最多的实例就是北京故宫紫禁城。我们应重视院落组织结构这些特点和优点，它是城市的气眼，这个通天接地的自然空间，有着光风聚气的非凡作用。在此所提的“聚气”包括两方面含义，一是物质的自然、技术方面，即自然通风采光与冷暖的聚气功能；二是精神的社会、哲学方面，它是反映中国哲学理念、家族、宗族聚集思想的组织形式。这种布局在同自然天地结合与安全等方面，要比城市中多建巨大建筑优越得多。所以我们认为，在历史文化名城中，对于院落、天井组织的建筑，可分为三种类型与做法。第一种是在核心保护区内，需要按原样保护的建筑，就必须以原有传统布局的院落、天井样式加以修缮保存；第二种是外围保护区范围内，可适当调整建筑高度，但不能破坏城市原有肌理，这种建筑类型也要成院落式或天井式，其层数在控制数内增加一些，如北京菊儿胡同院落式公寓的做法；第三种是在旧城范围外的新建区，新建筑创新的自由度较大，但要“新而中”，最好采用创新的院落式。最近几十年有人提倡建造巨型城市建筑，这个建筑就是个小城市，在建筑里生活、工作都解决了，看起来生活方便，但从节约资源、环境友好、身心健康来衡量，其弊端多，实不应采纳。我们在历史文化名城新区内应少建或不建巨大建筑，重视建筑与自然的结合，发展院落、天井式建筑，多一些自然采光通风，节省资源，创造适宜人们生存的城市与建筑环境，还可同旧城建筑取得有机的联系。

八、肌理——保持城市肌理，新旧有机结合

保护历史文化名城旧城的肌理，包括道路网布局结构、建筑布局结构和尺度体量与立体轮廓结构以及城墙、护城河、城门结构的肌理等，这是整体保护的基本点。目前，我国历史文化名城能够做到这一点的为数极少，如山西的平遥、辽宁的兴城等。福建的泉州市旧城肌理的整体保护也是不错的。福州市正在亡羊补牢，旧城内“三坊七巷”是福州历史上名人集中的居住地，这里保留着自唐末以来的街区格局，是一个由古老的街巷、古河道、桥梁、坊垣、榕树组成的商贸与居住区，它是福州市的地道的历史文化，但前一时期将此区的改建，包给了一个地产开发公司，这个公司根本不顾这些宝贵的历史文化，将三坊A、一坊二期工程改得面目全非，毁掉了历史文化和原有旧城肌理。2006年初，福州中止了这个合同，现按全面保护的原则进行调整，保持旧有街区的结构和建筑面貌，使这一地区的肌理得以保存。

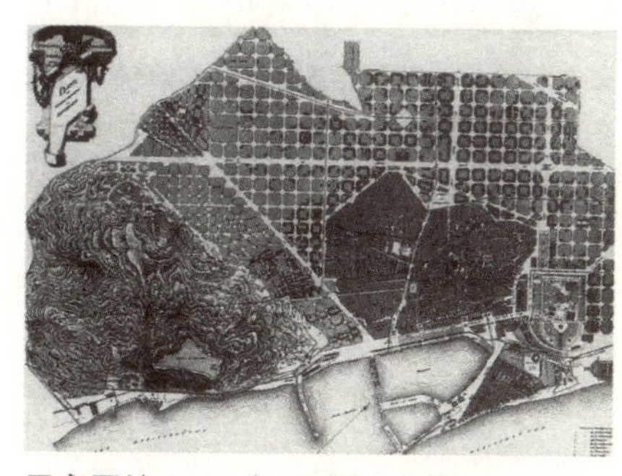

巴塞罗纳1891年旧城与新城区

巴塞罗纳加泰罗尼亚广场

巴塞罗纳著名的Rambles步行街

下面举几个旧城肌理整体保护较好，且旧城与新城区结合紧密的城市实例，并说明新旧结合要注意的两点做法，一是绿化带分隔联系，二是主要道路连通。

世界历史文化名城西班牙的巴塞罗纳，从其1891年的规划建设图中可以看到，旧城的肌理保持原样，密度很大的老城区街巷结构系统保存不变，建筑按原样修缮保留，新城区的干道

沿旧城东侧面和西南侧连通，旧城内的南北向主要道路Rambles路与新城区南北向干道通过加泰罗尼亚广场连接，现Rambles路改为步行街，已是欧洲的一条著名的街道，直通海滨前的哥伦布纪念碑广场。这个城市保持旧城肌理、新旧有机结合的做法，很有参考价值。我国的西安市、南京市是两座保留明代城墙、护城河完整的历史文化名城，实在可贵，尽管在旧城区内盖了些大体量的高层、多层建筑，需要采用减法加以调整，但在保存肌理、尺度、韵律等方面，总的来看，在国内也算是好的。新旧城区的结合，这两座城市是完美的，都有环旧城城墙、护城河的宽阔绿化带将新旧城区分隔开来，又是这条优雅自然的绿化带把新旧城区有机结合在一起。西安市旧城中心的两条轴线北大街、南大街和东大街、西大街向北、南、东、西延伸同新区干道连通，同时平行轴线的其他方格网干道延伸与新城区方格网干道连接，形成整体。南京市旧城纵横两条中轴线，北面中央路通过中央门，南面中华路通过中华门，东面中山东路通过中山门，西面汉中路通过石城门，同新城区干道连通，构成一体。西安、南京历史文化名城保持城市肌理、新旧有机结合的经验是值得各地参考学习的。

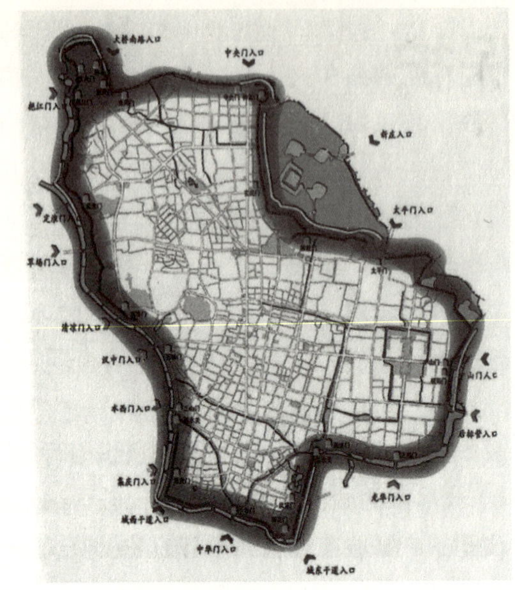

南京市旧城边缘绿化带

通过上面结合实例的分析，可以说明发展产业经济、以发展促保护是历史文化名城保护与发展的经济基础；社会公正是历史文化名城保护与发展的社会保证，促进其社会的生态平衡；转移其他中心，是确保、突出名城历史文化的重要措施，群众参与改建，是体现“相信群众，依靠群众”的优良传统和“人民城市人民建”的战略思想，既符合社会进步，又加快改善、提高历史文化名城大众生活环境质量的步伐；采用微循环法、改善基础设施是符合我国建设小康社会的实际国情，既可节省资源、环境友好，又可落实历史文化长存；积极实施减法、保持尺度和谐是保护历史文化名城基本面貌特征的较好方法；保留院落天井、建筑自然共生是保护和体现历史文化名城基因的基本特点；保持城市肌理、新旧有机结合是保护与体现历史文化名城的整体特征。从经济、社会、文化等方面全面地去进行历史文化名城的保护与发展工作，可使拆改历史文化较多的发达、初等发达的历史文化名城，亡羊补牢，可使保存历史文化较多的欠发达的历史文化名城未雨绸缪，提升中国历史文化名城保护与发展水平，为保存世界城市历史文化遗产作出新贡献。

（原载《中国建设报》 2006年12期）

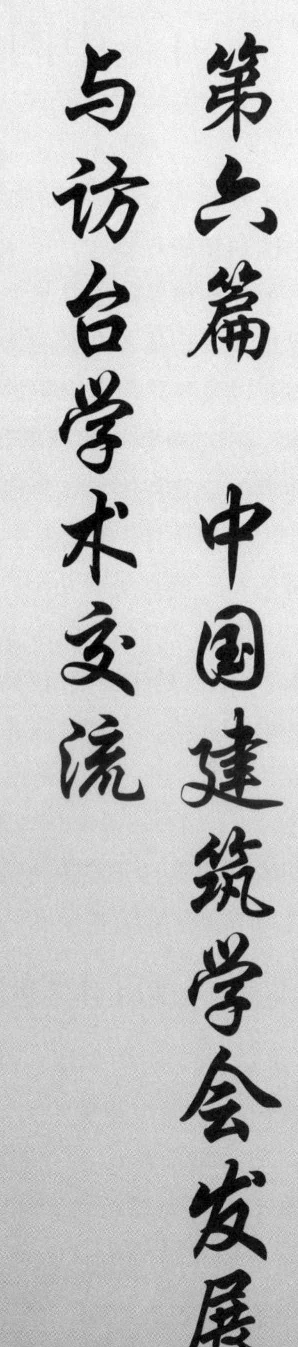

第六篇 中国建筑学会发展与访台学术交流

1 中国建筑学会五十年光辉业绩

根据中国科协章程规定，学术活动是全国性学会的主要工作任务之一。中国建筑学会成立50年来，依靠广大会员和先后建立起来的各专业学术委员会（后改为分会）以及各地方学会，一直重视并积极开展建筑科学及其各专业的学术活动。这些学术活动，都是按照党的建设方针政策，各个时期经济建设的需要以及各阶段所面临的现实问题，组织重点学术会议，以达到为经济建设服务，促进学科发展的目的。在这50年十届理事会期间，对广大职工住宅、城市规划、建筑创作、电脑应用、村镇建设、建筑环境、建筑装修、体育建筑、建筑文化、建筑综合性等重要专题进行了研究讨论：平均每届4年的时间里，组织100多次大中型学术讨论会，交流重要论文6000～7000篇，取得了良好的社会效益和经济效益。特别是成功举办了北京1999年国际建筑师协会第20届大会，有来自世界各地100多个国家的6000多位代表参加，这次大会主题是“21世纪的建筑学”，总结了20世纪世界建筑发展历史，提出了21世纪建筑如何发展的纲领性文件《北京宪章》，对国内外产生了深远的影响。我会所进行的这些学术活动，大都是应各个阶段国家经济建设需要同政府主管部门联合举办，或由政府委托学会承办或独立召开的，许多是由此开头，首次举办，具有特殊的意义。

在这50年十届理事会期间，学术刊物和科普工作以及同港澳台的学术交流也有很大的发展，对沟通传播国内外建筑科学理论与信息，普及建筑科技知识，推广建筑科学应用技术等都起到良好的推动作用。具体成果分项简述如下：

一、关注广大职工住宅建设问题

从20世纪50年代组织住宅设计竞赛起，迄今不断地在我会代表大会或学术年会上，以及全国或地区专题研讨会上，组织关于住宅建设的大、中型学术活动100多次。下面仅列出其中规模较大的几项。

1. 首次举办全国厂矿职工住宅设计竞赛

这次厂矿职工住宅设计竞赛，是前国家建设委员会委托中国建筑学会来组织进行的。于1957年7月发出竞赛办法和纲要，全国各地参加竞赛的方案共约1200个，经过37个城市的初审，共选出654份（其中有几份包括两三个方案，共计661个方案），于12月底全部送到总会参加评选。由总会、各分会与各单位所推举的代表18人组织成评选委员会。由评委李荫蓬兼主任，评委赵深兼副主任。为了广泛征求意见，评委会曾邀请了建筑师杨廷宝、林克明、杨锡镠、张镈、汪坦等12位教授参加评选座谈会和试评工作。1958年2月各评委经过初审复审、研究讨论、反复评比，评出三等奖8个、四等奖19个、优良方案20个（后获国家建设委员会批准）。1958年将全部获奖方案汇印成《厂矿职工住宅设计竞赛图集》发行。

大多数参加竞赛的设计人员，对因地制宜、利用地方材料、采用民间做法比较重视。不少的图纸表现出地方风格，适合于地方生活习惯，也有一定的创造性。（建筑层数为 1 ～ 3 层）

在第一个五年计划将要结束，第二个五年计划正在开始的时候，举行这次厂矿职工住宅设计竞赛是适时的。对于后来更经济、更合理地建筑职工住宅，贯彻勤俭建国方针，对因地制宜、就地取材、降低建筑标准与造价等起到一定的推动作用。

2. 中国建筑学会第三届全国会员代表大会以住宅建设为中心议题

1961 年 12 月在广东省湛江召开我会第三届全国会员代表大会，会议以住宅建设为中心议题，大家对住宅建设的各方面问题进行了广泛而深入的讨论。时任建工部副部长的杨春茂理事长在这次代表会上作了《关于住宅建设问题》的总结讲话。他首先指出，这次会议讨论对提高我们的住宅建筑设计的质量，对提高我们的政策思想水平和设计技术水平，对更好地贯彻“适用、经济、在可能条件下注意美观”的建设方针，都将要起积极的作用。随后，他谈了 8 个问题：①城市住宅建设的成就和存在问题；②解决城市住宅问题的几个原则（强调要因地制宜，不可千篇一律，首先要做到适用）；③关于城市住宅的建筑标准问题（强调标准不能过高，但必须保证安全和必要的使用条件）；④关于提高住宅设计和施工质量问题（提出了户型、平面或立面形式要多种多样，一般室内净高 2.7 ～ 3 m 等）；⑤关于住宅区的规划和修建方式问题（提出统一投资、规划、设计、施工、分配、管理的“六统一”办法等）；⑥积极开辟住宅建设的材料来源问题；⑦关于提高住宅建设的工业化程度问题（提出设计标准化、构件预制化、施工机械化，使住宅建设走工业化道路）；⑧关于目前农村住宅建设问题（强调今后应加以重视）。

3. 中国建筑学会 1963 年学术年会以城乡住宅建设为主题

1963 年 12 月在江苏省无锡举行学术年会，对城市住宅建设问题进行了进一步的研讨，梁思成副理事长致开幕词，杨春茂理事长作了《关于城乡住宅建设问题》的总结讲话。首先，他回顾说：我们学会，1959 年 5 月在上海召开的“住宅标准及建筑艺术座谈会”上，曾经讨论了住宅建筑的标准问题；1961 年 12 月在湛江召开的第三届代表大会上又讨论了城市住宅和农村住宅问题。连同这次年会，已经举行了三次全国性的学术会议来研究住宅问题了。住宅问题是关系到人民生活的重要问题。无论是在规划、设计、施工或者材料、设备等方面，都需要我们建筑界不断地努力。所以，我们几次进行这方面的学术活动，是很必要的。接着，他根据大家研讨的意见就城乡住宅建设工作归纳了 5 个问题：①两年来的成绩；②关于城市居住区规划问题（强调创造生活方便居住安宁的居住环境，要因地制宜，节约用地，远近期结合）；③关于城市住宅问题（提出要充分发挥国家对住宅投资的效果，要正确掌握住宅建筑的标准，促进住宅建筑向标准化、装配化道路发展，重视住宅的维修、改建工作等）；④关于农村住宅问题（提出要搞好农村的居民点规划，大力节约用地，因地制宜，就地取材，提高设计质量等）；⑤关于创作思想、问题（强调要贯彻执行党的方针政策，要明确为谁服务，要从实际出发，要正确学习中外经验）。

4. 中国建筑学会第四届全国会员代表大会对住宅、宿舍设计展开学术讨论

1966 年 3 月在陕西省延安市举行我会第四届全国会员代表大会，学术讨论的主题是“住宅、宿舍设计”，强调贯彻大庆“干打垒”精神。此次会议时逢“文化大革命”前夕，有些提法偏左，但强调贯彻勤俭建国方针，提出要“好”字当头，做到质量好、造价低、方便生活、坚固安全，要对防寒、隔

中国建筑学会第三届代表大会代表合影 1961 年 12 月

中国建筑学会第三届代表大会主席团合影 1961 年 12 月

第三届代表大会会场一角

第三届代表大会代表们参观住宅建筑图片展览

杨春茂理事长在第三届代表大会上讲话

梁思成副理事长在第三届代表大会上讲话

杨廷宝副理事长在第三届代表大会上讲话

赵深副理事长在第三届代表大会上讲话

中国建筑学会第四届代表大会全体人员合影　1966 年 3 月于西安

热、防水、通风、采光、防潮、去湿等建筑技术进行研究和改革，要促进建筑材料的改革等，这些内容对于提高住宅、宿舍设计与建设水平起到一定的积极作用。

5. 承办“中国‘八五’新住宅设计方案竞赛与展评”活动

受建设部委托，1991 年我会和部设计管理司承办“中国‘八五’新住宅设计方案竞赛与展评”活动。建设部于该年 5 月印发了建设 [1991]310 号文件，决定举办这项活动。这次活动旨在总结“七五”期间住宅建设（平均每年竣工新建城镇住宅约 1.3 亿 m^2）经验的基础上，进一步创新，提高我国住宅建筑功能质量和效益，使设计在住宅套型、结构体系、内部功能、空间利用、灵活性、多样性和节约土地、节省能源以及利用新技术等方面都有所创新，并得以广泛的交流。1991 年 8 月底，总计收到全国各地选送方案 1349 个，图纸 5029 张（估计全国参加竞赛的设计人员近万人，提供设计方案 3000 份）。随后，组织 10 位专家进行初评，推荐出 147 个方案、443 张图参加了为期 5 天的展评活动。最后由 12 位评委组成的终评组，评选出 83 个获奖方案，其中一等奖 4 项、二等奖 12 项、三等奖 14 项、鼓励奖 53 项。1992 年将这些获奖方案图片在全国 13 个省、区、市进行巡回展出，并由中国建筑工业出版社编印成书发行。

这次竞赛、展评活动在社会上引起强烈反响，受到广泛关注和好评，达到了预期目的，对推动“八五”期间全国住宅设计的创新起到了积极推动作用。

6. 中国建筑学会主办“2002 年全国经济适用住宅设计方案竞赛”评选活动

经济适用住宅是面向广大中、低收入家庭的住宅，它直接关系到千家万户老百姓的居住问题，同时也影响着住宅市场，因此一直受到政府的高度重视。为了唤起广大建筑设计人员对这一量大面广的住宅设计给予更多关注，推出一批高水平的经济适用住宅设计方案，中国建筑学会举办了这次有针对性的全国范围的“2002 年全国经济适用住宅设计方案竞赛”。竞赛要求参赛方案以中、小套型为主，每套建筑面积不超过 110 m^2。2002 年 6 月，发出竞赛消息，至 11 月方案截止日，共收到 453 个参赛作品；2003年1月竞赛评选委员会评选出全部奖项，其中一等奖3项、二等奖5项、三等奖11项、佳作奖18项。这次竞赛活动的主题，配合了政府的工作重点，得到了建设部的大力支持和高度重视。刘志峰副部长和宋春华理事长亲临评选现场并作了重要讲话，刘志峰副部长提出经济适用房要坚持三个面向，即面向百姓（要确实解决老百姓购买能力的问题），面向市场（这个市场就是中、低收入的居民），面向未来（就是要坚持可持续发展），这次中国建筑学会专门组织的面向中、低收入家庭的住宅设计竞赛在这方面做出了很有意义的工作；宋春华理事长提出，竞赛本身不是目的，只是一种手段，唤起业内和各界对住宅特别是普通百姓住宅设计的重视，能推出一批优秀的方案，真正解决好中国人住的问题，才是这次竞赛的初衷。

二、配合政府首次举办城市规划专题学术讨论

1958年6月20日至7月4日，配合政府工作需要，建筑工程部和我会在青岛联合召开全国城市规划工作座谈会和“青岛城市规划与建筑”专题学术讨论会。这次全国性的研讨城市规划专题是属首次，刘秀峰部长在会上讲了话并作了会议总结，他在肯定前一阶段重点城市完成有序的城市规划工作基础上，指出规划中存在着规模过大、占地过多、标准过高、拆迁过快“四过”问题，并提出了今后城市规划与建设的方向，强调了勤俭建设和因地制宜，各地要搞出自己的特点，青岛的规划是个典型实例。

我会副理事长梁思成作了“青岛市生活居住区的规划和建筑”的详细报告，该报告共有三部分：第一部分是青岛的过去现在和前景，包括：1）青岛的自然条件；2）解放前的青岛；3）解放后的青岛；4）青岛市的城市规划及其发展的前景。第二部分是对于青岛城市建设中的几个问题的分析，包括：1）道路；2）公共建筑；3）建筑层数与密度；4）疗养区；5）绿化。第三部分是体会和建议，包括：1）体会，①善于利用地形，②标准设计可在山地使用，③山地适于建设城市，④城市阶级本质；2）建议，①突出海港城市特点，②在原有工业基础上发展工业企业，③改善过去遗留的居住区不合理现象，④发展青岛绿化特色，⑤发展自然条件优美的疗养区，⑥加强建设管理，⑦发展市政设施，⑧几个具体方法（建设实行“六统”，开展设计竞赛、成立土建学院等）。

在这次会议期间，还举办了城市规划展览，会后出版了《青岛》专刊，这些内容对后来的城市规划、建设与管理工作起了引导性的作用。

此后，于1960年5月在桂林举行城市规划学术会议，专门讨论了桂林风景区规划问题。1978年恢复学术活动后，城市规划学术委员会举办了“评议兰州总体规划”“中国城市化道路问题”“城镇合理规模”“旧城改造规划”“历史文化名城保护规划”等专题学术研讨会，对城市规划工作的发展起了促进作用。

三、不断探索繁荣建筑创作的正确之路

建国50多年来，我们建造了几十亿平方米各种不同类型的建筑，使中国城乡面貌发生了巨大的变化，所取得这么伟大的成就是有目共睹的。但在建筑创作问题上，我们走过的道路是曲折的。中国建筑学会在这一阶段的每个转折重要时刻，都协助政府组织召开繁荣建筑创作学术座谈会，贯彻党的方针政策，不断探索建筑创作的正确之路。在我会系统内，举办这一专题的大、中型学术研讨会，亦

有100次以上，这里仅举几个关键的会议。

1. 首次发表《创造中国的社会主义的建筑新风格》理论文章

在建国10周年前夕，1959年5月18日至6月4日我会和建筑工程部在上海召开了“住宅建设标准及建筑艺术座谈会”。这次座谈会邀请了全国各地所有的知名建筑专家、教授参加，在座谈住宅建设标准之后，用了较长的时间专门讨论建筑创作问题，大家根据将近10年所走过的曲折道路，提出了各个方面的看法和建议。最后，由时任建筑工程部部长刘秀峰把大家的论点汇集、整理、提炼成为大会的总结报告——《创造中国的社会主义的建筑新风格》。此报告在建国10周年之际公开发表。这个报告是认真总结10年的经验，试图开拓中国建筑创作新道路的一篇理论文章。该文讲了6个问题，即：①研究建筑问题的几个基本观点；②建筑的特点及构成建筑的基本要素；③建筑艺术问题；④传统与革新、内容与形式问题；⑤学习与创造问题；⑥对建筑师的几点希望。经过建国50多年来的建设实践检验，“文化大革命”期间被全面否定，现已证明其基本论点是符合客观规律、符合我国国情的，应当继续成为我们今后建筑创作中坚持的方针和原则。这些正确的基本论点包括有：肯定“最大限度地体现对人的关怀”是“社会主义建筑的基本原则”；肯定建筑“既是物质产品，又是一种艺术创作”的“双重作用”；肯定“适用、经济、美观是有机的、辩证的统一，而又主次分明的”，主张在“适用、经济的前提下，尽可能做到美观”；肯定“古为今用”的原则，主张“正确地认识和处理传统与革新的关系”，反对“原封照搬”古典形式，提倡研究多民族的“具有鲜明地方风格的建筑形式，从中学习优良的手法和技巧”；提倡“通过学术上的百家争鸣，来促进创作上的百花齐放”，并“以创造上的百花齐放，来丰富理论上的百家争鸣”；提倡设计人员“要有群众观点，要有劳动人民的思想感情”等。

1959年上海建筑艺术座谈会留影。前排左起刘敦桢、梁思成、杨廷宝、刘秀峰；后排左起杨春茂、王唐文、余森文、戴念慈（汪之力摄）

从历史背景来分析，此文也存在着较大局限性，点名批判一些“主义”是不妥的，对于一些不同的学术看法不能从政治上加以否定。

2. 1985年中国建筑学会召开“繁荣建筑创作学术座谈会”

1985年11月29日至12月3日，中国建筑学会在广州召开“繁荣建筑创作学术座谈会”，探讨进一步繁荣建筑创作问题。这是自1959年上海建筑艺术座谈会以后，第一次研究建筑创作问题的全国性专题会议。出席会议的有来自全国各地的代表近100人。当中有从事建筑创作的老专家，绝大多数是中年骨干。

中国建筑学会理事长戴念慈同志主持开幕式，广东省、广州市、深圳市有关部门的领导同志到会祝贺。在大会上发言的有23位同志，小组发言更为踊跃，代表们感到在党的十一届三中全会以后，大家思想解放，学术空气活跃，出现了许多好的建筑作品，建筑创作面临的形势喜人，自然，也有不少问题需要研究探讨。大家认为，这次会议是适时的。会议的准备比较充分，地方学会也做了大量工作，会议开得成功，是建筑界的一大盛事。会上大家围绕建筑创作中的千篇一律、继承传统和吸收外来建筑文化等问题展开热烈讨论。许多发言结合创作实践探讨建筑理论问题，做到理论联系实际。虽然学术观点不同，但大家各抒己见，心情舒畅，发扬了学术民主，开展了百家争鸣。

12月3日，中国建筑学会副理事长阎子祥同志主持闭幕式，戴念慈同志发表了长篇讲话。他讲了6个问题：①建筑既是技术，又是艺术；②风格是共同特征在表现上的不断重复；③以优秀传统为出发点，进行革新；④用辩证统一的观点看待内容和形式；⑤应该提倡民族形式，社会主义内容；⑥采取认真态度学习外国，再论时髦建筑。会议最后没有形成结论，但正如一位领导同志所说，却胜于做出结论。他说，建筑创作是像阅兵式那样排起队来齐步走好呢，还是像球类比赛那样丰富多彩好呢？自然，后者要好得多。大家相信，建筑创作一定会越来越繁荣，出现一个更加生动活泼的局面。通过这次会议的百家争鸣对繁荣建筑创作起到一定的促进作用。

3. 1989年中国建筑学会举办“中国建筑创作40年”交流评论会

1989年10月23日～25日“中国建筑创作40年”交流评论会在杭州召开。这是我国建筑界的一次盛大集会。参加这次会议的有来自全国各省、市、自治区的建筑师代表、各大设计院的技术负责人、各大专院校的教授、学者以及部分建筑界的老专家100多人。中国建筑学会理事长戴念慈到会并作了专题发言，建设部副部长叶如棠到会也作了专题发言，中国建筑学会副理事长钱学中出席了大会。会议由中国建筑学会秘书长张钦楠主持。会议得到了浙江省、杭州市领导的大力关怀和支持，浙江省副省长柴松岳、人大常委会副主任王启东参加了大会开幕式。

中国建筑学会第五次会员代表大会

杨廷宝在中国建筑学会第五次代表大会上讲话

建委副主任彭敏在第五次代表大会上讲话

大会发言的有：戴复东、潘祖尧、赵冬日、白德懋、齐康、罗小未、蔡德道、向欣然、鲍家声、吕俊华、张皆正、艾定增、卢济威、周儒、梁鸿文、徐勤、胡德君等，北京市建筑设计院熊明、建设部建筑设计院石学海、上海市民用建筑设计院章明、华东建筑设计院蔡镇钰、浙江省建筑设计院唐葆亨、中国建筑东北设计院刘克良、中国建筑西北设计院张锦秋、中国建筑西南设计院吴德富等介绍了本院近期作品。会场气氛活跃、安排紧凑，报名发言十分踊跃，由于时间关系，有的只好作为书面交流。叶如棠副部长的专题发言题目是《多元共存　兼容并蓄　古今中外　皆为我用》，副题是《关于繁荣建筑创作的再思考》。其内容论述了7个问题：①对40年建筑创作的基本估计；②关于“适用、经济、美观”；③什么叫“繁荣建筑创作”；④关于“多元并存”；⑤关于继承与创新；⑥建筑创作要把改变城市面貌、改善生活环境当做重要课题；⑦努力提高建筑创作队伍的素质。这几个方面问题的论述具有引导性的作用。

这次大会检阅了我国建国40年来的建设成就，总结交流了40年来的建筑创作经验，开展建筑评论，共同探讨了今后繁荣建筑创作的方向。

4. 首次开展中国建筑学会“建筑创作奖”、“青年建筑师奖”等评选活动

为了提高建筑创作水平和加强对建筑创作的引导，我会于1992、1996年分别组织了两次“建筑创作奖”评选活动；我会还重视开展青年建筑师学术活动，1993、1994年组织了青年建筑师设计竞赛，1995年举办了全国首次“青年建筑师奖”评选活动，通过这些活动，达到了发现青年设计人才、活跃学术思想的目的。

5. 1998年中国建筑学会建筑师分会组织“展望21世纪建筑学”学术报告活动

1998年11月，在第20届世界建筑师大会召开之前，我会建筑师分会在杭州，邀请将要在第20届世界建筑师大会上作主题报告的吴良镛先生和作分题报告的张钦楠、陈秉钊、曾坚、朱文一、仲德崑、夏义民等专家，就“展望21世纪的建筑学”主题，组织了学术报告活动。通过这次学术报告交流活动，进一步征询了意见，为这些重要内容的报告做了充分的酝酿，并对明确今后的建筑创作方向起到一定的作用。具体内容将在后面专题内说明。

四、1980年较早提出研讨“环境建设问题”

1980年筹备中国建筑学会第五届全国会员代表大会学术活动前后，我会副理事长王华彬多次提出学会要研究讨论和组织关于“城市与建筑的环境建设问题”的学术活动，这个专题成为我会第五、第七、第八届全国会员代表大会学术活动的中心议题。

1. 1980年10月22日至25日在北京举办了中国建筑学会第五届全国会员代表大会学术活动

这次学术活动在围绕搞好建筑、环境和人的关系这个总目标下，进行了回顾、展望和探讨。《现代建筑还是时髦建筑》（戴念慈）一文，系统地回顾了世界现代建筑发展的历史和现代建筑大师创作活动的共同特点，认为现代建筑的精神实质，一是充分利用现代化工业和科学技术的先进手段，解决现代生活对建筑的要求；二是要消除现代工业给人类物质与精神环境带来的消极面。《展望80年代我国城乡建筑的发展》（王华彬）一文，比较全面地分析了加快我国城乡环境建设面临的问题和发展前景；提出实现城市结构现代化，要发展带形城市结构与多功能综合区，以及地下地面建设的一体化；提出掀起创作高潮，要在创作思想上发扬社会主义民主，肃清封建主义影响；在创作方向上提倡城市与建

中国建筑学会第八次全国会员代表大会暨学术年会

中国建筑学会第八次全国会员代表大会暨学术年会

1992 年 3 月在中国建筑学会第八次全国会员代表大会暨学术年会上建设部领导与部分会议代表合影留念

筑一体化，开拓地下、空中、水上等建筑空间环境，发展多相性的建筑综合体；在创作方法上发展电子计算机辅助设计。题为《建筑业的历史任务和需要研究解决的几个问题》（肖桐）的发言，在分析未来 20 年中巨大数量的房屋建造量和生产、生活环境质量的显著改善要求之后，提出要完成建筑业在四化建设中的任务，要靠政策，靠改革，靠科学。从科技工作方法，要着重搞好下列几方面工作：正确处理规划、环境与建筑的关系，为人民造福；发展建筑技术，繁荣建筑创作；明确技术政策，加快建筑队业步伐；重视建筑经济理论研究，用现代经营管理知识武装各级领导和管理人员；宣传建筑业，改造建筑业。

许多同志还从各个专业的角度，围绕大会学术活动的主题，发表各种见解。

10 月 25 日上午，中央书记处书记、国务院副总理万里、谷牧在中南海亲切会见了部分代表，直接听取大家的意见。国家建委副主任韩光、张百发，国家建工总局局长肖桐参加了会见。谷牧同志表示，要大力支持建筑学会的工作。他还给学会提出了任务：希望专家们对城市规划、设计、环境保护等工作如何统一管理，基本建设的管理体制如何改革等问题，进行研究，提出建议。万里同志风趣地把自己比作“建筑界最老的外行”。他说，国家进入了新的历史时期，建筑界肩负着光荣的历史任务。他语重心长地说：“现在你们真是广阔天地，大有可为啊！”他希望建筑界也认真总结建国以来的经验教训，拨乱反正，以适应新时期的要求。在谈到适用、经济与美观的关系时，万里同志说，自古以来，有建筑就有建筑艺术。建筑就是要创造舒适的、文明的环境。批判建筑艺术是不文明的表现。

这次学术活动比较早地提出了“环境建设问题”，会议期间中央有关领导也指出了要重视环境保护，创造文明环境等问题。这次学术活动共征集293篇论文，会后出版了《人·建筑·环境》论文集。

2. 1987年12月11日至15日在北京举办了“中国建筑学会第七届代表大会暨学术年会”

这次学术年会的主题是“建筑环境”，包括城市环境，居住区环境、公共活动环境、室内环境四方面的内容。这次学术会议曾公开征集论文，应征论文共80多篇，从中选出9篇优秀作品向大会作学术报告：《旧城保护整治新探索》朱自煊、《在规划指导下综合改造旧城区，提高城市总体功能》张福忱、《探索居住环境中人的行为轨迹》白德懋、《现代商业环境的构成与特点》胡宝哲、《大量性建筑的室内设计》蔡冠丽、《谈谈民族风格》钟华楠、《天津市旧城震后的改建和复兴》王作锟、《城市公寓住宅的声环境》柳孝图、《学习国外经验，创造新的室内环境》龙永龄。

1992年3月6日至8日在北京召开了中国建筑学会第八届全国会员代表大会暨学术年会，年会的主题是“改善人居环境，推动建筑节能”，通过这几次比较大规模的研讨“环境建设问题”，为90年代深入开展这一专题的学术讨论打下了基础。于20世纪90年代至今，我会建筑师分会多次召开了关于人居环境、建筑与城市环境学术研讨会，为促进城市与建筑的环境建设发挥了积极的作用。

五、1980年开始重视开展村镇建设学术活动

党的十一届三中全会后，为了符合国民经济调整、发展的需要，我会把学术活动的重点，从偏重于城市建设，转到了城乡建设，开始重视了村镇建设，于1979年12月成立了“农村建筑学术委员会”（1989年更名为“村镇建设研究会”）二级组织，随后从1980年起，开展了一系列的村镇建设学术活动。

1. 1980年举办“全国农村住宅设计竞赛”

1980年我会和国家建委农房建设办公室联合举办了“全国农村住宅设计竞赛”，这次竞赛是新中国成立以来规模最大的一次。各省、市、自治区、地区和县的建筑学会，都采取多种方式，组织参加了设计竞赛和评选活动。全国各地共收到3 500多个方案，选出了142个优秀方案参加全国评选。1981年6月全国评选委员会，选出了一等奖2个、二等奖30个、三等奖52个、佳作奖58个。这些方案，从我国当前的实际情况出发，在建房用地、宅院布置、住房设计、建房材料、结构构造、节约能源和发扬地方风格等方面，都有所创新，后将其编印成图集，广泛交流。这次竞赛，配合了农村建设蓬勃发展的形势，对广大农民建房的需要和改变农村面貌，产生着积极的影响。

2. 1981年10月在北京举办以“变化中的乡村居住建设”为主题的“阿卡·汗建筑奖第六次国际学术讨论会”

中国建筑学会是这次讨论会的东道主，这次会议是迄今该建筑奖规模最大的一次学术讨论会。谷牧副总理、阿卡·汗殿下、国家建委韩光主任、著名英籍作家韩素音女士、我会杨廷宝理事长等出席了开幕式并讲话。会议规模为300多人，其中包括来自20多个国家的建筑师、规划师、社会学家、经济学家等70多位代表。在讨论会上，共宣读论文12篇，有中国论文3篇，这些论文和讨论涉及的内容有如下几个方面：①农村建设与规划是一项社会问题，要在发展农村经济基础上从事农村建设，强调农民自己的力量在改变居住条件和环境中的主要作用，国家给予必要的指导；②农村建设是项综合性工作，要考虑地区的历史、文化、民族习惯、地区、地理等人文因素，同时要认真研究先进技术、

材料和传统技术与材料结合起来；③农村规划与住宅建设应与当地能源、与大自然环境有机结合、因地制宜等。这次学术会议出版了专集，它对于我国农村建设有很大的启示。

3. 1983 年召开新中国成立以来第一次“全国村镇建设学术讨论会”

由中国建筑学会村镇建设学术委员会和城乡建设环境保护部乡村建设局联合召开了新中国成立以来第一次“全国村镇建设学术讨论会”，于 1983 年 6 月 21 日至 27 日在上海市嘉定县举行。出席这次会议的代表有 160 人。城乡建设环境保护部顾问、中国建筑学会村镇建设学术委员会名誉主任委员李景昭，主任委员冯华，中国建筑学会副理事长阎子祥、王华彬、张开济等出席会议并讲话。上海市副市长倪天增和嘉定县的领导同志也到会祝贺。

这次讨论会对村镇建设发展的一般规律与趋势进行了理论上的阐述，指出农村集镇大都是一个地域的政治、经济、文化中心，也是农村各类产品的集散中心；集镇的繁荣，有赖于商品经济的发展和交通等条件的改善，集镇的建设，应立足于自身的力量，只有合理利用当地的资源，充分发挥自己的优势，才会有出路。代表还从各自从事的学科角度指出总体规划的重要意义，认为只有揭示总体与局部、综合与单一的相互关系，只有从总体的、综合的角度来进行村镇总体规划，才能解决村镇布局的合理性问题。不少代表还探讨了村镇规划建设中如何节约土地问题。这次学术讨论会，对开阔视野，探索村镇建设的发展规律，指导实际工作，都具有重要的现实意义。

1985 年中国建筑学会与建设部共同召开电脑在建筑设计中的应用学术交流会

4. 1985 年联合组织“全国农村住宅及集镇文化中心设计竞赛”

由我会与建设部乡村建设局、设计局、中国建筑技术发展中心、文化部群众文化事业管理局、国家体委群体司联合组织的“全国农村住宅及集镇文化中心设计竞赛”评比会议，于 1985 年 9 月在大连召开。来自主办单位和各省、市、自治区的评委 40 余人参加了会议。这次设计竞赛包括 3 个内容，即农村住宅设计、已建成的住宅实例、集镇文化中心设计。共收到全国 29 个省、市、自治区（除西藏以外）选送来的农村住宅设计方案 84 个、住宅实例 26 个、集镇文化中心设计方案 71 个。经评委会委员充分讨论，以无记名方式投票，共评选出住宅设计方案工等奖 9 名、三等奖 9 名、佳作奖 25 名、住宅实例优秀奖 13 名，集镇文化中心设计方案二等奖 6 名、三等奖 8 名、佳作奖 21 名。

张钦楠先生在 CAD 应用交流会上做学术报告

肖桐副部长到 CAD 应用交流会上参观 CAD 运用

此次农村住宅设计竞赛的获奖方案与1981年全国农村住宅设计方案相比，在以下几个方面有所进步：①注意体现当地农村住宅建设的传统风格和民族特色；②结构简洁，形式多样；③注意太阳能的利用。除此之外，大部分农村住宅获奖方案在庭院布置、通风采光、防寒保温等方面都达到了要求。农村集镇文化中心设计是一个新题目，从获奖方案中可以看到以下几个特点：①注意文化中心的特殊要求；②从实际出发，避免大拆大建；③从环境出发，塑造完美的建筑形式。

这次竞赛活动对提高我国农村住宅及集镇文化中心设计水平起到积极作用。

5. 1985年11月在北京召开“国际生土建筑学术会议”

为了改善生活在窑洞等生土建筑中居民的居住环境，中国建筑学会于1985年11月2日至4日在北京召开了“国际生土建筑学术会议”。参加这次会议的代表共170多人，其中国外代表为91人，他们来自10多个国家和地区。建设部副部长、中国建筑学会理事长戴念慈，中国建筑学会副理事长阎子祥等领导同志出席了大会。这次会议的领导小组由10位国际生土建筑委员组成，主席是中国建筑学会常务理事任震英、副主席是美国国际泥土基金会主席C·E·卡尔逊和日本东京大学教授青木志郎。

这次会议是非常成功的，许多国外学者讲，研究生土建筑，是为世界上数以亿计人民着想的大事，中国组织这次会议是在为广大劳动者谋福利方面做出了表率。在大会上有26位学者作了学术报告，其中国外代表13人，国内代表13人。主要内容有：生土建筑的历史、现状、前景及生土建筑的分布、类型、空间布局、自然采光、震害分析、隔热防潮、改良试验、改进方法、太阳能利用、社会发展对生土建筑的影响以及生土建筑对人体健康与观念上的影响等。

会议提供了一本较高质量的英文版的《国际生土建筑学术会议论文集》，含71篇论文。此次会议对世界各地生土建筑事业的发展起到促进作用，与会人表示希望继续合作下去，为这个关系着亿万人民群众生活的事业作出新贡献。

6. 1986年10月在江苏常熟召开“全国村镇规划和建筑设计学术讨论会”

由我会村镇建设学术委员会组织的“全国村镇规划和建筑设计学术讨论会”是学会重点学术活动之一，我会副理事长阎子祥和许多常务理事出席了这次会议。会议交流了论文189篇，有140人参加，探讨了“村镇规划与乡村经济及社会发展”“具有中国特色的集镇建设”“村镇住宅、公共建筑配置及道路规划、给排水”等问题，对提高村镇规划与建筑水平起到积极作用，为推动我国村镇建设作出贡献。

六、1985年首次召开全国性“电脑在建筑设计中的应用学术交流会”

为适应建筑业的改革及日益开放的政策，加速建筑师的智力开发，提高设计质量，加快设计进度，交流国内外电脑辅助建筑设计的成就与经验，讨论我国CAAD的开发、普及与宣传，中国建筑学会和城乡建设环境保护部科技局、设计局、教育局一起，于1985年10月9日至16日在北京联合召开了“电脑在建筑设计中的应用学术交流会”。

来自全国各省、市、自治区和18个部的182个设计、科研、教学单位的300多名代表出席了会议。

国务院电办副主任金久源，建设部副部长廉仲、肖桐、戴念慈，中国建筑学会副理事长阎子祥，部党组成员、建筑管理局局长杨慎，部党组成员、中国建筑学会副理事长兼秘书长、科技局局长许溶烈，中国建筑学会常务理事、设计局局长张钦楠等领导同志出席了大会。戴副部长以中国建筑学会理事长名义致了开幕词，金久源同志讲了话。

会议由许溶烈、张钦楠、邵华玉等同志主持。会上美国加州洛杉矶大学建筑研究生院的威廉·密契尔教授、英国斯特拉什克莱德大学建筑系汤马斯·梅弗教授、澳大利亚悉尼大学建筑科学系数约翰·吉罗教授以及日本大阪大学环境工程系的笹田刚史教授先后做了学术报告。香港数据绘图公司总裁侯观龙先生、总经理戴伊仁先生、日本 ARC 公司经理岛雅则博士及美国 APOLLO 公司、CV 公司、INTER GRAPH 公司的代表也到会介绍其 CAD 产品并进行表演。

这些应邀来华讲学的都是国际上著名的、有代表性的 CAAD 专家，他们着重介绍了国外 CAAD 的应用情况。综合起来，有以下四个方面成就：

1. 发展了电脑图形学。由于光栅图形显示器的出现，引起电脑图形学产生重大突破，使建筑信息的表达由先前的线框模型过渡到表面模型、进而发展到立体模型，充分发挥 CAAD 系统在图纸绘制、空间视觉表现以及综合设计与分析方面的作用。

2. 建立建筑设计知识工程系统。把建筑师的丰富知识、设计规范、逻辑推理及形象思维等输入电脑，形成了实用的建筑设计专用知识工程系统；发展了描述建筑设计中非几何模型的专用词汇、语法规则、建筑符号学等，使建筑师能直接与电脑对话，表达设计意图。

3. 建立城市环境信息系统。这个面向公众的信息系统使得任何平民都可以及时了解城市发展的过去、现状与将来，以主人的身份参与城市规划设计和决策。会上放映了曾轰动了巴黎的电脑动画片，使代表们就像乘地铁和飞机漫游了电脑模拟出的巴黎城，领略了东京与大阪的风光。

4. 研制面向建筑师的实用 CAAD 系统。这些软件逐渐进入实际应用，并产生了积极的经济效益与社会效益。会上专家们展示了 PHASE、GOAL 等 CAAD 软件进行旅馆、医院、机场、银行、居住区规划等项设计的实物及相片，交流了建筑师进行 CAAD 创作实践的体会。

国内代表，中国建筑学会吴华强，建筑科学研究院黄如福，清华大学莫咏芳，同济大学的王伯伟、詹可生、王徵琦，上海城建学院屠军艺，浙江大学潘云鹤，湖南大学的朱志仁、胡鹤钧等先后在大会上发言。他们分别从不同角度提出了：

1. 我国 CAAD 系统总体结构方案的设想。结合实际分析微机在我国现阶段的作用，阐述如何应用 CAD 软件提高建筑设计水平与质量，建议结合国情筹建专用信息库，扬长避短，走一条富有中国特色的新路。

2. 围绕设计方法论的研究，汇报了在模糊决策、优化理论等方面所取得的新进展。以及在住宅、图书馆、医院、室内节能、高层建筑给水系统等项目上进行的设计方案优化的实践与体会。

3. 电脑图形学的应用。重点介绍并讨论了利用 CAD 系统绘图、立体几何造型数据库、建筑模型的表达。会上还演示了利用微型 CAD 系统完成的传统民族形式建筑设计范例、住宅优化程序及利用光线跟踪法做出的城市规划模型照片，引起代表们的广泛兴趣。

外国专家的报告，开拓了代表们的眼界，引起建筑界的共鸣，增强了我们赶上世界先进水平的信心。从总的情况看，国外对 CAAD 的研究起步较早，成立了专门的学术团体，有关 CAAD 的理论已初步形成，并且还在不断发展变化之中，尤其在电脑图形学方面的进展要比系统优化理论等快得多，他们也有许多工作是利用电脑完成的。

和国外相比，尽管我们所拥有的手段有限，但在设计方法等方面的研究并无明显差距，这次提交大会的论文就说明了我国对 CAAD 的研究已有相当的深度，成果之多，超出意料。

会议期间还就设计、科研、教学等不同的专题分别举办了各种座谈会，广泛征求代表们对发展我国 CAAD 事业的建议。建议主要有建立必要的领导机构；组织开发 CAAD 的网络；建筑学教育要与 CAAD 研究紧密结合；合理引进 CAAD 系统。

这次学术交流会取得了丰硕的成果，达到了预期的目的，这主要是由于：得到上级领导的重视和支持；得到各界群众的积极支持；会议由学术团体中国建筑学会和行政部门联合召开，充分发挥学会横向联系的优势，组织协调、动员了各方的力量；会议形式灵活多样，采取了大会小会结合，学术交流与参观结合的方式，除集中发言外，还发挥电脑厂商的积极性，邀请了国际上较著名的和国内华北终端、锦乐、华远等 12 家公司举办小型专题讲座及展览，进行实际操作演示；尽量扩大宣传面，微型 CAD 系统展览除了接待参加会议的代表们外，还接待了北京地区高校、设计、科研单位，参观者达 1000 多人次，许多单位达成了合作开发 CAAD 的协议，扩大了 CAAD 的普及宣传；代表年轻化，这次学术会议的代表与论文作者很多是年轻一代的建筑师与研究生，这成为大会的特点之一，他们充满活力和新思想，为建筑界注入了新鲜血液。

我国建筑业应用电脑的工作始于 1959 年，1985 年在结构计算，施工管理、勘察及建筑物理等方面已日趋普及，但在 CAAD 方面仍处于起步阶段。因此这次在我国建筑界召开的首次 CAAD 国际学术交流盛会，是一次面向建筑师的普及宣传 CAAD 的动员大会。代表们了解到国际 CAAD 的现状、动向与发展趋势，对 CAAD 有了感性认识，明确了主攻方向，增强了信心，为我国 CAAD 的开发工作创造了良好的开端。

这次会议之后，随着 CAAD 的发展，我会又多次举办这一专题的学术交流会、演示会、培训班等，为提高与普及电脑在建筑各专业的应用起到了推动的作用。

七、1989 年首次举办“国际建筑装修技术交流会”

中国建筑学会于 1989 年 3 月 2 日至 6 日在北京香山饭店举行了“国际建筑装修技术交流会”。来自中国、日本、美国、英国、丹麦、坦桑尼亚、中国香港等国家与地区的 180 名代表出席了会议。会议的主要内容为建筑室内设计、装饰装修材料与建筑节能保温技术等。通过交流为建筑师、室内设计师和建筑装修材料应用单位与生产厂家之间提供了一个沟通信息、交流技术的机会。

会议于 3 月 3 日上午开幕，建设部总工程师、国际会议组委会主席许溶烈主持了开幕式并代表国际会议组委会致词。建设部部长林汉雄会见了参会的中外代表，周干峙副部长代表建设部在开幕式上作了讲话。建设部科技委主任、总规划师储传亨，国家建材局副局长杨志远及有关单位的领导同志也出席了开幕式。

中国建筑学会秘书长张钦楠、日本明治大学教授向井毅、著名英籍香港室内设计师戴·凯勒先生在大会上分别作了主题报告。大会之后按专题分为建筑室内设计、装饰装修材料、建筑节能保温 3 个小组进行了 3 天的交流发言，本次会议出版了英文版的论文集，共刊有论文 37 篇。通过这次会议，国内外专家建立了广泛的联系，促进了室内设计与装饰材料方面的技术交流，提高了对室内设计及装饰技术的理解与认识，为提高我国建筑室内设计、装修技术和建筑节能保温设计水平起到了积极的推动作用。

1990 年 11 月 6 日～9 日国际体育建筑学术交流会开幕式主席台　左起：吴良镛、钱学中、坎巴塔、张百发、叶如棠、哈克尼、周干峙、约翰、许溶烈、戴念慈

1990 年 11 月国际体育建筑学术交流会学术报告之一

1990 年 11 月国际体育建筑学术交流会会场

1990 年 11 月国际体育建筑学术交流会闭幕晚宴

八、1990 年首次举办大型“国际体育建筑学术交流会”

由中国建筑学会主办，中国体育科学学会和北京市土建学会协办的“国际体育建筑学术交流会（ISOSA—Beijing90）”于 1990 年 11 月 6 日至 9 日在北京亚运村国际会议中心举行。来自中国、朝鲜、日本、英国、前苏联、美国、德国、澳大利亚、印度、马来西亚、巴基斯坦以及中国的香港、澳门等 13 个国家和地区的 200 多名建筑师、工程师与体育设施专家参加了会议。会议得到了国际建筑师协会与亚洲建筑师协会的共同支持，两会主席 R·哈克尼与 R·坎巴塔及国际建协体育建筑学术组书记 G·约翰作为会议名誉指导委员到会。中国建设部、国家体委、中国奥运会、中华体育总会和北京市人民政府对这次会议给予很大的关怀与支持。建设部副部长叶如棠、谭庆琏、周干峙，北京市常务副市长张百发，中华全国体育总会主席李梦华，国家体委副主任袁伟民、张彩珍等均先后到会致词。中国建筑学会理事长戴念慈作大会开幕词，副理事长吴良镛做总结发言，常务副理事长许溶烈与副理事长钱学中分别主持了会议的开幕式与闭幕式。会议还得到了国家科委、中国科协、国家建材局和国内有关院校及企业的大力支持。

日本知名建筑师桢文彦专程来会作主题报告。中国亚运会工程指挥部总建筑师周治良、澳大利亚知名建筑师 P·柯克斯与国际薄壳及空间结构委员会副主席 S·梅德瓦朵斯基应邀作特别报告。共有

52 位中外专家在会上作了学术报告，还有许多书面的论文交流。报告主题涉及面很广，主要包括：体育建筑与社会发展，体育建筑的创作方向，体育中心的规划设计及经常使用，以及体育设施中新结构、新技术、新设备的应用等方面。

中外专家对这次会议的成果表示满意。哈克尼称赞会议是“高度学术性、知识性及趣味性的”，是“在国内外强力支持下北京的又一次成功”。G·约翰和 F·海尔认为会议的学术报告是高质量的，是一次少有的国际体育建筑集合。坎巴塔对有亚洲国家建筑师大量参加的这次国际会议特别表示高兴，他说：“这次会议的意义超过了体育设施设计经验的交流，这是一次增进全国性与国际性相互了解的实验——而这是今日世界所十分短缺的。”会议期间，中外专家共同参观了北京奥运中心及部分亚运会场馆，外国专家们对中国能以极短的时间修建如此巨大规模的现代工程的成就表示赞赏。中国的专家们通过这次会议广泛地接触到国际体育建筑的最新成就与经验，与各国专家建立了友谊，同时，也看到了我们还存在的差距，明确了今后为举办国际体育盛会应进一步努力的方向。

九、专题研讨“建筑文化”问题

为了提高建筑的品质，我会曾系统地多次举办有关“建筑文化”专题的学术会议，下面仅列出几项较大规模的活动。

1.1989 年中国建筑学会举行“建筑与文化”座谈会

1989 年 7 月 1 日国际建筑师协会世界建筑节的主题是“建筑与文化”，根据这一主题，我会组织了大型学术座谈会。座谈会由我会副理事长许溶烈主持，中国建筑学会顾问、建设部部长林汉雄到会讲话，参加座谈会的还有：建设部副部长谭庆链、我会理事长戴念慈、副理事长吴良镛、专家学者郑孝燮、刘开济等，他们都对此主题发表了看法。其主要观点有：①在探求我国建筑文化和城市文化中，要注意对传统文化的发掘和继承，要注意对外国文化的研究与借鉴，我们的目标是理想与现实、文化与技术的结合，创造自己的方向，解决自己的问题；②创造中国特色的现代建筑，新时代的中国建筑文化离不开中国的社会因素，离不开中国的社会性质，只有采取这种态度，认真探索，才能使中国新的建筑文化得到充分的发展；③我国建筑与城市，应有自己的特色，建筑与城市的个性特色越鲜明，就越产生文化感染力，越能发挥精神文明的重要作用；④建筑在满足实用、经济、构造、材料等以外，还有其文化的内涵，不容忽视，应对社会、历史、文脉给予重视，要全面把握建筑的本质。这次座谈会的发言，集中刊登在 1989 年《建筑学报》第 8 期上，对建筑创作中重视文化起了重要作用。

1989 年世界建筑节中国建筑学会举办“建筑与文化”座谈会
建设部部长林汉雄、副部长谭庆链、学会理事长戴念慈、副理事长许溶烈、吴良镛等出席

中国建筑学会成立四十周年庆祝大会

中国建筑学会成立四十周年庆祝大会主席台

中国建筑学会成立四十周年学术报告会场一角

中国建筑学会成立四十周年大会上颁发建筑创作奖

张锦秋在四十周年学术报告会上作“关于文化历史名城西安建筑风貌”的学术报告

以“建筑与地域文化”为主题的国际研讨会暨中国建筑学会 2001 年学术年会

2. 1993 年提出了“建设现代中国建筑文化”这一总目标

我会理事长叶如棠在 1993 年 11 月庆祝中国建筑学会成立四十周年大会上所作《中国建筑学会四十年的回顾与展望》报告中，提出了“建设现代中国建筑文化”这一总目标。他论述建筑文化的建设，有如下一些要点：①它应当为“持久发展”的环境创造条件；②它应当为具有时代、民族和地方特色的城市新风貌创造条件；③它应当为达到小康居住水平创造条件；④它应当为推进建筑学理论以及建筑科学技术进步创造条件；⑤它应当为进一步提高中国建筑师的自身素质及社会地位创造条件。他提出，为了实现建设现代中国建筑文化这一总目标，中国建筑学会应当努力抓好以下几件事：①为促进中国建筑走向世界，更好地发挥桥梁作用；②紧密结合经济建设，推动行业技术进步；③继续发挥刊物、科普、咨询、继续教育工作的优势，促进城乡建设的发展和提高建筑科技人员的素质；④加强与各国及我国港、澳、台的科技联系，促进中国建筑事业的发展；⑤加强学会的自身建设，进一步发挥学会的作用。此后，学会的工作都围绕着这一总目标开展学术活动，比较全面地重视提高建筑文化。

3. 2001 年召开以“建筑与地域文化”为主题的大型国际研讨会

以“建筑与地域文化”为主题的国际研讨会暨中国建筑学会 2001 年学术年会，于 2001 年 12 月 4 日至 6 日在北京国际会议中心举行。来自中国（包括香港和澳门地区）、美国、英国、法国、德国、希腊、日本、俄罗斯、马来西亚、朝鲜等国家的代表以及中国的部分学生共 650 余人参加了会议。

国际建筑师协会主席瓦·斯古塔斯，建设部副部长郑一军，国际建协《北京之路》工作组主任、全国人大环境资源委员会副主任叶如棠，中国建筑学会理事长宋春华，中国科协书记处书记冯长根等出席了会议并在会上做了重要讲话。出席会议的还有国际建协前主席罗德·哈克尼，副主席汉普尔，

中国建筑学会第九次全国会员代表大会暨学术年会主席台

中国建筑学会第九次全国会员代表大会暨学术年会会场

中国建筑学会第九次全国会员代表大会暨学术年会学术报告会

副主席阿尔巴克瑞，秘书长理贵特，以及我国香港建筑师学会主席刘秀成、澳门建筑师学会主席黄如楷。我国两院院士、清华大学教授吴良镛，中国建筑学会副理事长张祖刚、郑时龄、刘松涛、马国馨、崔恺、许安之、窦以德及秘书长周畅等也出席了会议。

会议邀请了国内外10位著名专家、学者分别在国际研讨会和学术年会上作学术报告，他们报告的题目分别为：《社区建筑》罗德·哈克尼（英国），《基本理念·地域文化·时代模式——对中国建筑发展道路的探索》吴良镛，《我对北京的爱及北京对我的爱的评价》矶崎新（日本），《创造中国现代建筑文化是中国建筑师的责任》马国馨，《世纪之交的俄罗斯建筑发展趋势》凯特（俄罗斯），《柏林的公共空间》汉普尔（德国），《小康社会初期的中国住宅建设》宋春华，《上海城市空间环境的当代发展》郑时龄，《从 Hi-Skill 到 Hi-Tech》秦佑国，《中国的建筑结构及发展》王有为。上述报告从国内外不同的角度和侧面，回顾及交流了城市和建筑设计，建筑设计的创新及发展，老城历史街区的保护及改造，地域文化的延续发展，阐述了现代化建筑中如何体现地域文化的特征以及在世界全球化进程中建筑与地域文化的内在关系。该活动对营造一个良好的建筑创作环境，努力构建有地域特色的多元化中国建筑文化有一定的促进作用。这些学术报告于会前汇编成论文集，会后刊登在《建筑学报》

上，供大家参考学习。

为配合大会学术主题，加大会议的影响，会议期间还举办了《亚澳地区国际大学生建筑设计竞赛作品展》《首届未实施建筑设计方案展》《建筑表现展》和《全国建筑摄影大奖赛获奖作品展》等4个主题展览。上述展览都从不同的角度展示出现代城市和建筑设计，展示了各地的建筑与地域文化的设计特点。从参展作品中可以看出从重视对居住问题的关系，城市问题的关系，地域文化与环境、生态、可持续发展的关系，技术的发展与建筑文化的关系，到把技术问题与设计构思相结合，地域文化与现代科技、现代功能相结合，先进科技与解决现实问题相结合等内容。

与会专家普遍反映，此次国际性学术会议以其丰富多彩的内容、极高的学术水平和热烈隆重的氛围在中国北京举行，必将有助于我国建筑师了解世界各国建筑学科动向和发展趋势；有助于提高我国建筑的规划、设计、科研和教学水平；有助于瞄准学科的前沿，促进科技、文化和经济的结合，从而促进我国建筑走向世界。

十、广泛交流建筑各专业问题

在一些纪念大会和我会代表大会暨学术年会或几个专业联合举办的学术会议上，学术报告与研讨交流的内容比较广泛，包括有建筑创作、历史文化名城规划与建设、村镇建设、建筑物理、建筑结构以及园林绿化、风景区建设等，使与会的各专业代表通过交流学术，扩大视野，开阔思路。下面举几次较大规模的综合性的活动。

1. 1983年11月在南京召开纪念中国建筑学会成立30周年大会、我会第六次全国会员代表大会暨学术会议

这次学术会议，代理事长戴念慈首先作了《建筑师走过的道路和面临的问题》为题的学术报告，他通过自己的体会，回顾了30年来中国建筑师所走过的道路和成长的过程，使大家感到亲切。随后汪之力、冯华、郑孝燮三位同志分别概括地介绍了1983年学会三个重点专题学术会议的成果，即风景名

中国建筑学会第十次全国会员代表大会

胜区规划与建设学术讨论会（于1983年6月由园林、规划、设计、历史、经济5个学术委员会联合在福建武夷山召开），全国村镇建设学术讨论会，中小历史名城规划与建设学术讨论会（于1983年10月由规划、园林、历史、市政、设计5个学术委员会联合在江苏扬州召开）的主要论点、情况和建议。由吴良镛等同志继续作学术报告，共有7篇专题论文：《历史文化名城的规划结构、旧城更新与城市设计》（吴良镛）；《旅游旅馆等级与高层旅馆客房初探》（张皆正）；《钢筋混凝土构件刚度裂缝的试验研究和计算建议》（丁大钧）；《园林植物配置艺术的探讨》（余森文）；《有关旅游旅馆经济效益的几个问题》（张蓓真）；《减轻城市地震灾害的经验与对策》（叶耀先）；《声学环境与建筑设计》（王季卿）。

大会学术报告后，分组对两天来11个学术报告进行讨论。大家普遍认为，这次学术活动组织的比较好，它抓住了新形势下我们面临的问题，听了使人很受启发，希望今后分别召开内容更为深入的跨学科的综合性的学术交流会。

2. 1996年11月在北京召开中国建筑学会第九次全国会员代表大会暨学术年会

在这次学术年会上，组织了6个专题学术报告，即：《关于建筑学未来的几点思考》（吴良镛）；《在市场经济体制下繁荣我国的建筑创作》（张钦楠）；《智能化大楼：对建筑业的挑战》（龙惟定）；《和而不同的寻求》（张锦秋）；《90年代上海建筑文化的探讨》（张皆正）；《21世纪建筑展望》（叶耀先）。这些学术报告的内容，涉及建筑发展的趋势、经济体制、建筑文化、建筑智能化、生态建筑、建筑技术与建筑材料等专业问题，这些问题正是当时大家所关注的重要问题，因而报告会后的学术讨论十分热烈，取得了较好的效果。

3. 2000年11月在北京举办中国建筑学会第十次全国会员代表大会暨学术年会

在代表大会期间，举办了中国建筑学会2000年学术年会。这次学术年会包括大会报告、小会交流和学术展览三部分内容。大会报告由吴良镛、陈为邦、何弢、陈迈等内地及香港、台湾的著名专家就《北京宪章》——“北京之路”与中国之路、世纪之交对我国城市规划的思考、中国建筑现代化面对的问题及台湾50年来的建筑发展等10个题目作了论述。小会专题交流的内容有建筑创作、室内设计、建筑结构、体育建筑及建筑材料等8个方面。学术展览有“拉丁美洲建筑与文化”和“北京之路”建筑创作设计竞赛获奖作品等。来自全国各地的建筑科技人员480余人参加了“年会”学术交流，他们听到了许多不同专业的最新情况，感到学术内容丰富，受到了启发。

上述几次学术年会上的学术论文，大都刊登在《建筑学报》上，供读者了解学术信息、查阅参考。

（原载《中国建筑学会50周年纪念专集》 中国建筑学会2003年10月编）

2 《建筑学报》50年光辉业绩

今年是《建筑学报》创刊50周年，这里回忆这不平凡的50年，它记录了创刊与发展、停刊、复刊与大发展三个阶段的历史发展情况和光辉业绩。这50年中间虽然也走过曲折的道路，但都是按照党的建设方针政策，各个时期经济建设的需要以及各阶段所面临的现实问题，组织、发表重点稿件，起着引导性的作用，为国家经济建设和建筑学科的发展服务。这些光辉成果，是在党和主管部门的领导下，由先后100多位学报编委、30多位编辑部人员和广大读者、作者以及出版、发行人员付出艰辛劳动、努力工作所取得的。其中，担任学报编委、编辑、作者的老一辈领导、专家和建筑科技人员的无私奉献精神，值得继承和发扬。下面简要回顾三个阶段。

一、创刊与发展时期（1954—1966年6月）

按照规定，全国性学会必须要办一个会刊，它代表本学科的学术水平。为此，中国建筑学会第一次全国会员代表大会议定出版学会的刊物——《建筑学报》。1953年中国建筑学会第一、二次常务理事会讨论确定，由梁思成副理事长任编辑委员会主任，负责编辑出版会刊《建筑学报》工作。经研究，梁思成先生在《建筑学报》发刊辞中明确地提出了办刊的宗旨、目的："《建筑学报》是一个关于城市建设、建筑艺术和技术的学术性刊物。内容主要是指导性的理论论文和重要的技术论文。本学报有明确的目的性，它是为国家总路线服务的，那就是为建设社会主义工业化的城市和建筑服务的。社会主义工业化的城市和建筑不只是经济建设，同时也是祖国文化建设的一部分。"在这一办刊思想的指导下，梁思成先生组织审定稿件，于1954年6月出版了第一本《建筑学报》，这一年共出版两期，第1期为8开本，封面四周镶一金边，大家简称创刊的第1期学报为"金边学报"。后因遇上反对建筑复古主义，1955年暂时停刊，1956年复刊，当时专职编辑人员极少，只有彭华亮、商友菊、李跃媚3位同志。1957年中国建筑学会换届后，第二届编辑委员会改由汪季琦先生负责，此后编辑部人员调整并增加了一些，有彭华亮、王申祜、齐立根、王素珍、郝佩君同志。1962年换届成立第三届《建筑学报》编辑委员会，由金瓯卜先生任主任委员，根据发展的需要，编辑部人员又增加了陈衍庆、张钦哲、冯利芳同志，1965年学会秘书长华怡庚先生邀请郑孝燮先生和我到学报编辑部工作，此时编辑部已有10位同志，由郑孝燮先生负责。这一时期自创刊至1966年"文革"前，按照国家第一至第三个五年计划建设的需要，按照中国建筑学会学术活动的中心议题内容，集中报道了广大职工住宅与居住区建设、工业厂房设计和医院、商店、学校、剧场等公共建筑工程，特别是1959年在建国10周年之际，学报发表了由建筑工程部部长刘秀峰把全国各地知名专家教授的论点汇集、整理、提炼成的总结报告——《创造中国的社会主义的建筑新风格》，这篇试图开拓中国建筑创作新道路的理论文章，是认真总结建国10年来的建筑创作与建设的经验，为建筑的发展指出了方向，起着引导的作用。

二、停刊时期（1966年7月—1973年9月）

“文革”开始后，中国建筑学会成为重点被批判单位，《建筑学报》被迫停刊，《建筑学报》发表的刘秀峰《创造中国的社会主义的建筑新风格》成为批判的重点，被全盘否定。“文革”后期因外事活动的需要，1972年恢复一个由3人组成的中国建筑学会办事机构，1973年开始筹备《建筑学报》复刊。

三、复刊与大发展时期（1973年10月至今）

1973年调回自瑛、张钦哲、冯利芳、杨建庠和我，为复刊《建筑学报》做准备工作，经过半年多的筹备，于1973年10月恢复出版了停刊7年多之久的《建筑学报》。但此时的学报仍受“文革”后期的政治影响，按规定刊登了一些政治性文件的内容，编辑部人员增加了王申祜先生和李秀芬、赵晓晨同志。学报真正恢复其学术性，是在1978年党的十一届三中全会之后，1979年4月阎子祥同志在杭州主持召开了中国建筑学会常务理事扩大会，这次会议十分重要，会上宣读了同年3月3日国家建委做出的为学会平反的决定，肯定了学会在“文革”前执行党的路线、方针、政策是正确的，恢复了学会和《建筑学报》的名誉。此后，随着国家经济建设的大发展，学报亦步入了一个大发展时期。

1980年10月中国建筑学会成立了第五届理事会，由王华彬副理事长直接负责《建筑学报》工作，1981年组建了由老中青专家、学者组成的学报第四届编辑委员会，王华彬先生任主任委员，编辑部人员做了调整，除原有张钦哲、李秀芬和本人外，后又充实有齐立根、顾孟潮、王天锡、吴国力（后调出）、周畅、范雪、曹达、王晓新、卢国洪、纪树柏等。在这一时期，进一步明确了“面向经济建设、为社会主义建设现代化服务”的办刊方针，努力开拓创新，广辟稿源。既报道城乡建设中迫切需要解决的问题，也刊登城乡发展开辟新途径的文章，把近期建设需要同远期发展方向结合起来；继续重视理论联系实际，着重选择联系实际工程或建设经验提高到理论的稿件；同时重视建筑科学同社会科学相结合的方向，报道城乡建设和建筑理论在广度和深度上的新发展，增加社会、经济、环境等方面的内容，反映城市与建筑的综合性、社会性的特点，并增加建筑设计体制改革、建筑教育改革等属于社会学范畴的内容，还积极贯彻“双百”方针，充分发扬学术民主，促进学术繁荣和技术进步；并实行专家与广大建设工作者相结合的办刊路线，建立了由几十位特约组稿人为骨干的全国联络网，他们经

50周年庆典酒会场景

《建筑学报》编辑部工作人员

常反映意见和提供各地的创新成果。在报道的具体内容上，80年代重点报道了同群众生活关系密切的住宅设计、小区规划、文化、医院、体育建筑等，对城市设计、村镇建设、室内设计、CAD在建筑设计中的应用、旧城改建、文化历史名城的保护与发展、国内外优秀设计工程等进行了专题报道，还开辟了“青年建筑师”专栏。

1990年换届，成立了学报第五届编辑委员会，由严星华先生任主任委员，赵冬日、周卜颐先生为顾问，其他年长编委改任名誉编委，又补充了一些中年编委，编辑部人员有齐立根、顾孟潮、曹达、范雪、王晓新、卢国洪、许锋和我共8位同志。在上述办刊方针指引下，进入90年代，按照国家“八五计划”和“十年规划”的要求，更加集中报道住宅建设、建筑环境和建筑理论、建筑技术及建筑评论。由于开展建筑评论比较困难，编委会以身作则，从1991年至1999年连续9年，于每年在全国不同地区召开一次编委会的同时，进行一次对当地城市与建筑的评论活动，然后在学报上刊登评论会纪要，既带动建筑评论的开展，又反映了全国各地的不同情况，取得了较好的效果。1999年前后，集中报道了举办北京1999年国际建筑师协会大会学术主题“21世纪的建筑学”内容，反映了新世纪国际建筑发展的总趋势；2001年至2002年连续组织刊登了“中国特色的建筑理论框架”论文20多篇，作为研究“中国特色的建筑理论”的开端，使学报更加广泛地发挥引导的作用。

2002年9月再次换届成立了学报第六届编辑委员会，由马国馨先生任主任委员，叶如棠、宋春华先生为顾问，这一届编委成员有较大的调整，更加年轻化。随后，还完成了编辑部人员的新老交替工作，现编辑部人员有范雪、胡惠琴、李华东、田华、包志禹、章思文、李涛、李如珍同志，学会周畅秘书长任主编。在报道内容上，按照党的十六大报告提出要在本世纪头二十年全面建设小康社会的总目标，集中报道了适合广大人民需求的经济适用住宅、生态环保建筑、地域建筑文化、北京新建奥运工程设计等，并加大建筑评论的力度，举办了2003年北京城市建筑评论会、浙江大学紫金港校区东区规划专家评论会等，同时在装帧设计、审稿机制、管理体制等方面有进一步的提高，更加突出学报的综合性、学术性和权威性。

《建筑学报》自创刊至今年6月，共出版430期，很受读者欢迎，它已不愧被人们称为工作学习上不可缺少的良师益友。我们相信，学报会越办越好，不断提高质量，更好地为建设具有中国特色的现代化城市与建筑服务。

（原载《建筑学报》2004年07期）

3　中国文化是中国建筑的根

——在1993年两岸建筑学术交流会上的学术报告

中国传统文化是中国传统建筑的根，中国现代文化是中国现代建筑的根。中国文化是连续的，它是在不断吸收优秀的传统文化和外来文化而发展的，它具有历史的连续性和民族性。我们不能摒弃优秀的传统文化而凭空发展。文化的广义，是指人类社会历史发展过程中创造物质财富和精神财富的总和，这就包括物质和精神文化、技术与艺术，从这种广义的角度来看，毫无疑义，中国文化是中国建筑的根。现在的问题，由于现代西方科学技术与艺术发展较快，一些人拟摒弃中国文化，特别是传统文化，将中国新建筑的根植于西方文化的根上，这不是中国现代建筑创作的正确道路，因为其创作的建筑根本不是中国的现代建筑。我们必须认真研究中国优秀的传统建筑文化，并吸取外来的建筑文化，把传统的中国文化与外国文化结合起来，将建筑的根植于中国文化的根上，创造出具有新时代精神的中国现代建筑。现就这一观点具体谈几点看法。

一、根深叶茂

中国有着五千年的悠久历史文化，城市与建筑的遗址和实物数量很大，十分丰富，其设计思想是以哲理作根基的，随着生产的发展，建筑文化不断丰富和发展。所以说，中国建筑的根，也就是中国文化，非常深厚，根深叶茂，新建筑创作的叶应该是茂盛的。埃及的文化发展最早，可惜在7世纪后被阿拉伯文化隔断；美国文化的历史较短，其根脆，因而他们更加重视其较浅的文化；欧洲的文化历史比较长，突出的是希腊、罗马文化，他们非常重视具有自己特点的欧洲文化及其建筑的发展。这些国家的地域情况各异，但对其建筑的发展重视本国文化是一致的，这是因为不能丢掉各自文化这个根，只有根深才能叶茂。

二、中国善于吸收外来的文化

我国历代并非排斥外来的文化，而是结合中国的情况加以吸收，使之融合在中国的文化之中，这一优点一直保持发展至今。从建筑文化来看，公元以后，自东汉时期佛教从印度传到中国，引进了印度塔的形式，创造出中国的佛塔样式；8世纪唐代以后，伊斯兰教从中东传进，引进了伊斯兰清真寺建筑的形式，创造出中国式的清真寺建筑群样式；18世纪清代乾隆时期，引进了西方的意大利式花园，建在北京圆明园中。本世纪以来，更多的西方文化被引进中国，如公寓式住宅，结合我国情况在上海创造出里弄式的住宅区；近40多年来，更多的公寓式住宅在我国各地兴建；西方大草坪式公园亦是在各地发展。善于吸收外来文化，并结合中国的实际情况加以中国化，这是我们的优良传统，在今天，要继承和发展这一做法。

三、可吸取的传统建筑文化

过去有一种片面的看法，代表中国传统建筑文化的就是大屋顶，新建筑加上了传统的“大屋顶”就有了中国建筑的特点。实际上，优秀的中国传统建筑文化是极其丰富的。这里提出可吸取的几点：①与自然环境结合。城市或大的建筑群有绿地环绕，在不少情况下（这同中国的自然条件有关），建筑背山面水、坐北朝南，北高南低。这是受着老子崇尚自然哲学思想的引导，也是中国风水学说中的正确部分，现代西方对于这一点极为重视。②院落空间的布局。无论北方或南方，或是大小建筑与建设群，大都采用这种布局形式。院落可与自然的天空、风、水、绿化结合。③空间有序节奏。建筑组合的空间从开始到结尾，都有个主次变化，像文章、戏曲一样，有序幕、高潮、尾声的韵律变化。这种过于严整、等级分明的组合，是受着周礼、儒家思想的制约，但现在可根据新的需要，灵活运用这一组合原则。④内外融合为一体。从大环境着眼，建筑或建筑群将外面的自然或景观借进来，结合在一起。从建筑内部来看，建筑与院落，空廊、敞厅与室外庭院融会贯通。⑤墙、隔断灵活分隔。室外的空间组合，除建筑本身外，采用各式各样的墙，墙的运用极为巧妙。室内空间的分隔与组合，采用形式多样的隔扇、罩以及布幔等。⑥家具、雕刻与字画。明式家具已达到很高的水平，简洁高雅。木雕、砖雕、石雕用在各处建筑构件之上，结构与艺术完美的结合。牌、匾、字画用于室内外，极好地体现了中国的文化。⑦自然山水式庭园。大到皇家园林，中到王府花园，小到住宅庭院，都采用了不同地自然式园林的庭院布置，这亦是受老庄思想的影响，独树一帜。由于过去我们宣传甚少，许多外国人只知道日本庭园，今后应保持、发展并宣传这一特点。⑧隐喻的空间意境。重要的建筑厅堂或整体的造型以及室外园林、庭院空间，给人以不同气氛的感受，说明了一定的含义，达到了高层次的建筑境界。

四、可吸收的国外的现代建筑文化

国外现代建筑文化包括现代建筑技术和艺术以及管理。下面亦提出可吸收的几点。①新材料、新结构。如轻质高强的混凝土、合金材料及其构造，隔热、夹层、涂膜、镀膜的新玻璃材料及其构造、安装等。②新的建筑设备。包括空调、供电、给排水、交通工具电梯自动扶梯、防火设备等，以及旧建筑更新改造将现代化设备置于顶层的做法。③建筑产品系列化。大小建筑构件、设备、家具，有的还包括陈设、用品等，都有系列的产品，这些产品不断地在发展和补充、丰富，使各类建筑迅速地增加新的内容。④建筑细部精致。每个建筑细部都从设计到施工做得精美细致，这一点是中国现代建筑要向国外现代建筑学习的。⑤建筑交通一体化。现代建筑，特别是大型公共建筑，要与城市交通包括地下铁路、公共汽车、停车场连接成一体，这一点是当前我国建筑设计所欠缺的。⑥建筑电脑化。包括两方面内容，一是发展CAD在建筑设计中的应用，二是发展智能建筑。智能建筑又包括办公、生产、生活电脑化和设备管理电脑化。⑦生态技术。建筑中一些物质的循环使用，创造光、声、热舒适的技术，特别是建筑与自然绿化的结合。⑧重视功能。无论是内部使用，或是造型与形式，都有其功能价值。

五、创造新的中国现代建筑文化

中国现代的建筑文化应该是吸取我国优秀的传统建筑文化和国外传统的特别是其现代的建筑文化，包括国际现代建筑技术与建筑艺术，并要根据各地的实际情况与不同的建筑对象的新需要，加以消化，创造出新的中国现代的建筑文化。我们不能跟着国际上各种流派跑，但对各种流派的优点，如重视环境、重视各地区的文化、新结构、新技术等，我们都应吸取。我们主张，凡是古今中外一切优秀的建筑文化，我们都要吸收消化，目的是更好地创造出新的具有时代精神的中国现代建筑文化。中国现代建筑的创造是以此为基础的，也就是说，中国现代建筑文化是中国现代建筑创作的根。我们沿着这条创作的道路进行建筑创新，一定能促进中国现代建筑的发展，以满足今后 21 世纪高文化、高情感、高技术的要求。

最后选几个新旧建筑实例，说明这几点可以吸取的我国优秀的传统建筑文化和国外的现代建筑文化。古建筑例子有北京故宫、四川峨眉山伏虎寺；新建筑例子有北京香山饭店、广州南越王墓博物馆、苏州竹辉饭店、上海浦东 88 层大厦方案等。

上述几方面的内容和实例，是个片断，主要是用于说明我的一个中心观点，就是中国文化是中国建筑的根，当今的中国建筑创作，必须以新的中国建筑文化为根基，不要盲目抄袭国际上各种新的流派。

（原载《建筑学报》 1993 年 10 期）

4　台湾建筑

一、台湾的历史、地理、经济、建材以及建筑教育情况

一个地区的建筑，总是受其历史、地理、经济以及建材条件与技术、人才的制约，所以分析台湾建筑，首先要了解这些方面的基本情况。

1. 历史环境

台湾岛自古是中国的领土，1624 年荷兰人、1626 年西班牙人登陆台湾，以台湾为经营亚洲贸易的基地。1661 年郑成功反清复明，依赖台湾作为根据地，未获成功。1683 年清政府统治台湾。1895 年中日甲午战争，清政府战败割台给日本，1945 年抗日战争胜利，台湾回归中国。因而台湾建筑受过荷兰、西班牙、日本建筑的影响。

2. 地理条件

台湾海岛属亚热带气候，终年温度高、湿度大，三季为夏，一季为春。每年 1 ～ 10 月有台风，对建筑威胁很大，属地震区，大地震虽不多，但小震频繁。山地多，沿海城市人口密度高。

3. 经济情况

台湾农作物一年三熟，种植条件优越，当局实施 375 减租，促进了农村经济的发展，同时发展中小企业，并加强了发展高科技园区，经济发展迅速，现年人均所得由以前的 1000 美元到 10000 美元，因而近 20 年各地建设量较大，大兴土木。

4. 建材情况

基本建材钢筋、水泥、夹板材、玻璃以及砖、瓦、砂、石生产富足，并外销。高级建筑材料仍大量进口，如菲律宾木材、意大利花岗石、日本合金钢制品等。

5. 建筑人才

1924 年创建台北州立工业学校（现台北工专）建筑专修班，1928 年又设建筑本科。目前已发展有 8 所院校设建筑系，这 8 所学校是公立成功大学、私立东海大学、私立淡江大学、私立中原大学、私立中国文化大学、私立逢甲大学、私立华梵人文科技学院、私立中华工学院。在这 8 所院校建筑系任教的教授，许多是欧美的留学生。

二、新建筑的发展

现将 20 世纪 40 年代中期至 90 年代概略地划分为 3 个阶段。

1. 40 年代中期至 60 年代中期为台湾新建筑初创期

初创期特点，经济不发达，民间贫困，收入低微，建筑业发展缓慢。住宅大多为二楼砖木结构及

木构平房。60 年代初期建设了一些四层集合式公寓住宅。同时，新建了少量的公共建筑，这些新建筑采用了建筑新技术，为钢筋混凝土结构，空间组合吸取欧美新建筑的一些做法；在建筑形式上分为两大类，一类为中国古典式，另一类是突出现代建筑的风格。中国古典式新建筑，可以以虞毓骏设计的科学院为代表，建筑上有中国传统建筑的大屋顶；此外，还有圆山饭店等建筑，都在顶部扣上非常标准的中国古建筑式样的大屋顶，比例、尺度、色彩都符合大屋顶的规格。这些建筑的设计人，大都是大陆来台的建筑师，有些是基泰建筑设计事务所的人，他们采用了带去的资料。具有现代建筑风格的新建筑，可以以王大闳设计的台大法商学院、林柏年设计的圣家堂为代表，都运用了现代建筑设计大师的建筑空间理念。还有些现代建筑的风格带有乡土意味，如虞曰镇、张肇康设计的台大农业陈列馆，在立面上采用了具有乡土特点的陶制空心花砖，并以悬挑梁分割，受到各方面的好评。

2. 60 年代中期至 70 年代中期为发展期

发展期的特点是，中小企业兴起，建筑量逐步增多；经济向自主方向发展，商业、房地产相应发展，贷款兴起；修正建筑法、建筑技术规划、都市规划法等。住宅，以集合式为多，台北为 5 层或 7 ～ 12 层公寓，中南部以长型连栋式为主要市场。建筑创作趋向多样化。中国古典式，可以以杨卓成设计的圆山饭店二期工程为代表。其他还有新历史主义、现代表现主义等建筑形式。由于抗震问题，高层、超高层建筑尚未出现。

3. 70 年代中期至当前 90 年代为兴盛期

兴盛期的特点是，经济发展迅速，高科技、电脑、信息、金融、服务产业大发展，大兴土木，土地价格大幅度上涨；突破 35 m 高度限制，建设高层、超高层建筑；智慧型建筑开始兴建，电脑逐步在设计事务所普及；建筑创作，从单体向群体、整体转化，开始重视整体环境、节约能源、高科技深入建筑以及中华民族文化精神的内涵表现等今日建筑的高层次特征。

三、下面介绍一些 1993 年 7 月参观的台湾新建筑的实例，侧重说明第三阶段兴盛期的特点

古建筑

鹿港天后宫

鹿港在彰化县，此天后宫为妈祖之开基圣庙，始建于明朝万历元年，是台湾岛最早建立的妈祖庙。这里的一些住民是 400 年前由福建泉州等地移来，妈祖庙建筑是受闽南建筑的影响。建筑群有明显的中轴线，呈四合院式布置，建筑装饰、特别是屋脊，雕饰繁多，但工艺细致。室内存有清乾隆、光绪皇帝敕赐的御笔匾额，十分珍贵，具有历史价值。

台北圆山饭店

环境好，位于山丘上，侧有水面。建筑雄伟，采用中国宫殿式大屋顶，金碧辉煌，有丰富的轮廓线。现代结构，空间大。大厅有气势，宫殿式装饰；宴会厅高大，有一定的规模，雕刻装修豪华，中国味浓，一般人不得使用。但总的感觉过于古典，缺少现代建筑感。

高雄圆山饭店

同台北圆山饭店是一个系统，总体相似。其环境比台北的还好，对面为一大型的山水园；主楼前用地更为开阔，绿化布置优雅。内部空间组合与装修，较台北圆山饭店简洁，传统味亦浓，现代建筑

感不够。客房较大，符合五星级旅馆标准。

国父纪念馆

位于台北市仁爱路四段，采用中国式宫殿，为纪念孙中山先生而建，设有图书馆、中山画廊、展览室和大会馆。大会馆容纳2800个座位，可提供音乐、戏剧、舞蹈表演和集会使用。

建筑的黄色大屋顶雄伟壮观，屋顶正中开口挑出，此变化富有新意，给人以深刻的印象。建筑四周开阔，布置绿地和水面以及园林小品建筑，创造了局部幽雅的环境。

中正纪念堂

在台北市，地段为长方形，在纵轴线的终部布置中正纪念堂，采用中国传统式大屋顶，为蓝色琉璃瓦、金宝顶，墙面为白色，除正厅外，还设有展览室和放映室。位于中正纪念堂两侧，布置剧院和音乐厅，建筑为黄色玻璃瓦大屋顶、红柱、白色台基，称其为中正文化中心。正门入口设一蓝色瓦顶、白柱牌楼，与纪念堂色彩一致，取得和谐。唯总体空间布局比较简单，建筑造型仿古，缺少新意。

台北故宫博物院

在台北市，占地19.4 hm^2，亦采用中国宫殿式，选址好，背山，整体环境幽静，建筑与青山协调，融为一体。

馆内藏有中国历代文物珍品，包括青铜器、甲骨文、陶瓷、绘画、珐琅器、玉器、清代服饰、雕刻等，室内布展简明，灯光集中，展品突出。

西方古典式新建筑

凯悦饭店

在台北市基隆路，建成于1990年，属Hyatt旅馆系统。

中心有一个高大的共享空间，周围楼座、廊道设有咖啡座，均能看这一中庭，此中庭为西方古典式，但都简化，显得简洁明快，底层还布置有喷泉池，配以灯光，既辉煌又典雅。客房层平面为“冂”字形，紧凑合理。

高科技智慧型建筑

震旦大厦

中心通天圆形大厅是这幢大厦的突出部分，合金钢网架，合金钢构件、玻璃等工艺精细，现代感十分强烈。底层有建筑书店、现代家具展销室等。整个大厦电脑管理，交通、防火、防盗、温湿度调节、设备等都由电脑控制，电脑与外界联网，并与卫星通讯连接。这种智慧型大厦近几年在台湾兴建起来，它代表了向信息社会发展的一种新趋势。今后的新建筑，都要朝这一趋势发展，只是因建筑的内容不同，其程度有所不同。

一般国际式现代新建筑

台北新光三越百货公司

位于南京西路，是台北市的一个高档次的百货公司。建筑造型属于方盒子形。建筑采用大柱网布置形式，但饰面使用的是现代合金和玻璃材料，光亮反映，现代感强。自动扶梯位于中部，顾客上下交通方便，每层柜台布置新颖，既变化又统一，走道通畅，购货从容。这些都是高档商店的特征，不仅货物高档，购物环境也高雅。

高雄大统百货公司

位于闹市区道路交叉口处，档次稍低于台北新光三越百货公司，商品购物环境（包括开阔、亮度、舒适等）略逊色一点，但大的柱网格局、交通组织等大体相似。

建筑造型同样属于方盒子状，但在外部做了竖线条和转角处理。该建筑和这条干道的许多建筑，底层做成骑楼，符合台湾炎热、雨多的需要。

台中自然科学博物馆

建筑造型并不出众，弧形块状，但与外部街道联系较好，建筑成为街道对景，并有过街楼可通过，前面有宽阔的场地，后面布置有山石花的庭园，环境优美，成为很好的城市开放的公共活动空间。这种 Open Space 是发展现代城市的一个重要特征。

其内部，展出有生命起源、中国科技史，并设有宇空电影院等，规模宏大。

具有地方特点的现代建筑

台湾图书馆

该图书馆面对中正纪念堂入口大门。建筑功能布置合理，中间设一长条形高大中庭，将各部门连通在一起。

建筑设施现代化，表现在内容丰富、实用，除安排普通阅览室外，还设有法律、地方政府出版品、汉学研究中心、日韩文、视听、美术、资讯以及善本书室等；另外表现在这些专题资料有光碟资料，并有电脑网络与教育部门学术网络，与电信部门电传视讯中心，与各地图书馆联网，通过卫星同世界资讯服务连接；还表现在这些专题图书室，开架部分的比例十分多，阅览非常方便。

建筑具有地方特点，主要体现在内部的装修上，特别是善本书室，其柱、墙壁、窗扇、展柜、藏书柜等都有当地的特色，但做了简化，高雅实用。

东海大学

这所大学是在 30 多年前，根据贝聿铭、张肇康、陈其宽所做的建校计划实施的。

校园规划有秩序。贝先生设计的教堂采用坡顶落地，十分别致，周围为大片草地，非常突出。另有三合院布局的建筑群，建筑是低层坡屋面，具有地方特点，环境格外恬静，这是高等学府应有的环境特征。

剑潭青年中心

位于台北圆山饭店旁。建筑功能布局合理。其具有地方特点之处，体现在整体布局采用院落式组合，配合庭院绿化，环境优美；还体现在建筑外形上，山墙处理、屋面变化都有民间建筑特色。同周围建筑也取得联系，从大厅中可看到主体轮廓丰富的圆山饭店侧影。

台中老人活动中心

在市区中创造了一块环境幽静的场所。总体采用中国园林的布局手法，空间有变化。有以圆洞门、水池、花木组成的庭园空间；主体建筑底层通透开敞，与水面、绿地组合在一起。整体虽然简单了一些，但具有浓厚的地方特点。

台湾山地文化中心

建在著名风景区日月潭的山坡地上。该中心集台湾土著山地山胞十族的固有文物和风俗习惯，展示各族特有的建筑、雕刻、编织、渔猎、农耕、生活用具等文物。当欣赏湖光山色之后，再参观这一山地文化中心，使人们更加感到自然之美和人类文化的丰富多彩，在建筑设计中要与自然相结合，要吸取各地的优秀文化。

具有中华民族精神的现代建筑

台北宏国大厦

这是李祖原建筑师事务所的作品，它有自己的特色。用李祖原建筑师的话说，他是在“追求义和团振兴中国的精神和骨气”。这幢大厦确实体现了所追求的这一精神。具有中华民族传统文化精神，内部空间也存在，但主要表现在外部造型上，包括整体轮廓、屋顶、入口门头、柱、雀替、垂花等，这些从大到小的组成部分，都做了变异，可以说运用现代建筑技术手段，体现出中华民族文化精神。

新竹清华大学

新竹清华大学人文学院一组建筑，也是李祖原建筑师事务所设计的，其设计思路同设计宏国大厦是一致的，要体现中华民族文化精神。其整体造型、顶部、门头、门窗等都有中国文化的意味，这种可贵的尝试应给予肯定。该校园内，还组合有大片山水园，环境优美，可与国外一些名校相比。

通过介绍台湾建筑的概况，我们可以小结出几点：

1. 建筑创作向多样化发展。台湾和大陆一样，新建筑有中国古典式、西方古典式、一般国际式，还具有地方特色或具有中华民族文化精神。这些可因时、因地而同时存在。

2. 新建筑逐步增多新技术的内容。建筑是否现代，不仅表现在形式上，更重要的体现在是否采用了新技术，包括材料、结构、设备、电脑联网等，增多了适应信息社会需要的新的功能内容，是否能适应不断发展变化的空间需要。

3. 分清建筑的标准、档次。根据时间差、地点差、档次差，对建筑的标准和要求是不同的。

4. 高档次的建筑，要全面的高。对于这类建筑要创作出良好的环境，建筑的各项标准也要高，功能内容要符合新要求，而且必须要采用信息化的新技术，变为智慧型。形式与内容要统一，而且是高层次的。要用现代的技术体现中国文化精神和时代精神，既实用又能适应未来的变化。我曾多次提出建筑创作要“新而中”，就是这个意思、这些内容，应是我们今后建筑创作所要追求的。

这是我个人的看法，供大家参考。

（本文写于1994年3月）

附　录　部分获奖及成果展示

République Française

LE MINISTRE DE LA CULTURE ET DE LA COMMUNICATION

nomme par arrêté de ce jour

Monsieur Zu Gang ZHANG

CHEVALIER DE L'ORDRE DES ARTS ET DES LETTRES

Fait à Paris, le 26 février 2003

Jean-Jacques Aillagon
Ministre de la Culture et de la Communication

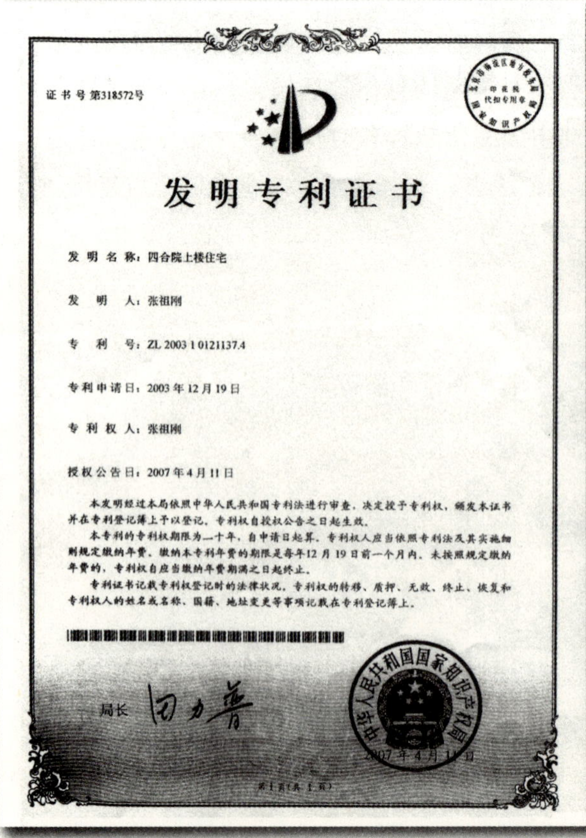

证书号第318572号

发明专利证书

发 明 名 称：四合院上楼住宅

发 明 人：张祖刚

专 利 号：ZL 2003 1 0121137.4

专利申请日：2003年12月19日

专 利 权 人：张祖刚

授权公告日：2007年4月11日

本发明经过本局依照中华人民共和国专利法进行审查，决定授予专利权，颁发本证书并在专利登记簿上予以登记。专利权自授权公告之日起生效。

本专利的专利权期限为二十年，自申请日起算。专利权人应当依照专利法及其实施细则规定缴纳年费。缴纳本专利年费的期限是每年12月19日前一个月内。未按照规定缴纳年费的，专利权自应当缴纳年费期满之日起终止。

专利证书记载专利权登记时的法律状况。专利权的转移、质押、无效、终止、恢复和专利权人的姓名或名称、国籍、地址变更等事项记载在专利登记簿上。

局长 田力普

中华人民共和国国家知识产权局

2007年4月11日

中国科学技术期刊编辑学会

金牛奖

获 奖 证 书

长期从事科技编辑工作，作出卓越贡献的优秀编辑家 张祖刚 同志，经中国科学技术期刊编辑学会三届六次常务理事会议审评，授予金牛奖，特颁此证。

中国科学技术期刊编辑学会

1997年11月18日

推 挙 状

中国建築学会秘書長

名誉会員 張 祖剛 殿

あなたは日中両国の学術技術芸術の進歩を目的とする本会の使命遂行に対して顕著な功績をあげられました

よってここに名誉会員に推挙致します

1995年10月2日

日中建築技術交流会

会長 清 水 正 夫